Hermann von Helmholtz

Die Dynamik diskreter Massenpunkte

Verlag
der
Wissenschaften

Hermann von Helmholtz

Die Dynamik diskreter Massenpunkte

ISBN/EAN: 9783957008978

Auflage: 1

Erscheinungsjahr: 2016

Erscheinungsort: Norderstedt, Deutschland

Hergestellt in Europa, USA, Kanada, Australien, Japan
Verlag der Wissenschaften in Hansebooks GmbH, Norderstedt

Cover: Foto © Bernd Kasper / pixelio.de

Verlag
der
Wissenschaften

VORLESUNGEN

ÜBER

THEORETISCHE PHYSIK

VON

H. VON HELMHOLTZ.

HERAUSGEGEBEN VON

ARTHUR KÖNIG, OTTO KRIGAR-MENZEL, FRANZ RICHARZ, CARL RUNGE.

BAND I.

ABTHEILUNG 2.

DIE DYNAMIK DISCRETER MASSENPUNKTE

HERAUSGEGEBEN VON

OTTO KRIGAR-MENZEL.

LEIPZIG,

VERLAG VON JOHANN AMBROSIUS BARTH.

1898.

VORLESUNGEN

ÜBER

DIE DYNAMIK DISCRETER

MASSENPUNKTE

VON

H. VON HELMHOLTZ.

HERAUSGEGEBEN VON

OTTO KRIGAR-MENZEL.

MIT 21 FIGUREN IM TEXT.

LEIPZIG,

VERLAG VON JOHANN AMBROSIUS BARTH.

1898.

Vorwort.

Der Inhalt des vorliegenden Buches umfaſst den gröſsten Theil des Stoffes, welchen HELMHOLTZ im ersten Semester seines Vorlesungscyclus über theoretische Physik behandelte: Die Dynamik discreter Massenpunkte. Diesem Hauptgegenstand pflegte der Meister eine Reihe allgemeiner Auseinandersetzungen über die erkenntniſstheoretischen Grundlagen der Physik vorauszuschicken, welche als getrenntes Buch unter der Bezeichnung Band I, Abtheilung 1 erscheinen sollen; aus diesem Grunde führt der vorliegende erste Band die Nebenbezeichnung Abtheilung 2.

Als Grundlage für die Herausgabe diente die im Auftrage des Verstorbenen hergestellte wortgetreue Nachschrift der vom 2. December 1893 bis zum 4. März 1894 an der Berliner Universität gehaltenen Vorlesungen. Im Verzeichniſs lautete die Ankündigung für das betreffende Semester: Elemente der Dynamik materieller Punkte und aus solchen zusammengesetzter Systeme.

Das auſserordentlich knapp gehaltene Notizbuch, in welches HELMHOLTZ während des Vortrages nur selten einen Blick warf, führt die kurze Bezeichnung: Ponderabilia; es weicht inhaltlich von der erwähnten Nachschrift in mancher Hinsicht ab. Daſs viele Betrachtungen und Rechnungen im Notizbuch gar nicht angedeutet sind, erklärt sich aus des Meisters Art frei vorzutragen; daſs umgekehrt Notizen vorkommen, welche in der Vorlesung nicht verwendet wurden, ist wohl meist auf Zeitmangel zurückzuführen. In einigen dieser Fälle (und auch sonst) hatte der Herausgeber den Vortheil, eigene Hefte derselben Vorlesungen aus früheren Jahren zu Hülfe nehmen zu können, in welchen solche Stellen behandelt oder ausführlicher besprochen worden waren. Eines besonderen Nachweises bedarf der Inhalt des § 52, in welchem die universelle Gültigkeit des Princips von der Erhaltung der Energie beleuchtet werden soll. Der Gegenstand geht über die Grenzen des in diesem Semester zu behandelnden Lehrgebietes hinaus, es kann sich nur um eine vorläufige Uebersicht handeln. Die Ausführungen über dieses Thema sind in der Nachschrift zwar umfangreich, aber so allgemein gehalten, daſs eigentlich nur derjenige sie voll verstehen kann, der keiner Belehrung mehr darüber bedarf. Viel bestimmter und deshalb lehrhafter waren die gelegentlichen Bemerkungen, welche HELMHOLTZ in seinen Experimentalvorlesungen bei Besprechung geeigneter Versuche über die Umwandlung von Arbeitsgröſsen in andere Energieformen (und umgekehrt) und über die dabei heraustretenden quantitativen Verhältnisse stets zu geben pflegte; deshalb glaubte der Herausgeber im Interesse gröſserer Deutlichkeit an dieser Stelle auch seine Aufzeichnungen aus jenen Experimentalvorlesungen zu Rathe ziehen zu dürfen.

Am Schlusse des Semesters besprach HELMHOLTZ die von ihm aus dem HAMILTON'schen Princip gezogenen Folgerungen, welche in der Abhandlung: „Ueber die physikalische Bedeutung des Princips der kleinsten Wirkung" niedergelegt sind, ohne indessen den Gegenstand zu Ende zu führen. Das Notizbuch enthält noch viel Stoff, zu dessen Behandlung das Semester hätte wenigstens einen Monat länger sein müssen, die Ausarbeitung dieser Andeutungen würde, wenn sie überhaupt gelingt, eine durchaus freie sein müssen, und unterblieb deshalb; nur die Ableitung der Reciprocitätsgesetze und die Aufzählung von Beispielen für dieselben, ein Thema, welches der Meister am Schlusse der letzten Vorlesung ausdrücklich bedauerte nicht mehr vorbringen zu können, wurde an der Hand der citirten Abhandlung und des Notizbuches hinzugefügt und schlieſst sich eng an das Vorhergehende an.

Die Gliederung des Stoffes, welche in dem folgenden Inhaltsverzeichniſs zu übersehen ist, lieſs sich der wohlgeordneten Reihenfolge, in welcher die einzelnen Gegenstände vorgetragen wurden, ohne Zwang anpassen; die Benennungen der einzelnen Theile, Abschnitte und Paragraphen rühren indessen meistens nicht von HELMHOLTZ her.

Das Hauptbestreben des Herausgebers ist stets gewesen, seine Verantwortlichkeit für Inhalt und Form zu vereinigen mit getreuster Wiedergabe des HELMHOLTZ'schen Vortrages.

Berlin, Pfingsten 1898.

Otto Krigar-Menzel.

Inhalt.

Erster Theil.

Kinematik eines materiellen Punktes.

Zweiter Theil.

Dynamik eines materiellen Punktes.

Erster Abschnitt.

Allgemeine Principien.

Zweiter Abschnitt.

Besondere Formen von Bewegungskräften.

Erstes Kapitel.

Zweiter Abschnitt.

Das Energieprincip.

Dritter Abschnitt.

Anwendung. Die Bewegung der Himmelskörper.

Vierter Theil.

Zusammenfassende Principien der Dynamik.

Erster Abschnitt.

Principien der Statik.

Zweiter Abschnitt.

Principien der Bewegung.

Dritter Abschnitt.

Anwendung. Rotationen starrer Körper. Theorie des Kreisels.

Vierter Abschnitt.

Ausdehnung des Geltungsbereiches der dynamischen Principien.

Dynamik.

Erster Theil.
Kinematik eines materiellen Punktes.

§ 1. Begriff der Kinematik.

Die Dynamik umfafst die Lehre von denjenigen Naturerscheinungen, welche zurückzuführen sind lediglich auf die Bewegung ponderabler Massen. Um die in diesem Gebiete beobachteten Gesetze in einer übersichtlichen und exacten Weise aussprechen zu können, müssen wir eine Erörterung voranschicken, in welcher wir diejenigen Begriffe aufstellen, die zu einer mathematischen Darstellung der Bewegungserscheinungen geeignet sind. Die Lehre von der Aufstellung und dem Zusammenhange dieser Begriffe nennt man Kinematik. Wir haben es in derselben also noch nicht zu thun mit den nur durch äufsere Erfahrung festzustellenden Naturgesetzen, sondern vielmehr mit logischen Begriffsentwickelungen, deren Richtschnur allerdings dadurch gegeben ist, dafs die später zu behandelnden thatsächlichen Gesetze ihren einfachsten Ausdruck erhalten.

Bewegung nennen wir die Ortsveränderung einer Masse in der Zeit. Wir werden daher in der Kinematik aufser den rein geometrischen Begriffen, welche zur Angabe der Orte, Ortsveränderungen und Wege erforderlich sind, auch die fortschreitende Zeit als eine mefsbar veränderliche mathematische Gröfse mit in die Betrachtung ziehen müssen.[1]

---

[1] Wenn in der allgemeinen Einleitung in die theoretische Physik, welche diesen Auseinandersetzungen vorangehend zu denken ist, auch bereits von Bewegungen die Rede war, und zum Theil auch schon Fälle in die Betrachtung mit eingeschlossen wurden, wo zwei Bewegungen gleichzeitig ablaufend vorgestellt wurden, so waren dies alles, bis auf das Wort Bewegung, doch nur rein geometrische Betrachtungen über die Addition gerichteter Wegstrecken oder kleiner Drehungswinkel.

Die Massen, deren Bewegungen wir in Wirklichkeit verfolgen können, haben stets räumliche Ausdehnung und eine bestimmte geometrische Gestalt, welche sich ihrerseits auch in der Zeit verändern kann. Zur vollständigen Auffassung des Bewegungsvorganges ist erforderlich, daß wir jedes individuelle Theilchen der Masse zu jeder Zeit als das gleiche wiedererkennen können und die besondere Bewegung desselben verfolgen können. Es wird dadurch die Beschreibung einer Bewegung ausgedehnter Massen bereits zu einer complicirten Aufgabe, und es ist wünschenswerth, dieselbe auf möglichst einfache Verhältnisse zurückzuführen, durch deren Erforschung die Analyse der verwickelteren Erscheinungen erleichtert wird.

§ 2. Materielle Punkte.

Dies geschieht durch die Einführung des Begriffs „materieller Punkt" oder „Massenpunkt". Unter einem solchen verstehen wir eine Masse, deren räumliche Ausdehnung und Gestalt in jeder Beziehung vernachlässigt werden kann, deren Lage also durch Angabe eines einzigen geometrischen Punktes vollständig bestimmt wird. In Fällen, wo die Vorstellung endlich großer Massen, welche in einem ausdehnungslosen Punkte zusammengedrängt sind, Anstoß erregen sollte, können wir uns doch in jedem beliebig kleinen, continuirlich mit körperlicher Substanz erfüllten Raumelemente einen Punkt vorstellen, welcher seine Lage so ändert, daß er bei der Bewegung stets an denselben materiellen Theilchen der ausgedehnten Masse haftet, so daß also die Bewegung solcher Ausschnitte der ganzen Masse durch die Bahn eines Punktes angegeben wird. Solche Punkte würde man ebenfalls als Massenpunkte betrachten können; das wesentliche an diesem Begriffe bleibt die Identität der damit verbundenen Masse zu allen Zeiten ohne die Complication räumlicher Gestaltung.

In vielen praktisch wichtigen Untersuchungen haben wir es mit Massen von endlicher Größe zu thun, welche auf einander wirken, deren Ausdehnungen aber gegenüber den vorhandenen Entfernungen der einen von der anderen so gering sind, daß dieselben gar keinen meßbaren Einfluß auf die Erscheinungen zeigen, obwohl derselbe, streng genommen niemals ganz fehlen wird. Namentlich kommen bei den Untersuchungen über Kräfte, welche in die Ferne wirken, vielfach solche Verhältnisse vor. Wenn wir z. B. die Bewegungen unseres Planetensystems betrachten, so haben wir Körper vor uns von Dimensionen, welche gegen ihre gegenseitigen Abstände fast in

allen Fällen so klein sind, daß sie keinen Einfluß auf die Bewegungen der Massen im ganzen — genauer gesagt — auf die Bewegungen ihrer Schwerpunkte haben. Allerdings kommen auch
gerade hier lehrreiche Ausnahmen vor: Einzelne von den planetari-
schen Körpern sind nämlich grofs genug und ihre Entfernungen von
einem Nachbar nicht so bedeutend, daß nicht Wirkungen einträten,
welche von der Ausdehnung der Körper herrühren. So machen sich
bei der Bewegung unseres Mondes auf der Erde gewisse Erscheinungen bemerkbar — namentlich Ebbe und Fluth des Oceans —,
welche davon herrühren, daß der Durchmesser der Erde nicht verschwindet gegen den Mondabstand (Verhältnifs $1:30$); andererseits
bringt auch die Erde durch ihre ellipsoidische Gestalt, deren Axen
nicht genau in die Ebene der Mondbahn fallen, gewisse Störungen
in der Bewegung des Mondes hervor, die bei sorgfältigen Messungen
noch wohl zu beobachten sind. Indessen gehören derartige Verhältnisse in der Astronomie zu den Seltenheiten und man kommt
in den meisten Fällen in genügender Genauigkeit mit der Annahme
aus, daß die Himmelskörper materielle Punkte seien. Der Begriff
des materiellen Punktes ist also eine Abstraction, welche mit dem
Vorzug begrifflicher Einfachheit eine mehr oder weniger vollkommene Annäherung an die wirklichen Verhältnisse vereinigt. Wir
werden später sehen, in welchen Fällen diese Abstraction volle Genauigkeit der Resultate liefert, in welchen nur Annäherungen.

Endlich sei hier noch erwähnt, daß einige Kapitel der Dynamik
sich am ungezwungensten behandeln lassen, wenn man bei der durch
den Augenschein unterstützten Annahme continuirlich verbreiteter
Massen stehen bleibt, und nicht hypothetische Annahmen über besondere Arten von Anhäufung discreter Massenpunkte macht. In
diesen Fällen werden die kleinsten Massentheilchen, welche wir uns
isolirt vorstellen können, immer einen kleinen Raum ausfüllen, längs
dessen gedachter Oberfläche sie ohne Unterbrechung an die Nachbar-
massen grenzen, und wegen dieser Begrenzung durch verschieden
gerichtete Flächen werden noch besondere Eigenschaften in verschiedenen Richtungen übrig bleiben können, welche bei der Vorstellung eines Massenpunktes fehlen. Wir werden vor der Behandlung
der betreffenden Abschnitte die dahingehörigen kinematischen Betrachtungen einschieben, und wollen uns jetzt zur Vereinfachung die
körperlichen Massen, mit denen wir zu thun haben, als materielle
Punkte vorstellen.

§ 3. Coordinaten.

Zur vollständigen Beschreibung der Bewegung eines materiellen Punktes ist nöthig und hinreichend, daſs wir die Lage desselben im Raume für jeden Zeitpunkt desjenigen Zeitabschnitts, in welchem wir die Bewegung verfolgen wollen, angeben können. Wir brauchen nun zu einer vollständigen Bestimmung der Lage eines Punktes im Raume nothwendig drei von einander unabhängige Bestimmungsstücke oder Coordinaten, welche in beliebigen geometrischen Gröſsen bestehen können, wenn diese nur genügen, um uns eine bestimmte Angabe, einen bestimmten Schluſs über die Lage des Punktes machen zu lassen.

Unter den verschiedenen Coordinatensystemen, welche man mit Hülfe geometrischer Abmessungen angeben kann, und welche für besondere Fälle besondere Vortheile bieten, ragen durch ihre allgemeine Nützlichkeit am meisten hervor und werden deshalb bei allgemeineren Betrachtungen vorzugsweise benutzt die geradlinigen rechtwinkeligen Coordinaten, welche zuerst von Descartes (Cartesius) eingeführt wurden und deshalb auch cartesische Coordinaten genannt werden. Dieselben bestimmen die Lage eines Punktes durch die Abstände, welche derselbe von drei auf einander senkrechten, festgelegten Ebenen zeigt. Diese drei Abstände, gerichtete Strecken, welche senkrecht auf einander stehen, pflegt man mit den Buchstaben x, y, z zu bezeichnen; dem entsprechend nennt man die drei Schnittlinien, welche die festen Ebenen — die Coordinatenebenen — bilden und welche parallel jenen Strecken laufen, die x-Axe, y-Axe und z-Axe. Der Schnittpunkt der drei Ebenen oder der drei Axen heiſst der Anfangspunkt des Coordinatensystems, während man die drei Ebenen nach denjenigen Axen, welche in denselben verlaufen, als die (y, z)-Ebene, die (z, x)-Ebene und die (x, y)-Ebene unterscheidet. Es ist ohne weiteres einzusehen, daſs man die drei Abmessungen x, y, z auch erhält, wenn man von dem Punkte, dessen Lage bestimmt werden soll, die Lothe auf die drei Axen fällt, oder mit anderen Worten, daſs die drei Coordinaten eines Punktes in diesem System die Projektionen des vom Anfangspunkte nach dem zu bestimmenden Punkte gezogenen Strahles auf die Axen sind. Die Lothe, welche nach entgegengesetzten Richtungen auf derselben Ebene errichtet sind, oder die Projectionen, welche auf derselben Axe nach den entgegengesetzten Seiten vom Anfangspunkte aus hinzeigen, unterscheidet man durch die algebraischen Vorzeichen +

und — und man setzt ein für alle Mal fest, nach welchen Seiten
hin die drei Abmessungen positiv gerechnet werden sollen.

Diese rechtwinkeligen Coordinaten haben folgende wichtigen
Vorzüge vor allen davon verschiedenen Abmessungen, welche man
zur Lagenbestimmung im Raume brauchen kann. Dieselben geben
erstens im ganzen unendlichen Raume eindeutige Ortsbestim-
mungen und zweitens sind die drei Abmessungen gleichartige Gröfsen.
Bei allen anderen Coordinaten haben wir es nothwendig zu thun
mit irgend welchen Functionen von x, y, z, denn wenn die anderen
Gröfsen ebenfalls den Ort eines Punktes bestimmen, so müssen sie
sich durch x, y, z analytisch ausdrücken lassen, so dafs wir diese
Beziehungen als Gleichungen für x, y, z betrachten und deren
Lösungen suchen können. Nun wissen wir aber aus der Algebra,
dafs nur die linearen Gleichungen eindeutige Wurzeln liefern,
während alle anderen (solche von höherem Grade wie auch trans-
scendente), mehrdeutige Aussagen machen und zugleich auch auf
verwickelter gebaute Ausdrücke führen; denn Ausdrücke, welche
gleichzeitig mehrere Werthe darstellen, sind immer complicirter als
eindeutige.

Die analytische Geometrie lehrt nun, dafs ein Coordinatensystem, dessen Abmessungen linear mit x, y, z zusammenhängen,
stets wieder ein cartesisches System ist, dessen Axen allerdings
schiefwinkelig auf einander stehen können, wenn nicht bestimmte
Relationen zwischen den Coefficienten erfüllt sind. Solche schief-
winkeligen Coordinaten geben ebenfalls im ganzen Raume eindeutige
Angaben, die Lothe des rechtwinkeligen Systems sind dabei durch
Parallelstrecken zu den drei Axen zu ersetzen; doch wollen wir
auf diese Systeme wegen ihrer seltenen Verwendung hier keine
Rücksicht nehmen. Bei allen anderen Arten von Coordinaten erhalten wir also, wegen ihres nicht linearen Zusammenhanges mit
den cartesischen, Angaben, welche immer Zweifel lassen zwischen
mehreren Orten, welche dadurch bestimmt sind; wir erhalten Gruppen
von Orten. Dies hat den Nachtheil, dafs wir nicht unmittelbar aus
dem Resultat die Lage des gemeinten Punktes herauslesen können,
sondern in der Regel noch Nebenbetrachtungen anstellen müssen,
um die zutreffende Lösung auszuwählen.

Die Eigenschaft der Gleichartigkeit der drei Coordinaten dieses
Systems bietet den Vortheil, dafs dieselben als gerichtete Strecken
unmittelbar den Gesetzen der geometrischen Addition unterworfen
werden können, dafs also bei additiver Combination von mehreren
solchen das Resultat sofort abgelesen werden kann. Auch die Ver-

tauschbarkeit der einzelnen Glieder einer geometrischen Summe läfst sich vermittelst dieser rechtwinkeligen Coordinaten auf die gleiche Eigenschaft der gewöhnlichen algebraischen Summen zurückführen, wenn man jeden der gerichteten Summanden in die drei den Coordinataxen parallelen Componenten zerlegt. Wir wollen diesen Gedankengang ausführlicher betrachten, weil er in allen Theilen der theoretischen Physik, wo wir es mit gerichteten Gröfsen zu thun haben, anzuwenden ist. Was dabei von Strecken als begrifflich einfachster Art von gerichteten Gröfsen gesagt wird, gilt ganz allgemein von jeder Art gerichteter Gröfsen. Es seien eine Anzahl gerichteter Strecken $l_1, l_2, \ldots l_n$ gegeben, deren Richtungen mit den drei Coordinataxen die durch die Indices bezeichneten Winkel $\alpha_1, \beta_1, \gamma_1$, $\alpha_2, \beta_2, \gamma_2, \ldots$ bilden, und wir stellen uns die Aufgabe, deren geometrische Summe zu bilden, d. h. wir setzen dieselben zu einer fortlaufenden gebrochenen Linie zusammen. Der Anfangspunkt der ersten Strecke habe die Coordinaten x_0, y_0, z_0; die Grenzpunkte zwischen den folgenden Strecken seien bezeichnet durch

$$x_1\, y_1\, z_1$$
$$x_2\, y_2\, z_2$$
$$\vdots \quad \vdots \quad \vdots$$
$$x_n\, y_n\, z_n$$

Es gelten dann zwischen den vorher bezeichneten Gröfsen die Beziehungen:

$$x_1 - x_0 = l_1 \cos \alpha_1, \qquad y_1 - y_0 = l_1 \cos \beta_1, \qquad z_1 - z_0 = l_1 \cos \gamma_1$$
$$x_2 - x_1 = l_2 \cos \alpha_2, \qquad y_2 - y_1 = l_2 \cos \beta_2, \qquad z_2 - z_1 = l_2 \cos \gamma_2$$
$$\vdots \qquad\qquad\qquad \vdots \qquad\qquad\qquad \vdots$$
$$x_n - x_{n-1} = l_n \cos \alpha_n, \qquad y_n - y_{n-1} = l_n \cos \beta_n, \qquad z_n - z_{n-1} = l_n \cos \gamma_n$$

Die geometrische Summe der an einander gesetzten Strecken ist nun die gerade Strecke, welche vom Punkte $x_0 y_0 z_0$ bis zum Punkte $x_n y_n z_n$ reicht, ihre drei Componenten sind also

$$x_n - x_0, \qquad y_n - y_0, \qquad z_n - z_0.$$

Diese Ausdrücke erhält man aber durch Addition der vorstehenden drei Sätze von Gleichungen in folgender Form:

$$x_n - x_0 = \sum_{a=1}^{n} l_a \cos \alpha_a \qquad y_n - y_0 = \sum_{a=1}^{n} l_a \cos \beta_a \qquad z_n - z_0 = \sum_{a=1}^{n} l_a \cos \gamma_a$$

Da nun in diesen algebraischen Summen die Reihenfolge der Summanden ohne Aenderung des Resultates beliebig vertauschbar ist, so gilt dasselbe auch für die geometrische Summe der gerichteten Strecken.

§ 4. Stetigkeit und Differenzirbarkeit.

Um nun mit Hülfe dieser Coordinaten die Bewegung eines materiellen Punktes darzustellen, müssen wir angeben, in welcher Weise sich die Abmessungen x, y, z, welche die Lage in jedem Augenblicke bestimmen, mit der Zeit verändern, das heifst, wir müssen diese Coordinaten als Functionen der Zeit ausdrücken. Die dabei als unabhängige Urvariabele auftretende Gröfse ist derjenige Zeitraum, welcher seit einem bestimmten, als Beginn der Zeitzählung festgesetzten Zeitpunkt verstrichen ist. Es ist eine Form unserer Anschauungen, dafs wir die fortschreitende Zeit als eine wachsende Gröfse und die zwischen irgend wie markirten Zeitpunkten verstrichenen Zeiträume als unter einander vergleichbare mefsbare Quanta betrachten. Den Methoden der Zeitmessung werden wir erst im weiteren Verlaufe des Studiums der Bewegungserscheinungen begegnen. Wir wollen die von einem bestimmten Anfangspunkt aus gemessene Zeit durch das Zeichen t ausdrücken.

Die Functionen von t, welche x, y, z bilden, können nicht von ganz beliebiger Form sein, müssen vielmehr gewisse Bedingungen erfüllen, damit mögliche Bewegungsvorgänge dadurch gekennzeichnet werden.

Erstens müssen x, y, z überall stetige Functionen von t sein. Diese Forderung ist nothwendig für die Erkenntnifs der Identität eines Massenpunktes zu verschiedenen Zeiten, denn wenn sich die Coordinaten oder auch nur eine einzelne zu irgend einem Zeitpunkt sprungweise veränderten, so würde die dadurch dargestellte Bahn des Massenpunktes abbrechen und an einer davon getrennten Stelle weiterlaufen, die Masse würde daher an einem Orte verschwinden und an einem räumlich getrennten anderen Orte im selben Momente auftauchen, ohne einen die beiden Orte verbindenden Weg durchlaufen zu haben. In einem solchen Falle können wir uns überhaupt gar kein Mittel vorstellen, durch welches die Identität des Massenpunktes vor und nach dem Sprunge nachzuweisen wäre, wir würden vielmehr eine solche nimmermehr anerkennen, sondern uns vor einen Vorgang gestellt sehen, welcher dem obersten Erfahrungsgrundsatz aller Naturerscheinungen, der Unzerstörbarkeit und Unentstehbarkeit der Materie zuwiderläuft.

Die zweite Forderung, welche wir jetzt für die Zeitfunctionen x, y, z aufstellen wollen, kann in ihrer Nothwendigkeit erst eingesehen werden, wenn wir zu den von NEWTON aufgestellten Principien

der Dynamik kommen, indessen soll dieselbe bereits hier als eine
später zu rechtfertigende Beschränkung eingeführt werden: Die
Coordinaten jedes bewegten Massenpunktes müssen stets nach der
Zeit differenzirbar sein. Die Differenzirbarkeit fordert mehr als die
Stetigkeit; sie verlangt, daß die Veränderung, welche eine Function
bei einem Zuwachs der Variabelen erfährt, zu diesem Zuwachs in
einem Verhältniß stehen muß, welches bei hinreichender Kleinheit
dieses Zuwachses von dessen Größe unabhängig wird, also einen
festen Grenzwerth besitzt, den man als den Differentialquotienten
der Function bezeichnet. Wenn x die Function und t die Variabele
bedeutet, so drückt man den Differentialquotient symbolisch durch
das Zeichen $\dfrac{d x}{d t}$ aus. Die Größen der Differentialquotienten von
x, y, z werden nun im Allgemeinen ebenfalls mit der Zeit veränderlich, also Functionen von t sein, dieselben dürfen sich aber
niemals sprungweise verändern, weil sonst für den Zeitpunkt dieses
Sprunges kein eindeutiger Werth des Differentialquotienten angeben
läßt. Wir können daher die aufgestellte Bedingung der Differencir-
barkeit auch dadurch ausdrücken, daß wir verlangen: Die Differentialquotienten von x, y, z müssen stetige Functionen der Zeit sein.

§ 5. Geschwindigkeit, gleichförmige Bewegung.

Die nach der Zeit genommenen Differentialquotienten bezeichnet
man mit dem allgemeinen Namen Aenderungsgeschwindigkeiten der
Functionen, während das Wort Geschwindigkeit im speciellen Sinne
(gleich Weggeschwindigkeit) die Differentialquotienten der Coordinaten
oder anderer die veränderliche Lage des Massenpunktes bestimmen-
der Längenabmessungen bedeutet. Die Aenderungsgeschwindigkeiten
von x, y, z wollen wir nun durch folgende Gleichungen angeben:

$$\left.\begin{array}{l} \dfrac{d x}{d t} = u \\[2ex] \dfrac{d y}{d t} = v \\[2ex] \dfrac{d z}{d t} = w \end{array}\right\} \quad (1)$$

in denen u, v, w stetige Functionen von t sind. Sobald u, v, w bekannt sind, können wir uns die Aufgabe stellen x, y, z selbst zu
finden, das heißt die Bewegung des Punktes zu berechnen. Dies
geschieht durch die Integration der Gleichungen (1).

Wir wollen diese Frage zunächst für den einfachen Fall behandeln, dafs u, v, w während der ganzen Zeit der Betrachtung unveränderliche Werthe besitzen, also von t unabhängig und constant sind. Wir nehmen die Untersuchung nach einer allgemein verwendbaren Methode vor, welche zwar bei diesem einfachen Problem einen etwas weitläufigen Weg geht, welche uns aber die Gewähr bietet, dafs wir dadurch zur Kenntnifs aller möglichen Integralwerthe jener Gleichungen (1) gelangen. Wir stellen zu diesem Zwecke die festen Größen u, v, w ebenfalls als Differentialquotienten nach der Zeit dar:

$$u = \frac{d(ut)}{dt}, \qquad v = \frac{d(vt)}{dt}, \qquad w = \frac{d(wt)}{dt}$$

schaffen diese Ausdrücke auf die linke Seite der Gleichungen (1) und vereinigen sie mit den dortstehenden Differentialquotienten der Coordinaten. Dadurch entstehen folgende nur formellen Umformungen der ursprünglichen Differentialgleichungen:

$$\frac{d}{dt}(x - ut) = 0$$

$$\frac{d}{dt}(y - vt) = 0$$

$$\frac{d}{dt}(z - wt) = 0$$

In dieser Form finden wir die Differentialquotienten von drei Functionen gleich Null gesetzt, was nichts anderes heifst, als dafs die Functionen selbst sich in der Zeit nicht ändern, vielmehr jede irgend einen constanten Werth bewahrt, dessen Betrag aber durch die Aufgabe selbst nicht vorgeschrieben ist. Dergleichen unbestimmte Constanten treten bei jeder Integration von Differentialgleichungen auf. Bezeichnen wir dieselben der Reihe nach durch x_0, y_0, z_0, so können wir statt des letzten Satzes von Differentialgleichungen die gewöhnlichen Gleichungen schreiben:

$$x - ut = x_0, \qquad y - vt = y_0, \qquad z - wt = z_0 \left.\begin{array}{c}\\\\\end{array}\right\}$$

oder in anderer Schreibweise:

$$x - x_0 = ut, \qquad y - y_0 = vt, \qquad z - z_0 = wt \quad (2)$$

Die Integration ist damit vollendet, und wir wollen nun die Natur der durch die Gleichungen (2) dargestellten Bewegung untersuchen. Um zunächst die Bahn des Punktes aufzufinden, müssen wir aus den drei letzten Gleichungen die Zeit eliminiren, denn jeder bestimmte Werth von t, in diese Gleichungen eingesetzt, liefert einen bestimmten Punkt der Bahn, mithin ergiebt das Resultat der Elimination von t die rein analytisch-geometrischen Beziehungen zwischen x, y, z, welche die Gestalt der Bahn charakterisiren. Die Elimination ist leicht auszuführen, indem wir t aus jeder der drei Gleichungen ausrechnen und die gewonnenen Ausdrücke einander gleichsetzen. Wir erhalten so die Doppelgleichung:

$$\frac{x - x_0}{u} = \frac{y - y_0}{v} = \frac{z - z_0}{w}$$

welche zwei von einander unabhängige Beziehungen zwischen den Coordinaten feststellt. Greifen wir die folgende heraus:

$$\frac{x - x_0}{u} = \frac{y - y_0}{v}.$$

Dieselbe sagt als lineare Gleichung zwischen x und y aus, dafs die Orte, welche der Massenpunkt auf seiner Bahn berührt, in einer gewissen Ebene bleiben müssen, welche parallel zur z-Axe liegt. Ebenso folgt aus der anderen Beziehung:

$$\frac{y - y_0}{v} = \frac{z - z_0}{w}$$

dafs die Bahn in einer gewissen Ebene parallel zur x-Axe verlaufen mufs. Diese beiden Ebenen werden im Allgemeinen verschieden von einander sein, die Bahn kann daher nur diejenige gerade Linie sein, welche durch den Schnitt der beiden Ebenen gegeben ist.

Die soeben gegebenen Auseinandersetzungen werden hinfällig, wenn die vorgeschriebenen Constanten u, v, w zum Theil oder sämmtlich gleich Null sind, denn wir haben zum Zwecke der Elimination von t dieselben als Divisoren angewendet, was keinen Sinn mehr hat, wenn dieselben gleich Null sind. Wir müssen deshalb für diese Fälle Specialbetrachtungen anstellen. Wenn alle drei $u = v = w = 0$ sind, so liefern die Gleichungen (2) $x = x_0$, $y = y_0$, $z = z_0$, der Massenpunkt befindet sich also dauernd an irgend einem festen Orte in Ruhe. Ist nur eine Constante, etwa u von Null verschieden, so bleibt $y = y_0$ und $z = z_0$ und nur x verändert sich mit der Zeit. Die Bahn des Punktes ist also irgend eine gerade Linie parallel der x-Axe. Sind endlich zwei Constanten, etwa u und v ungleich Null, während $w = 0$ ist, so bleibt $z = z_0$, die Bewegung findet daher in einer Ebene senkrecht zur z-Axe statt. Andererseits liefern dann die beiden ersten Gleichungen (2) wie im allgemeinen Fall durch Elimination von t eine Ebene parallel der z-Axe. Der Schnitt dieser beiden senkrecht stehenden Ebenen bestimmt in diesem Falle die Bahn des Massenpunktes.

Wir erkennen also in allen Fällen, daſs die Bahn eines Massenpunktes, dessen Coordinaten constante Differentialquotienten haben, eine gerade Linie im Raume sein muſs. Die unbestimmt gebliebenen Integrationsconstanten $x_0 y_0 z_0$ bezeichnen einen Punkt dieser Geraden und zwar denjenigen, in welchem sich der Massenpunkt zu Beginn der Zeitrechnung $t = 0$ befindet. Von diesem Anfangspunkt aus können wir die Länge l des auf der geraden Linie zurückgelegten Weges abmessen; die Projectionen dieser Strecke auf die Coordinataxen sind $(x - x_0)$, $(y - y_0)$, $(z - x_0)$, folglich ist

$$l = \sqrt{(x - x_0)^2 + (y - y_0)^2 + (z - x_0)^2}.$$

Das Vorzeichen dieser Wurzel ist zunächst doppeldeutig; da aber der Radicandus fortdauernd wächst mit der Zeit, der Werth also nach der Zeit $t = 0$ niemals wieder gleich Null wird, so können wir l positiv rechnen in der Richtung, in welcher der Massenpunkt sich bewegt.

Für die einzelnen unter der Wurzel stehenden Terme können wir aus den Gleichungen (2) diejenigen Ausdrücke einsetzen, welche die Abhängigkeit derselben von der Zeit erkennen lassen und erhalten so:

$$l = (\sqrt{u^2 + v^2 + w^2}) \cdot t \tag{3}$$

Da die in diesem Ausdruck vorkommende Wurzel nur aus den vorgeschriebenen Constanten zusammengesetzt ist, so ist sie selbst gleich einem bestimmten und von der Zeit unabhängigen Werthe, den wir q nennen wollen. Der durchlaufene Weg l wächst proportional der verstrichenen Zeit t, der Massenpunkt legt auf seiner geradlinigen Bahn in gleichen Zeiten gleiche Wegstrecken zurück, und die Weggeschwindigkeit ist:

$$\frac{dl}{dt} = \sqrt{u^2 + v^2 + w^2} = q \tag{3a}$$

also unveränderlich. Man nennt eine Bewegung von den hier gefundenen Eigenschaften eine **gleichförmige Bewegung**.

Der Anfangspunkt der Bahn, also der Punkt x_0, y_0, z_0 ist bei der Lösung der Differentialgleichungen unbestimmt geblieben, dagegen hat die Bahn eine durch die vorgeschriebenen Constanten bestimmte Richtung im Raume, denn die Winkel, welche l mit den drei Axen bildet, und die wir durch (l, x), (l, y), (l, z) bezeichnen wollen, sind zunächst gegeben durch:

$$\cos(l, x) = \frac{x - x_0}{l}, \qquad \cos(l, y) = \frac{y - y_0}{l}, \qquad \cos(l, z) = \frac{z - x_0}{l}.$$

Die Richtung von l ist zugleich die Richtung der resultirenden Geschwindigkeit q, also ist auch $(l, x) = (q, x)$ etc. zu setzen. Entnehmen wir endlich aus den Gleichungen (2) und aus Gleichung (3) die Werthe $(x - x_0)$, ... und von l, so kommt:,

$$\left. \begin{array}{c} \cos(q, x) = \dfrac{u}{\sqrt{u^2 + v^2 + w^2}}, \qquad \cos(q, y) = \dfrac{v}{\sqrt{u^2 + v^2 + w^2}} \\[4mm] \cos(q, z) = \dfrac{w}{\sqrt{u^2 + v^2 + w^2}} \end{array} \right\} \quad (3\,\mathrm{b})$$

oder kürzer:

$$\cos(q, x) : \cos(q, y) : \cos(q, z) = u : v : w.$$

Aus diesen Angaben über die Richtung von q in Verbindung mit dem in Gleichung (3a) gegebenen Werthe von q erkennt man, daß constante Aenderungsgeschwindigkeiten der drei Coordinaten sich nach denselben Gesetzen zu einer resultirenden constanten Weggeschwindigkeit zusammenfügen, wie sich verschieden gerichtete Strecken zu einer Resultante vereinigen.

Daher gestalten sich die vorstehenden Ableitungen noch einfacher, wenn wir die Ausdrucksweise der geometrischen Addition anwenden. Die Größen x_0, y_0, z_0, x, y, z, l, u, v, w, q sind alsdann als gerichtete Größen (Vectoren) zu behandeln. Die mit l bezeichnete Wegstrecke stellt sich dar als geometrische Summe:

$$l = (x - x_0) + (y - y_0) + (z - z_0).$$

Durch diese eine Gleichung ist nicht nur die Länge, sondern auch die Richtung von l bestimmt. Durch Anwendung der Gleichung (2) wird hieraus:

$$l = (u + v + w) . t,$$

und durch Differentiation erhält man

$$q = \frac{dl}{dt} = u + v + w. \qquad (3\,\mathrm{c})$$

Die resultirende Geschwindigkeit ist also geometrische Summe der Aenderungsgeschwindigkeiten der einzelnen Coordinaten, und ist durch die eine Gleichung (3c) sowohl ihrer Größe wie ihrer Richtung nach bestimmt. Uebrigens beschränkt sich selbstverständlich die geometrische Addition von Geschwindigkeiten nicht auf solche, welche senkrecht auf einander stehen, nur die auf Grund des pythagoräischen Satzes aufgestellte Gleichung (3) und ihre Consequenzen verlangen rechte Winkel.

§ 6. Beschleunigung.

Wenn die Geschwindigkeitscomponenten *u, v, w* nicht constant sind, sondern durch irgend welche Zeitfunctionen bestimmt sind, so können wir die im vorigen Paragraphen durchgeführte Betrachtung nicht über einen größeren Zeitraum ausdehnen. Da wir aber in Hinsicht auf ein später zu besprechendes Naturgesetz verlangt hatten, daß die Geschwindigkeiten stetige Functionen der Zeit sein müssen, werden die Veränderungen in verschwindend kurzen Zeiten selbst verschwindend klein, und wir können innerhalb solcher kurzer Zeiträume die Größen *u, v, w* als unveränderlich ansehen und die Betrachtungen des vorigen Paragraphen verwenden. Es werden sich also in jedem Zeitelement die Geschwindigkeitscomponenten zu einer resultirenden Geschwindigkeit *q* nach Gleichung (3a) zusammenfassen lassen, und auch die mit der Richtung des Weges übereinstimmende Richtung von *q* läßt sich durch die Gleichungen (3b) angeben.

Der Unterschied besteht nur darin, daß *q* in Größe und Richtung nicht mehr constant bleibt, sondern selbst eine Function der Zeit wird, und zwar gleich wie *u, v, w* selbst, eine stetige Function. Die Stetigkeit, mit welcher die Richtung sich nur verändern kann, hat zur Folge, daß die Bahn des materiellen Punktes höchstens eine endliche Krümmung, nirgends aber einen Knick, einen Winkelpunkt besitzen darf.

Die Differenzirbarkeit derjenigen Zeitfunctionen, welche die Geschwindigkeitscomponenten darstellen, wollen wir nicht ebenso zuversichtlich für alle Zeiten voraussetzen, wie diejenige der Coordinaten selbst. Es giebt thatsächlich viele Bewegungserscheinungen, die sich am einfachsten beschreiben lassen, wenn man zu gewissen Zeitpunkten Unstetigkeiten der Differentialquotienten der Geschwindigkeiten annimmt. In solchen Zeitpunkten existirt dann kein angebbarer Werth des Differentialquotienten. Wir wollen indessen jetzt die Bewegung eines Punktes in Zeitabschnitten verfolgen, in denen auch die Geschwindigkeitscomponenten *u, v, w* differenzirbare Functionen der Zeit bleiben. Um diese neue Annahme mathematisch auszudrücken, müssen wir zu den Gleichungen (1) noch folgende ganz analoge Gleichungen hinzufügen:

$$\left.\begin{array}{l} \dfrac{du}{dt} = \alpha \\[2mm] \dfrac{dv}{dt} = \beta \\[2mm] \dfrac{dw}{dt} = \gamma \end{array}\right\} \quad (4)$$

in denen α, β, γ zu allen Zeiten, welche in Betracht kommen, eindeutige und stetig sich verändernde Gröfsen sind.

Begrifflich wären dieselben zu bezeichnen als die Aenderungsgeschwindigkeiten der Geschwindigkeitscomponenten, welch' letztere ursprünglich eingeführt waren als die Aenderungsgeschwindigkeiten der Coordinaten. Statt dieser umständlichen Benennung führen wir eine kürzere ein, und bezeichnen α, β, γ als die **Beschleunigungen der Coordinaten**. Wir können auch die Gleichungen (1) und (4) zu einem gemeinsamen Gleichungssystem zusammenfassen, wenn wir die Operation

$$\frac{d\left(\dfrac{dx}{dt}\right)}{dt} \qquad \text{oder in kürzerer Form} \qquad \frac{d^2 x}{dt^2}$$

anwenden, deren Resultat man den zweiten Differentialquotient . von x nach t nennt. Wir erhalten auf diese Weise:

$$\left.\begin{aligned}
\frac{d^2 x}{dt^2} &= \alpha \\[1ex]
\frac{d^2 y}{dt^2} &= \beta \\[1ex]
\frac{d^2 z}{dt^2} &= \gamma
\end{aligned}\right\} \tag{5}$$

oder in Worten: Die Beschleunigungen der Coordinaten sind durch deren zweite Differentialquotienten nach der Zeit gegeben.

Wir können nun mit den neu aufgestellten Gleichungen (4) eine ganz ebensolche Integration vornehmen, wie wir sie im vorigen Paragraphen mit den Gleichungen (1) ausgeführt haben; wir müssen dazu nur voraussetzen, dafs α, β, γ längere Zeit hindurch constant bleiben, oder dafs wir nur ein so kurzes Zeitintervall betrachten, dafs die Veränderungen der stetigen Gröfsen α, β, γ unmerklich bleiben. Dann können wir dieselben oben ausführlich besprochenen Schritte der Rechnung ausführen, welche in folgenden Gleichungen ausgedrückt werden:

$$\alpha = \frac{d}{dt}(\alpha t), \qquad \beta = \frac{d}{dt}(\beta t), \qquad \gamma = \frac{d}{dt}(\gamma t),$$

$$\frac{d}{dt}(u - \alpha t) = 0, \qquad \frac{d}{dt}(v - \beta t) = 0, \qquad \frac{d}{dt}(w - \gamma t) = 0,$$

$$u - \alpha t = u_0, \qquad v - \beta t = v_0, \qquad w - \gamma t = w_0.$$

In den letzten drei Gleichungen bedeuten u_0 v_0 w_0 die unbestimmt bleibenden Integrationsconstanten, welche die zur Zeit $t = 0$ herrschende Geschwindigkeit q_0 durch ihre drei Componenten darstellen. Diese drei Gleichungen kann man in anderer Anordnung auch schreiben:

$$\left.\begin{array}{l} u - u_0 = \alpha \cdot t \\ v - v_0 = \beta \cdot t \\ w - w_0 = \gamma \cdot t \end{array}\right\} \qquad (6)$$

Dieselben sagen aus, daſs die durch die Integration gefundene Geschwindigkeit q zur Zeit t, deren Componenten durch u, v, w angegeben sind, dadurch gefunden wird, daſs wir zu q_0 eine neue Geschwindigkeit geometrisch addiren, deren Componenten gleich $\alpha \cdot t$, $\beta \cdot t$, $\gamma \cdot t$ sind und deren bestimmt gerichtete Resultante wir durch q' bezeichnen wollen. In der Ausdrucksweise der geometrischen Addition ist dann:

$$q = q_0 + q'.$$

Die Elimination von t aus den Gleichungen (6) führt zu der Doppelgleichung:

$$\frac{u - u_0}{\alpha} = \frac{v - v_0}{\beta} = \frac{w - w_0}{\gamma}.$$

welche eine bestimmt gerichtete gerade Linie im Raume anzeigt, nämlich die Richtung der hinzutretenden Geschwindigkeit q'. Der Betrag der letzteren ergiebt sich durch Zusammensetzung der auf einander senkrechten Componenten nach dem pythagoräischen Satze:

$$q' = \sqrt{(\alpha \cdot t)^2 + (\beta \cdot t)^2 + (\gamma \cdot t)^2} = (\sqrt{\alpha^2 + \beta^2 + \gamma^2}) \cdot t \qquad (7)$$

also proportional der verstrichenen Zeit, so lange die Quadratwurzel als unverändert gelten kann, also jedenfalls während eines hinreichend kleinen Zeitintervalls. Diese gerichtete Gröſse

$$\sqrt{\alpha^2 + \beta^2 + \gamma^2} = \varkappa \qquad (8)$$

erhält man, auch bei stetig-veränderlichen α, β, γ, in jedem Falle durch Differentiation von q':

$$\frac{dq'}{dt} = \varkappa.$$

Wir nennen sie die Beschleunigung des Massenpunktes. Ihre Richtung ist die Richtung von q' und wird nach den vorhergehenden

Gleichungen durch Angabe der Cosinus der Winkel $(\varkappa, x)$, $(\varkappa, y)$, $(\varkappa, z)$ folgendermafsen bestimmt:

$$\cos(\varkappa, x) = \frac{\alpha}{\sqrt{\alpha^2 + \beta^2 + \gamma^2}}, \qquad \cos(\varkappa, y) = \frac{\beta}{\sqrt{\alpha^2 + \beta^2 + \gamma^2}}, \left.\begin{array}{c} \\ \\ \end{array}\right\} \quad (8\,a)$$

$$\cos(\varkappa, z) = \frac{\gamma}{\sqrt{\alpha^2 + \beta^2 + \gamma^2}}$$

oder kürzer:

$$\cos(\varkappa, x) : \cos(\varkappa, y) : \cos(\varkappa, z) = \alpha : \beta : \gamma.$$

Diese Richtung wird im Allgemeinen verschieden sein von derjenigen der augenblicklich herrschenden Geschwindigkeit, dieselbe ist vielmehr allein bestimmt durch die drei vorgeschriebenen Gröfsen α, β, γ, welche sich als die Componenten von $\varkappa$ herausstellen. Die Componenten der Beschleunigung sind die Beschleunigungen der Coordinaten. Wir haben hiermit die wichtige Erkenntnifs gewonnen, dafs der eingeführte Begriff Beschleunigung eine gerichtete Gröfse ist, dafs dieselbe nach den Gesetzen der geometrischen Addition aus Componenten verschiedener Richtung zusammengesetzt gedacht werden kann. In der Ausdrucksweise der geometrischen Summe werden die 4 Gleichungen (8) und (8a) ersetzt durch folgende einzige Aussage:

$$\varkappa = \alpha + \beta + \gamma, \qquad (8\,b)$$

welche noch allgemeiner ist, als jene Angaben, indem nicht verlangt wird, dafs α, β, γ senkrecht auf einander stehende Vectoren sind.

§ 7.   Andere Zerlegung der Beschleunigung.

Mitunter ist es übersichtlicher, die Beschleunigung nicht aus den drei Componenten in festen Axenrichtungen zusammengesetzt zu denken, sondern eine Zerlegung vorzunehmen, bei welcher die eine Componente in die Richtung der Bahn fällt, während die andere eine bestimmte darauf senkrechte Richtung besitzt.

Wir wollen zu dieser Bildungsart der Beschleunigung auf einem vom vorigen Paragraphen unabhängigen Wege gelangen, indessen aber doch die gleichen Begriffe durch dieselben Buchstaben bezeichnen.

Der betrachtete materielle Punkt habe zur Zeit $t = 0$ die Geschwindigkeit q_0 und nach Verlauf der sehr kurzen Zeit t die Geschwindigkeit q. Die vorausgesetzte Differenzirbarkeit der Geschwindigkeit fordert alsdann, dafs sowohl die Gröfsendifferenz $(q - q_0)$, als auch die Richtungsdifferenz, d. h. der Winkel, welcher entsteht, wenn man q_0 und q vom selben Punkte aus angesetzt denkt, und den wir durch (q, q_0) bezeichnen wollen, daſs diese beiden Veränderungen zur verstrichenen Zeit t in je einem Verhältniſs stehen, welches bei verschwindender Kürze der Zeit t einen festen Grenzwerth annimmt. Nennen wir diesen Grenzwerth bei der Gröſseñänderung η, bei der Richtungsänderung ω, so können wir die Forderung der Differenzirbarkeit durch folgende beide Gleichungen ausdrücken:

$$q - q_0 = \eta \cdot t \tag{9}$$

$$(q, q_0) = \omega \cdot t \tag{9a}$$

in denen t nur verschwindend klein sein darf, welche also unter Voraussetzung endlicher fester Werthe von η und ω auch auf der linken Seite nur verschwindend kleine Gröſsen enthalten. Begrifflich definirt, stellt η die Aenderungsgeschwindigkeit der Weggeschwindigkeit, oder kürzer die Wegbeschleunigung dar, während ω die Aenderungsgeschwindigkeit der Richtung der Bahn oder kurz die **Winkelgeschwindigkeit** miſst. Die gerichteten Gröſsen q_0 und q können wir uns durch Strecken im Raume versinnlichen. Wenn wir dieselben von demselben Ausgangspunkt aus ansetzen, so bestimmen dieselben ein in einer gewissen Ebene liegendes Dreieck, welches wir näher betrachten wollen: Es sei in Fig. 1 die Strecke von A bis B der Repräsentant von q_0, diejenige von A bis C bezeichne q. Dann ist der Winkel $CAB = (q, q_0)$. Durch diese drei Stücke ist das Dreieck bestimmt. Die dritte Seite von B bis C wollen wir q' nennen; dieselbe repräsentirt die im vorigen Paragraphen eingeführte Zusatzgeschwindigkeit, denn AC ist die geometrische Summe von AB und BC. Den Auſsenwinkel bei B, welcher den Richtungsunterschied von q' gegen q_0 miſst, wollen wir mit dem Buchstaben ϑ bezeichnen.

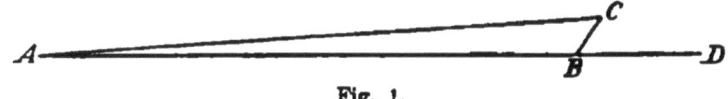

Fig. 1.

Eine bekannte trigonometrische Formel drückt das Quadrat der Seite BC durch die beiden anderen Seiten und den gegenüberliegenden Winkel aus, und liefert dadurch die Gleichung:

$$q'^2 = q_0{}^2 + q^2 - 2 q_0 q \cdot \cos (q, q_0),$$

welche nach einer einfachen goniometrischen Umformung auch folgendermassen geschrieben werden kann:

$$q'^2 = (q - q_0)^2 + 4 q_0 q \cdot \sin^2 \frac{(q, q_0)}{2} .$$

Wegen der verschwindenden Kleinheit des Winkels (q, q_0) können wir den Sinus desselben durch den Arcus selbst ersetzen, auch können wir das Product $q_0 . q$ durch den nur verschwindend wenig davon verschiedenen Ausdruck q_0^2 oder q^2 ersetzen und erhalten, nach Ausziehung der Quadratwurzel, für q' selbst den Ausdruck:

$$q' = \sqrt{(q - q_0)^2 + q^2 . (q, q_0)^2}.$$

Wenn wir nun unter der Wurzel die durch die Gleichungen (9) und (9a) gegebenen Werthe von $(q - q_0)$ und (q, q_0) einsetzen, so bekommen wir:

$$q' = \left(\sqrt{\eta^2 + q^2 \omega^2}\right) . t \qquad (10)$$

Die Quadratwurzel dieses letzten Ausdrucks besteht nur aus den vorgeschriebenen Constanten η und ω und aus der während des betrachteten Zeittheilchens herrschenden Geschwindigkeit q, ist also eine feste Gröfse, welche wir bezeichnen wollen:

$$\sqrt{\eta^2 + q^2 \omega^2} = \varkappa; \qquad (10a)$$

dieselbe ist unabhängig von der Gröfse des kleinen Zeitintervalles, deshalb stellt sich die Zusatzgeschwindigkeit q' als proportional der verstrichenen Zeit t heraus. Dieses $\varkappa$ ist die Beschleunigung des Massenpunktes. Ihre Richtung ist die Richtung von q', bildet also mit q_0 oder dem nur verschwindend anders gerichteten q den vorher mit ϑ bezeichneten Winkel. Ueber diesen Winkel ϑ sagt der sogenannte Sinussatz aus, dafs:

$$\frac{\sin \vartheta}{\sin (q, q_0)} = \frac{q}{q'}$$

ist. Da aber $\sin (q, q_0) = (q, q_0) = \omega . t$ ist, und q' aus Gleichung (10) entnommen werden kann, ergiebt sich:

$$\sin \vartheta = \frac{q \omega}{\sqrt{\eta^2 + q^2 \omega^2}} = \frac{q . \omega}{\varkappa} \qquad (11)$$

ein Ausdruck, der, wie leicht zu sehen, stets einen echten Bruch darstellt, mithin auch immer einen reellen Winkel ϑ liefert. Die Richtung der Beschleunigung $\varkappa$ ist also auch unabhängig von t und durch die vorgeschriebenen Constanten bestimmt. Aus Gleichung (11) folgt unmittelbar:

$$\cos \vartheta = \frac{\eta}{\sqrt{\eta^2 + q^2 \omega^2}} = \frac{\eta}{\varkappa}, \qquad (11a)$$

und wir können nun $\varkappa$ zerlegen in eine Componente in Richtung
der Bahn und eine zweite senkrecht auf der Bahn. Dieselben findet
man folgendermaßen:

$$\text{In der Bahn:} \quad \varkappa \cdot \cos \vartheta = \eta \tag{12}$$

$$\text{Quer:} \qquad \varkappa \cdot \sin \vartheta = q \cdot \omega \tag{13}$$

Die erstere wird also direkt gleich der durch Gleichung (9) eingeführten Größe η und mißt die Wegbeschleunigung, deren Existenz
eine Veränderung der Größe oder Intensität der Geschwindigkeit
anzeigt. Die senkrecht auf der Bahn stehende Componente ist dagegen von η ganz unabhängig und wird bestimmt durch das Product
der Weggeschwindigkeit q und der Winkelgeschwindigkeit ω, welch'
letztere nur vorhanden ist, wenn die Richtung der Bewegung sich
ändert, wenn also die Bahn gekrümmt ist. Man kann alsdann durch
Einführung des Krümmungsradius dieser Beschleunigungscomponente
eine andere Form der Darstellung geben. Der Krümmungsradius,
den ein Längenelement einer Raumcurve besitzt, liegt in der Krümmungsebene dieses Bogenstückes, normal auf dem letzteren nach der
concaven Seite hin. Dieselbe Richtung hat aber auch die in Rede
stehende Beschleunigungscomponente, denn die Ebene, in welcher
das in Fig. 1 betrachtete Dreieck liegt, ist, wie man leicht sieht,
die Krümmungsebene. Nennen wir den Krümmungsradius ϱ, so ist
der von dem Massenpunkt in der oben betrachteten sehr kurzen Zeit t
zurückgelegte Weg, durch den Winkel (q, q_0) ausgedrückt, gleich
$\varrho \cdot (q, q_0)$ oder gleich $\varrho \cdot \omega \cdot t$, andererseits kann man diesen Weg auch
aus der herrschenden Geschwindigkeit q berechnen gleich $q \cdot t$. Die
Gleichsetzung dieser beiden Ausdrücke für den Weg liefert, nach
Hebung des in beiden Fällen gleichen t, folgende Beziehung:

$$q = \varrho \cdot \omega,$$

durch welche man die Gleichung (13) auch in folgenden beiden
Gestalten hinstellen kann:

$$\varkappa \sin \vartheta = \varrho \, \omega^2 \tag{13a}$$

$$\varkappa \sin \vartheta = \frac{1}{\varrho} \cdot q^2 \tag{13b}$$

Da diese Art von Beschleunigung nur bei gekrümmter Bahn vorkommt, und dann stets nach dem Centrum der Krümmung hin
gerichtet ist, wollen wir dieselbe als Centralbeschleunigung bezeichnen. Dieselbe wird später ihre Rolle spielen bei der Erklärung der
sogenannten Centrifugalkraft.

Specielle Fälle der durch die angesetzten Gleichungen (9) und (9a) bedingten Bewegungsverhältnisse treten ein, wenn ω oder η gleich Null sind. Wenn $\omega = 0$ ist, haben wir eine geradlinige Bahn, $\varkappa = \eta$ ist die Beschleunigung, deren Richtung mit derjenigen von q zusammenfällt, da $\vartheta = 0$ wird. Im zweiten Falle dagegen, wenn $\eta = 0$ ist, haben wir eine unveränderte Weggeschwindigkeit, die Beschleunigung wird $\varkappa = q \cdot \omega$ und steht wegen $\vartheta = \dfrac{\pi}{2}$ senkrecht auf der Bahn, welche nach derselben Seite ihre concave Krümmung zeigt. Ist ω für längere Zeit eine constante Größe, so bleibt auch der Krümmungsradius ϱ constant, der Punkt bewegt sich dann mit unveränderter Geschwindigkeit in einer Kreisbahn.

Man kann dieses wichtige Resultat, daß eine krummlinige Bahn auch bei unveränderter Weggeschwindigkeit eine quergerichtete Beschleunigung involvirt, auch aus der im vorigen Paragraphen gegebenen Definition herleiten, nämlich, daß die Componente der Beschleunigung in einer bestimmten Richtung gleich ist dem zweiten Differentialquotienten der in dieser Richtung abgemessenen Coordinate eines rechtwinkeligen Coordinatensystems. Wir stellen uns zu diesem Zwecke die zu einem bestimmten Wegelement gehörige Krümmungsebene vor, in welcher dieses kleine Stück seinen Verlauf nimmt, und legen das Axensystem in der Weise, daß die $x - y$-Ebene mit dieser Krümmungsebene zusammenfällt. Die z-Abmessung des Massenpunktes bleibt dann während des betrachteten kurzen Zeitraumes gleich Null, und wir haben nur die Veränderung von x und y zu betrachten. Die Neigung des Wegelementes oder der Geschwindigkeit q gegen die x-Axe bezeichnen wir durch (q, x). Dann ist:

$$\operatorname{tg}(q, x) = \frac{dy}{dx}$$

oder, da die Veränderungen von y und x in der Zeit erfolgen:

$$\operatorname{tg}(q, x) = \frac{\dfrac{dy}{dt}}{\dfrac{dx}{dt}}.$$

Dieser Tangens wird sich wegen der Krümmung des Wegelementes während der Zeit t ein wenig ändern. Die Aenderungsgeschwindigkeit desselben ist der Differentialquotient des Tangens nach der Zeit und wir erhalten durch Ausführung dieser Differentiation:

$$\frac{d}{dt}\,\mathrm{tg}\,(q,x) = \frac{\dfrac{dx}{dt}\cdot\dfrac{d^2y}{dt^2} - \dfrac{dy}{dt}\cdot\dfrac{d^2x}{dt^2}}{\left(\dfrac{dx}{dt}\right)^2}.$$

Nun wollen wir das Axenkreuz der x- und y-Axe noch eine besondere Lage in der Krümmungsebene besitzen lassen. Die x-Axe sei nämlich Tangente an den Anfangspunkt des Wegelementes, während die y-Axe ebenfalls durch diesen Punkt geht und nach der concaven Seite zeigt, also mit der Richtung des Radius übereinstimmt. Der Winkel (q, x) ist dann zu Anfang gleich Null und erreicht am Schluß dieses Wegelementes in Folge von dessen Krümmung nur den kleinen Betrag, den wir in der vorhergehenden Betrachtung durch (q, q_0) bezeichnet hatten. Jedenfalls können wir den Tangens dieses kleinen Winkels mit dem Arcus selbst identificiren, und der Differentialquotient desselben stellt direct die Winkelgeschwindigkeit ω dar, was sich durch Differentiation der Gleichung (9 a) direct ergiebt.

Von den auf der rechten Seite vorkommenden Größen wird bei dieser besonderen Lage der Axen $\dfrac{dy}{dt} = 0$, während $\dfrac{dx}{dt}$ die herrschende Geschwindigkeit q bezeichnet. Dadurch nimmt die letzte Gleichung die einfachere Gestalt an:

$$\omega = \frac{\dfrac{d^2y}{dt^2}}{q},$$

oder

$$\frac{d^2y}{dt^2} = q\cdot\omega.$$

Da nun y die Abmessung senkrecht auf der Bahn ist, so giebt dessen zweiter Differentialquotient die in diese Richtung fallende Componente der Beschleunigung, also die Centralbeschleunigung, deren Betrag $q\cdot\omega$ denn auch in Uebereinstimmung mit der Gleichung (13) gefunden wird.

Zweiter Theil.
Dynamik eines materiellen Punktes.

Erster Abschnitt.
Allgemeine Principien.

---

§ 8. Bewegungskraft.

Die Erkenntnifs, dafs der im vorangehenden Theile aufgestellte Begriff der Beschleunigung der Bewegung eines materiellen Punktes eine gerichtete Gröfse ist, welche mit ihres gleichen zu einer geometrischen Summe zusammengefafst werden kann und welche auch aus verschiedenen Componenten als Resultante zusammengesetzt gedacht werden kann, bildet das wichtigste Resultat aller kinematischen Betrachtungen und liefert die eigentliche Grundlage der Dynamik, der Lehre von den Gesetzen der thatsächlich in der Natur vorkommenden Bewegungserscheinungen der Massen.

Die Gesetzmäfsigkeit der Naturerscheinungen ist die oberste Voraussetzung, welche wir aufstellen müssen, wenn wir an die Erforschung derselben herantreten wollen. Das Gesetz existirt für uns nur, wenn wir dasselbe erkannt haben, aber wir finden, dafs Etwas vorhanden ist unabhängig von unserem Erkennen und Wollen, was sich uns, sobald wir in den Ablauf einer Naturerscheinung verändernd eingreifen wollen, als eine objective Macht entgegengestellt, und welches die Ursache ist, dafs die Vorgänge gerade so ablaufen, wie wir es beobachten. Diese objectivirte Gesetzmäfsigkeit nennen wir Kraft, und die Erforschung der Gesetze der thatsächlichen Bewegungen ist identisch mit der Beantwortung der durch unser Causalitätsbedürfnifs geforderten Frage nach den Ursachen oder Kräften. Dieser Auffassung entstammt auch der Name Dynamik, d. i. Lehre von den Bewegungskräften.

Nun war es der große Fortschritt, welchen GALILEI gegenüber allen früheren Naturforschern seit Aristoteles machte, daß er als die eine directe Ursache fordernde Bewegungserscheinung die Beschleunigung erkannte. Daß eine Masse, welche eine Zeit lang in Ruhe existirt hat und dann plötzlich anfängt, sich zu bewegen, durch irgend eine vorher fehlende Ursache dazu angetrieben werden muß, das liegt schon in der Allgemeingültigkeit des Causalitätsgesetzes, welches wir als Anschauungsform mitbringen. Daß aber etwas entsprechendes auch für eine bereits in Bewegung befindliche Masse gilt, daß nämlich jede Veränderung ihres Bewegungszustandes, aber auch nur eine solche Veränderung eine Ursache. erfordert, dies war allerdings eine Anschauung, welche die früheren Physiker nicht klar zu Stande gebracht hatten, dies war ein wesentlich neuer Standpunkt; jene Alten hielten im Allgemeinen an der von Aristoteles geäußerten Ansicht fest, daß jeder von der Ruhe verschiedene Bewegungszustand zu seiner Erhaltung einer dauernd wirkenden Ursache (Kraft) bedürfe.

Ein Massenpunkt kann nun thatsächlich in jedem Augenblick nur eine Bewegung, daher auch nur eine bestimmte Beschleunigung besitzen; in diesem Sinne ist jede Zerlegung der letzteren in irgend welche, der vorliegenden Berechnung angepaßte Componenten nur eine mathematische Fiction, deren Zweckmäßigkeit sich in gleicher Weise auch bei den Geschwindigkeiten und bei den gerichteten Strecken in den vorhergehenden kinematischen Betrachtungen erwiesen hat. Dieselbe gewinnt indessen eine realere Bedeutung, wenn wir bedenken, daß die Beschleunigung, die wir in Größe und Richtung bestimmt haben, zunächst für ein und denselben Massenpunkt, das Erkennungsmittel und das Maaß für die bewegende Ursache oder Kraft liefert. Denn es kann sehr wohl vorgestellt werden, daß mehrere Ursachen, die wir bereits in ihren Einzelwirkungen studirt haben, indem wir die durch jede einzelne hervorgebrachten Beschleunigungen festgestellt haben, daß diese Ursachen alle zusammen auf den Massenpunkt einwirken. Die Beschleunigung, welche dessen Bewegung nun zeigt, läßt sich ebenfalls durch Beobachtung feststellen, und es zeigt sich, daß dieselbe gleich der geometrischen Summe aller derjenigen Beschleunigungen ist, welche durch die vorhandenen Ursachen, einzeln genommen, erzeugt werden. Dies ist ein Erfahrungssatz, dessen Richtigkeit geprüft werden kann und der bereits durch die gesammte Arbeit der Physiker seit mehr als zwei Jahrhunderten als richtig bestätigt worden ist. In demselben hat die geometrische Addition der Beschleunigungen einen realen Sinn,

und das Fortbestehen jedes einzelnen Summanden in der Summe
deutet die Erfahrungsthatsache an, daſs die Wirkung einer Kraft
durch die gleichzeitige Anwesenheit anderer Kräfte nicht verändert wird.

Es liegt nun die Gefahr nahe, sich bei der Aufstellung des
Begriffes der Kraft in eine leere Tautologie zu verwickeln. Die
Bewegungen und die Beschleunigungen sind Thatsachen, welche
beobachtet werden können und deren Gröſse man durch Raum-
abmessungen und Zeitbestimmungen zahlenmäſsig feststellen kann.
Wenn man dagegen von Kräften spricht als den Ursachen dieser
Bewegungserscheinungen, so weiſs man von deren Wesen nichts
weiter, als was man eben aus der Beobachtung des Bewegungsvorganges herauslesen kann, und was seinen Ausdruck schon in der
Angabe der Beschleunigung gefunden hat. Man kann daher von
der Kraft nichts aussagen, was man nicht bereits von der Beschleunigung weiss, und es wäre die Einführung dieses unerklärten
Abstractums ohne jeden Inhalt.

Der wahre Sinn, der die Einführung des Kraftbegriffes recht-
fertigt, besteht nun darin, daſs die Kräfte als immer bestehende,
nach unveränderlichen Gesetzen wirkende Ursachen angesehen werden,
deren Wirkung zu allen Zeiten unter denselben Verhältnissen die
gleiche sein muſs. Diese Eigenschaft kann von den Beschleunigungen
nicht behauptet werden. An dieser Bedingung hat man stets festzuhalten, wenn man von Kräften spricht. So kommt häufig der Fall
vor, daſs wir die Anwesenheit einer Kraft anzunehmen Grund haben,
ohne daſs wir ihre Wirkung als Beschleunigung auftreten sehen. In
solchem Falle dürfen wir nicht annehmen, daſs die Kraft vorüber-
gehend aufgehört hat zu wirken, es wird uns vielmehr stets gelingen,
dann noch andere Kräfte aufzuspüren, deren Beschleunigungen mit
der vermiſsten Beschleunigung zusammen die geometrische Summe
Null geben. Es kann sich alsdann ein materieller Punkt in diesem
Zustande des Gleichgewichtes der Kräfte unter denselben Bedingungen befinden, wie wenn keine Kräfte auf ihn wirkten; wir
haben aber durch die ungestörte Additionsfähigkeit der Wirkungen
die Möglichkeit, auch in solchen Zuständen die einzelnen Ursachen
als fortbestehend und unverändert wirksam anzusehen, und wir
können an dem Grundsatz festhalten, daſs das Gesetz der Kraft ein
dauerndes ist. Unter dieser Voraussetzung läſst sich mit Hülfe des
Kraftbegriffes die ganze theoretische Physik ausbilden.

Wir wollen das Gesagte durch ein anschauliches Beispiel
illustriren und wählen zu dem Zwecke diejenige Kraft, welche uns

aus dem täglichen, Leben am geläufigsten ist, die irdische Schwerkraft. Die Wirksamkeit derselben erkennen wir an der Beschleunigung der Bewegung eines fallenden Körpers. Nun brauchen aber schwere Massen nicht immer zu fallen, dieselben können bekanntlich auch auf einem Tisch, auf jeder horizontalen Fläche eines festen Körpers ruhig liegen, und die Beschleunigung der Schwerkraft tritt alsdann nicht in die Erscheinung. Trotzdem haben wir die Schwerkraft als dauernd wirksam und in gleicher Weise beschleunigend anzusehen, wie bei der Fallbewegung; wir müssen nur nach anderen gleichzeitig wirkenden Kräften suchen, deren Beschleunigungen mit derjenigen der Schwerkraft zusammen die Summe Null geben. Wir finden diese auch stets in den sogenannten elastischen Kräften, die durch die Verbiegungen des Tisches und der weiteren Unterstützungen entstehen, wenn eine schwere Masse auf ihnen ruht. Daſs eine solche Verbiegung oder anderweitige Formveränderung der Unterstützungen stets eintritt, läſst sich durch geeignete Mittel nachweisen, und ebenso läſst sich zeigen, daſs bei solchen Deformationen stets Kräfte auftreten, welche ebenfalls unveränderlichen Gesetzen folgen. Man kann mitunter sogar die Gröſse der Deformation zur Messung der Gröſse derjenigen Kraft, welcher dadurch das Gleichgewicht gehalten wird, ebenso gut oder besser benutzen, als die Feststellung der thatsächlichen Beschleunigung, welche die letztere erzeugt. (Federwage, Torsionswage.)

§ 9. Newtons erstes Axiom. Beharrungsvermögen.

Wir wollen nach den einleitenden Betrachtungen über das Wesen der Bewegungskraft zur Besprechung der Grundsätze der Dynamik übergehen, wie dieselben von NEWTON endgültig aufgestellt und allgemein acceptirt worden sind. NEWTON hat diese Sätze als Axiome bezeichnet, das soll heiſsen, als allgemein gültige Gesetze, welche aber nach ihrem wahren Inhalt genommen, durch Erfahrung gewonnen sind und nicht anders als durch Erfahrung geprüft und bestätigt werden können.[1] Dieselben stehen dadurch im Gegensatz zu den früher in der Kinematik von uns aufgestellten Sätzen. Wenn

---

[1] Das Wort Axiom ist also hier in einem anderen Sinne gebraucht als bei KANT. Dieser versteht unter Axiomen der Anschauung synthetische Sätze a priori, d. h. Urtheile, welche ohne jede äuſsere Erfahrung aufgestellt werden. Vergl. KANT, Kritik d. r. V. Elementarlehre II. Th. I. Abth. II. Buch II. Hauptst. 3. Abschn.

wir beispielsweise von der Möglichkeit der geometrischen Addition der Geschwindigkeiten und ihrer Zerlegung in Componenten gesprochen haben, so waren das nur nominalistische Auseinandersetzungen oder Definitionen, in denen Erklärungen für gewisse termini technici gegeben wurden, welche in dem bestimmten angegebenen Sinne gebraucht werden sollten, und von denen wir weiter nichts zu beweisen hatten, als daß sie bei jeder erlaubten Art des Gebrauchs auf die gleichen, eindeutig bestimmten Resultate führen. Der leitende Gesichtspunkt bei der Aufstellung dieser Begriffe, welche bis zu einem gewissen Grade willkürlich gewählt werden könnten, war allerdings bereits, dieselben so zu formuliren, daß wir mit Hülfe derselben die nun folgenden realen Sätze, die wir zu behandeln haben, möglichst klar und einfach aussprechen können. Dabei kam aber die Frage nach der Wahrheit noch gar nicht in Betracht, wir hatten vielmehr nur für die Consequenz in unserem Begriffssystem zu sorgen.

NEWTONS erstes Axiom, welches wesentlich den Inhalt der schon im vorigen Paragraphen von uns besprochenen GALILEI'schen Entdeckung enthält, hat folgenden Wortlaut:

„Corpus omne perseverare in statu suo quiescendi vel movendi uniformiter in directum, nisi quatenus illud a viribus impressis cogitur statum suum mutare."

Unter „corpus" haben wir hier einen materiellen Punkt oder, wie später ausführlich zu zeigen ist, bei ausgedehnter Masse deren mittleren Ort, den sogenannten Schwerpunkt zu verstehen. „Status movendi uniformiter in directum" bedeutet die in § 5 behandelte gleichförmige Bewegung, die einzige Bewegungsart, bei welcher keine Beschleunigung auftritt. „Vires impressae" sind nun die besprochenen Bewegungskräfte, der Ausdruck „impressae" ist dem Sprachgebrauch der älteren Physiker angepaßt, welche sich noch vorstellten, daß die Kräfte in Gestalt unzählig vieler kleiner Eindrücke oder Anstöße die Bewegung der Körper aufrecht erhielten. Man kann also den Inhalt des ersten Axioms folgendermaßen wiedergeben: Jeder materielle Punkt, auf den keine Kräfte wirken, bleibt in Ruhe oder beharrt in derjenigen gleichförmigen Bewegung in welcher er sich einmal befindet.

Die hierdurch ausgesprochene eigenthümliche Eigenschaft der Masse nennt man das Beharrungsvermögen; die lateinisch schreibenden Autoren nannten dieselbe inertia — Trägheit, eine nicht ganz glückliche Bezeichnung, welche sich indessen in einigen Wortbildungen noch bis jetzt erhalten hat.

In der Anerkennung dieses ersten Axiomes liegt auch bereits als directe Schlußfolgerung enthalten, daß die Wirkung einer Kraft sich nur in einer Bewegungsänderung, also in einer Beschleunigung zeigt.

§ 10. Newtons zweites Axiom.

Das zweite Axiom hat den Wortlaut:

„Mutationem motus proportionalem esse vi motrici impressae et fieri secundum lineam rectam, qua vis illa imprimitur."

Bei der Interpretation dieses Satzes ist zu beachten, daß unter motus nicht einfach Geschwindigkeit zu verstehen ist, sondern daß man dadurch im alten Sprachgebrauche denjenigen Begriff bezeichnete, den man jetzt Bewegungsgröße oder Quantität der Bewegung nennt, nämlich das Product aus der bewegten Masse und der Geschwindigkeit, welche dieselbe besitzt. Es begegnet uns an dieser Stelle zum ersten Male der Begriff Masse als Quantität, als Größe, welche freilich, so lange wir nur einen einzelnen Massenpunkt betrachten, die Rolle eines constanten Factors spielt, mit welchem die Geschwindigkeit multiplicirt werden muß, um die Bewegungsgröße zu ergeben. Letztere ist daher eine gerichtete Größe von der Richtung der Geschwindigkeit; man erhält ihre Componenten, wenn man die Geschwindigkeitscomponenten mit diesem Factor erweitert. Bezeichnen wir die Größe des Massenpunktes durch m, die Geschwindigkeit durch q, deren Componenten durch u, v, w, so ist die Bewegungsgröße $m \cdot q$ und ihre Componenten sind $m \cdot u$, $m \cdot v$, $m \cdot w$. Für verschiedene Massenpunkte wird m verschiedene Größe haben. Zu einer Vergleichung verschiedener Massen oder zur Messung derselben durch ein festgesetztes Einheitsmaaß der Masse können wir nur dadurch gelangen, daß wir dieselbe Kraft auf verschiedene Massen wirken lassen und die in diesen Fällen beobachteten mutationes motus, dies sind die Aenderungsgeschwindigkeiten der Bewegungsgröße, einander gleichsetzen. Die eintretenden Beschleunigungen stellen sich dadurch als umgekehrt proportional den bewegten Massen heraus, und dadurch ist ein Mittel des Vergleichs gegeben. Wir werden auf diesen Gedanken noch später zurückkommen, einstweilen sei noch bemerkt, daß die hier als Größe eingeführte Masse bei allen wägbaren Körpern durchaus proportional dem Gewichte ist. Das Gewicht ist aber die Kraft, mit welcher die Schwere den betreffenden Körper angreift. Nun ist die Schwere die Wirkung einer ganz speciellen Naturkraft, welche wir in der Massenanziehung kennen lernen werden, und es konnte diese ausnahmelose Proportionalität zwischen der Größe des Beharrungsvermögens einer Masse und ihrem Gewicht an einer bestimmten Stelle der Erde nur durch zahllose Erfahrungen bestätigt werden. Von vorn herein wäre bei der großen Verschiedenheit der physikalischen und chemischen Eigenschaften der stofflich unterschiedenen Arten von Massen hierüber nichts Gewisses auszusagen.

Nachdem wir erkannt haben, daß die Masse eine physikalische Größe ist, welche wir nach einer festgesetzten Masseneinheit messen können, während für die Kräfte noch kein Maaß besteht, ist es deutlicher, wenn man in diesem zweiten Axiom das Wort „proportionalem" durch „aequalem" ersetzt, denn es wird durch diesen Grundsatz direct das Maaß festgestellt, nach welchem seit NEWTON die Größe jeder Bewegungskraft gemessen wird, nämlich die mutatio motus, das ist der nach der Zeit genommene Differentialquotient der Bewegungsgröße.

Die zweite Hälfte des Axioms sagt aus, daß die Richtung des eben genannten zeitlichen Differentialquotienten der Bewegungsgröße auch zugleich die Richtung der Kraft ist, so daß nun die Bewegungskraft nach Größe und Richtung bestimmt ist.

§ 11. Mathematische Formulirung beider Axiome.

Da die Masse eines materiellen Punktes unveränderlich ist, so kann die Veränderung der Bewegungsgröße nur durch Geschwindigkeitsänderung irgend welcher Art zu Stande kommen, bei der Bildung des im vorstehenden Paragraphen als Maaß der Kraft aufgestellten Differentialquotienten $\frac{d}{dt}(m \cdot q)$ tritt daher m als constanter Factor heraus und wir behalten den Differentialquotienten von q. Dieser ist aber nach den kinematischen Betrachtungen der §§ 6 und 7 die Beschleunigung $\varkappa$. Wenn wir also die Bewegungskraft nach Größe und Richtung durch K bezeichnen, so ist

$$K = m \cdot \varkappa \qquad (14)$$

Falls man nicht mit gerichteten Größen rechnen will, ist die Zerlegung in Componenten parallel den Coordinataxen nützlich. Dabei ist zu beachten, daß die Componenten des Differentialquotienten der Geschwindigkeit gleich den Differentialquotienten der Componenten der Geschwindigkeit sind. Die Componenten der Kraft sollen mit

X, Y, Z bezeichnet werden. Alsdann findet das zweite Axiom seinen mathematischen Ausdruck in den folgenden Gleichungen:

$$X = \frac{d}{dt}(\dot{m} \cdot u) = m \cdot \frac{du}{dt}$$

$$Y = \frac{d}{dt}(m \cdot v) = m \cdot \frac{dv}{dt}$$

$$Z = \frac{d}{dt}(m \cdot w) = m \cdot \frac{dw}{dt}$$

Statt der Geschwindigkeitscomponenten u, v, w kann man auch die Differentialquotienten der Coordinaten x, y, z einsetzen, wie dies in § 6 zwischen Gleichung (4) und (5) ausgeführt ist und man erhält dann:

$$\left. \begin{array}{l} X = m \cdot \dfrac{d^2 x}{dt^2} \\[2ex] Y = m \cdot \dfrac{d^2 y}{dt^2} \\[2ex] Z = m \cdot \dfrac{d^2 z}{dt^2} \end{array} \right\} \tag{15}$$

In dieser Form pflegt die NEWTON'sche Definition der Bewegungskraft am häufigsten dargestellt zu werden. Sie läfst sich in Worten folgendermafsen ausdrücken: Die Kraft, welche auf den Massenpunkt m wirkt, wird gemessen durch das Product der angegriffenen Masse m und der Beschleunigung, welche dieselbe dadurch erhält. Da die Kraft in der Richtung der Beschleunigung wirkt, kann dieselbe in Componenten zerlegt werden, dadurch, dafs man die Beschleunigung in denselben Axenrichtungen in Componenten auflöst und die Producte aus m und diesen Componenten der Beschleunigung bildet.

Es liegt in diesen Gleichungen auch die Anerkennung des ersten Axiomes, denn wenn keine Kraft auf die Masse m wirkt, haben wir $X = Y = Z = 0$ zu setzen, folglich auch $\dfrac{d^2 x}{dt^2} = \dfrac{d^2 y}{dt^2} = \dfrac{d^2 z}{dt^2} = 0$.

Daraus folgt, dafs die ersten Differentialquotienten $\dfrac{dx}{dt}$, $\dfrac{dy}{dt}$, $\dfrac{dz}{dt}$ constante Werthe besitzen. Für diesen Fall lieferten aber die Betrachtungen des § 5 als einzig mögliche Bewegungsart die gleichförmige Bewegung in geradliniger Bahn mit constanter Geschwindigkeit, also diejenige Bewegung, welche eine Masse nach der Aussage des ersten Axioms bei Abwesenheit von Kräften besitzen kann.

Zugleich wird eine Auffassung klargestellt, die in den Newton'-
schen Axiomen nicht ausführlich betont, aber stillschweigend mit
einbegriffen ist und die wir bereits im § 8 berührt haben, nämlich
der Grundsatz, daſs die Wirkung einer Bewegungskraft durch die
Anwesenheit einer anderen nicht verändert wird, sondern ungestört
fortbesteht. Wir können nämlich die Componenten X, Y, Z als drei
zugleich wirkende Kräfte auffassen, deren gemeinsame Wirkung diejenige ihrer Resultante vollständig ersetzt. Die geometrische Addition
der Beschleunigungscomponenten, deren Summe die resultirende Beschleunigung ist, ergiebt dann die ungestörte Wirkung jeder einzelnen
Kraftcomponente trotz der Anwesenheit der anderen. Auch in dem
Falle, daſs mehrere Kräfte denselben Massenpunkt angreifen, können
wir die gleichgerichteten Componenten derselben einfach algebraisch
addiren, und finden die Componenten der resultirenden Beschleunigung durch algebraische Addition.

§ 12. Bewegungskraft unabhängig von der Geschwindigkeit.

Eine zweite Frage, welche von Newton in der Abfassung seiner
Axiome unberührt gelassen, dadurch freilich stillschweigend ent-
schieden worden ist, betrifft den Einfluſs der vorhandenen Geschwindigkeit. Die Gröſse der Kraft wurde gemessen allein durch
die Masse und ihre Beschleunigung, und wenn auch die Beschleunigung definirt wurde durch den Grenzwerth des Zuwachses an
Geschwindigkeit dividirt durch das verschwindende Zeittheilchen, in
welchem derselbe zu Stande kommt, so ist doch dieser Begriff nicht
abhängig von der Gröſse der bereits bestehenden Geschwindigkeit.
Das Newton'sche Kraftmaaſs verneint also den Einfluſs der Geschwindigkeit. Indessen ist doch hier zu bemerken, daſs erfahrungsmäſsig Fälle vorkommen, in denen wir es zu thun haben mit Kräften,
deren Intensität abhängig erscheint von der Geschwindigkeit, mit
welcher die Körper im Raume fortschreiten; namentlich kommen
viele Fälle vor, in denen die Bewegung einen Widerstand erleidet,
welcher auf Kräfte hindeutet, deren Beschleunigungen der Be-
wegungsrichtung gerade entgegengesetzt gerichtet sind und zu
wachsen pflegen, sowohl mit zunehmender absoluter Geschwindigkeit
im Lufträume oder einem anderen Medium, als auch mit wachsender
relativer Geschwindigkeit, d. h. Geschwindigkeitsdifferenz gegenüber
einem anderen bewegten Körper. Wir brauchen nur an die Bewegungserscheinungen bei Anwesenheit irgend einer Art von Reibung

zu denken. Wir wissen ja aus täglicher Erfahrung, daſs Massen, denen eine bestimmte Geschwindigkeit ertheilt worden ist, und welche man allen beschleunigenden Kräften zu entziehen strebt, durchaus nicht in alle Ewigkeit mit derselben Geschwindigkeit fort-zulaufen pflegen, wie es eigentlich das erste NEWTON'sche Axiom vom Beharrungsvermögen fordert; es ist vielmehr nur bei ganz be-sonderen Vorsichtsmaaſsregeln möglich, für kurze Zeiten eine be-friedigende Annäherung an diesen idealen Verlauf herzustellen. Sonst finden wir, wenigstens in irdischen Verhältnissen, bei Massen, die sich im Luftraum und in Berührung mit anderen Körpern bewegen müssen, z. B. eine Unterstützung gegen die Schwerkraft haben müssen, um gegen die beschleunigende Wirkung derselben geschützt zu sein, regelmäſsig, daſs die ihnen mitgetheilte Geschwindigkeit all-mählich verringert wird, daſs also eine negative Beschleunigung vor-handen ist, welche um so gröſser ist, je gröſser die herrschende Geschwindigkeit selbst ist. Deshalb haben nun die Physiker schon im vorigen Jahrhundert vielfach mit Kräften gerechnet, welche Functionen der Geschwindigkeit sein sollten; für Aufgaben, wo es sich nur um die Gewinnung eines einseitigen Resultates von be-schränkter Bedeutung handelt, sind solche Annahmen auch sehr zweckmäſsig, und wir werden dieselben später auch benutzen.

Es hat sich aber durch die späteren Fortschritte der Physik gezeigt, daſs in allen Fällen, wo die Geschwindigkeiten auf die Gröſse der bewegenden Kräfte Einfluſs zu haben scheinen, der Vor-gang niemals eine reine Bewegungserscheinung ist, sondern daſs dann neben den Ortsveränderungen noch andere Veränderungen einhergehen, deren Auffindung zum Theil sorgfältige Beobachtungen erfordert, daſs beispielsweise in solchen Fällen, wo sogenannte Reibungskräfte zu wirken scheinen, welche die vorhandene Be-wegungsgröſse allmählich verzehren, immer eine Wärmeentwickelung vor sich geht. Auch kommen Fälle vor, in denen gleichzeitig noch elektrische und magnetische Inductionswirkungen und chemische Veränderungen hervorgerufen werden, die sich dann einmischen und scheinbar Bewegungskräfte hervorrufen, die von der Geschwindigkeit abhängig sind. Wenn wir nun alle Arten von Kraftwirkungen, bei denen irgend welche der vorher erwähnten Nebenerscheinungen auf-treten, aus der gegenwärtigen Betrachtung ausschlieſsen, so bleiben allein übrig die reinen Bewegungskräfte, welche nur beschleunigte Bewegung ohne Nebenwirkungen erzeugen. Von diesen können wir als empirisch nachgewiesen feststellen, daſs sie unabhängig von den bestehenden Geschwindigkeiten sind, gleichwie auch von der gleich-

zeitigen Existenz anderer Kräfte. Diese reinen Bewegungskräfte
werden namentlich von den englischen Physikern häufig auch conservative Kräfte genannt, weil dieselben, wie später gezeigt werden
wird, dem Gesetz von der Conservation der Energie gehorchen.

§ 13. Dimensionen und Maafse.

Es dürfte hier der geeignete Ort sein, einen Ueberblick über
die verschiedenen Arten der bisher eingeführten physikalischen
Gröfsen und der zum Messen derselben nothwendigen Maafse einzu-
schieben. In der Kinematik hatten wir als ursprüngliche mefsbare
Gröfsen nur die Längen von Strecken und von Zeiträumen gebraucht,
welche nach Festsetzung einer Längeneinheit und einer Zeiteinheit
zahlenmäfsig angegeben werden können. Die zur Bestimmung von
Richtungsunterschieden dienenden Winkelgröfsen sind in der Rechnung stets als unbenannte Verhältnifszahlen (Kreisbogen, gemessen
durch Radius) zu betrachten und daher unabhängig von der Wahl
irgend welcher Einheiten. Bei der Besprechung des zweiten NEWTON'-
schen Axioms begegneten wir noch einer dritten Klasse ursprüng-
licher Gröfsen, den Massen, für deren Messung ebenfalls die Festsetzung einer besonderen Einheit nothwendig ist.

Alle übrigen Gröfsen aber wurden durch Gleichungen definirt,
in denen aufser diesen nur die drei angeführten Grundformen von
physikalischen Begriffen in verschiedenen Combinationen vorkamen.
Wir werden auch im weiteren Verlauf der Dynamik sehen, dafs für
alle neu aufzustellenden Begriffe dasselbe gilt. Da nun auf diese
Weise im Fortschritt der Untersuchungen verhältnifsmäfsig complicirte Zusammensetzungen der ursprünglichen Gröfsenarten auftreten
und man sehr häufig das Bedürfnifs hat, für eine Gröfse, die auf
einem verwickelten Wege durch Heranziehung von Sätzen aus verschiedenen Kapiteln der Physik gefunden ist, die Art der charakteristischen Gruppirung zu bezeichnen, so bildet man Gleichungen,
welche nicht den Zahlenwerth der zu messenden Gröfse geben sollen,
sondern die Art der Zusammensetzung aus den grundlegenden Gröfsen
Masse, Länge, Zeit anzeigen. Man schliefst, um an diesen besonderen Sinn solcher Gleichungen zu erinnern, nach MAXWELLS Vorgang zweckmäfsig die Ausdrücke in eckige Klammern ein, und bezeichnet, ohne sich an bestimmte Maafseinheiten zu binden, eine
Masse durch M, eine Länge durch L und eine Zeit durch T; oft
findet man in solchen Angaben das Auftreten von Bruchstrichen
dadurch vermieden, dafs man negative Exponenten anwendet und

dann stets ein Product irgend welcher Potenzen von M, L, T erhält. Diesen für den in Frage stehenden neuen physikalischen Begriff zu Stande kommenden Complex dieser Größen nennt man die Dimension desselben.

So sehen wir aus den Gleichungen des § 5, daß der Begriff der Geschwindigkeit eingeführt wurde als der Proportionalitätsfactor in der Aussage, daß der zurückgelegte Weg proportional dem verstrichenen Zeitelement ist. Die Geschwindigkeit ist daher ihrer Dimension nach selbst eine Länge dividirt durch eine Zeit:

$$\text{Geschwindigkeit} = \left[\frac{L}{T}\right] = [L \cdot T^{-1}] \tag{16}$$

Wie die Geschwindigkeit aus dem Weg, so wurde dann der Begriff Beschleunigung aus der Geschwindigkeit hergeleitet. Wir haben daher die Dimension der letzteren nochmals durch T zu dividiren und erhalten:

$$\text{Beschleunigung} = \left[\frac{L}{T^2}\right] = [L \cdot T^{-2}] \tag{17}$$

Mit dieser Angabe stimmt es auch überein, daß die Componenten der Beschleunigung durch die zweiten Differentialquotienten der Coordinaten gemessen werden, denn die Dimension von $d^2 x$ ist gleichwie diejenige von dx und von x eine Länge, während der Nenner dt^2 das Quadrat einer Zeit ist.

In Gleichung (9a) wurde ferner die Winkelgeschwindigkeit ω definirt als Proportionalitätsfactor einer mit der Zeit wachsenden Richtungsänderung, ω ist also der Dimension nach ein Winkel dividirt durch eine Zeit, oder da der Winkel eine reine Zahl ist:

$$\text{Winkelgeschwindigkeit} = \left[\frac{1}{T}\right] = [T^{-1}] \tag{18}$$

Die Dynamik hat uns außer dem fundamentalen Begriff der Masse bis jetzt noch geliefert die Bewegungsgröße als Product aus Masse und Geschwindigkeit:

$$\text{Bewegungsgröße} = \left[M \cdot \frac{L}{T}\right] = [M L T^{-1}] \tag{19}$$

und schließlich den wichtigsten Begriff, die Bewegungskraft, welche gemessen werden sollte durch den Differentialquotienten der Bewegungsgröße oder mit anderen Worten durch das Product der bewegten Masse und der Beschleunigung. Die Dimension ist also:

$$\text{Kraft} = \left[M \cdot \frac{L}{T^2}\right] = [M \cdot L \cdot T^{-2}] \tag{20}$$

Der Nutzen, welchen die Beachtung der Dimensionen gewährt, ist ein mehrfacher. Einmal ist es eine nothwendige Forderung, daſs nur gleichartige Gröſsen einander gleichgesetzt oder zu einer Summe vereinigt werden können; die Dimensionen der beiden Seiten einer Gleichung wie auch die der einzelnen Glieder einer Summe müssen also stets die gleichen sein. Aus der Prüfung dieses Umstandes kann man zwar nicht die zahlenmäſsige Richtigkeit irgend einer gefundenen Relation zwischen verschiedenen physikalischen Gröſsen herleiten, oft aber ohne Mühe einen etwa begangenen Irrthum dadurch nachweisen, daſs die Dimensionen dann nicht übereinstimmen. Als Beispiel für diese geforderte Gleichheit der Dimensionen wollen wir die drei Ausdrücke betrachten, welche in den Gleichungen (13), (13a), (13b) für die Gröſse der Centralbeschleunigung einer krummlinigen Bewegung angegeben sind. In der ersten Form erscheint dieselbe als Product der Weg- und der Winkelgeschwindigkeit, ist also gleich $\left[\dfrac{L}{T} \cdot \dfrac{1}{T}\right]$, in der zweiten und dritten Form erscheint der Krümmungsradius als Länge und wir erhalten $\left[L \cdot \left(\dfrac{1}{T}\right)^2\right]$ und $\left[\dfrac{1}{L} \cdot \left(\dfrac{L}{T}\right)^2\right]$. Man sieht, daſs alle drei Dimensionen gleich $[L \cdot T^{-2}]$, also gleich der Dimension der Beschleunigung sind.

Der Hauptvortheil besteht aber darin, daſs wir für jede nach ihrer Dimension bekannte Gröſsenart sofort eine nicht mehr willkürliche Maaſseinheit finden, so daſs sich nach alleiniger Festsetzung der drei Grundmaaſse ein zusammenhängendes System von Maaſsen über alle Zweige der Physik verbreitet, in welchen wir die Dimensionsbestimmungen angeben können. Auch kann man aus der Betrachtung der Dimension sofort ablesen, in welcher Weise sich ein abgeleitetes Maaſs verändert, wenn in der Festsetzung der drei Grundmaaſse etwas verändert wird.

Als Urnormalen der Längen- und der Massen-Einheit werden zwei aus unveränderlichem Material hergestellte Etalons, das Meter und das Kilogramm in Paris aufbewahrt, alle in Gebrauch befindlichen Maaſsstäbe und Gewichtsstücke sind Copieen von diesen. Für die Urnormale der Zeitmessung dient die als unveränderlich anzusehende Dauer der Umdrehung der Erde um ihre Axe, eine Zeitdauer, welche durch Beobachtungen der aufeinander folgenden Durchgänge irgend eines sehr fernen Fixsterns durch das Fadenkreuz eines feststehenden Fernrohres sehr genau festgestellt werden kann. Man nennt dieses Urmaaſs den Sterntag, auf welches man zuletzt immer zurückgehen muſs, wenn man Zeitinstrumente (Uhren), deren

Princip die Unveränderlichkeit der Schwingungsdauer des Pendels ist, auf ihren richtigen Gang controliren will.

Diese Urmaaße können nun in aliquote Theile getheilt, auch vervielfacht werden je nach der Größe der zu messenden Objecte. Bei Längen und Massen ist allgemein die dem dekadischen Zahlensystem entsprechende Multiplikation oder Division mit Potenzen von 10 durchgeführt, welche dann zu den bekannten Maaßen: Centimeter, Millimeter etc. und Gramm, Milligramm etc. führt. Das praktisch verwendete Zeitmaaß, die Secunde, steht nicht in so einfacher Beziehung zur Urnormale; die Secunde ist definirt als der $60 \times 60 \times 24$-ste Theil des bürgerlichen oder mittleren Sonnentages, letzterer steht zu dem Sternentage in einem hinreichend genau bekannten, aber irrationalen Verhältniß, welches in der Prüfung des Sekundenpendels stets seine Rolle spielt.[1] Außer den vom Meter und vom Kilogramm abgeleiteten Maaßen werden in einzelnen Betrachtungen auch andere Maaßeinheiten angewendet, deren Reductionszahlen auf die bisher genannten Maaße von der Genauigkeit der neuesten und sorgfältigsten Messungen abhängen, daher nicht absolut feststehen. Die Länge des vierten Theiles des Erdmeridians, d. h. der geodätische Abstand eines Poles vom Aequator, ferner die in der Astronomie nützlichen Maaße, nämlich die große Axe der elliptischen Erdbahn und die Masse der Erde gehören zu diesen Maaßen.

Dasjenige Maaßsystem, in welchem Centimeter, Gramm und Secunde als fundamentale Einheiten festgesetzt sind, hat neuerdings eine allgemeine Verbreitung gefunden und man pflegt in dem Falle, daß die Dimension der gemessenen Größenart als geläufig und bekannt gelten kann, einfach durch die zur Maaßzahl hinzugesetzte Bezeichnung (*C. G. S.*), d. h. Centimeter, Gramm, Secunde, anzudeuten, daß die Angabe sich auf das von diesen Einheiten hergeleitete Maaßsystem bezieht, welchem man den Namen absolutes Maaßsystem gegeben hat.

---

[1] Während der bürgerliche oder mittlere Sonnentag in Folge der Definition der Secunde genau 86 400 Secunden enthält, umfaßt der Sternentag 86 164,09 . . . Secunden, eine Angabe, die für jede Reduction eine hinreichende Genauigkeit liefert.

Zweiter Abschnitt.
Besondere Formen von Bewegungskräften.

Die allgemeinen Grundsätze über die Existenz und die Messung von Kräften, welche durch die besprochenen NEWTON'schen Axiome gegeben sind, sollen jetzt zum Studium von Bewegungserscheinungen verwendet werden, welche ein materieller Punkt unter der Wirkung einiger besonderer, wegen ihres häufigen Vorkommens wichtiger Naturkräfte zeigt.

Erstes Kapitel.

§ 14. Die sogenannte Centrifugalkraft.

Zuerst wollen wir die Kraftwirkung betrachten, welche bei jeder krummlinigen Bewegung eines materiellen Punktes auftritt. Die kinematischen Betrachtungen des § 7 hatten uns darüber belehrt, daſs eine gekrümmte Bahn, unabhängig von der etwa vorhandenen Wegbeschleunigung, eine nach dem Krümmungsmittelpunkt gerichtete Beschleunigung erfordert, deren Gröſse durch die Gleichungen (13), (13a), (13b) angegeben ist als bestimmt durch je zwei der drei Bestimmungsstücke: Weggeschwindigkeit q, Winkelgeschwindigkeit ω und Krümmungsradius ϱ. Da wir nun aus dem Auftreten jeder Beschleunigung auf das Wirken einer Kraft schlieſsen müssen, so erkennen wir, daſs zur Aufrechterhaltung einer krummlinigen Bewegung eine nach dem Krümmungscentrum gerichtete Kraft nöthig ist, welche wir messen durch das Product der bewegten Masse m mal der durch jene Gleichungen (13) angegebenen Centralbeschleunigung. Diese Kraft nennt man Centralkraft, auch wohl Centripetalkraft, ihr Betrag C ist:

$$C = m \cdot q \cdot \omega = m \cdot \varrho \cdot \omega^2 = m \cdot \frac{1}{\varrho} \cdot q^2 \qquad (21)$$

Den einfachsten Fall, in welchem jene Kraft ihre Intensität nicht ändert, während ihre Richtung stets nach demselben Punkt hinweist, haben wir vor uns, wenn der Massenpunkt m in einer Kreisbahn mit constanter Geschwindigkeit umläuft; dann bleiben nämlich q, ω und ϱ feste Gröſsen. Aus den einzelnen Ausdrücken der vor-

stehenden Gleichung können wir dann folgende Gesetze herauslesen:

1. Die Centralkraft ist proportional der kreisenden Masse.

2. Bei gleichbleibender Winkelgeschwindigkeit ist die Centralkraft dem Radius proportional.

3. Bei gleichbleibender Weggeschwindigkeit ist die Centralkraft
der Krümmung $\left(\dfrac{1}{\varrho}\right)$ proportional.

Am häufigsten werden derartige Bewegungen dadurch erzeugt,
dafs eine Masse durch sogenannt feste Verbindungen gezwungen
wird, sich in einer Kreisbahn zu bewegen. Dies kann dadurch geschehen, dafs wir dieselbe an einem Faden befestigen, dessen
anderes Ende sich nicht verrücken kann, so dafs die Fadenlänge
den Radius der Kreisbahn bestimmt; oder man kann durch eine
gekrümmte Wandfläche oder durch eine Schiene das Austreten
aus der Kreisbahn verhindern. In allen diesen Fällen wird die
zur Erzeugung der Kreisbewegung nöthige Centralkraft durch die
elastische Deformation der Verbindungen hergestellt: Der Faden wird
dabei gespannt und so weit verlängert, dafs die auf Verkürzung
hinwirkende elastische Kraft desselben gerade die erforderliche
Centralkraft liefert, ebenso wird die Schiene nach aufsen verbogen
und die sogenannt feste Wand wird eingedrückt, damit diese
Wirkung zu Stande kommt. Die Verbiegung eines festen Lagers
hatten wir bereits zur Erklärung der Ruhe eines von der Schwerkraft angegriffenen Körpers herangezogen; die Erscheinung ist also
dieselbe, als ob der im Kreise bewegte Körper auf die festen Verbindungen eine Kraft äufserte, deren Intensität der nöthigen Centralkraft gleich ist, aber die entgegengesetzte Richtung vom Centrum
weg besitzt. Dieser Erscheinung Rechnung tragend spricht man
von der Centrifugalkraft des in krummer Bahn bewegten Körpers.
Sobald jene festen Verbindungen aufhören zu wirken, wenn beispielsweise der Faden reifst, so bewegt sich der Körper lediglich in Folge
seines Beharrungsvermögens geradlinig weiter in Richtung der Tangente
und in gleichförmiger Bewegung; er entfernt sich dabei mehr und
mehr vom Mittelpunkt der vorhergehenden Kreisbahn. Dies ist also
nicht die Wirkung einer vom Centrum wegtreibenden Bewegungskraft; sondern eine reine Folge des Fehlens jeder Bewegungskraft.
Die sogenannte Centrifugalkraft ist mithin nur ein Ausdruck
für diejenigen Erscheinungen, welche bei festen Verbindungen die
zur Erhaltung der krummen Bahn nöthige Centralkraft erzeugen,
nicht aber eine eigenthümliche, Bewegung verursachende Naturkraft.

Zweites Kapitel.

Schwerkraft und Fallbewegung.

§ 15. Aufstellung und Integration der Differentialgleichungen.

Wir gehen jetzt über zur Besprechung derjenigen Bewegungserscheinungen, welche ihre Erklärung durch das Wirken der Schwerkraft finden, und die man ganz allgemein Fallbewegungen nennt. Die Schwerkraft ist in der ganzen praktischen Physik, wie auch im täglichen Leben von der gröfsten Wichtigkeit, weil dieselbe an allen uns erreichbaren Orten jederzeit zur Verfügung steht und auf alle Massen in der Nähe der Erdoberfläche nach demselben aufserordentlich einfachen Gesetze wirkt. Es steht nämlich erfahrungsmäfsig fest, dafs dieselbe allen Massen unabhängig von deren Gröfse und Beschaffenheit eine Beschleunigung ertheilt, welche innerhalb solcher räumlicher Grenzen, die wir in einem Laboratorium vor uns zu haben pflegen und welche wir bei einer einzelnen Versuchsanordnung bequem beherrschen können, so gut wie constant in Intensität und Richtung ist. Wenigstens sind die Veränderungen derselben in diesen Fällen so aufserordentlich klein, dafs besonders feine, eigens zu diesem Zwecke angestellte Messungen nöthig sind, um Differenzen nachzuweisen. An verschiedenen Orten zeigt diese Beschleunigung bemerkbare, wenn auch immerhin verhältnifsmäfsig geringe Verschiedenheiten ihrer Intensität; man kann dieselbe als Function der geographischen Breite und der Höhe über dem Meeresspiegel darstellen. Die Richtung derselben stimmt überall nahezu mit der aus astronomischen Messungen abzuleitenden Richtung gegen den Erdmittelpunkt überein; die Abweichungen rühren von der durch die Rotation der Erde bewirkten Centrifugalkraft, wie auch von der ellipsoidischen Gestalt der Erde und von abnormen lokalen Massenvertheilungen (Gebirgen etc.) her.

Wir wollen jetzt alle diese Complicationen aufser Acht lassen, und uns auf einen begrenzten Spielraum beschränken, innerhalb dessen die Beschleunigung der Schwere als eine Constante in Intensität und Richtung angesehen werden soll. Wir bezeichnen dieselbe durch den Buchstaben g. Die Kraft, welche der Masse m diese Beschleunigung ertheilt, ist nach dem NEWTON'schen Maafse $m \cdot g$, man nennt sie das Gewicht der Masse m; die früher erwähnte Proportionalität zwischen der Masse und ihrem Gewicht findet also seine Begründung in der erfahrungsmäfsigen Constanz von g für alle Körper an demselben Beobachtungsort.

Die Richtung der Schwerkraft nennt man die verticale oder die Richtung von oben nach unten. Wir wollen für die folgenden Betrachtungen das rechtwinkelige Coordinatensystem so richten, dafs die positive x-Axe vertical nach oben zeigt, die y- und die z-Axe bestimmen dann zwei auf einander senkrechte, horizontale Richtungen. Die Componenten der Schwerkraft X, Y, Z erhalten nach den gemachten Festsetzungen folgende Werthe:

$$\left.\begin{aligned} X &= -m \cdot g \\ Y &= 0 \\ Z &= 0 \end{aligned}\right\} \quad (22)$$

Es kann nun der Fall eintreten, dafs die Masse m nicht anders fallen kann, als indem sie zugleich noch andere träge Massen, welche der Wirkung der Schwere durch irgend welche Mittel entzogen sind, mit sich zugleich in Bewegung setzt, und zwar in dieselbe Bewegung, in die sie selbst geräth. Die für instructive Zwecke vollkommendste Einrichtung dieser Art zeigt die ATWOOD'sche Fallmaschine, welche zum experimentellen Nachweise der Fallgesetze gebraucht wird. Dieselbe besteht aus einem mit möglichst geringer Reibung drehbaren Rade, über welches eine biegsame Schnur läuft, an deren Enden auf beiden Seiten gleiche Massen hängen. Diese Massen werden zwar von der Schwerkraft angegriffen, sind aber deren beschleunigendem Einflufs entzogen, denn, wenn die eine Masse diesem Zuge folgen würde, so würde die andere durch die Fadenübertragung in entgegengesetzter Richtung aufwärts gegen die Richtung der Beschleunigung bewegt werden. Die beiden Kräfte, welche die Schwerkraft auf diese Massen äufsert, halten sich also in jeder Lage das Gleichgewicht. Damit nicht etwa die verschiedene Länge des Fadens auf beiden Seiten des Rades ein Uebergewicht erzeugt, pflegt man die beiden Massen auch noch unterhalb durch einen Faden zu verbinden, welcher in mäfsiger Spannung über ein ebensolches Rad läuft; man ist dann sicher, dafs sich auf beiden Seiten stets gleiche Fadenlängen befinden. Wenn diese Massen einmal durch einen äufseren Eingriff in Bewegung gesetzt sind, so laufen sie in Folge des Beharrungsvermögens mit constanter Geschwindigkeit weiter, so weit der Spielraum reicht. Legt man aber zu einer der Massen noch ein Uebergewicht hinzu, so ist die Schwerkraft desselben nicht compensirt, das Gleichgewicht ist gestört, und in Folge dessen beginnt diese zugelegte Masse zu fallen und mufs dabei die beiden vorher nicht beschleunigten Massen mitnehmen. Wir wollen die mathematische Behandlung der Fallbewegung unter dieser umfassenderen Annahme durchführen, dafs die in Bewegung gesetzte Masse gröfser ist, als diejenige, auf welche die Schwerkraft wirkt und deren Gewicht das ganze System treibt. Dabei wollen wir uns aber nicht an die Beschränkungen fesseln, welche aus der Construction der ATWOOD'schen Fallmaschine folgen, dafs z. B. keine horizontalen Bewegungen möglich sind, wir wollen vielmehr aus den Gleichungen, welche wir mit Hülfe des NEWTON'schen Kraftmaafses aufstellen können, die allgemeinsten Folgerungen ziehen.

Nennen wir die von der Schwerkraft angegriffene Masse m, während die übrigen mitgerissenen, lediglich trägen Massen zusammen durch M bezeichnet werden, so wird die Masse $(M + m)$ in Bewegung gesetzt, und die Componenten der Kraft werden nach den Gleichungen (15) gleichzusetzen sein dieser Masse $(M + m)$ multiplicirt mit den zweiten Differentialquotienten ihrer Coordinaten. Streng genommen handelt es sich beim Problem der Bewegung der Fallmaschine in seiner einfachsten Form um drei Massenpunkte, wir können aber wegen der festen Fadenverbindung allein die Coordinaten von m verfolgen und M an demselben Orte mit m vereinigt denken.

Die Gleichungen (22) liefern uns dann in Gemeinschaft mit den Gleichungen (15) folgende Differentialgleichungen als Grundlage für die folgende Betrachtung:

$$\left.\begin{aligned} (M + m) \cdot \frac{d^2 x}{d t^2} &= - m \cdot g \\ (M + m) \cdot \frac{d^2 y}{d t^2} &= 0 \\ (M + m) \cdot \frac{d^2 z}{d t^2} &= 0 \end{aligned}\right\} \tag{23}$$

Diese Differentialgleichungen haben wir nun zu integriren, um x, y, z als Functionen der Zeit zu finden; erst dann ist die Art der Bewegung, welche unter diesen Voraussetzungen eintritt, explicite angegeben. Wir denken uns zu diesem Zweck in der ersten Gleichung $m \cdot g$ mit positivem Vorzeichen auf die linke Seite gebracht, so dafs die rechten Seiten aller drei Gleichungen gleich Null sind. Es ist leicht, die linken Seiten dann als Differentialquotienten nach t darzustellen. Diese Umformung liefert dann folgende nur formell von (23) verschiedenen Gleichungen:

$$\frac{d}{dt}\left\{(M+m)\frac{dx}{dt}+m.g.t\right\}=0$$

$$\frac{d}{dt}\left\{(M+m)\frac{dy}{dt}\right\}\qquad=0$$

$$\frac{d}{dt}\left\{(M+m)\frac{dz}{dt}\right\}\qquad=0$$

Diese Gleichungen sagen aus, daſs die Ausdrücke, deren Differentialquotienten hier gleich Null erkannt sind, sich in der Zeit nicht ändern, also irgend welche, zwar unbestimmte aber constante Werthe haben müssen, die wir der Reihe nach durch a, b, c bezeichnen wollen. Das erste Resultat ist also:

$$\left.\begin{array}{l}(M+m)\dfrac{dx}{dt}+m.g.t=a\\[2mm](M+m)\dfrac{dy}{dt}\qquad\quad=b\\[2mm](M+m)\dfrac{dz}{dt}\qquad\quad=c\end{array}\right\}\qquad(24)$$

Schon aus dieser ersten Integration können wir einige Eigenschaften der Fallbewegung herauslesen: So sehen wir, daſs die horizontalen Geschwindigkeitscomponenten, dy/dt und dz/dt, wenn sie überhaupt vorhanden sind, constante Werthe haben müssen, während die verticale Geschwindigkeitscomponente dx/dt vermehrt um ein proportional mit der Zeit wachsendes Glied eine unveränderliche Summe liefert, selbst also mit der Zeit abnehmen muſs. Ist dieselbe anfangs positiv, also nach oben gerichtet, so wird dieselbe abnehmen, bis sie gleich Null geworden ist, dann tritt kein Steigen mehr ein, vielmehr wird dieselbe negativ, also abwärts gerichtet und wächst dann mehr und mehr.

Wir fahren nun in der Integration fort, indem wir die Constanten a, b, c auf die linken Seiten der Gleichungen (24) bringen und dann die linken Seiten wieder als Differentialquotienten nach t darstellen. Es ist durch Ausführung der Differentiationen leicht nachzuweisen, daſs die folgenden Gleichungen nur eine Umformung von (24) sind:

$$\frac{d}{dt}\left\{(M+m)x-at+\tfrac{1}{2}mgt^2\right\}=0$$

$$\frac{d}{dt}\left\{(M+m)y-bt\right\}\qquad=0$$

$$\frac{d}{dt}\left\{(M+m)z-ct\right\}\qquad=0.$$

Diese Gleichungen sagen wiederum aus, dafs die in geschweifte Klammern eingeschlossenen Ausdrücke irgend welche in der Zeit unveränderlichen Beträge besitzen müssen, die wir der Reihe nach durch A, B, C bezeichnen wollen.

$$
\left.
\begin{aligned}
(M + m)x - at + \tfrac{1}{2}mgt^2 &= A \\
(M + m)y - bt \qquad &= B \\
(M + m)z - ct \qquad &= C
\end{aligned}
\right\} \qquad (25)
$$

Diese Gleichungen enthalten keine Differentialquotienten mehr, sondern stellen x, y, z direct als Functionen der Zeit dar; die Integration ist also vollendet, und zwar haben wir keinerlei Specialisirungen bei der Rechnung zugelassen, wir haben mithin die allgemeinsten Integrale gefunden, welche in ihrer Form sämmtliche Bewegungserscheinungen umfassen müssen, die bei dem Bestehen des in den Differentialgleichungen (23) aufgestellten Gesetzes der Kraftwirkung möglich sind.

§ 16. Ueber die Bedeutung der Differentialgleichungen in der Physik.

In die Integralgleichungen (25) sind sechs unbestimmte Constanten eingetreten, welche den ursprünglichen Differentialgleichungen (23) fremd sind; diese eben befähigen die Integralgleichungen sich den Besonderheiten jedes einzelnen Falls anzupassen. Da aber der Verlauf der Bewegung durch das Gesetz, nach welchem die Schwerkraft wirkt, und welches bereits in den Differentialgleichungen seinen Ausdruck findet, vollständig bestimmt ist, so können jene in den einzelnen Fällen von einander abweichenden Besonderheiten nur in den verschiedenen Zuständen bestehen, in denen sich der Massenpunkt zu Anfang der Betrachtung befindet. Der Zustand eines Massenpunktes ist aber vollkommen angegeben, wenn wir wissen, an welchem Orte er sich befindet und welche Geschwindigkeit er besitzt. Zur Angabe des Ortes sind drei Gröfsen nöthig, und zur Angabe der Geschwindigkeit in ihrer Gröfse und Richtung ebenfalls drei Gröfsen. Diese sechs Angaben reichen gerade aus, um die sechs Integrationsconstanten den Anfangsbedingungen entsprechend zu bestimmen.

Die Aufstellung der Differentialgleichungen (23) und ihre ausgeführte Integration ist das erste Beispiel für einen Gedankengang, der uns in der gesammten theoretischen Physik überall wieder begegnen wird; wir wollen deshalb hier einige allgemeine Betrachtungen

über denselben anstellen. Die Bedeutung der Differentialgleichungen
für die Physik besteht darin, daſs sie in ihrem Inhalt frei vom
zufälligen des Einzelfalles sind und nur das wesentliche und gesetzmäſsige ausdrücken, was allen Fällen einer gewissen Klasse von
Erscheinungen gemeinsam ist. Die experimentelle Beobachtung erstreckt sich immer nur auf Einzelfälle, deren Ergebniſs oder deren
Deutung behaftet ist mit besonderen Gröſsenangaben, die sich auf
die Verhältnisse der gerade gewählten Versuchsanordnung beziehen.
In der mathematischen Formulirung einer experimentellen Beobachtung, also beispielsweise in der gelungenen Darstellung der
Bewegung einen Massenpunkt durch Angabe von bestimmten Zeitfunctionen für x, y, z, ist das Gesetzmäſsige des Vorganges getrübt
durch die Einmischung von Gröſsen, die nur für den herausgegriffenen
Fall charakteristisch sind. Da aber die Gleichungen für den ganzen
betrachteten Verlauf richtige Angaben liefern sollen, so werden wir
dieselben auch nach der Zeit differenziren können, einmal oder auch
mehrmals, und werden dadurch neue Gleichungen erhalten, welche
ebenfalls richtige Aussagen über die vorliegende Bewegung liefern.
Diese neu gewonnenen Gleichungen können wir aber benutzen, um
aus der Vereinigung mit den ursprünglichen Gleichungen so viele
von den charakteristischen Gröſsen des Einzelfalles zu eliminiren,
als wir neue Gleichungen gewonnen haben. Häufig ist die Combination der differenzirten mit den ursprünglichen Gleichungen unnöthig, wenn nämlich die zu eliminirenden Constanten in additiver
Stellung vorkommen und deshalb bei der Differenziation von selbst
verschwinden. Jedenfalls können wir auf diese Weise für den in
Rede stehenden Bewegungsvorgang zutreffende Gleichungen bilden,
in welchen die Coordinaten und deren Differentialquotienten, nicht
aber jene Constanten von specieller Bedeutung mehr vorkommen.
Diese Resultate sind nun die Differentialgleichungen für die beobachtete Art von Bewegungen, und die beschriebene Methode zu
denselben zu gelangen, kennzeichnet den Weg, auf dem wir überhaupt in der Physik die Einzelbeobachtungen zur Auffindung allgemeiner Gesetze verwerthen. Jene ursprünglichen, die beobachteten
Thatsachen wiedergebenden endlichen Gleichungen zwischen den
Coordinaten und der Zeit sind übrigens nicht etwa die vollständigen
Integralgleichungen, welche wir durch sorgfältige mathematische
Schritte unter Aufrechterhaltung gröſster Allgemeinheit aus den
Differentialgleichungen herleiten, sondern vielmehr möglichst ein-
fache particuläre Integrale, deren Beobachtung das mindeste Maaſs
von Umständlichkeit, die wenigsten Fehlerquellen und die gröſste

Genauigkeit mit einander vereinigen. Im entgegengesetzten Falle würde die ganze analytische Arbeit ja unnöthig sein, die Aufsuchung der Differentialgleichungen und deren vollständige Integration würde uns dann schließlich nur wieder auf denselben Standpunkt der Erkenntniß zurückführen, von welchem wir ausgegangen sind.

Es kommen allerdings außerdem Fälle vor, in denen die Thatsachen nicht direct durch Gleichungen zu beschreiben sind, oder in denen man jedenfalls diese Gleichungen nicht auffinden kann. Alsdann versucht man aus plausiblen Annahmen oder Analogieschlüssen direct Differentialgleichungen aufzustellen, welche nicht aus Beobachtungen abgeleitet sind. Solche Gedankengänge sind aber Schritte ins Finstere und tragen einen durchaus hypothetischen Charakter; eine Berechtigung finden dieselben erst dadurch, daß es gelingt, Integrale derselben zu bilden, deren Richtigkeit in allen Fällen durch Erfahrung — Experiment und Messung — bestätigt wird.

§ 17. Fortsetzung der Lehre von den Fallbewegungen.

Nach diesen allgemeinen Bemerkungen kehren wir zurück zu unserer gegenwärtigen Aufgabe, die allgemeinste Bewegung eines Massenpunktes unter der Wirkung der Schwerkraft zu untersuchen. Zunächst wollen wir die sechs Integrationsconstanten, welche durch die erste und die zweite Integration, Gleichungen (24) und (25), eingeführt worden sind, durch die den Anfangszustand definirenden Größen feststellen und dadurch zugleich nachweisen, daß die gefundenen Integralgleichungen in der That die allgemeinsten Lösungen sind. Den willkürlich vorzuschreibenden Anfangszustand bestimmen wir dadurch, daß wir für die Zeit $t = 0$ folgende Festsetzungen aufstellen: $x = x_0$, $y = y_0$, $z = x_0$, $dx/dt = u_0$, $dy/dt = v_0$, $dz/dt = w_0$, wo die Größen x_0, y_0, z_0, u_0, v_0, w_0 vorgeschrieben sind.

Die Gleichungen (24) gehen dann für $t = 0$ über in:

$$(M + m) . u_0 = a$$
$$(M + m) . v_0 = b$$
$$(M + m) . w_0 = c$$

während die Gleichungen (25) für $t = 0$ ergeben:

$$(M + m) . x_0 = A$$
$$(M + m) . y_0 = B$$
$$(M + m) . z_0 = C$$

$$(26)$$

Die Integrationsconstanten sind also in jedem Falle auf sehr einfache Weise dem gegebenen Anfangszustande anzupassen. Benutzen wir die gefundenen Werthe und schreiben der Kürze halber $dx/dt = u$, $dy/dt = v$, $dz/dt = w$, so erhalten die Gleichungen (24) die Form:

$$\left.\begin{aligned} u &= u_0 - \frac{m}{M+m}\, g\, t \\ v &= v_0 \\ w &= w_0 \end{aligned}\right\} \qquad (24\,\mathrm{a})$$

und die Gleichungen (25) die Form:

$$\left.\begin{aligned} x &= x_0 + u_0\, t - \tfrac{1}{2} \frac{m}{M+m}\, g\, t^2 \\ y &= y_0 + v_0\, t \\ z &= z_0 + w_0\, t \end{aligned}\right\} \qquad (25\,\mathrm{a})$$

Man kann diese beiden Gleichungssysteme, namentlich die auf die verticale Axe bezüglichen, ersten Zeilen derselben auch durch Einführung anderer durch den Anfangszustand bedingter Constanten darstellen. Es ist nämlich stets ein gewisser Zeitpunkt $t = \tau$ zu finden, in welchem $u = 0$ wird. Sollte die Verticalcomponente der Anfangsgeschwindigkeit, also u_0, bereits negativ, nach unten gerichtet sein, so liegt dieser Zeitpunkt bereits bei Beginn der Betrachtung in der Vergangenheit, man hat alsdann die angenommenen Gesetze der Bewegung nur als bereits früher bestehend anzusehen, wodurch die Betrachtung selbst nicht verändert wird. Ist aber u_0 positiv, so begegnen wir dem Zeitpunkt τ noch im Laufe der zu erwartenden Ereignisse. Jedenfalls wird zu dieser Zeit die erste der Gleichungen (24 a) folgende Form annehmen:

$$0 = u_0 - \frac{m}{M+m}\, g \cdot \tau \qquad (27)$$

Diese können wir von der allgemein gültigen Gleichung (24 a, Nr. 1) abziehen, und finden:

$$u = - \frac{m}{M+m} \cdot g \cdot (t - \tau) \qquad (28)$$

In dieser Gleichung ist u_0 verschwunden, dafür aber τ eingetreten, welches durch Gleichung (27) in seiner Abhängigkeit von u_0 gefunden ist. Man erkennt aus dieser Gleichung (28) die Proportionalität von u mit der Zeitdifferenz $(t - \tau)$; so lange letztere noch negativ ist, ist u nach oben gerichtet, später nach Ueberschreitung des Augenblickes $t = \tau$ aber abwärts gerichtet und wachsend.

Ferner ist leicht zu sehen, daß die x-Coordinate ihren positiv
größten Werth, der Massenpunkt also seine höchste Erhebung erreicht zu eben dieser Zeit τ. Es folgt dies zwar mathematisch direct
aus den beiden erfüllten Bedingungen $dx/dt = 0$ und $d^2x/dt^2 < 0$,
doch wollen wir, um die Abmessung dieser größten Höhe mit in die
Rechnung aufnehmen zu können, die erste der Gleichungen (25a)
heranziehen. Zunächst ersetzen wir in derselben u_0 durch τ nach
Gleichung (27) und erhalten:

$$x = x_0 + \frac{m}{M+m} g.t.\tau - \tfrac{1}{2} \frac{m}{M+m} g\,t^2$$

wofür man auch schreiben kann:

$$x = x_0 + \tfrac{1}{2} \frac{m}{M+m} g\,\tau^2 - \tfrac{1}{2} \frac{m}{M+m} g(t-\tau)^2$$

Wir bilden jetzt diese Gleichung für den Zeitpunkt $t = \tau$, und
bezeichnen die Höhe x, welche dann gilt, durch h. Es ist dann:

$$h = x_0 + \tfrac{1}{2} \frac{m}{M+m} g\,\tau^2 \tag{29}$$

Die Vereinigung dieser Gleichung mit der vorhergehenden liefert:

$$h - x = \tfrac{1}{2} \frac{m}{M+m} g(t-\tau)^2 \tag{30}$$

Dieses Resultat ersetzt vollständig die erste Gleichung des
Systems (25a), doch ist in derselben außer der durch τ ersetzten
Constante u_0 auch noch x_0 verschwunden, statt welcher wir die aus
Gleichung (29) bekannte Höhe h aufgenommen haben. Man sieht
aus dieser Form (30) sofort, daß die Höhe h die höchste während
der Bewegung erreichte Erhebung des Punktes bezeichnet, denn die
rechte Seite enthält außer den absoluten Factoren $\tfrac{1}{2}\dfrac{m}{M+m}.g$ das
Quadrat der Zeitdifferenz $(t-\tau)$. Dieses Quadrat ist aber stets
positiv, auch wenn $(t-\tau)$ selbst noch negativ ist. Das gleiche muß
auch für die linke Seite dieser Gleichung gelten, es muß also zu
allen Zeiten $x \leqq h$ bleiben. Der Grenzwerth $x = h$ wird erreicht
zur Zeit $t = \tau$. Die Differenz $(h-x)$ stellt die Fallhöhe dar, welche
in der Fallzeit $(t-\tau)$ zurückgelegt wird; die Gleichung (30) spricht
also das Gesetz aus, daß die Fallhöhe proportional dem Quadrate
der Fallzeit wächst.

Wenn über den Anfangspunkt der Zeitrechnung und über die
Lage des Coordinatensystems noch keine anderweitigen Festsetzungen

getroffen sind, erhalten die Gleichungen (28) und (30) die einfachste Gestalt, wenn wir die Zeit von dem vorher durch τ bezeichneten Augenblicke an zählen, also $\tau = 0$ setzen. Ferner können wir dann den Ursprung der Coordinaten in den höchsten Punkt der Bahn verlegen; es ist dann auch $h = 0$ und jene Gleichungen erhalten die einfachere Form:

$$u = - \frac{m}{M+m} g \cdot t \qquad (28\,\text{a})$$

$$x = - \tfrac{1}{2} \frac{m}{M+m} g\, t^2 \qquad (30\,\text{a})$$

Beschränken wir uns auch noch auf den Fall, daß keine lediglich träge Masse M mitgeschleppt werden soll, sondern die ganze bewegte Masse von der Schwerkraft angegriffen wird, wie dies beim freien Fall und Wurf zutrifft, so ist $M = 0$ zu setzen, der in den vorangehenden Gleichungen vorkommende Quotient der Massen wird $= 1$, und es gelten dann die folgenden Gleichungen:

$$u = - g \cdot t \qquad (28\,\text{b})$$

$$x = - \tfrac{1}{2} g\, t^2 \qquad (30\,\text{b})$$

welche die verticale Bewegung des freien Falles in der einfachsten Form beschreiben, ohne daß das gleichzeitige Bestehen horizontaler Bewegungscomponenten dadurch ausgeschlossen wäre. Die letzteren finden vielmehr durch die zweite und dritte Gleichung der Systeme (24a) und (25a) ungestört ihren Ausdruck.

§ 18. Ausblick auf das Gesetz von der Erhaltung der Energie.

Man kann aus den vollständigen Lösungen (28) und (30), in denen Verticalgeschwindigkeit und Höhe des Massenpunktes als Functionen der Zeit gegeben sind, eine Relation zwischen beiden herleiten, indem man die Zeit eliminirt. Wenn wir etwa aus (28) den Ausdruck für $(t - \tau)$ entnehmen und in (30) einsetzen, so erhalten wir nach einer leichten Umformung:

$$m \cdot g \cdot (h - x) = \tfrac{1}{2}(M + m) \cdot u^2$$

Diese Formel ist mitunter nützlich zu verwenden, wenn keine horizontalen Geschwindigkeitscomponenten vorhanden sind. Dieselbe wird hier aber hauptsächlich deshalb angeführt, weil sie einen besonderen Fall eines allgemein gültigen Gesetzes ausspricht. Beide

Seiten der vorstehenden Gleichung stellen nämlich in der Dynamik hochwichtige Begriffe dar. Links steht das Product der treibenden Kraft $m \cdot g$ mal der Weglänge $(h - x)$, längs deren dieselbe beschleunigend gewirkt hat. Man nennt dieses Product die von der Kraft längs des Weges geleistete Arbeit. Auf der rechten Seite steht das halbe Product aus der in Bewegung gesetzten Masse $(M + m)$ mal dem Quadrat der erlangten Verticalgeschwindigkeit, also eine Gröfse, welche nur vom augenblicklichen Bewegungszustand, nicht von der Art, wie die Masse in denselben gelangte, abhängt. Man nennt das halbe Product der Masse mal dem Quadrat ihrer Geschwindigkeit, einem alten, von LEIBNIZ herrührenden Sprachgebrauch folgend, meistens die lebendige Kraft (vis viva), obwohl wir es dabei nicht mit einer Kraftgröfse zu thun haben, sondern, wie man sofort sieht, mit einer Gröfse von der Dimension $[M L^2 T^{-2}]$, welche man als Arbeitsgröfse oder Energie bezeichnet.

Sobald auch horizontale Geschwindigkeitscomponenten vorhanden sind, welche sich mit der verticalen zu einer Resultate q nach Gleichung (3a) zusammensetzen, mifst die rechte Seite der vorstehenden Gleichung nicht die gesammte lebendige Kraft der bewegten Masse. Diese ist vielmehr gleich $\frac{1}{2}(M + m) \cdot q^2$, also gleich $\frac{1}{2}(M + m) \cdot (u^2 + v^2 + w^2)$. Wir wollen deshalb zu beiden Seiten der Gleichung $\frac{1}{2}(M + m)(v^2 + w^2)$ hinzu addiren. Aus den Gleichungen (24a) sehen wir, dafs bei der Fallbewegung v und w nur constante Werthe besitzen können, dafs also

$$\tfrac{1}{2}(M + m)(v^2 + w^2) = H$$

eine während der Bewegung festbleibende positive Gröfse ist. So kommen wir zu der Relation

$$m \cdot g \cdot (h - x) + H = \tfrac{1}{2}(M + m)(u^2 + v^2 + w^2) = \tfrac{1}{2}(M + m) q^2.$$

Die linke Seite weist in diesem Falle aufser der Arbeit der Schwerkraft im Fallraume $(h - x)$ noch eine additive Constante H auf, welche nach ihrer Definition die lebendige Kraft mifst in dem Zustande, wo die Masse ihre höchste Erhebung erreicht hat, keine verticale, sondern nur horizontale Bewegungscomponenten besitzt.

Wir können uns aber auch in diesem allgemeinen Falle von der Constante H befreien, indem wir die letzte Gleichung für zwei verschiedene Augenblicke der Bewegung bilden. Im ersten Zustand sei die Masse in der Höhe x_1, ihre resultirende Geschwindigkeit sei mit q_1 bezeichnet, für den zweiten Zustand sollen x_2 und q_2 gelten. Subtrahiren wir dann die für die beiden Stadien ausgefertigten

Gleichungen, so hebt sich H, wie auch die Maximalhöhe h und
es bleibt:

$$m \cdot g \cdot (x_1 - x_2) = \tfrac{1}{2}(M + m)q_2^2 - \tfrac{1}{2}(M + m)q_1^2 \qquad (31)$$

Die Gleichung gilt für alle Fallbewegungen, auch solche in schrägen
Richtungen und in gekrümmten Bahnen, und sagt aus, daß der
Zuwachs an lebendiger Kraft zwischen zwei Stadien der Bewegung
nur abhängt von der Höhendifferenz der beiden Lagen.

Man kann die Gleichung (31) auch so schreiben:

$$m \cdot g \cdot x_1 + \tfrac{1}{2}(M + m)q_1^2 = m \cdot g \cdot x_2 + \tfrac{1}{2}(M + m)q_2^2 \qquad (31\,a)$$

Die beiden Seiten der Gleichung sind jetzt ganz gleich gebaut, die
linke bezieht sich auf den ersten Zustand, die rechte auf den zweiten,
und da beide Zustände willkürlich herausgegriffen sind, so erkennt
man, daß während der ganzen Bewegung der Complex

$$E = m \cdot g \cdot x + \tfrac{1}{2}(M + m)q^2 \qquad (32)$$

seinen Werth nicht ändert, daß also das durch Gleichung (32)
eingeführte E eine Constante ist, welche man die Energie der
schweren und trägen Masse nennt. Wir haben also hier das erste
Beispiel des Gesetzes von der Erhaltung der Energie bei der Bewegung von Massen unter der Wirkung conservativer Kräfte.

Die Energie erscheint in Gleichung (32) zusammengesetzt aus
zwei Theilen; der erste Theil ist das Product der Höhenlage der
Masse m, multiplicirt mit der treibenden Kraft $m \cdot g$. Dieser Theil
ist also um so größer, je höher m gehoben ist, während er sich bei
Bewegungen in horizontaler Richtung, wegen des dabei constanten x,
nicht ändert. Die Größe dieses Ausdruckes hängt aber von der
Lage des Coordinatensystems ab, da es aber ganz willkürlich ist, in
welcher Höhe wir die Abmessung $x = 0$ setzen, so ist auch der
Werth dieses Ausdruckes $m \cdot g \cdot x$ unbestimmt; bestimmt ist nur die
Differenz des Ausdrucks für zwei verschiedene Höhen, das ist nämlich
die Arbeit, welche die Kraft beim Sinken durch diese Höhendifferenz
leistet. Es ist also dieser Theil der Energie mit einer unbestimmten
additiven Constante behaftet, welche indessen die Betrachtungen
niemals stört. Man nennt diesen Theil die potentielle Energie,
den zweiten Theil, den wir bereits unter dem Namen lebendige
Kraft kennen lernten, nennt man in moderner Ausdrucksweise
actuelle oder kinetische Energie; man kann dann das bis jetzt
nur für die Fallbewegung erkannte Gesetz auch aussprechen: Die
Summe der potentiellen und kinetischen Energie bleibt

während der Bewegung constant. Wenn also die eine abnimmt, muſs die andere wachsen.

Beide Formen der Energie sind Arbeitsäquivalente; die kinetische
Energie für diejenige Arbeit, welche die Masse vermöge ihres Bewegungszustandes zu leisten vermag, die potentielle für den Arbeitsvorrath, den das Gewicht dadurch in sich birgt, daſs es sich auf der
Höhe x befindet, von der es herabfallen kann. Wenn nämlich eine
Masse durch ihr Gewicht, also durch die Schwerkraft, Arbeit leisten
soll, so kann dies nur dadurch geschehen, daſs dieselbe dabei von
ihrer ursprünglichen Höhe herabsinkt, wie wir das z. B. am Gewichte
eines Uhrwerks beobachten, dessen Arbeitsleistung darin besteht, die
Pendelschwingungen und Drehungen der Zahnräder, welche beide
sehr bald durch Reibung vernichtet werden würden, aufrecht zu erhalten. Wenn das Gewicht am tiefsten Punkte angelangt ist, welchen
es vermöge seiner Befestigung an einer Schnur von bestimmter Länge
oder wegen einer der Weiterbewegung sich widersetzenden Unterlage (Erdboden) erreichen kann, dann bleibt die Uhr stehen, und
wir müssen, um sie wieder in Gang zu setzen, durch die Kraft
unseres Armes Arbeit leisten, indem wir das Gewicht wieder in die
Höhe heben — die Uhr aufziehen. Die vorher erwähnte unbestimmte additive Constante der potentiellen Energie findet an diesem
Beispiel eine anschauliche Illustration, denn der Arbeitsvorrath,
welcher in einem auf bestimmte Höhe gehobenen Gewicht aufgespeichert ist, ist kein festes Quantum, derselbe ist vielmehr um so
gröſser, je länger der Weg ist, durch welchen das Gewicht unge-
hindert sinken kann.

Die gleichen Betrachtungen lassen sich auf alle diejenigen
Maschinen anwenden, welche durch ein fallendes Gewicht getrieben
werden oder getrieben werden können. Die eigene Muskelkraft
brauchen wir zur Hebung der Gewichte meistens zwar nur, wo es
sich um geringe und langsam verbrauchte Arbeit handelt, wie bei
den Uhrwerken. Wir können aber viel gröſsere fallende Gewichte
benutzen, wenn die Natur sie für uns gehoben hat. Die von den
Gebirgen herabflieſsenden Wassermassen leisten in den Mühlen durch
ihren Fall Arbeit; sie sind thatsächlich durch meteorologische Processe auf die Höhe der Gebirge gehoben worden, weil hauptsächlich
dort oben die Condensation des aus den Meeren und Ebenen auf-
steigenden Wasserdampfes stattfindet, und wenn wir dieselben zum
Treiben einer Wassermühle brauchen wollen, so müssen wir sie von
der Höhe bergab flieſsen lassen, und zwar kann man, je nachdem
man groſse Wassermassen von beträchtlicher Strömung aber schwachem

Gefälle, oder geringere Mengen mit starkem Gefälle hat, auf zwei verschiedene Weisen die Arbeit gewinnen. Im ersten Falle benutzt man die lebendige Kraft des durch die bereits zurückgelegte abwärts geneigte Bahn in beträchtliche Geschwindigkeit versetzten Wassers, welches dann das eintauchende, unterschlächtige Schaufelrad mit fortreifst und dadurch selbst einen Theil seiner lebendigen Kraft verliert, welcher eben zur Arbeitsleistung in der Mühle verwendet wird. Im zweiten Falle benutzt man direkt die Schwere des gehobenen Wassers, welches in die Kästen des oberschlächtigen Mühlrades oben einströmt, in denselben bei der Drehung herabsinkt und unter dem Rade wieder in den Bach entleert wird, freilich ohne die der Höhe des Rades als Fallraum entsprechende lebendige Kraft erlangt zu haben. Diese vorläufigen Hindeutungen auf das später allgemein zu behandelnde Naturgesetz von der Erhaltung der Energie mögen hier genügen.

§ 19. Die Gestalt der Wurfbahn.

Wir haben nun zur Vervollständigung der Lehre von den Fallbewegungen schliefslich noch die Gestalt der Bahn zu untersuchen, auf welcher ein geworfener Körper sich in Folge der Schwerkraft bewegt. Da unter solchen Umständen eine mitgeschleppte Masse M, auf welche die Schwerkraft nicht wirkt, undenkbar ist, wollen wir dieselbe in den vorangehenden Bewegungsgleichungen fortlassen, und deshalb das Verhältnifs $m/(M + m) = 1$ setzen. Dadurch verschwindet zugleich auch die Masse m aus jenen Gleichungen; die Bewegung beim freien Fall ist also nicht abhängig von der Gröfse der schweren Masse.

Wählen wir die in (25a) gegebene Gestalt der Bewegungsgleichungen; dieselben lauten für $M = 0$:

$$\left. \begin{array}{l} x = x_0 + u_0 t - \tfrac{1}{2} g t^2 \\ y = y_0 + v_0 t \\ z = z_0 + w_0 t \end{array} \right\} \quad (33)$$

Wir wollen ferner festsetzen, dafs v_0 und w_0 nicht beide gleich Null sind, dafs der Massenpunkt also eine Anfangsgeschwindigkeit besitzt, welche horizontale Componente aufweist, wie dies bei einem geworfenen Körper der Fall ist. Ist eine der beiden in Rede stehenden Componenten, etwa w_0 gleich 0, während v_0 einen bestimmten endlichen Werth hat, so wird die dritte der vorstehenden Gleichungen:

$$z = z_0 ;$$

4 *

also die z-Coordinate bewahrt während der Bewegung einen festen
Betrag, und nur x und y verändern sich mit der Zeit, die Bewegung
findet daher in einer der (x, y)-Ebene parallelen Verticalebene
statt. Ganz analog ist es, wenn $v_0 = 0$ ist und w_0 vorhanden ist.
Wenn beide Componenten von Null verschieden sind, können wir
die beiden letzten der Gleichungen (33) zur Elimination von t benutzen, und erhalten:

$$\frac{y - y_0}{v_0} = \frac{z - z_0}{w_0}.$$

Diese lineare Beziehung zwischen y und z bedeutet in der analytischen Geometrie eine Ebene parallel der x-Axe, also eine verticale
Ebene, und wir haben damit ausnahmelos erkannt, daſs die Bahn
eines geworfenen Massenpunktes in einer festen Verticalebene verläuft.

Wir können deshalb die analytische Betrachtung dadurch vereinfachen, daſs wir das Coordinatensystem so verschieben und drehen,
daſs die x-Axe vertical bleibt, und die (x, y)-Ebene mit der soeben
aufgefundenen Ebene der Wurfbahn zusammenfällt. Die Bewegung ist
dann bestimmt durch die beiden ersten Gleichungen des Systems (33),
während die dritte ($z = 0$) fortfällt. Nur ist dabei zu beachten,
daſs die Zeichen jetzt nicht mehr dieselben Werthe repräsentiren,
wie vorher, das jetzige v_0 hat beispielsweise den Betrag, der in der
früheren Bedeutung der Zeichen durch $\sqrt{v_0{}^2 + w_0{}^2}$ gegeben sein
würde.

Um nun aus den beiden Gleichungen:

$$x = x_0 + u_0 t - \tfrac{1}{2} g t^2$$
$$y = y_0 + v_0 t$$

die Gleichung der Wurfbahn abzuleiten, haben wir die Zeit zu
eliminiren, was am einfachsten geschieht, wenn man t aus der zweiten
Gleichung berechnet und den Ausdruck in die erste einsetzt. Man
erhält so:

$$x = x_0 + \frac{u_0}{v_0} \cdot (y - y_0) - \tfrac{1}{2} \frac{g}{v_0{}^2} \cdot (y - y_0)^2.$$

In dieser Gleichung kommt die verticale Abmessung x nur in erster
Potenz vor, die horizontale y dagegen auch in zweiter Potenz, wodurch von vornherein die Wurflinie als eine bestimmte Art von
Kegelschnitt, nämlich als eine Parabel mit verticaler Axe gekennzeichnet ist. Man kann die Gleichung noch übersichtlicher machen,
indem man die beiden, y enthaltenden Glieder zu einem vollständigen

Quadrate ergänzt. Dies geschieht durch Hinzufügung des Summanden $-\dfrac{u_0{}^2}{2g}$ zu beiden Seiten der Gleichung. Man erhält dann, nach etwas anderer Anordnung der einzelnen Terme:

$$\left(x_0 + \frac{u_0{}^2}{2g}\right) - x = \tfrac{1}{2}\frac{g}{v_0{}^2}\cdot\left\{y - \left(y_0 + \frac{u_0 v_0}{g}\right)\right\}^2 \qquad (34)$$

als Gleichung der Wurfbahn.

Die rechte Seite ist als Quadrat stets positiv; dasselbe muſs für die linke Seite gelten, daher muſs x immer kleiner bleiben als $\left(x_0 + \dfrac{u_0{}^2}{2g}\right)$, oder erreicht diesen Maximalbetrag, den wir bei den früheren Betrachtungen h genannt hatten, nur dann, wenn die rechte Seite ihren kleinsten Werth Null annimmt. Nennen wir den Werth von y, für den dies eintritt, y_h, so sind $x = h$ und $y = y_h$ die Coordinaten des Gipfels der Bahn. Aus der Gleichung (34) erkennt man die dafür geltenden Ausdrücke:

$$h = x_0 + \frac{u_0{}^2}{2g}.$$

$$y_h = y_0 + \frac{u_0 v_0}{g}.$$

Ferner sieht man, daſs Werthe von y, die gleich weit vor und hinter der Stelle y_h liegen, denselben Betrag der quadratischen rechten Seite ergeben, daher zu demselben Werth von x führen, daſs daher die Curve symmetrisch gestaltet ist zu beiden Seiten der durch den Gipfel gezogenen Verticallinie. Man nennt diese Symmetrielinie die Axe der Parabel. Das Gesagte wird veranschaulicht durch Fig. 2. In derselben bedeutet OX die x-Axe, OY die y-Axe; B ist der Anfangsort des Massenpunktes, also $OA = y_0$, $AB = x_0$, BT ist die Richtung der Anfangsgeschwindigkeit, also $\measuredangle\, TBJ = \operatorname{arctg}\dfrac{u_0}{v_0}$, BT ist Tangente an die Bahn im Punkte B, H ist der Gipfel der Bahn, also $OK = y_h$, $KH = h$, endlich ist $AK = BJ = y_h - y_0 = \dfrac{u_0 v_0}{g}$ und $JH = h - x_0 = \dfrac{u_0{}^2}{2g}$. Durch diese Angaben ist die Lage und Gröſse der Parabel, welche nach (34) die Wurfbahn bildet, festgelegt, und wir können jetzt alle Fragen, welche man in Bezug auf die Fallbewegung überhaupt stellen kann, aus dem angegebenen Material beantworten.

Die Gestalt der parabolischen Wurfbahn kann man bequem beobachten an Wasserstrahlen, die aus einem schräg aufwärts gerichteten Rohre austreten, denn die Wassermasse zerfällt bald in einzelne Tropfen, welche unabhängig von einander ihre Bahnen als kleine geworfene Körper beschreiben, und zwar wegen der nahezu gleichen Anfangsbedingungen alle ungefähr dieselbe Bahn, welche deshalb dem Auge des Beobachters als feststehendes Bild erscheint.

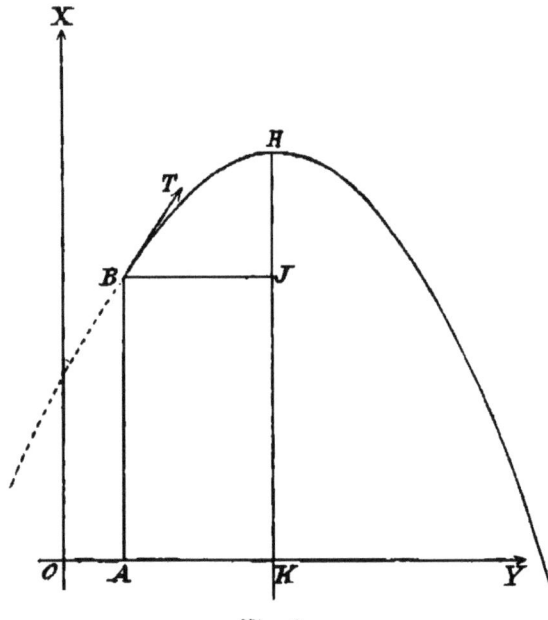

Fig. 2.

Kleine Unregelmäfsigkeiten treten dadurch ein, dafs an der Stelle, wo der Strahl in Tropfen zerreifst, die Kapillarkräfte, welche vorher den Zusammenhang der Wassertheile verstärkten, im Zustand des Abreifsens Bewegungen erzeugen, durch welche die beiden Theile noch von einander fortgetrieben werden. Dies macht sich dadurch bemerklich, dafs in der weiteren Fortsetzung des Strahles die getrennten Tropfen etwas verschiedene Bahnen beschreiben: Der Strahl zeigt daher das Bild eines Bündels von vielen eng zusammenliegenden Parabeln.

§ 20. Ueber Messungen der Beschleunigung der Schwerkraft.

Die Schwerkraft ist wegen ihrer an allen Orten verwendbaren Gegenwart eines der willkommensten Mittel, um andere Arten von

Kräften durch Vergleich mit derselben zu messen; daher ist die für die Intensität der Schwerkraft charakteristische Beschleunigung g der frei fallenden Körper eine der allerwichtigsten Gröfsen in der ganzen Physik, bei deren Bestimmung für jeden Beobachtungsort gröfstmögliche Genauigkeit erwünscht ist. Die Messung von g liefse sich im Anschlufs an Gleichung (30b) (Seite 47) dadurch ausführen, dafs man einen Körper ohne Anfangsgeschwindigkeit durch eine gemessene Höhe herabfallen läfst, und die während des Falles verstrichene Zeit mifst. Doch stellen sich einer genügend präcisen Messung der Fallzeit, welche, wegen ihres quadratischen Auftretens in der citirten Gleichung, mit noch gröfserer procentischer Genauigkeit bestimmt werden mufs als die Fallhöhe, immer Schwierigkeiten entgegen. Auch übt bei den verhältnifsmäfsig bedeutenden Geschwindigkeiten, welche der freie Fall bereits nach einer Secunde Fallzeit mit sich führt, die Luftreibung, die wir bei den vorstehenden Betrachtungen aufser Acht gelassen haben, einen das Resultat störenden Einflufs, so dafs für exacte Messungen die directeste Methode ungeeignet erscheint.

Schon vortheilhafter ist die Verwendung der ATWOOD'schen Maschine, weil bei derselben die Bewegung durch Anwendung grofser träger Massen M und kleinerer treibender Massen m beliebig verlangsamt werden kann. Dies bietet den doppelten Vorzug, dafs erstens bei geringen Fallräumen längere Zeiträume zur Messung kommen, welche immer genauer zu bestimmen sind als sehr kurze Zeiten, und dafs zweitens die Luftreibung und die bei sorgfältiger Construction sehr geringe Axenreibung der Räder nur einen unbedeutenden Einflufs auf den Vorgang haben. Man hat in diesem Falle der Bestimmung von g die Gleichung (30a) (Seite 47) zu Grund zu legen, aus welcher man zunächst die Beschleunigung der Fallmaschine $\gamma = \dfrac{m}{M + m}\, g$ findet. Diese bildet nur einen kleinen Bruchtheil von g, ist aber aus den angegebenen Gründen mit gröfserer procentischer Genauigkeit zu messen, als g beim freien Fall. Die Verhältnifszahl $m/(M + m)$ aber kann durch Bestimmung der Massen M und m mittelst der Wage sehr genau angegeben werden. Dies wäre das Princip der Messung von g mit Hülfe der Fallmaschine. Es ist indessen dabei zu bedenken, dafs nicht nur M und m in beschleunigte Bewegung gerathen, sondern dafs zu M auch noch die Masse der verbindenden Fäden zu rechnen ist, und dafs auch die beiden Räder, über welche die letzteren laufen, in eine beschleunigte Drehung versetzt werden. Dabei erhalten nicht alle Theile der

Räder dieselbe Wegbeschleunigung γ, sondern die den Drehungsaxen näherliegenden eine geringere. Der Effect ist also der, als wenn zu M noch ein bestimmter, nur aus der Gestalt der Räder zu berechnender Bruchtheil ihrer Masse hinzukäme. Da diese Berechnung nur schwierig auszuführen ist, verfährt man in der Weise, daß man M mit dem unbekannten Anhange der bewegten Theile des Apparates eliminirt. Dies geschieht durch Anwendung von zwei verschiedenen treibenden Massen m_1 und m_2. Man erhält dadurch zunächst zwei verschiedene Beschleunigungen γ_1 und γ_2, welche mit g zusammenhängen durch die Gleichungen:

$$\gamma_1 = \frac{m_1}{M + m_1} g \qquad \text{und} \qquad \gamma_2 = \frac{m_2}{M + m_2} g.$$

Die Elimination der unbekannten Constante M führt dann zu dem Resultate:

$$g = \frac{m_1 - m_2}{\dfrac{m_1}{\gamma_1} - \dfrac{m_2}{\gamma_2}},$$

welches bei Häufung der Beobachtungen, eventuell mit noch mehr als zwei treibenden Massen zu einer schon beträchtlicheren Genauigkeit führt. Ist die Fallmaschine so eingerichtet, daß man verschiedene träge Massen M an derselben aufhängen kann, so kann man den unbekannten, von den bewegten Apparattheilen herrührenden, Antheil auch dadurch entfernen, daß man bei Anwendung derselben treibenden Masse m, einmal die Masse M_1, dann M_2 mit in Bewegung setzen läßt. Man findet dann durch eine ganz ähnliche Betrachtung wie vorher, durch Elimination der unbekannten Masse, welche diesmal die Apparattheile allein repräsentirt, aus den beiden beobachteten Beschleunigungen γ_1 und γ_2

$$g = \frac{M_1 - M_2}{m \cdot \left(\dfrac{1}{\gamma_1} - \dfrac{1}{\gamma_2} \right)}.$$

Diese Methode bietet, wo sie anwendbar ist, noch Vorzüge vor der anderen, weil Zähler und Nenner der letzten Gleichung größere Beträge darstellen können.

Man findet so, daß in unseren mitteleuropäischen Breitegraden und in geringen Erhebungen über dem Meeresspiegel die Beschleunigung der Schwere etwa folgenden Betrag hat:

$$g = 981 \cdot \frac{\text{cm}}{\text{sec}^2}.$$

Die genauesten Resultate für die Intensität der Schwerkraft liefert eine indirecte Methode, bei welcher die Fallbewegung auf einer vorgeschriebenen Kreisbahn erfolgt und einen periodisch hin- und hergehenden Verlauf zeigt, nämlich die Beobachtung der Pendel- bewegung. Beim Pendel sind die vorzunehmenden Zeitmessungen mit der gröfsten erwünschten Schärfe auszuführen. So weisen uns die Betrachtungen über die Schwere auf die Untersuchung der pendelartigen (oscillatorischen) Bewegungen hin, deren Besprechung wir im nächsten Kapitel vornehmen wollen.

Drittes Kapitel.

Von den oscillatorischen Bewegungen.

§ 21. Elastische Kräfte.

Wir betrachten wiederum einen einzelnen materiellen Punkt, welcher sich unter der Wirkung einer äufseren Kraft bewegt; wir werden daher wieder Anwendung von den in den Gleichungen (15) (S. 29) formulirten NEWTON'schen Axiomen zu machen haben. Die Kraft wirke jetzt in der Weise, dafs der Punkt geradlinig nach einer bestimmten Ruhelage, die wir zweckmäfsig zum Anfangspunkt der Coordinaten wählen, hingezogen wird und zwar um so stärker, je weiter er sich von diesem Centrum entfernt, während in diesem Orte selbst keine Kraft auf ihn wirkt, so dafs derselbe, wenn er nicht durch eine vom Beharrungsvermögen aufrecht gehaltene Ge- schwindigkeit bewegt wird, in diesem Orte eine natürliche Ruhe- lage findet.

Kräfte dieser Art pflegt man mit dem allgemeinen Namen elastische Kräfte zu bezeichnen; das Wort ist allerdings her- genommen von einer Eigenschaft, welche nur ausgedehnte Körper durch gegenseitige Kraftwirkungen ihrer Theilchen auf einander bei Formveränderungen irgend welcher Art zeigen. Das Gemeinsame des uns jetzt vorliegenden Falles mit den Erscheinungen der elastischen Körper besteht aber darin, dafs auch bei letzteren die Bewegungen unter der Wirkung von Kräften vor sich gehen, welche die verschobenen Theilchen nach einer bestimmten Ruhelage zurück- treiben; darauf kommt es hier besonders an, und deshalb bewegen sich die einzelnen Theilchen deformirter und sich dann selbst über-

lassener elastischer Körper in ganz derselben Weise, wie wir das
jetzt an einem einzelnen Massenpunkte auseinander setzen werden.
Die über die Wirkung der Kraft gemachten Annahmen widersprechen
durchaus nicht unserer früher besprochenen Anschauung von den
Naturkräften als dauernden unveränderlichen Ursachen. Es ist zwar
die Vertheilung der Intensität und Richtung dieser jetzt zu betrachtenden Kräfte nicht gleichmäfsig, wie dies bei der vorher betrachteten Schwerkraft für den ganzen in Betracht kommenden
Raum angenommen wurde. Aber diese räumliche Constanz der
Kraft war nicht etwa die Folge unserer Forderung, dafs das Gesetz
der Kraft ein dauerndes sei. Es mufs vielmehr nur gefordert
werden, dafs die Kraft stets in derselben Weise zu wirken bereit
ist, sobald sich der Massenpunkt wieder unter denselben Bedingungen
ihrer Wirksamkeit — d. i. bei unseren vorliegenden Betrachtungen
— an demselben Orte befindet. Die Kraftwirkung darf nach unseren
Grundsätzen nicht in willkürlicher Weise in der Zeit wechseln. Der
Massenpunkt wird bei seiner Bewegung Orte von wechselnder Kraft-
Intensität und -Richtung besuchen, daher wird die thatsächlich auf
ihn wirkende Kraft allerdings in der Zeit veränderlich sein, an
jedem bestimmten Orte ist sie aber unveränderlich; dieselbe ist also
wohl eine Function der Raumcoordinaten, nicht aber der Zeit; und
die in der Zeit veränderliche Wirkung derselben auf den Massenpunkt rührt nur daher, dafs bei der Bewegung die Coordinaten
ihrerseits Functionen der Zeit sind.

Wir haben nun die Charakteristik der elastischen Kraft, dafs
sie geradlinig nach einem festen Punkt (Anfangspunkt der Coordinaten)
hinweist und dafs ihr Betrag um so gröfser ist, je weiter der Massenpunkt von dieser Ruhelage entfernt ist, mathematisch zu formuliren
und wählen dazu die bequemste Annahme, dafs die Kraft einfach
proportional dem Abstand ist. Die Berechtigung dieser Festsetzung
ergiebt sich nachträglich daraus, dafs die unter dieser Voraussetzung
entwickelten Bewegungsformen genau oder mit sehr grofser Annäherung mit thatsächlich beobachteten Bewegungen übereinstimmen.
Wir nennen die gerichtete Strecke, welche vom Anfangspunkt nach
dem Orte des Massenpunktes hingeht, den Radius vector r des Massenpunktes; die Kraft K ist dann gleichzusetzen einem constanten
Factor multiplicirt mit r, und den Umstand, dafs die Richtung von
K derjenigen von r stets gerade entgegengesetzt ist, werden wir
dadurch ausdrücken, dafs dieser constante Factor einen unzweifel-
haft negativen Werth darstellt. Dies erreichen wir dadurch, dafs
wir diesen Factor in der Form $-a^2$ ansetzen, welche bei reell

vorausgesetztem a stets negativ ist. Die Kraft ist alsdann in Größe und Richtung definirt durch die Gleichung

$$K = -a^2 r. \qquad (35)$$

Wenn wir das Rechnen mit gerichteten Größen vermeiden wollen, zerlegen wir dieselben in Componenten parallel den Coordinataxen, die Componenten von r sind die Coordinaten des Massenpunktes, x, y, z, die Kraftcomponenten nennen wir X, Y, Z. Dann wird vorstehende Gleichung ersetzt durch die folgenden:

$$\left. \begin{aligned} X &= -a^2 x \\ Y &= -a^2 y \\ Z &= -a^2 x \end{aligned} \right\} \qquad (35\,\text{a})$$

Das Newton'sche Kraftmaaß, Gleichungen (15), liefert dann direct folgende Differentialgleichungen für die Bewegung des Massenpunktes m:

$$\left. \begin{aligned} m \cdot \frac{d^2 x}{d t^2} &= -a^2 x \\ m \cdot \frac{d^2 y}{d t^2} &= -a^2 y \\ m \cdot \frac{d^2 x}{d t^2} &= -a^2 x \end{aligned} \right\} \qquad (35\,\text{b})$$

Ihrer physikalischen Bedeutung nach mißt die Constante a^2 die specifische Stärke der elastischen Kraft, sie ist eine nicht gerichtete Größe, deren Dimension sich aus Gleichung (20) (Seite 33) ergiebt. Da nämlich a^2, multiplicirt mit einer Länge, eine Kraft darstellen soll, ist:

$$[a^2] = [M\,T^{-2}] \qquad (35\,\text{c})$$

§ 22. Bewegung in einer geraden Linie.

Wir betrachten zuerst den einfachsten Fall, daß der Massenpunkt sich nur in einer geraden Linie, beispielsweise in der x-Axe bewegt. Wir haben es dann nur mit der ersten der Differentialgleichungen (35 b) zu thun:

$$m \frac{d^2 x}{d t^2} = -a^2 x. \qquad (35\,\text{b, 1})$$

Die Integration dieser Differentialgleichung muß uns nun über die Natur der Bewegung belehren, welche der Massenpunkt unter

Wirkung der elastischen Kraft $X = -a^2 x$ ausführt. Diese Differentialgleichung ist nicht, wie die bisher dagewesenen, direct zu integriren; wir können zwar die linke Seite leicht als den zeitlichen Differentialquotienten von $m . dx/dt$ darstellen, aber die rechte Seite können wir nicht als Differentialquotienten ausdrücken, da wir ja x in seiner Abhängigkeit von t gar nicht kennen, vielmehr erst suchen. Man strebt nun solche Differentialgleichungen dadurch integrirbar zu machen, daſs man sie erweitert mit einem aus x und dessen Differentialquotienten gebildeten Ausdruck, einem sogenannten integrirenden Factor, welchen man für jeden Fall passend aussuchen muſs, der sich aber nicht immer finden läſst. Im vorliegenden Falle leistet die Geschwindigkeit dx/dt den erwünschten Dienst. Man schafft das Glied $-a^2 x$ auf die linke Seite der Gleichung und multiplicirt dieselbe mit dx/dt:

$$m \cdot \frac{dx}{dt} \cdot \frac{d^2 x}{dt^2} + a^2 \cdot x \cdot \frac{dx}{dt} = 0.$$

Jetzt ist der Ausdruck auf der linken Seite ein vollständiger Differentialquotient, die folgende Gleichung ist nach Ausführung der Differentiation identisch mit der vorstehenden:

$$\frac{d}{dt} \left\{ \tfrac{1}{2} m \cdot \left(\frac{dx}{dt} \right)^2 + \tfrac{1}{2} a^2 x^2 \right\} = 0$$

und sagt aus, daſs der in der geschweiften Klammer stehende Ausdruck eine in der Zeit unveränderliche Gröſse darstellt, welche wir durch E bezeichnen wollen. Das Resultat der ersten Integration ist also:

$$\tfrac{1}{2} m \left(\frac{dx}{dt} \right)^2 + \tfrac{1}{2} a^2 x^2 = E \qquad (36)$$

Die Constante E miſst die Energie der Bewegung. (Vergl. Gleichung (32) Seite 49). Der erste Summand miſst die kinetische Energie des Massenpunktes, der zweite die potentielle Energie, nämlich die Arbeit, welche geleistet werden muſs, um den Massenpunkt gegen die Richtung der Kraft $-a^2 x$ aus der Ruhelage an den Ort x zu schaffen:

$$\int_0^x (a^2 x) . dx = \tfrac{1}{2} a^2 x^2.$$

Da nun beide Theile der Energie in Gleichung (36) als quadratische Ausdrücke positiv sein müssen, ihre Summe aber den festen Werth E bewahren soll, so ist ersichtlich, daſs keiner von beiden im Fort-

schreiten der Zeit jemals über eine gewisse Grenze hinaus wachsen
kann, denn der andere kann niemals durch einen dazu erforderlichen negativen Betrag dieses Uebermaafs ausgleichen, vielmehr ist
Null der kleinste Werth, den beide Theile erreichen, daher auch E
der gröfste, den sie annehmen können.   Schon aus der ersten Integration erkennt man also, dafs sich die Bewegung in festen
Schranken abspielen mufs, welche durch die Constante E gezogen
sind.   Wird die Entfernung x, mithin auch die potentielle Energie
gröfser und gröfser, so mufs die kinetische Energie, mithin auch die
Geschwindigkeit abnehmen und endlich gleich Null werden.   Der
Massenpunkt mufs dann also stillstehen und in seiner Bahn umkehren.   Diese gröfste Entfernung aus der Ruhelage wollen wir
nach ihrem absoluten Betrage mit h bezeichnen, wir können dann
in Gleichung (36) h statt E als Integrationsconstante einführen.   Denn
h ist dasjenige x, welches der Umkehr, also dem Zustand $dx/dt = 0$
entspricht, und wir erhalten direct:

$$\tfrac{1}{2} a^2 h^2 = E. \tag{36a}$$

Durch Elimination von E aus (36) und (36a) findet man:

$$\tfrac{1}{2} m \left(\frac{dx}{dt}\right)^2 = \tfrac{1}{2} a^2 \cdot (h^2 - x^2).$$

Um zur zweiten Integration zu schreiten, müssen wir den
Differentialquotienten isoliren:

$$\frac{dx}{dt} = \sqrt{\frac{a^2}{m}} \cdot \sqrt{h^2 - x^2}.$$

Die bei diesem Schritte nothwendige Bildung von Quadratwurzeln
bringt eine Doppeldeutigkeit in die Betrachtung.   Die Geschwindigkeit dx/dt selbst wird ja im Verlaufe der hin- und hergehenden
Bewegung ihr Vorzeichen bei jeder Umkehr verändern; solches
können wir aber von dem constanten Factor $\sqrt{a^2/m}$ nicht annehmen,
dieser mufs vielmehr ein für allemal entweder positiv oder negativ
festgehalten werden.   Die freie Wahl werden wir dadurch ausdrücken,
dafs wir denselben $\pm\, a/\sqrt{m}$ schreiben, und darin a und $\sqrt{m}$ absolut
annehmen.   Zur Aufrechterhaltung des gleichen Vorzeichens beider
Seiten der letzten Gleichung ist es dann aber nothwendig, anzunehmen, dafs $\sqrt{h^2 - x^2}$ sein Vorzeichen stets gleichzeitig mit dx/dt
ändert.   Der Zeichenwechsel der Geschwindigkeit findet in der
Grenzlage $x = h$ statt, wo die Wurzel $\sqrt{h^2 - x^2}$ Null wird; dieselbe

kann dann also ohne Unstetigkeit aus positiven in negative Werthe,
oder umgekehrt übergehen. Der Quotient

$$\frac{\frac{d\,x}{d\,t}}{\sqrt{h^2 - x^2}}$$

darf jedenfalls keinen Zeichenwechsel mehr erfahren und wir schreiben
deshalb die Gleichung der ersten Integration am klarsten in der Form:

$$\frac{\frac{d\,x}{d\,t}}{\sqrt{h^2 - x^2}} = \pm \frac{a}{\sqrt{m}}\,.$$

Die Hebung von h auf der linken Seite und Vereinung aller Glieder
nach links führt zu der Form:

$$\frac{\frac{d}{d\,t}\left(\frac{x}{h}\right)}{\sqrt{1 - \left(\frac{x}{h}\right)^2}} \mp \frac{a}{\sqrt{m}} = 0.$$

Der hier gleich Null gesetzte Ausdruck ist gleich fertig gemacht
zur weiteren Verwendung, denn das erste Glied hat die Form eines
Differentialquotienten der Function Arcussinus oder Arcuscosinus,
während das zweite als Constante der Differentialquotient einer mit
der Zeit proportional wachsenden oder sinkenden Größe ist. Es
ist also gleichbedeutend mit der vorstehenden Gleichung die folgende:

$$\frac{d}{d\,t}\left\{\arcsin\frac{x}{h} \mp \frac{a}{\sqrt{m}}t\right\} = 0.$$

Die geschweifte Klammer muß also wieder einen unveränderlichen
Werth enthalten, den wir φ nennen wollen. Dieses φ ist die zweite
Integrationsconstante, durch deren Unbestimmtheit es gerechtfertigt
ist, daß wir die Function Arcussinus gewählt haben; denn wir
erhalten sofort den Arcuscosinus, wenn wir von φ die Größe $\frac{\pi}{2}$
abspalten. Das Endresultat lautet also:

$$\arcsin\frac{x}{h} \mp \frac{a}{\sqrt{m}}t = \varphi$$

oder nach Isolirung von x:

$$x = h\sin\left(\varphi \pm \frac{a}{\sqrt{m}}t\right). \tag{37}$$

Diese Gleichung ist das vollständige Integral der Differentialgleichung (35b, Nr. 1), welche wir an die Spitze dieses Paragraphen gestellt haben; sie stellt in expliciter Form x als Function von t dar. Man nennt die dadurch bestimmte Bewegungsart eine oscillirende oder schwingende Bewegung, wohl auch zum Unterschied von complicirteren ähnlichen Bewegungen eine einfache Sinus-Schwingung oder endlich aus später einzusehenden Gründen eine pendelartige Bewegung.

Der Sinus verändert sich mit der Zeit zwischen den Grenzen $+1$ und -1, daher schwankt x zwischen $+h$ und $-h$. Man nennt h die Amplitude der Schwingung, die Größe φ nennt man die Phasen-Constante. Der Sinus erhält seinen Werth immer wieder, wenn sein Argument um eine oder mehrere Kreisperipherieen, also um 2π oder allgemeiner um $2a\pi$ gewachsen oder gefallen ist, wo a jede natürliche Zahl bedeutet. Nach einer solchen Wiederkehr wiederholt sich immer derselbe Bewegungsvorgang. (Es kommt zwar schon vor Umkreisung einer ganzen Peripherie eine Stelle, in welcher der Sinus seinen früheren Werth wieder annimmt, dann ist aber der Verlauf der Bewegung nicht derselbe, vielmehr die Geschwindigkeit entgegengesetzt gerichtet.)

Wir wollen jetzt von einer bestimmten Zeit t ausgehend, eine solche Zeitdauer T verstreichen lassen, daß der Massenpunkt gerade wieder denselben Ort mit derselben Geschwindigkeit in gleicher Richtung durcheilt. Der Zuwachs des Argumentes des Sinus muß dann einem beliebigen Vielfachen von 2π gleich sein, die kürzeste Zeitspanne wird aber einem Zuwachs um 2π entsprechen, so daß wir erhalten:

$$\frac{a}{\sqrt{m}}\,T = 2\pi$$

oder

$$T = 2\pi\,\frac{\sqrt{m}}{a}. \qquad (38)$$

Von der Phasenconstante ist diese Zeitdauer unabhängig. Man nennt dieses kürzeste Zeitintervall T, welches die Wiederkehr desselben Zustandes bringt, die Schwingungsdauer oder Periode der Bewegung. Die Abhängigkeit derselben von der Masse des Punktes und von der Stärke der elastischen Kraft ist aus Gleichung (38) ersichtlich, auch kann man sich leicht von der Richtigkeit der Dimensionen überzeugen, wenn man auf die Gleichung (35c) (Seite 59) blickt:

$$T = \left[\frac{M^{1/2}}{M^{1/2} . T^{-1}}\right] = [T].$$

Die Schwingungsdauer ist also nach Gleichung (38) direkt in Secunden gegeben, wenn man m und a nach den Einheiten des C.-G.-S.-Systems gemessen hat. Die angegebene Zählung der Schwingungsdauern ist von den deutschen und englischen Physikern allgemein angenommen, während die französischen Autoren meist die Hälfte der Periode als Schwingungsdauer bezeichnen, wodurch Verwechslungen entstehen können und auch bei zusammengesetzten, nicht einfach pendelartigen Schwingungen Weitläufigkeiten in der Bezeichnung entstehen.

Die Frage, wieviel Perioden in einer Secunde erfolgen, wird beantwortet durch die Maafszahl der reciproken Gröfse $\nu = 1/T$; man nennt ν die Schwingungszahl.

$$\nu = \frac{1}{2\pi} \cdot \frac{a}{\sqrt{m}}.$$
(38a)

Oft findet man auch in theoretischen Rechnungen diejenige Schwingungszahl, welche die Anzahl der in 2π Secunden vollendeten Perioden mifst. Diese ist gleich $2\pi\nu$ und soll durch n bezeichnet werden. Nach der vorstehenden Gleichung hat man also:

$$n = \frac{a}{\sqrt{m}}.$$
(38b)

Dadurch erhält der in den bisherigen und auch noch in den folgenden Gleichungen häufig auftretende Complex $a/\sqrt{m}$ eine anschauliche Bedeutung; wir können mit Hülfe dieser Gröfse bereits die zu Grunde gelegte Differentialgleichung einfacher schreiben:

$$\frac{d^2x}{dt^2} = -n^2 \cdot x.$$

Die Schwingungsdauer ist vollkommen durch die bereits in der angesetzten Differentialgleichung enthaltenen Constanten bestimmt, dagegen unabhängig von den beiden Integrationsconstanten, nämlich von der Amplitude h und von der Phasenconstante φ. Die letztere bildet, wie man aus der Integralgleichung (37) sieht, nur einen bestimmten Bogen oder Winkel, der zu dem proportional der Zeit wachsenden Argument des Sinus hinzugefügt ist. Es wird also durch φ nur festgestellt, zu welchen Zeitpunkten nach Beginn der Zeitzählung die Durchgänge durch die Ruhelage und die gröfsten Elongationen eintreten, und in welchem Zustande, in welcher Phase der beschriebenen Bewegung sich der Punkt zu einer bestimmten Zeit, z. B. zur Zeit $t = 0$ befindet. Daher der Name Phasenconstante. Die unbestimmten Constanten h und φ dienen dazu, die Integralgleichung jedem vorgeschriebenen Anfangszustande des Massenpunktes anzupassen. Dies übersieht man am leichtesten, wenn man in Gleichung (37) den Sinus nach den beiden Theilen seines Argumentes zerlegt:

$$x = h \cdot \sin\varphi \cdot \cos\left(\frac{a}{\sqrt{m}} \cdot t\right) \pm h \cdot \cos\varphi \cdot \sin\left(\frac{a}{\sqrt{m}} \cdot t\right).$$

Gleichwie h und φ stellen auch die hier auftretenden Complexe:

$$F = h \cdot \sin\varphi$$

$$G = h \cdot \cos\varphi$$

zwei unbestimmte Constanten dar, welche jeden beliebigen Werth annehmen können, was man daraus erkennt, daß nach willkürlicher Festsetzung der letzteren stets mögliche Werthe von h und φ gefunden werden, welche diese Relationen befriedigen. Diese Werthe sind:

$$h = \sqrt{F^2 + G^2}$$

$$\varphi = \operatorname{arctg}\frac{F}{G} \cdot$$

Auch das doppeldeutige Vorzeichen können wir in das unbestimmte G mit aufnehmen, und wir erhalten als eine andere Form für das vollständige Integral:

$$x = F \cdot \cos\left(\frac{a}{\sqrt{m}} t\right) + G \cdot \sin\left(\frac{a}{\sqrt{m}} t\right). \tag{37a}$$

Die Geschwindigkeit finden wir hieraus durch Differentiation nach der Zeit:

$$\frac{dx}{dt} = -\frac{a}{\sqrt{m}} F \sin\left(\frac{a}{\sqrt{m}} t\right) + \frac{a}{\sqrt{m}} G \cdot \cos\left(\frac{a}{\sqrt{m}} t\right).$$

Die vorgeschriebenen Anfangsbedingungen seien nun dadurch ausgedrückt, daß die Masse m sich zur Zeit $t = 0$ am Orte x_0 befindet und die Geschwindigkeit u_0 besitzt. Die Sinus in den beiden vorstehenden Gleichungen verschwinden im Anfangszustand, während die Cosinus gleich 1 werden. Man erhält also:

$$x_0 = F, \qquad\qquad u_0 = \frac{a}{\sqrt{m}} G$$

oder

$$F = x_0, \qquad\qquad G = \frac{\sqrt{m}}{a} u_0.$$

Auf diese Weise können also F und G jedem vorgeschriebenen Anfangszustand angepaßt werden; dasselbe gilt auch von den früheren beiden Integrationsconstanten. Diese werden bestimmt durch:

$$h = \sqrt{x_0{}^2 + \frac{m}{a^2}\, u_0{}^2}, \qquad \varphi = \text{arctang}\ \frac{a}{\sqrt{m}} \cdot \frac{x_0}{u_0}\,.$$

Mit dieser Bestimmung der Integrationsconstanten durch den Anfangszustand ist das an die Spitze dieses Paragraphen gestellte Problem vollständig gelöst.

§ 23. Ueber lineare homogene Differentialgleichungen und eine andere Lösung des vorliegenden Problems.

Wir hatten die an die Spitze des vorigen Paragraphen gestellte Differentialgleichung durch einen Kunstgriff integrirt, indem wir dieselbe mit dem integrirenden Factor dx/dt erweiterten. Es ist indessen nicht überflüssig, hier gleich noch eine andere Methode der Lösung anzugeben, welche bei einer häufig in der Physik vorkommenden Klasse von Differentialgleichungen, zu denen auch die vorliegende gehört, zum Ziele führt. Wir schicken einige allgemeine Erläuterungen voraus.

Wenn in einer Differentialgleichung die gesuchte Function und ihre Differentialquotienten nur in erster Potenz vorkommen und auch Producte mehrerer derselben nicht auftreten, so nennt man sie eine lineare Differentialgleichung. Sobald aber auch nur eine höhere Potenz auftritt, ist die Differentialgleichung nicht linear und ihre Integration dann meistens viel schwieriger. Die Coefficienten der einzelnen Glieder können bekannte Functionen der unabhängigen Variabeln (also der Zeit) sein, oder im einfachsten Falle constante Größen.

Enthält ferner die lineare Differentialgleichung kein Glied, welches von der gesuchten Function frei ist, sondern sind durch die Differentialgleichung nur Glieder, welche die gesuchte Function und ihre Differentialquotienten linear enthalten, in Verbindung zu einander gebracht, so hat man eine lineare homogene Differentialgleichung. Schafft man alle mit der unbekannten Function behafteten Glieder auf die linke Seite, so ist bei der homogenen Differentialgleichung die rechte Seite gleich Null. Später werden uns auch Differentialgleichungen begegnen, bei denen in diesem Fall auf der rechten Seite eine vorgeschriebene Function der Zeit übrig

bleibt. Wir wollen indessen auf diese nicht homogenen Differentialgleichungen hier noch nicht eingehen.

Die linearen homogenen Differentialgleichungen haben wichtige
Eigenschaften, welche das Auffinden der vollständigen Integrale sehr
erleichtern. Haben wir nämlich irgend zwei verschiedene particuläre
Integrale gefunden, so können wir jedes mit einer beliebigen Constanten multipliciren und dann beide zu einer Summe vereinigen, also
mit anderen Worten, wir können eine beliebige lineare homogene
Function der particulären Integrale zusammensetzen, welche ihrerseits stets auch wieder ein Integral derselben Differentialgleichung
ist. Wir wollen diesen Satz an der uns vorliegenden Differentialgleichung (35b, 1), welche linear und homogen ist, beweisen. Seien
x_1 und x_2 zwei verschiedene particuläre Integrale derselben, d. h.
zwei Zeitfunctionen, welche in die Differentialgleichung eingesetzt,
dieselbe zu einer Identität machen, so hat man die Gleichungen:

$$m\,\frac{d^2 x_1}{d\,t^2} = -\,a^2\,x_1$$

$$m\,\frac{d^2 x_2}{d\,t^2} = -\,a^2\,x_2.$$

Erweitern wir dieselben mit den beliebigen Constanten F und G
und addiren sie, so kommt:

$$m\,.\,\frac{d^2}{d\,t^2}(F x_1 + G x_2) = -\,a^2\,.\,(F x_1 + G x_2),$$

woraus man sieht, dafs auch $(F x_1 + G x_2)$ ein Integral dieser Differentialgleichung ist, und zwar ein umfassenderes, welches zwei willkürliche Constanten besitzt. Man kann also jedenfalls aus einigen
verschiedenen particulären Integralen eine grofse Mannigfaltigkeit
von Lösungen zusammensetzen. Ob man auf diese Weise die vollständige Lösung gefunden hat, hängt davon ab, ob in derselben
ebenso viel unbestimmte Constanten disponibel sind, als zur Bestimmung des Anfangszustandes Angaben nöthig sind. Jedenfalls
braucht man also zur Zusammensetzung des vollständigen Integrals
so viel unabhängige particuläre Lösungen (die selbst keine disponiblen Constanten enthalten), als Bestimmungsstücke durch den
Anfangszustand eingeführt werden. Diese Anzahl beträgt nun für
einen im Raume beweglichen Massenpunkt sechs, wie wir schon am
Anfang von § 16 auseinander setzten. Bewegt sich der Massenpunkt
nur in einer festen Ebene, so genügen vier Angaben, und bei einem
nur in gerader Linie beweglichen Punkte, also in dem hier vor-

liegenden Falle, ist der Zustand durch zwei Angaben bestimmt. Es
wird daher möglich sein, aus nur zwei particulären Lösungen x_1 und
x_2, das vollständige Integral $Fx_1 + Gx_2$ zusammenzusetzen.

Die soeben angegebene Art der Zusammensetzung neuer Integrale aus bekannten, indem man letztere zu linearen homogenen
Functionen vereinigt, in denen sie als Summanden weiter bestehen,
nennt man die **ungestörte Superposition der Lösungen** oder
auch der Bewegungen, welche durch die Lösungen beschrieben
werden. Wenn wir vom Begriff der geometrischen Addition verschieden gerichteter Coordinaten Gebrauch machen, so können wir
auch bei räumlichen Bewegungen, welche nach gewöhnlicher Rech-
nungsweise drei gleichgestaltete Differentialgleichungen für x, y, z
besitzen, die drei vollständigen Integrale x, y, z nach den drei
Richtungen zur geometrischen Summe $Ax + By + Cz$ vereinigen,
welche die vollständige Angabe der räumlichen Bewegung als ungestörte Superposition der verschieden gerichteten Componenten darstellt. Die ungestörte Superposition der durch eine lineare homogene
Differentialgleichung charakterisirten Bewegungen bildet eine sehr
werthvolle und in allen Zweigen der Physik nützliche Eigenschaft,
denn die überwiegende Zahl der gut zu behandelnden Differentialgleichungen gehört zu dieser Klasse; auch wenn wir später zu den
partiellen Differentialgleichungen kommen werden, welche die Bewegungen ausgedehnter continuirlicher Massen beherrschen, wird
diese Eigenschaft der Lösungen besondere Bedeutung haben.

Häufig kann man bei der Lösung solcher Differentialgleichungen
mit Vortheil Gebrauch von den **complexen Größen** machen.
Zunächst ist vom rein mathematischen Standpunkt aus klar, daß
die Coefficienten, mit denen wir die particulären Integrale multipliciren, auch imaginär sein können. Hätten wir also von den
beiden Identitäten, welche aus der Einsetzung der beiden Integrale
x_1 und x_2 in die hier vorliegende Differentialgleichung entspringen,
die erste mit F, die zweite aber mit der imaginären Constante iG
erweitert, so hätten wir durch Addition erhalten:

$$m \cdot \frac{d^2}{dt^2}(Fx_1 + iGx_2) = -a^2(Fx_1 + iGx_2),$$

also ist auch der complexe Ausdruck $(Fx_1 + iGx_2)$ ein Integral derselben Differentialgleichung. Sobald nun die in der Differentialgleichung enthaltenen Constanten, hier also m und a^2, reell sind,
was bei physikalischen Problemen stets der Fall ist, so kann die
Gleichung zwischen den complexen Größen nur bestehen, wenn die

reellen und die imaginären Antheile auf beiden Seiten der Gleichung
einzeln einander gleich sind. Das Resultat zerfällt also von selbst
wieder in die beiden Identitäten, von welchen wir ausgingen, wir
sind dadurch in der Erkenntnifs nicht weiter gekommen. Der Vortheil dieser Betrachtung liegt vielmehr in der Umkehrung des Ge-
dankenganges; es kommt nämlich oft vor, dafs ein complexer Ausdruck, welcher der Differentialgleichung genügt, leichter zu finden
ist, als reelle Ausdrücke. Haben wir also z. B. ein Integral $x_1 + i\,x_2$
gefunden, so lehrt diese Betrachtung, dafs der reelle Theil x_1 für
sich und auch der imaginäre Theil x_2 für sich ein Integral derselben Differentialgleichung ist, so dafs wir auf diese Weise zwei
unabhängige reelle Integrale zugleich gefunden haben.

Bisher haben wir keinen Gebrauch davon gemacht, dafs die
Coefficienten der Differentialgleichung constant sind, dieselben
konnten vielmehr ebenso gut bekannte Zeitfunctionen bedeuten.
Jetzt wollen wir uns aber auf den Fall constanter Coefficienten
beschränken, welcher in der vorliegenden und vielen anderen
Differentialgleichungen zutrifft. Bei solchen Problemen läfst sich
stets ein Integral finden als Exponentialfunction der Zeit, und zwar
ist der Exponent der Basis e proportional der Zeit, also ist diese
Lösung mit Hülfe einer einstweilen noch unbekannten Constante p
folgendermafsen zu schreiben:

$$x = e^{p\,t}. \tag{39}$$

Wir wollen diese Behauptung an unserer besonderen Differentialgleichung erproben. Die Differentiation der Exponentialfunction
bietet keine Schwierigkeit. Es ist

$$\frac{d\,x}{d\,t} = p \cdot e^{p\,t} = p \cdot x$$

$$\frac{d^2 x}{d\,t^2} = p^2 e^{p\,t} = p^2 x\,.$$

Durch Einsetzung des hierdurch für $d^2 x/d\,t^2$ aufgestellten Ausdrucks
in die Differentialgleichung ergiebt sich:

$$m \cdot p^2 x = -\,a^2 x\,.$$

Das noch unbekannte x hebt sich, und wir behalten eine einfache
quadratische Gleichung für die Unbekannte p:

$$m \cdot p^2 = -\,a^2\,,$$

aus welcher folgt, dafs p eine doppeldeutige imaginäre Gröfse ist:

$$p = \pm\,i\,\frac{a}{\sqrt{m}}\,, \tag{39a}$$

welche die Exponentialfunction (39) zu einem Integral der behandelten Differentialgleichung macht. Dasselbe lautet:

$$x = e^{\pm i \frac{a}{\sqrt{m}} t} \qquad (39\,\mathrm{b})$$

Wir haben also hier einen Fall der vorerwähnten Art, daſs man
zunächst ein complexes Integral findet. Die Exponentialfunction
mit imaginärem Argument läſst sich durch trigonometrische Functionen ersetzen:

$$x = \cos \frac{a}{\sqrt{m}} t \pm i \sin \frac{a}{\sqrt{m}} t.$$

Da nach den vorangegangenen Auseinandersetzungen der reelle und
der imaginäre Theil einzeln als Lösungen zu brauchen sind, erhalten wir folgende zwei Lösungen:

$$x_1 = \cos \frac{a}{\sqrt{m}} t$$

$$x_2 = \pm \sin \frac{a}{\sqrt{m}} t.$$

Aus diesen können wir vermittelst zweier willkürlicher Integrationsconstanten F und G eine allgemeinere Lösung zusammensetzen:

$$x = F \cos \frac{a}{\sqrt{m}} t + G \sin \frac{a}{\sqrt{m}} t.$$

Das doppelte Vorzeichen von x_2 ist fortgelassen, da G selbst jeden
positiven oder negativen Werth besitzen kann. Wegen der zwei
disponiblen Constanten haben wir zu erwarten, daſs das gefundene
Integral die vollständige Lösung darstellt. Thatsächlich stimmt dieselbe überein mit der im vorigen Paragraphen auf einem anderen
Wege gefundenen Gleichung (37a) (Seite 65) von der wir nachgewiesen haben, daſs sie jeden beliebigen Anfangszustand in sich
aufnehmen kann.

Im Anschluſs an diese zweite Art der Lösung ist noch zu bemerken, daſs wir in dem vorliegenden Falle eines einzelnen Massenpunktes auf eine quadratische Gleichung für die Unbekannte p geführt wurden, daſs aber in complicirteren Fällen, wo viele Punkte
sich bewegen und dabei Kräfte auf einander ausüben, Gleichungen
höheren Grades für p auftreten, welche aber gerade deswegen so
viele verschiedene Wurzeln p liefern, daſs man eine hinreichende
Zahl unabhängiger particulärer Integrale aufstellen kann, um durch

die ihnen anzuhängenden unbestimmten Coefficienten die umfang-
reicheren Anfangsbedingungen zu befriedigen und auch dann die
vollständige Lösung zusammensetzen zu können.

Seiner physikalischen Bedeutung nach stimmt der gefundene
Werth von p, abgesehen von dem Factor i, welcher die Exponentialfunction in Sinusfunctionen verwandelt, überein mit der im vorigen
Paragraphen in Gleichung (38 b) (Seite 64) aufgestellten Schwingungszahl für 2π Secunden. Es ist $p = i \cdot n$.

§ 24. Bewegung im Raume.

Nachdem wir die Bewegung eines Massenpunktes unter Wirkung
einer elastischen Kraft für den Fall behandelt haben, daß diese
Bewegung nur in einer geraden Linie, nämlich der x-Axe erfolgen
könne, gehen wir nun zu dem allgemeineren Problem über, welches
durch die drei Gleichungen (35 b) aufgestellt ist. Wir suchen also
die Bewegung eines materiellen Punktes, welcher bei freier Beweglichkeit im Raume mit einem beliebigen Anfangszustand unter
Wirkung einer nach dem Anfangspunkt der Coordinaten gerichteten
elastischen Kraft steht. In den drei für diesen Fall geltenden
Differentialgleichungen:

$$\left. \begin{array}{l} m \cdot \dfrac{d^2 x}{d t^2} = - a^2 x \\[2ex] m \cdot \dfrac{d^2 y}{d t^2} = - a^2 y \\[2ex] m \cdot \dfrac{d^2 z}{d t^2} = - a^2 z \end{array} \right\} \qquad (35\,\mathrm{b})$$

erscheinen die drei gesuchten Zeitfunctionen x, y, z von vorn herein
getrennt, also unabhängig von einander, jede wird bestimmt durch
eine Differentialgleichung von der Form, die wir soeben behandelt
haben. Wir können daher sofort die vollständige Lösung hin-
schreiben:

$$\left. \begin{array}{l} x = F_x \cos n t + G_x \sin n t \\ y = F_y \cos n t + G_y \sin n t \\ z = F_z \cos n t + G_z \sin n t \end{array} \right\} \qquad (40)$$

Die Coefficienten F_x, G_x, F_y, G_y, F_z, G_z sind die zur vollständigen
Lösung gehörigen sechs unbestimmten Integrationsconstanten,
$n = a/\sqrt{m}$ hat die vorher durch Gleichung (38 b) angegebene Bedeutung. Durch diese drei Gleichungen ist die Bewegung bestimmt

als ungestörte Superposition dreier auf einander senkrechter oscillatorischer Bewegungen von gleicher Periode.

Wenn wir nun die Gestalt und die Lage der Bahn, welche der Massenpunkt im Raume beschreibt, auffinden wollen, so müssen wir die Zeit aus den Gleichungen (40) eliminiren. Den ersten Schritt dazu können wir ausführen, wenn wir $\cos nt$ und $\sin nt$ zunächst als zwei selbstständige Größsen auffassen und die bekannte Relation zwischen beiden für später vorbehalten. Die drei Gleichungen sind lineare Gleichungen für $\cos nt$ und $\sin nt$, und bereits zwei von denselben würden hinreichen, dieselben auszudrücken. Da aber diese Ausdrücke, in die dritte Gleichung eingesetzt, diese ebenfalls befriedigen sollen, so muß zwischen den vorkommenden Coefficienten eine Beziehung bestehen, welche bekanntlich ihren Ausdruck in dem Verschwinden der folgenden Determinante findet:

$$\begin{vmatrix} x & F_x & G_x \\ y & F_y & G_y \\ z & F_z & G_z \end{vmatrix} = 0$$

oder ausgeführt:

$$x(F_y G_z - F_z G_y) + y(F_z G_x - F_x G_z) + z(F_x G_y - F_y G_x) = 0. \quad (41)$$

Die nothwendige Beziehung tritt also in Gestalt einer linearen, homogenen Gleichung zwischen x, y, z auf, welche in der analytischen Geometrie irgend eine durch den Anfangspunkt des Coordinatensystems hindurchgehende Ebene bezeichnet. Die Bewegung des Punktes muß daher in einer festen Ebene verlaufen, deren Lage durch die Integrationsconstanten, d. h. durch den Anfangszustand, bestimmt ist. Thatsächlich ist auch durch den Nullpunkt der Coordinaten, den Anfangsort und die Richtung der Anfangsgeschwindigkeit des Massenpunktes eine solche Ebene festgelegt. Nachdem wir dies erkannt, können wir die weiteren Betrachtungen dadurch vereinfachen, daß wir das Coordinatensystem so drehen, daß eine seiner Ebenen, beispielsweise die (x, y)-Ebene mit der gefundenen Ebene zusammenfällt. Dann bleibt während der ganzen Bewegung $z = 0$ und wir haben nur noch die zwei Gleichungen:

$$\left. \begin{array}{l} x = F_x \cos nt + G_x \sin nt \\ y = F_y \cos nt + G_y \sin nt. \end{array} \right\} \quad (42)$$

Daß bei dieser Drehung die Coefficienten ihre Werthe verändern, ist selbstverständlich.

Um nun die Bahn in dieser Ebene zu bestimmen, d. h. die Zeit zu eliminiren, drücken wir $\cos nt$ und $\sin nt$ aus, wozu die zwei Gleichungen gerade hinreichen:

$$\cos nt = \frac{x \cdot G_y - y \cdot G_x}{F_x G_y - F_y G_x} \quad \text{und} \quad \sin nt = \frac{y \cdot F_x - x \cdot F_y}{F_x G_y - F_y G_x};$$

dann liefert die Relation:

$$\cos^2 nt + \sin^2 nt = 1$$

das Resultat der Elimination der Zeit aus den beiden Integralgleichungen in folgender Form:

$$(x \, G_y - y \, G_x)^2 + (y \, F_x - x \, F_y)^2 = (F_x G_y - F_y G_x)^2.$$

Als Gleichung zweiten Grades zwischen x und y bezeichnet dieselbe einen Kegelschnitt. Die Ausführung der Quadrate führt zu der folgenden Gestalt:

$$\left. \begin{array}{c} x^2 \cdot (F_y{}^2 + G_y{}^2) + y^2 \cdot (F_x{}^2 + G_x{}^2) - 2xy \cdot (F_x F_y - G_x G_y) \\ = (F_x G_y - F_y G_x)^2. \end{array} \right\} \quad (43)$$

Da die Coefficienten von x^2 und y^2 beide nothwendig positiv sind, haben wir es nur mit Ellipsen zu thun, was übrigens schon daraus hervorgeht, dafs die durch Gleichungen (40) bestimmten Coordinaten niemals ins Unendliche wachsen. Es fehlen dieser Ellipsengleichung Glieder, welche x und y allein in erster Potenz enthielten, daher ist der Nullpunkt der Coordinaten Mittelpunkt der Ellipse. Es kommt aber ein Glied mit dem Produkt $x.y$ vor, das deutet an, dafs die x- und y-Axe im Allgemeinen nicht die Hauptaxen der Ellipse sind, letzteres ist vielmehr nur dann der Fall, wenn der Coefficient des betreffenden Gliedes verschwindet, wenn also

$$F_x F_y - G_x G_y = 0.$$

Diese Gleichung bedeutet, dafs die beiden oscillatorischen Bewegungen x und y einen Phasenunterschied von $^1/_4$ Periode besitzen. Dies folgt direct aus der kurz vor Gleichung (37a) (Seite 65) stehenden Beziehung $\varphi = \operatorname{arctg} F/G$. Wir können jedenfalls das Axenkreuz so drehen, dafs dasselbe mit den Hauptaxen der Ellipse zusammenfällt; die alsdann geforderte Bedingung, die in der letzten Gleichung liegt, können wir ohne Schaden der Allgemeinheit dadurch erfüllen, dafs wir zwei von den vier Coefficienten der Gleichungen (42), welche diagonal stehen, gleich Null setzen, etwa: $G_x = F_y = 0$. Die einzige Beschränkung bei dieser Annahme ist, dafs der Anfangs-

punkt der Zeitzählung dadurch in bestimmter Weise festgesetzt ist.
Jetzt lauten die Bewegungsgleichungen:

$$x = F_x \cos n t$$
$$y = G_y \sin n t$$

$$\left.\right\} \quad (42\,a)$$

und die Eliminationsgleichung der Zeit:

$$\frac{x^2}{F_x^2} + \frac{y^2}{G_y^2} = 1 \qquad (43\,a)$$

hat die Normalform der auf die Hauptaxen bezogenen Gleichung
einer Ellipse, welche wegen der Unbestimmtheit von F_x und G_y noch
jede beliebige Gestalt haben kann.

Die Schwingungsdauer der oscillatorischen Componenten (40):

$$T = \frac{2\pi}{n} = 2\pi \frac{\sqrt{m}}{a} \text{ bestimmt in allen Fällen die Umlaufsdauer des}$$

Massenpunktes in seiner elliptischen Bahn, diese ist also, unabhängig
von Gröfse und Gestalt der Bahn, stets dieselbe.

In dem Grenzfall, dafs die eine Axe der Ellipse verschwindet,
degenerirt die Ellipse in eine doppelte gerade Strecke; wir haben
dann den zuerst behandelten Specialfall der Bewegung in gerader
Linie vor uns. In dem besonderen Falle, dafs beide Axen einander
gleich werden, $G_y = F_x$, erhalten wir eine Kreisbahn, deren Radius
wir kurz F nennen wollen. Das besondere dieses Specialfalles besteht darin, dafs dabei der Massenpunkt auf seiner Bahn stets an
Orten bleibt, an denen die elastische Kraft dieselbe Intensität — $a^2 F$
besitzt, dafs ferner diese Kraft stets senkrecht auf der Bahn steht,
daher keine Wegbeschleunigung erzeugen kann; die Masse kreist
vielmehr mit unveränderter Geschwindigkeit, und jene elastische
Kraft liefert in diesem Falle lediglich die zur Aufrechterhaltung der
Kreisbahn nöthige Centralkraft. Wir können dies leicht bestätigen,
wenn wir einen der in Gleichung (21) (Seite 86) aufgestellten Ausdrücke der Centralkraft heranziehen. Dort ist die Centralkraft gemessen durch das Product aus Masse, Radius und Quadrat der
Winkelgeschwindigkeit. Die letztere, bezeichnet mit ω, können wir
in unserem Falle leicht aus der Umlaufszeit T ableiten. Da nämlich
in der Zeit T der ganze Kreis, also der Winkel 2π durchlaufen wird,
ist $2\pi = \omega T$, oder wegen $T = 2\pi \cdot \sqrt{m}/a$ ist die Winkelgeschwindigkeit selbst:

$$\omega = \frac{a}{\sqrt{m}},$$

also derselbe Betrag, den wir bei oscillirenden Bewegungen die
Schwingungszahl für 2π Secunden nannten. Setzen wir nun die
Centralkraft auf die angegebene Weise zusammen, so finden wir:

$$m \cdot F \cdot \left(\frac{a}{\sqrt{m}}\right)^2 = a^2 \cdot F,$$

also thatsächlich den Betrag der vorhandenen elastischen Kraft.

§ 25. Mathematisches Pendel.

Wir wenden uns nun zu einer Bewegungsart des Massenpunktes,
welche unter Wirkung der Schwerkraft zu Stande kommt, deren
Verlauf indessen in den einfachsten und wichtigsten Fällen eine
direkte Anwendung der soeben gewonnenen Kenntnisse über die
Wirkung der elastischen Kräfte erlaubt. Unter einem mathematischen oder idealen Pendel versteht man einen unter Wirkung
der Schwerkraft stehenden Massenpunkt, welcher gezwungen ist, bei
seinen Bewegungen auf einer festen Kugelfläche zu bleiben. Diese
beschränkte Bewegungsfreiheit können wir uns in diesem und in
allen ähnlichen Fällen dadurch hervorgebracht denken, daſs der
Massenpunkt bei einer Entfernung aus der Kugelfläche in dieselbe
zurückgezogen wird durch Kräfte von elastischer Natur, welche bei
jeder Lage des Punktes in der Kugelfläche unwirksam sind, welche
aber bereits bei verschwindend kleinen Abständen von dieser Fläche
so hohe Beträge erreichen, daſs sie jeder äuſseren Kraft, welche
den Punkt herauszuziehen strebt, das Gleichgewicht zu halten vermögen, also deren Wirkung aufheben, ohne daſs die Entfernung des
Punktes aus der vorgeschriebenen Fläche merklich wird. Auf diese
Weise können wir uns die Kugelfläche z. B. dadurch festgelegt
denken, daſs der Massenpunkt an einen Faden geknüpft ist, dessen
anderes Ende unverrückbar festgehalten wird. Die Bewegung kann
dann nur auf derjenigen Kugelschale erfolgen, deren Centrum der
Aufhängungspunkt des Fadens ist und deren Radius durch die
Fadenlänge bestimmt wird. An diesen Faden stellen wir die Anforderungen, daſs er selbst gewichtlos sei, in seinem Aufhängungspunkt keinerlei Steifigkeit äuſsere, vielmehr vollkommen biegsam
sei, und endlich, daſs er sogenannt undehnbar sei, d. h. daſs er
bereits bei verschwindend kleinen Streckungen jeden nöthigen Betrag
von elastischer Kraft in der Richtung gegen das feste Centrum hin
erzeuge, so daſs alle äuſseren Kräfte oder Kraftcomponenten, welche

auf Verlängerung des Fadens hinwirken, also in Richtung der Verlängerung des Fadens fallen, aufgehoben und unwirksam werden. Diese Eigenschaften des Fadens genügen, so lange der Massenpunkt in der unteren Hälfte der Kugelschale bleibt. Gelangt derselbe aber in die obere Hälfte, welche höher liegt als das Centrum, so zieht die Schwerkraft ihn in das Innere des Kugelraumes; gegen eine solche Verschiebung würde ein biegsamer Faden keinen Widerstand leisten, wir müssen dann den Faden auch noch als starre und unverkürzbare gerade Strecke voraussetzen. Alle die gemachten Anforderungen kann man in Wirklichkeit niemals in voller Strenge erfüllen, daher bezeichnet man auch die gedachte Einrichtung als ideales Pendel; doch kann man, so lange die Bewegungen auf die untere Halbkugel beschränkt bleiben, Fäden herstellen, welche bei einer gegen die Pendelkugel (die den Massenpunkt vertreten muſs) verschwindend kleinen Masse hinreichend undehnbar und im Aufhängungspunkt biegsam genug sind, um eine für viele Zwecke genügende Annäherung an die idealen Eigenschaften des mathematischen Pendels zu gewinnen. Vom physischen Pendel, welches einen ausgedehnten, um eine feste horizontale Drehungsaxe schwingenden Körper darstellt, werden wir später zu reden haben.

Zunächst ist die Wirkung der Schwerkraft auf den an einem Faden von der Länge l hängenden Massenpunkt m in irgend einer Lage des letzteren zu untersuchen. In Fig. 3 stellt die durch den Aufhängungspunkt A abwärts gezogene Verticale AO die Ruhelage

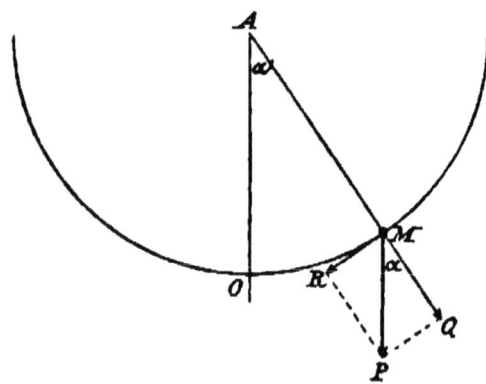

Fig. 3.

des Pendels dar, AO ist die Fadenlänge l und der in der Figur mit diesem Radius geschlagene Kreis ist der Durchschnitt der Kugelschale mit derjenigen durch AO gelegten Verticalebene, welche den Massenpunkt M enthält. Der Punkt O ist die Ruhelage der Masse, weil in diesem Punkt die verticale Schwerkraft $m.g$ in Richtung des verlängerten Fadens wirkt, also durch die Spannung desselben vollständig aufgehoben wird, so dafs keine beschleunigende Wirkung auf die Masse zu Stande kommt. Jede andere Lage M des Massenpunktes kann angegeben werden durch eine bestimmte Verticalebene, welche A und M enthält und durch den Winkel $OAM = \alpha$, um welchen die Fadenrichtung von der Verticalen abweicht. Die unveränderlich wirkende verticale Schwerkraft $m.g$ versinnlichen wir in Gröfse und Richtung durch die Strecke MP, dieselbe bildet mit der Verlängerung des Fadens MQ ebenfalls den Winkel α. Wir zerlegen die Kraft in eine radiale Componente MQ und eine tangentiale MR; der Betrag der ersteren ist $m.g.\cos\alpha$ und wird durch die Spannung des Fadens unwirksam gemacht, die andere, wirksame Componente hat die Gröfse $m.g.\sin\alpha$ und treibt den Massenpunkt beschleunigend nach der Ruhelage O hin. Wir wollen die Frage nach der Bewegung des Punktes nicht in ihrer allgemeinsten Fassung unter Zulassung eines ganz beliebigen Anfangszustandes behandeln, sondern uns mit der Erörterung folgender drei wichtiger Specialfälle begnügen: 1. Das Pendel bleibt während seiner Bewegung stets in nächster Nähe der Ruhelage O (Problem der kleinen Pendelbewegungen). 2. Das Pendel bewegt sich auf einem horizontalen Parallelkreise der Kugelschale (Problem des Kegelpendels). 3. Die Bewegung findet in einer festen Verticalebene, also in einer Kreisbahn statt, der Winkel α nimmt aber gröfsere Werthe an (Problem grofser ebener Pendelschwingungen).

§ 26. Kleine Pendelbewegungen.

Das Pendel soll während der Bewegung stets in nächster Nähe der Ruhelage bleiben. Als Grenze für diesen Fall wollen wir festsetzen, dafs der Winkel α, welcher die Abweichung mifst, in Bogenmafs eine so kleine Zahl ist, dafs wir bei der geforderten Genauigkeit unserer Angaben höhere Potenzen von α vernachlässigen dürfen, also auch den in der wirksamen Kraftcomponente vorkommenden $\sin\alpha$ durch α selbst ersetzen dürfen. In diesem Falle wird auch das kleine Stück der Kugelfläche, welches den Ruhepunkt O umgiebt und den Schauplatz des ganzen Vorganges umschliefst, nahezu als ein ebenes und horizontales Schwingungsfeld angesehen werden können. Die Gröfse der wirksamen Kraftcomponente, welche dann geradlinig nach O hinweist, ist $mg.\alpha$. Wenn wir den kleinen Abstand des Massenpunktes von seiner Ruhelage mit s bezeichnen, so ist $\alpha = \frac{s}{l}$, die wirksame Kraft kann also auch geschrieben werden $\frac{mg}{l}.s$, und stellt sich als proportional der Abweichung s heraus, denn $m.g/l$ ist ein constanter Factor.

Wir haben also hier dasselbe Gesetz der Kraft, welches wir bei den elastischen Kräften vorausgesetzt hatten, und wir können deshalb für den vorliegenden Fall ohne weitere analytische Betrachtungen die früher gewonnenen Resultate auf dieses Problem übertragen. Das negative Vorzeichen, welches wir den elastischen Kräften geben mußten, ist zwar hier nicht explicite angegeben worden, wohl aber erkennen wir, daß die wirksame Kraftcomponente auch hier nach dem Ruhepunkte hinweist. Das Maaß für die Stärke der elastischen Kraft, welches wir früher mit a^2 bezeichneten, wird in unserem vorliegenden Falle durch den Factor $m.g/l$, mit welchem die Elongation s in dem Ausdruck der Kraft behaftet ist, zu ersetzen sein. Die Bewegungen des Pendels werden entweder in geradliniger Bahn um die Ruhelage oscilliren, der zeitliche Verlauf wird dann ganz wie in Gleichung (37) (Seite 62) durch eine Sinusfunction dargestellt werden, oder das Pendel wird in elliptischer oder speciell auch in kreisförmiger Bahn die Ruhelage umkreisen. In allen Fällen ist die Schwingungsdauer oder Umlaufszeit dieselbe. Man erhält den Werth derselben aus der Formel $T = 2\pi.\sqrt{m/a}$ (vergl. Gleichung 38), indem man $a = \sqrt{\dfrac{mg}{l}}$ einführt, also:

$$T = 2\pi.\sqrt{\frac{l}{g}}. \tag{44}$$

In dieser Formel für die Schwingungsdauer kleiner Pendelbewegungen liegen folgende Gesetze: T ist unabhängig von der Amplitude oder von den Dimensionen der elliptischen Bahn (so lange dieselbe nur hinreichend klein bleiben), T ist auch unabhängig von der Größe der bewegten Masse m (gleich wie das auch bei den Erscheinungen des freien Falles galt), T ist der Wurzel der Pendellänge direct und der Wurzel aus der Intensität der Schwerkraft umgekehrt proportional. Durch diese Formel ist das Pendel das geeignetste Instrument zu einer genauen Messung der Beschleunigung g, denn die Schwingungsdauer kann wegen ihrer unveränderlichen Größe aus der Dauer einer sehr großen Zahl von Schwingungen mit aller er-

wünschten Genauigkeit festgestellt werden. Auch die Länge l läfst
sich recht genau messen, doch wendet man zu exacten Bestimmungen
von g nicht solche annähernd mathematische Pendel, sondern physische Pendel von besonderer Construction, sogenannte Reversionspendel an, an denen diese Gröfse l mit gröfster Schärfe bestimmt
werden kann.

§ 27. Kegelpendel.

Wir wenden uns nun zu der zweiten Annahme, dafs der Massenpunkt auf einer horizontalen Kreisbahn umlaufe, welche durch einen
unveränderlichen endlichen Winkel α fest bestimmt werden kann.
Der Faden des Pendels beschreibt bei dieser Bewegung den Mantel
eines Kreiskegels, daher der Name Kegelpendel. In Fig. 4 sind
alle Bezeichnungen in Uebereinstimmung mit der früheren Fig. 3
gewählt. Denken wir uns O als Pol der Kugelfläche, dann bildet
die Bahn in diesem Falle einen Parallelkreis, welcher senkrecht zur
Ebene der Zeichnung steht und daher nur durch zwei diametral

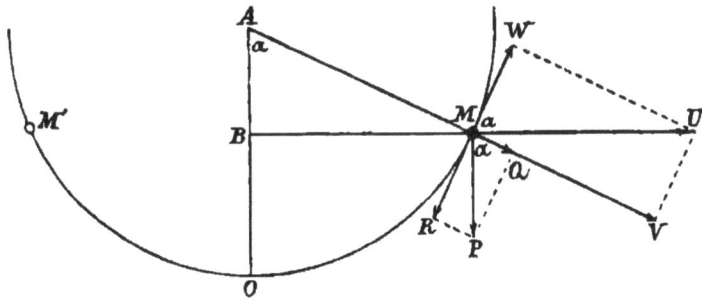

Fig. 4.

gegenüberliegende Punkte desselben, M und M' angedeutet werden
kann. Die wirksame Componente der Schwerkraft $MR = mg \cdot \sin \alpha$
weist jederzeit in Richtung der Tangente des Meridians nach dem
Pol hin, und zwar wegen des constanten α mit unveränderter Intensität. Da die wirkende Kraft immer senkrecht auf der Bahn
steht, werden wir nach den früheren Auseinandersetzungen (§ 7) keine
Wegbeschleunigung zu erwarten haben, vielmehr eine Kreisbewegung
von constanter Weggeschwindigkeit, deren Centrifugalwirkung durch
die Schwerkraft und die Fadenspannung im Gleichgewicht gehalten
werden mufs. Wir werden daher auch in diesem Falle ohne analytische Berechnungen aus unseren früheren Kenntnissen über die

Gröfse der Centralkraft einen Schlufs ziehen können, wie grofs für jeden Winkel α die Umlaufszeit T sein mufs.

Die zu überwindende Centrifugalkraft ist nach der schon mehr-fach benutzten Gleichung (21) gleich dem Product aus Masse, Radius und Quadrat der Winkelgeschwindigkeit. Der Radius der Bahn ist in unserem Falle $BM = l \cdot \sin \alpha$, die Winkelgeschwindigkeit läfst sich durch die noch unbekannte Umlaufszeit T ausdrücken in der Form $\frac{2\pi}{T}$. Also ist die Centrifugalkraft gleich:

$$m \cdot l \sin \alpha \cdot \frac{4\pi^2}{T^2}.$$

Die Richtung derselben liegt in der horizontalen Ebene der Bahn in Verlängerung des Radius BM und sei durch die Streck MU ver-sinnlicht. Um zu erkennen, in welcher Weise sich die Faden-spannung und die wirksame Componente der Schwerkraft sich an der Vernichtung der Centrifugalkraft betheiligen, zerlegen wir die letztere in eine Componente in Verlängerung des Fadens MV und eine darauf senkrechte MW, welche ebenfalls in die Meridiantangente fällt, aber vom Pole O wegzeigt. Der Winkel UMW ist, wie leicht einzusehen, ebenfalls gleich α, also findet man:

$$MV = m \cdot l \cdot \sin^2 \alpha \, \frac{4\pi^2}{T^2}$$

$$MW = m \cdot l \cdot \sin \alpha \cdot \cos \alpha \cdot \frac{4\pi^2}{T^2}.$$

Die erste Componente MV wird durch die Fadenspannung aus-geglichen, während die zweite MW durch die entgegengesetzt ge-richtete Schwerkraftscomponente MR vernichtet werden mufs. Es mufs also zur Erhaltung des angegebenen Bewegungszustandes noth-wendig $MW = MR$ sein. Setzen wir die Kraftbeträge für diese beiden Strecken der Figur ein, und heben den gemeinsamen Factor $m \cdot \sin \alpha$, so finden wir die folgende Bedingung:

$$\frac{4\pi^2}{T^2} \cdot l \cdot \cos \alpha = g,$$

aus welcher folgt:

$$T = 2\pi \sqrt{\frac{l}{g} \cos \alpha}. \qquad (45)$$

Durch diese Formel ist die Beziehung zwischen der Umlaufszeit und dem Winkel α gegeben. Je gröfser α ist, um so kürzer ist T.

Die Centrifugal-Regulatoren sind Kegelpendel, welche durch eine laufende Maschine selbst mit in Rotation versetzt werden, die Umlaufszeit wird um so kürzer je schneller die Maschine läuft. Die Arme dieser Apparate, welche dem Faden des mathematischen Pendels entsprechen, können sich heben und senken, und dadurch ein Dampfventil öffnen und schliefsen, der Winkel α wird sich bei denselben jederzeit nach dem Gesetze der Gleichung (45) der Umlaufszeit anpassen. Wie man sieht, ist auch diese Beziehung zwischen T und α unabhängig von der Gröfse der bewegten Masse m.

Es ist nicht uninteressant, auch den Betrag der durch die Spannung S des Fadens vernichteten Kräfte kennen zu lernen. Erstens spannt den Faden die Componente MQ der Schwerkraft und zweitens die Componente MV der Centrifugalkraft. Beide zusammen betragen nach Einführung der dafür gefundenen Kraftgröfsen:

$$S = m\,g\cos\alpha + m\,.\,l\,.\,\sin^2\alpha\,\frac{4\,\pi^2}{T^2}\,.$$

Setzen wir in diesem Ausdruck entsprechend (45)

$$\frac{4\,\pi^2}{T^2} = \frac{g}{l}\cos\alpha,$$

so findet man leicht:

$$S = \frac{m\,.\,g}{\cos\alpha}\,.$$

Die Spannung des Fadens wächst also mit zunehmender Erhebung α und kann bei Winkeln α, welche nahe an $\frac{\pi}{2}$ kommen, leicht so grofs werden, dafs der Faden reifst. Endlich sei kurz darauf hingewiesen, dafs für sehr kleine Winkel α, für welche man $\cos\alpha = 1$ setzen kann, die Umlaufszeit T in Gleichung (45) übereinstimmt mit dem Resultat des vorigen Paragraphen in Gleichung (44).

§ 28. Ebene Pendelschwingungen von endlicher Amplitude.

Wir greifen jetzt das dritte in unserem Programm ausgewählte Problem an. Die Bewegung des Pendels soll dabei in einer festen Verticalebene verlaufen, oder der Massenpunkt soll in seiner Bewegung auf eine vertical stehende Kreisbahn beschränkt sein. Alle in radialer Richtung wirkenden Kräfte werden durch den Faden unwirksam gemacht; zu diesen gehört aufser der Componente MQ

(Fig. 3) der Schwerkraft in diesem Falle der ganze Betrag der
Centrifugalkraft, oder anders ausgedrückt, der Faden stellt durch
seine vermehrte Spannung allein die zur Erhaltung der Kreisbahn
nöthige Centripetalkraft her; um dieselbe brauchen wir uns also im
folgenden nicht zu kümmern. Nun hatten wir bei der allgemeinen
Betrachtung krummliniger Bewegungen gesehen, daſs man die gesammte Beschleunigung zerlegen kann in die Centripetalbeschleunigung
und die Wegbeschleunigung, welch' letztere sich darstellt als der
nach der Zeit gebildete Differentialquotient der Weggeschwindigkeit.
Dieser letztere Theil ist hier die Wirkung der in Richtung der
Kreisbahn fallenden Componente der Schwerkraft MR, und die
Gleichsetzung beider liefert uns die Differentialgleichung der Bewegung. Zur Bezeichnung der Lage des Massenpunktes benutzen
wir wieder den Winkel α, welcher die Abweichung des Fadens von
der Ruhelage miſst, und zwar können wir bei dieser ebenen Bahn
die Abweichungen nach rechts und links durch positives und negatives Vorzeichen von α unterscheiden. Die Winkelgeschwindigkeit
ist dann durch $\frac{d\alpha}{dt}$ gegeben und die Weggeschwindigkeit ist
$q = l\frac{d\alpha}{dt}$. Der zeitliche Differentialquotient der letzteren ist $l\frac{d^2\alpha}{dt^2}$
und stellt die Wegbeschleunigung dar, welche, mit der Masse m
multiplicirt, das Maaſs für die wirksame Componente der Schwerkraft $MR = mg.\sin\alpha$ bildet. Da nun aber diese Kraft den absoluten
Betrag des Winkels α zu verkleinern strebt, so müssen wir dieselbe
mit dem negativen Vorzeichen versehen und erhalten als Differentialgleichung, welche die endlichen Pendelschwingungen beherrscht:

$$m.l.\frac{d^2\alpha}{dt^2} = -mg\sin\alpha$$

oder einfacher:

$$\frac{d^2\alpha}{dt^2} = -\frac{g}{l}\sin\alpha. \tag{46}$$

Man sieht sogleich, daſs für kleine Werthe α die Differentialgleichung
mit derjenigen der elastischen Kräfte übereinstimmt. In ihrer allgemeinen Form aber ist sie nicht linear, da $\sin\alpha$ eine transcendente
Function von α darstellt. Zur Integration hilft uns indessen dasselbe Mittel, welches wir in § 22 bei der ersten Art der Lösung
der elastischen Differentialgleichung benutzten, nämlich der in-
tegrirende Factor $\frac{d\alpha}{dt}$, mit welchem wir jetzt auch diese compli-

cirtere Gleichung erweitern wollen. Nachdem wir alle Glieder auf die linke Seite geschafft haben, erhalten wir:

$$\frac{d\alpha}{dt} \cdot \frac{d^2\alpha}{dt^2} + \frac{g}{l} \sin\alpha \frac{d\alpha}{dt} = 0.$$

Die linke Seite ist jetzt ein vollständiger Differentialquotient, man kann dafür schreiben:

$$\frac{d}{dt}\left\{\frac{1}{2}\left(\frac{d\alpha}{dt}\right)^2 - \frac{g}{l}\cos\alpha\right\} = 0.$$

Daraus folgt aber, daß

$$\frac{1}{2}\left(\frac{d\alpha}{dt}\right)^2 - \frac{g}{l}\cos\alpha = C \tag{47}$$

sein muß, wo C eine unbestimmte Constante ist.

Bevor wir in der Integration weitergehen, müssen wir hier zwei Fälle unterscheiden, weil in beiden verschiedene Umformungen dieser Gleichung zum Ziele führen. Die Bewegung kann so geschehen, daß die Geschwindigkeit $\left(\frac{d\alpha}{dt}\right)$ zu gewissen Zeiten gleich Null wird. Der schwere Punkt wird dann also bis zu einem gewissen Werthe des Winkels α steigen, und wenn die Geschwindigkeit Null geworden ist, wieder umkehren, bis er auf der anderen Seite dieselbe Höhe erreicht hat. Wir werden also in diesem Falle ein Hin- und Herschwingen des Punktes erhalten. Es ist aber nicht nöthig, daß solche Grenzlagen vorhanden sind, vielmehr kann der Punkt auch durch die höchstgelegene Stelle der Kreisbahn noch mit Geschwindigkeit hindurchfahren, und so fortdauernd in derselben Richtung im Kreise herumlaufen. Die Geschwindigkeit wird dabei freilich keine unveränderliche sein; der Fall ist analytisch nur dadurch charakterisirt, daß dabei $\frac{d\alpha}{dt}$ stets dasselbe Vorzeichen behält und niemals Null wird.

Wir befassen uns zunächst mit dem ersten Falle, welcher die gewöhnliche hin- und hergehende Pendelbewegung darstellt. Bezeichnen wir den Grenzwinkel von α, welchen das Pendel im Moment seiner Umkehr, also für $\frac{d\alpha}{dt} = 0$ bildet und welcher nie überschritten wird, mit h, so können wir durch diese ebenfalls unbestimmte Größe die Integrationsconstante C in der letzten Gleichung ersetzen, denn für diesen Grenzfall erhält man aus Gleichung (47):

$$0 - \frac{g}{l}\cdot\cos h = C.$$

Wir können also das bisherige Resultat für unseren Fall auch schreiben:

$$\left(\frac{d\alpha}{dt}\right)^2 = 2\frac{g}{l}(\cos\alpha - \cos h) \qquad (47\,a)$$

Setzen wir noch $\cos\alpha = 1 - 2\sin^2\frac{\alpha}{2}$ und analog $\cos h$, so ist:

$$\left(\frac{d\alpha}{dt}\right)^2 = 4\frac{g}{l}\cdot\left(\sin^2\frac{h}{2} - \sin^2\frac{\alpha}{2}\right).$$

Da stets $\alpha < h$ bleibt, so bleibt die rechte Seite dieser Gleichung stets positiv, was wegen des links stehenden Quadrates auch erforderlich ist.

Wenn wir nun in der Integration fortschreiten wollen, so müssen wir die Variabeln α und t trennen. Wir nehmen also die Quadratwurzel, um $d\alpha$ und dt frei zu machen, und vereinigen alle von α abhängigen Factoren auf der linken Seite, während wir dt nach rechts schaffen. So entsteht folgende Umformung:

$$\frac{d\alpha}{\sqrt{\sin^2\frac{h}{2} - \sin^2\frac{\alpha}{2}}} = 2\sqrt{\frac{g}{l}}\cdot dt. \qquad (47\,b)$$

Wenn wir jetzt integriren wollen, so bietet sich rechts keine Schwierigkeit. Wir können auch die bei dieser zweiten Integration auftretende Integrationsconstante sofort als eine unbestimmte Zeitgröfse τ einführen, deren Werth lediglich von dem Zeitpunkt abhängt, von welchem an wir die Zeit t zählen. Die Integration der rechten Seite ist dann:

$$\int 2\sqrt{\frac{g}{l}}\,dt = 2\sqrt{\frac{g}{l}}\cdot(t - \tau).$$

Die linke Seite müssen wir indessen noch umformen, um sie auf die Form des Differentiales derjenigen transcendenten Function zu bringen, welche darin steckt. Wir führen statt α eine neue Variabele σ ein durch die Gleichung:

$$\sin\frac{\alpha}{2} = \sin\frac{h}{2}\cdot\sigma. \qquad (48)$$

Es ist sofort ersichtlich, dafs σ stets ein echter Bruch bleiben mufs. Die Differentiation liefert:

$$\frac{1}{2}\cos\frac{\alpha}{2}\cdot d\alpha = \sin\frac{h}{2}\cdot d\sigma$$

und da

$$\cos \frac{\alpha}{2} = \sqrt{1 - \sin^2 \frac{h}{2} \cdot \sigma^2}$$

ist, erhält man:

$$d\alpha = 2 \frac{\sin \frac{h}{2} d\sigma}{\sqrt{1 - \sin^2 \frac{h}{2} \cdot \sigma^2}}.$$

Also finden wir folgende Umformung der linken Seite der Gleichung:

$$\frac{d\alpha}{\sqrt{\sin^2 \frac{h}{2} - \sin^2 \frac{\alpha}{2}}} = 2 \frac{d\sigma}{\sqrt{1 - \sigma^2} \cdot \sqrt{1 - \sin^2 \frac{h}{2} \sigma^2}}.$$

Dieselbe führt auf die Normalform des Differentials des elliptischen Integrals erster Ordnung nach der LEGENDRE'schen Bezeichnung. Die Constante $\sin \frac{h}{2}$ nennt man den Modul desselben und pflegt denselben durch k zu bezeichnen. Wir setzen also $\sin \frac{h}{2} = k$, und können nun die zweite Integration schreiben:

$$\int_0^\sigma \frac{d\sigma}{\sqrt{(1 - \sigma^2)(1 - k^2 \sigma^2)}} = \sqrt{\frac{g}{l}} (t - \tau). \tag{49}$$

Da wir die Integrationsconstante τ bereits rechts angebracht haben, brauchen wir auf der linken Seite die untere Grenze nicht unbestimmt zu lassen, sondern können dieselbe, entsprechend der Normalform des elliptischen Integrals, gleich Null setzen, die linke Seite ist dann eine bestimmte Function der oberen Grenze σ. Es ist also durch diese Gleichung die von irgend einem Zeitpunkt an gezählte Zeit $(t - \tau)$, als Function von σ dargestellt. Wollen wir nun umgekehrt σ als Function der Zeit darstellen, so werden wir auf eine elliptische Function geführt, und zwar auf den Amplituden-Sinus:

$$\sigma = \operatorname{sinam} \left\{ \sqrt{\frac{g}{l}} (t - \tau) \right\} \text{ modulo } k = \sin \frac{h}{2} \tag{50}$$

(Die elliptischen Functionen hängen mit den elliptischen Integralen in derselben Weise zusammen, wie die trigonometrischen Functionen mit den Arcusintegralen

$$\int_0^\sigma \frac{d\sigma}{\sqrt{1 - \sigma^2}}$$

zusammenhängen. Man vergl. die zu Gleichung (37) führenden Entwickelungen, Seite 62.)

Nun können wir nach Gleichung (48) statt σ wieder den Winkel α einführen, und erhalten endlich:

$$\sin\frac{\alpha}{2} = \sin\frac{h}{2} \cdot \operatorname{sinam}\left\{\sqrt{\frac{g}{l}}(t-\tau)\right\} \text{ modulo } k = \sin\frac{h}{2} \qquad (51)$$

als vollständiges Integral der Differentialgleichung (46) mit den beiden Integrationsconstanten h und τ.

Das bei der zweiten Integration auftretende elliptische Integral kann man auch auf eine andere Normalform bringen, wenn man statt der Variabelen σ, die doch stets einen echten Bruch darstellt, den Sinus einer neuen Variabelen ϑ einführt. Dann erhalten wir an Stelle der Substitution (48) folgende:

$$\sin\frac{\alpha}{2} = \sin\frac{h}{2} \cdot \sin\vartheta \qquad (48\,a)$$

aus welcher, ähnlich wie vorher, folgt:

$$\frac{1}{2}\cos\frac{\alpha}{2}\, d\alpha = \sin\frac{h}{2} \cdot \cos\vartheta \cdot d\vartheta$$

$$d\alpha = 2\,\frac{\sin\dfrac{h}{2}\cos\vartheta \cdot d\vartheta}{\sqrt{1 - \sin^2\dfrac{h}{2}\sin^2\vartheta}}\,.$$

Die Umformung der linken Seite von Gleichung (47b) mit Hülfe dieser Substitution liefert dann:

$$\frac{d\alpha}{\sqrt{\sin^2\dfrac{h}{2} - \sin^2\dfrac{\alpha}{2}}} = 2\,\frac{d\vartheta}{\sqrt{1 - \sin^2\dfrac{h}{2} \cdot \sin^2\vartheta}} = 2\,\frac{d\vartheta}{\sqrt{1 - k^2\sin^2\vartheta}}$$

und die zweite Integration ergiebt:

$$\int_0^{\vartheta} \frac{d\vartheta}{\sqrt{1 - k^2\sin^2\vartheta}} = \sqrt{\frac{g}{l}} \cdot (t - \tau). \qquad (49\,a)$$

Ueber die Grenzen links, und über die Constante τ gilt das Gleiche, wie vorher. Das links stehende Integral ist die einfachste Form des elliptischen Integrales erster Gattung. Es erscheint hier als Function der oberen Grenze ϑ, welche man Amplitude des Integrales nennt. Es ist ϑ also auch Amplitude des dem Integrale gleichgesetzten Ausdruckes auf der rechten Seite, und in diesem Sinne constituirt der Begriff Amplitude die inverse Function des Integrals. Wir drücken dies in unserem Falle durch die Gleichung aus:

$$\vartheta = \operatorname{am}\left\{\sqrt{\frac{g}{l}}(t-\tau)\right\} \operatorname{mod.} k = \sin\frac{h}{2} \qquad (50\,\text{a})$$

Bilden wir nun $\sin\vartheta$, und beachten die Substitution (48 a), durch welche wir nun wieder $\sin\frac{\alpha}{2}$ einführen können, so finden wir dieselbe Schlußgleichung, welche schon in (51) angegeben ist.

Die elliptischen Functionen, von denen wir hier den Amplitudensinus gebraucht haben, zeigen wichtige Analogieen mit den gewöhnlichen trigonometrischen Functionen, welche ja auch als ein Specialfall der ersteren aufgefaßt werden können, nämlich als elliptische Functionen vom Modul $k = 0$. So besitzen die elliptischen Functionen eine uns hier besonders interessirende reelle Periode, d. h. einen Betrag, den man beliebig oft zum Argumente der Function hinzufügen kann, ohne deren Werth zu verändern. Diese Periode, welche bei den trigonometrischen Functionen den festen Werth 2π hat, hängt aber bei den elliptischen Functionen von der Größe des Modul k ab. Wenn wir also jetzt nach der Schwingungsdauer des Pendels fragen, so haben wir die Periode als Function des Moduls zu suchen. Die Substitutionsgleichung (48 a): $\sin\frac{\alpha}{2} = \sin\frac{h}{2}\cdot\sin\vartheta$ läßt erkennen, in welcher Weise $\frac{\alpha}{2}$ sich verändert, wenn ϑ gleichmäßig von 0 bis 2π wächst. Am kürzesten können wir diesen Verlauf durch folgende Tabelle anschaulich machen:

ϑ	0	wächst bis	$\frac{\pi}{2}$	wächst bis	π	wächst bis	$\frac{8\pi}{2}$	wächst bis	2π
$\frac{\alpha}{2}$	0	wächst bis	$+\frac{h}{2}$	sinkt bis	0	sinkt bis	$-\frac{h}{2}$	wächst bis	0

Während also ϑ dauernd wächst, schwankt $\frac{\alpha}{2}$ zwischen zwei Grenzen hin und her, wenigstens müssen wir an diesem Verlaufe festhalten, wenn die Veränderungen von α stetig sein sollen, wie es die physikalische Bedeutung dieses Winkels verlangt.

Wenn wir nun in der Integralgleichung (49 a) die Amplitude $\vartheta = 2\pi$ setzen, so integriren wir über eine ganze Schwingungsdauer, und die rechts stehende, dabei verstrichene Zeit $(t-\tau)$ ist die gesuchte Periode T.

Es läfst sich nun sehr leicht einsehen, dafs die vier Quadranten von ϑ gleiche Beiträge zu dem Integrale liefern, dafs also:

$$\int_0^{3\pi} \frac{d\vartheta}{\sqrt{1 - k^2 \sin^2 \vartheta}} = 4 \int_0^{\frac{\pi}{2}} \frac{d\vartheta}{\sqrt{1 - k^2 \sin^2 \vartheta}}$$

ist. Die Gröfse

$$K = \int_0^{\frac{\pi}{2}} \frac{d\vartheta}{\sqrt{1 - k^2 \sin^2 \vartheta}},$$

welche in der anderen Schreibweise

$$K = \int_0^1 \frac{d\sigma}{\sqrt{(1 - \sigma^2)(1 - k^2 \sigma^2)}}$$

ist, nennt man in der Theorie der elliptischen Functionen, nach JACOBI's Bezeichnung, das vollständige Integral erster Gattung. Die Periode des Amplitudensinus ist dann $= 4K$, und die Schwingungsdauer des Pendels kann aus Gleichung (51) dadurch gefunden werden, dafs

$$4K = \sqrt{\frac{g}{l}} \cdot T$$

sein mufs, also

$$T = 4K \cdot \sqrt{\frac{l}{g}}. \tag{52}$$

Wir wollen $4K$ als Function von k hier durch eine Reihenentwickelung auffinden. Nach dem binomischen Satze ist:

$$\frac{1}{\sqrt{1 - k^2 \sin^2 \vartheta}} = (1 - k^2 \sin^2 \vartheta)^{-\frac{1}{2}}$$

$$= 1 + \frac{1}{2} k^2 \sin^2 \vartheta + \frac{1}{2} \cdot \frac{3}{4} k^4 \sin^4 \vartheta + \frac{1}{2} \cdot \frac{3}{4} \cdot \frac{5}{6} k^6 \sin^6 \vartheta + \cdots$$

Da diese Reihe, wegen $k^2 \sin^2 \vartheta < 1$, absolut convergirt, können wir dieselbe gliedweise integriren und erhalten:

$$\int_0^{2\pi} \frac{d\vartheta}{\sqrt{1 - k^2 \sin^2 \vartheta}} = 2\pi + \frac{1}{2} k^2 \int_0^{2\pi} \sin^2 \vartheta \, d\vartheta + \frac{1}{2} \cdot \frac{3}{4} k^4 \int_0^{2\pi} \sin^4 \vartheta \, d\vartheta + \cdots$$

Es handelt sich nun um die Werthe der Ausdrücke:

$$S_{2a} = \int_0^{2\pi} \sin^{2a}\vartheta \cdot d\vartheta, \text{ für } a = 1, 2, 3 \ldots$$

Wenn wir $\sin^{2a}\vartheta \cdot d\vartheta = -\sin^{(2a-1)}\vartheta \cdot d\cos\vartheta$ setzen, so können wir durch partielle Integration finden:

$$S_{2a} = -\overline{\cos\vartheta \sin^{2a-1}\vartheta}\Big|_0^{2\pi} + (2a-1)\int_0^{2\pi}\cos^2\vartheta \cdot \sin^{2a-2}\vartheta \cdot d\vartheta.$$

Der aus dem Integral herausgetretene Theil fällt zwischen den Grenzen 0 und 2π fort, und das noch übrig bleibende Integral können wir wegen:

$$\cos^2\vartheta = 1 - \sin^2\vartheta$$

in zwei Theile spalten, welche wieder von der Form S sind, so daſs wir erhalten:

$$S_{2a} = (2a-1)S_{2a-2} - (2a-1)S_{2a}$$

oder endlich:

$$S_{2a} = \frac{2a-1}{2a}S_{2a-2}.$$

Dies ist eine sogenannte recurrirende Formel, aus welcher wir nach Auffindung eines einzigen S alle übrigen finden können. Nun ist aber:

$$S_0 = \int_0^{2\pi}\sin^0\vartheta \cdot d\vartheta = \int_0^{2\pi}d\vartheta = 2\pi,$$

also können wir stufenweise bilden:

$$S_2 = \frac{1}{2}S_0 = \frac{1}{2}\cdot 2\pi$$

$$S_4 = \frac{3}{4}S_2 = \frac{1}{2}\cdot\frac{3}{4}\cdot 2\pi$$

$$S_6 = \frac{5}{6}S_4 = \frac{1}{2}\cdot\frac{3}{4}\cdot\frac{5}{6}\cdot 2\pi \text{ u. s. w.}$$

Nachdem wir nun die in unserer Reihenentwickelung vorkommenden Integrale gefunden haben, erhalten wir:

$$4K = 2\pi \cdot \left\{1 + \left(\frac{1}{2}\right)^2 k^2 + \left(\frac{1}{2}\cdot\frac{3}{4}\right)^2 k^4 + \left(\frac{1}{2}\cdot\frac{3}{4}\cdot\frac{5}{6}\right)\cdot k^6 + \ldots\right\}$$

Auch diese Reihe ist absolut convergent für $k < 1$, und wir erhalten aus Gleichung (52), unter Beachtung, dafs $k^2 = \sin^2\dfrac{h}{2}$ ist, folgenden Ausdruck für die Schwingungsdauer:

$$T = 2\pi\sqrt{\frac{l}{g}}\cdot\left\{1 + \frac{1}{4}\sin^2\frac{h}{2} + \frac{9}{81}\sin^4\frac{h}{2} + \ldots\right\} \qquad (53)$$

Man sieht, dafs bei Schwingungsbögen von solcher Kleinheit, dafs bereits das Quadrat des $\sin h/2$ unmerklich wird, diese Gleichung übereinstimmt mit der für diesen Fall früher abgeleiteten Gleichung (44) (Seite 78), dafs aber bei gröfserem h die Schwingungsdauer zunimmt.

Bei Amplituden, die nicht über spitze Winkel hinausgehen, bei denen also $\sin^2\dfrac{h}{2} < \dfrac{1}{2}$ ist, convergirt diese Reihe sehr schnell und es genügt in den meisten praktisch wichtigen Fällen endlicher Pendelschwingungen, das erste oder höchstens die ersten zwei Glieder der Reihe zu berücksichtigen, denn man zieht es auch aus anderen Gründen vor; bei den zu Messungen der Schwerkraft verwendeten physischen Pendeln, welche genau den hier entwickelten Gesetzen folgen, die Schwingungsbögen nicht allzu grofs zu machen, wodurch die Reibungen unnütz vergröfsert würden, und auch die Erschütterungen der sogenannt festen Aufhängungen Störungen veranlassen würden. Das wichtigste Correctionsglied ist also das erste Glied der Reihe, und wir können für mäfsige Amplituden mit genügender Genauigkeit die geschlossene Formel ansetzen:

$$T = 2\pi\cdot\sqrt{\frac{l}{g}}\cdot\left\{1 + \frac{1}{4}\sin^2\frac{h}{2}\right\} \qquad (53\,\text{a})$$

§ 29. Pendelbewegungen in verticaler Kreisbahn ohne Umkehrpunkte.

Wir wenden uns nun zur Behandlung des zweiten möglichen Falles, den wir nach Ausführung der ersten Integration in Gleichung (47) unterschieden haben. Die Winkelgeschwindigkeit $d\alpha/dt$ wird dabei niemals gleich Null, es existirt kein maximaler Winkel h, wir können daher auch die Constante C nicht, wie beim vorhergehenden Falle, durch diesen Winkel ausdrücken. Wir müssen vielmehr, um eine reelle Lösung zu erhalten, eine andere Umformung vornehmen. Aus der ersten Integration:

$$\frac{1}{2}\left(\frac{d\alpha}{dt}\right)^2 - \frac{g}{l}\cos\alpha = C \qquad (47)$$

folgt direct:

$$\left(\frac{d\alpha}{dt}\right)^2 = 2C + \frac{2g}{l}\cos\alpha$$

oder wenn wir $\cos\alpha = 1 - 2\sin^2\frac{\alpha}{2}$ setzen:

$$\left(\frac{d\alpha}{dt}\right)^2 = 2C + \frac{2g}{l} - \frac{4g}{l}\sin^2\frac{\alpha}{2}$$

oder:

$$\left(\frac{d\alpha}{dt}\right)^2 = \left(2C + \frac{2g}{l}\right)\cdot\left(1 - \frac{\frac{4g}{l}}{2C + \frac{2g}{l}}\sin^2\frac{\alpha}{2}\right) \qquad (54)$$

Der Massenpunkt hat bei dieser Art der Bewegung auch im oberen Gipfel seiner verticalen Kreisbahn noch eine Geschwindigkeit, und durchläuft daher seine Bahn dauernd in derselben Richtung, wenn auch die Geschwindigkeit in den oberen Theilen der Bahn eine geringere sein wird, als in den unteren, wie man aus den letzten Gleichungen für das Geschwindigkeitsquadrat sieht. Der kleinste Werth desselben tritt ein für $\alpha = \pi$ oder $= 3\pi$, $= 5\pi$ etc., also für den oberen Gipfel, und es ergiebt sich der Betrag desselben:

$$\left(\frac{d\alpha}{dt}\right)^2_\pi = 2C - 2\frac{g}{l} \qquad (54a)$$

Der größte Werth tritt ein für $\alpha = 0$, $= 2\pi$, $= 4\pi$ etc., also für den Durchgang durch die Ruhelage. Dieser Betrag ist:

$$\left(\frac{d\alpha}{dt}\right)^2_0 = 2C + 2\frac{g}{l} \qquad (54b)$$

Durch Subtraction der Gleichung (54a) von (54b) kann man C eliminiren und erhält:

$$\left(\frac{d\alpha}{dt}\right)^2_0 - \left(\frac{d\alpha}{dt}\right)^2_\pi = + 4\frac{g}{l} \qquad (54c)$$

Um von den Winkelgeschwindigkeiten auf die Weggeschwindigkeiten zu kommen, müssen wir diese Gleichung mit l^2 erweitern, und wenn wir noch den Factor $m/2$ hinzufügen, so haben wir links die Differenz der lebendigen Kraft zwischen der tiefsten und der höchsten Lage:

$$\frac{m}{2}\cdot\left[l\left(\frac{d\alpha}{dt}\right)_0\right]^2 - \frac{m}{2}\left[l\cdot\left(\frac{d\alpha}{dt}\right)_\pi\right]^2 = mg\cdot(2l) \qquad (54d)$$

Diese Gleichung ist ein neues Beispiel für das früher bei Gelegenheit der Fallbewegung in § 18 bereits beleuchtete Gesetz von der Erhaltung der Energie. Die rechte Seite stellt nämlich als Product der Schwerkraft $m \cdot g$ und der Höhendifferenz $2\,l$ des höchsten und tiefsten Punktes der Bahn die Arbeit dar, welche diese Kraft bei der Abwärtsbewegung leistet, und welche sich in dem Zuwachs der lebendigen Kraft wiederfindet; bei der Aufwärtsbewegung, welche dem Durchgang durch die Ruhelage folgt, bewegt sich die Masse gegen die Richtung der Schwerkraft, und dabei wird dieser Zuwachs wieder verzehrt, während der Arbeitsvorrath bei der Erhebung um ebensoviel zunimmt.

Da auch $\left(\dfrac{d\,\alpha}{d\,t}\right)_{\pi}$ noch reell existiren soll, so muſs die rechte Seite der Gleichung (54a) positiv sein, d. h. die Constante C muſs gröſser sein, als $\dfrac{g}{l}$.

Betrachten wir nach dieser Erkenntniſs den in der Gleichung (54) als Factor von $\sin^2 \dfrac{\alpha}{2}$ auftretenden Complex, so erkennen wir denselben als einen nothwendig echten positiven Bruch, den wir durch k^2 bezeichnen wollen:

$$\frac{\dfrac{4\,g}{l}}{2\,C + \dfrac{2\,g}{l}} = k^2. \qquad (55)$$

Wir können alsdann die Constante C durch k^2 ausdrücken, wie folgt:

$$C = \frac{g}{l}\left(\frac{2}{k^2} - 1\right) \qquad (55\,\text{a})$$

Der Zahlenfactor $\dfrac{2}{k^2} - 1$ ist, wie vorher verlangt, stets > 1. Die begriffliche Bedeutung von k^2 wird klar, wenn wir Zähler und Nenner der Gleichung (55) durch die in Gleichungen (54c und b) dafür gefundenen Ausdrücke ersetzen und den Bruch dann mit $\dfrac{m}{2}\,l^2$ erweitern. Man erhält dann:

$$k^2 = \frac{\dfrac{m}{2}\left[l\left(\dfrac{d\,\alpha}{d\,t}\right)_0\right]^2 - \dfrac{m}{2}\left[l\left(\dfrac{d\,\alpha}{d\,t}\right)_{\pi}\right]^2}{\dfrac{m}{2}\left[l\left(\dfrac{d\,\alpha}{d\,t}\right)_0\right]^2}, \qquad (55\,\text{b})$$

k^2 ist also das Verhältniſs des Spielraumes, in welchem die lebendige Kraft während der Bewegung schwankt, zu dem Betrage, welchen

die lebendige Kraft beim Durchgang durch die Ruhelage besitzt.
Da nun der Zähler nach Gleichung (54d) nur von der Masse m und
dem Radius der Bahn l abhängt, so ist für dasselbe Pendel k^2 umgekehrt proportional dem Maximalwerth der lebendigen Kraft, oder
k selbst ist umgekehrt proportional der Geschwindigkeit, mit welcher
das Pendel durch seine Ruhelage eilt. Nach Einführung von k^3 an
Stelle von C nimmt Gleichung (54) folgende Gestalt an:

$$\left(\frac{d\alpha}{dt}\right)^3 = 4 \cdot \frac{g}{l\,k^3} \cdot \left(1 - k^3 \sin^3 \frac{\alpha}{2}\right). \qquad (56)$$

Um zur weiteren Integration die Variabeln α und t zu trennen,
nehmen wir die Quadratwurzel und vereinigen die α enthaltenden
Glieder auf der linken Seite. Es entsteht dann die Gleichung:

$$\frac{d\frac{\alpha}{2}}{\sqrt{1 - k^3 \sin^3 \frac{\alpha}{2}}} = \frac{1}{k}\sqrt{\frac{g}{l}}\,dt. \qquad (56\,a)$$

Wir sind damit wieder auf die Normalform des elliptischen Differentiales erster Gattung gekommen, und wenn wir die beim Integriren
auftretende, unbestimmte Constante, wie vorher, auf der rechten
Seite durch einen unbestimmten Zeitpunkt τ in Rechnung stellen,
so können wir die untere Grenze des Integrales auf der linken
Seite gleich Null setzen und erhalten:

$$\int_0^{\frac{\alpha}{2}} \frac{d\frac{\alpha}{2}}{\sqrt{1 - k^3 \sin^3 \frac{\alpha}{2}}} = \frac{1}{k}\sqrt{\frac{g}{l}}\,(t - \tau) \qquad (57)$$

oder in anderer Ausdrucksweise:

$$\frac{\alpha}{2} = \operatorname{am}\frac{1}{k}\sqrt{\frac{g}{l}}\,(t - \tau)$$

oder

$$\alpha = 2\cdot\operatorname{am}\frac{1}{k}\sqrt{\frac{g}{l}}\,(t - \tau) \qquad (57\,a)$$

Die Function Amplitudo wächst fortwährend mit ihrem Argument, also hier mit der fortschreitenden Zeit, aber nicht gleichmäfsig, sondern in periodischem Wechsel schneller und langsamer;
das interessante an unserem Resultate besteht darin, dafs wir in
dem mechanischen Bilde eines die ganze Peripherie der verticalen

Kreisbahn durchlaufenden Pendels eine vollkommene Anschauung des Verlaufes dieser transcendenten Function erhalten.

Fragen wir nach der Umlaufszeit T', so haben wir die Grenzen für α über eine ganze Peripherie zu erstrecken; also etwa von 0 bis 2π. Die Grenzen des Integrales in Gleichung (57), welches $\dfrac{\alpha}{2}$ enthält, werden dann 0 und π.

Nach der JACOBI'schen Bezeichnung, welche wir oben bereits einführten, ist dieses Integral dann $2K$, und wir erhalten:

$$2K = \frac{1}{k}\sqrt{\frac{g}{l}}\,T'.$$

K als Function des Modulus k kann man als bekannt annehmen, wir haben z. B. vor Gleichung (53) eine Potenzreihe für $4K$ entwickelt, deren Anwendung liefert:

$$T' = k \cdot \sqrt{\frac{l}{g}} \cdot \pi \left\{ 1 + \left(\frac{1}{2}\right)^2 \cdot k^2 + \left(\frac{1.3}{2.4}\right)^2 \cdot k^4 + \left(\frac{1.3.5}{2.4.6}\right)^2 \cdot k^6 + \dots \right\} \quad (58)$$

Je gröfser die lebendige Kraft des herumlaufenden Massenpunktes ist, um so kleiner wird, wie wir vorher auseinandersetzten, der Modul k, um so näher rückt der Werth der geschweiften Klammer in dieser Gleichung an 1, und T' wird bei grofsen Geschwindig-keiten proportional k, d. h. umgekehrt proportional der Geschwindig-keit, wie dies auch bei gleichförmigen Rotationen der Fall ist.

Um die Continuität der beiden betrachteten Bewegungsarten des Pendels herzustellen, müssen wir in beiden Fällen zur äufsersten Grenze gehen. Wir müssen also annehmen, das hin- und her-schwingende Pendel steige nahezu bis zum Gipfel und kehre dort um, also h nähere sich von unten der Grenze π. Alsdann wird $k = \sin\dfrac{h}{2}$ sich der 1 nähern. Das herumlaufende Pendel aber durch-streiche den Gipfel mit einem verschwindend kleinen Betrage von Geschwindigkeit; auch der für diesen Fall geltende Modulus k nähert sich der Grenze 1. Der gemeinsame Grenzfall ist nun der, dafs der Massenpunkt im Gipfel der Bahn mit der Geschwindigkeit Null ver-harrt. Der geringste Anstofs wird dann den Punkt in der einen oder anderen Richtung in Bewegung setzen und dadurch die Ent-scheidung herbeiführen, ob die Bewegung zur ersten oder zweiten Art gehört. Diese Ruhelage des Punktes im Scheitel der Bahn, aus welcher derselbe durch den geringsten Anstofs sich mit beschleunigter Bewegung entfernt, nennt man einen Zustand labilen Gleichgewichts. Betrachten wir die Schwingungsdauer T und die Umlaufszeit T' für diesen Grenzfall, so ist zu bemerken, daß T einem zweimaligen Durchlaufen des ganzen Kreises hin und zurück entspricht, also mit der Zeitdauer $2\,T'$ verglichen werden muß. Die beiden gegebenen Reihenentwickelungen Gleichung (53) und Gleichung (58) (mit 2 multiplicirt) scheinen sich in der That für $k = 1$ der gemeinsamen Grenze:

$$2\,\pi\,\sqrt{\frac{l}{g}}\left\{1 + \left(\frac{1}{2}\right)^2 + \left(\frac{1.3}{2.4}\right)^2 + \left(\frac{1.3.5}{2.4.6}\right)^2 + \cdots\right\}$$

zu nähern. Diese Reihe steht aber an der Grenze der Divergenz, ihre Summe ist logarithmisch unendlich.

§ 30. Die Dämpfungskraft.

Bei den Annahmen, welche wir in den vorstehenden Betrachtungen dieses Kapitels über die wirkenden Kräfte gemacht haben, ergaben sich Oscillationen und Pendelbewegungen von rein periodischem Verlauf. Dieselben werden also, einmal erregt durch irgend welche Anfangsbedingungen, ohne Grenze in der Zeit fortdauernd in gleicher Weise sich wiederholen, ohne daß dabei etwa die Amplitude der Schwingungen abnimmt. Nun wissen wir aus der gewöhnlichen, täglichen Erfahrung, daß schwingende Bewegungen von ewigem Bestande in irdischen Verhältnissen niemals herzustellen sind, daß vielmehr bei allen wirklichen Pendeln, deren Bewegungen wir beobachten können, allmählich die Größe der Schwingungsbögen abnimmt und sich asymptotisch der Null, der Zustand also der Ruhe des Pendels, nähert. Man nennt diesen Vorgang die Dämpfung der Schwingungen. Unsere Voraussetzungen über die hier wirkenden Kräfte müssen also bisher unvollständig gewesen sein, und es ist nöthig, daß wir uns darüber unterrichten, was für Arten von Kräften wir eine solche dämpfende Wirkung zuschreiben dürfen, und in welcher Weise die Bewegung des Pendels und namentlich auch die Schwingungsdauer durch dieselben beeinflußt wird. Diese Fragen sind von Wichtigkeit, weil die gedämpften Schwingungen den realen Fall bilden, mit dem wir es bei allen wirklichen Versuchen zu thun haben. Von vornherein ist klar, daß diese Dämpfungskraft der jeweiligen Richtung der Bewegung stets entgegengesetzt gerichtet sein muß, denn wäre sie gleichgerichtet, so würde sie die Geschwindigkeiten und damit auch die Amplituden mit der Zeit vergrößern müssen. Ferner ist es eine geläufige Beobachtung, daß die Abnahme der Schwingungs-

bögen um so beträchtlicher ist, je gröfser diese Bögen selbst noch
sind, je gröfser also auch die vorkommenden Geschwindigkeiten beim
Durchgang durch die tieferen Theile der Bahn sind. Diese Dämpfungskräfte werden also Functionen der Geschwindigkeiten sein,
und zwar solche, welche erstens stets das der Geschwindigkeit entgegengesetzte Vorzeichen haben, und welche zweitens mit wachsender
Geschwindigkeit in ihrem absoluten Betrage zunehmen. Wenn wir
nun im Folgenden die mathematisch einfachste Annahme machen,
dafs die Dämpfungskräfte den herrschenden Geschwindigkeiten direct
proportional sind, so ist das eine zunächst unbegründete Festsetzung,
deren Berechtigung nur aus der Uebereinstimmung der analytischen
Folgerungen mit der Erfahrung erwiesen werden kann, welche sich
aber thatsächlich überall da bewährt hat, wo Körper mit glatten,
abgerundeten Oberflächen sich in mäfsigen Geschwindigkeiten bewegen. Die Ursache solcher Dämpfung, der alle irdischen Körper
bei ihrer Bewegung ausgesetzt sind, liegt in der relativen Verschiebung derselben gegen ihre Nachbarn und besteht beim Pendel, welches wir jetzt betrachten, erstens in der Reibung der kleinsten
Theilchen des biegsamen Fadens an der Stelle seiner Aufhängung,
oder in der Reibung der Schneide eines physischen Pendels auf
ihrer Unterlage, zweitens aber in den durch die Schwingungen des
Pendels erzeugten Luftbewegungen, welche hinaus in den Raum
gehen und somit dem Pendel selbst dauernd Energie entziehen. Bei
ungedämpften Schwingungen ist die Energie eine unveränderliche
Gröfse, wie sich schon aus der dann constant bleibenden Geschwindigkeit beim Durchgang durch die Gleichgewichtslage und aus der
constanten Amplitude ergiebt. Diese Ableitung von Energie in die
umgebende Luft, in welcher ein Körper sich bewegt, erfordert mitunter ein von dem oben aufgestellten abweichendes Gesetz für die
Abhängigkeit der Dämpfungskraft von der Geschwindigkeit. Besitzt
nämlich der bewegte Körper scharfe Kanten oder Ecken, welche
nicht, wie bei den linsenförmigen Pendelmassen, zum leichteren
Durchschneiden der Luft dienen, sondern welche quer zur Be-
wegungsrichtung stehen, oder ist bei einem abgerundeten Körper
die Geschwindigkeit eine sehr bedeutende, so bilden sich hinter
dem Körper Wirbelbewegungen in der Luft, deren Entstehung dem
bewegten Körper mehr lebendige Kraft raubt, als die vorher erwähnte gewöhnliche Lufttreibung. Die Dämpfungskraft darf alsdann
nicht einfach proportional der Geschwindigkeit angesetzt werden,
sondern man kommt den Thatsachen näher dadurch, dafs man im
Grofsen und Ganzen, d. h. wenn man den Erfolg des Luftwider-

standes durch einen ganzen Schwingungsbogen zusammennimmt, die Dämpfungskraft proportional dem Quadrat der Geschwindigkeit setzt. Dabei ist indessen zu beachten, dafs das Quadrat beim Wechsel der Richtung stets sein positives Vorzeichen behält, während diese Kraft im Gegentheil ihr Zeichen dabei immer wechselt. Diese Betrachtung wollen wir indessen hier nicht weiter verfolgen, sondern wir wollen uns auf die gewöhnlichen Fälle beschränken, in denen abgerundete Körper mit mäfsigen Geschwindigkeiten sich bewegen. Auch wollen wir die Betrachtung nur für kleine, geradlinige Pendelschwingungen durchführen, welche uns in § 26 auf dasselbe Resultat geführt hatten, wie die geradlinigen Bewegungen eines Massenpunktes unter Wirkung einer elastischen Kraft. Die Differentialgleichung war für diesen Fall gegeben durch Gleichung (35b, 1) S. 59:

$$m \frac{d^2 x}{d t^2} = - a^2 x.$$

Wir wollen nun zu der elastischen Kraft noch die eben besprochene Dämpfungskraft hinzufügen, welche wir ausdrücken durch $- k \cdot \frac{d x}{d t}$; k ist eine positive Constante, welche die specifische Stärke der Reibung bestimmt. Die Differentialgleichung für das Problem der gedämpften Schwingungen wird also:

$$m \frac{d^2 x}{d t^2} = - a^2 x - k \frac{d x}{d t} \qquad (59)$$

Dieselbe ist homogen und linear und hat constante Coefficienten. Wir werden daher particuläre Integrale finden können, wenn wir, wie früher, x als Exponentialfunction der Zeit ansetzen:

$$x = e^{pt} \qquad (60)$$

Dann ist $\frac{d x}{d t} = p \cdot x$ und $\frac{d^2 x}{d t^2} = p^2 x$. Durch Einsetzung dieser Ausdrücke in die Differentialgleichung verwandelt sich diese in eine quadratische Gleichung für das noch unbekannte p. Den allen drei Gliedern gemeinsamen Factor x können wir fortheben, da wir die selbstverständliche Lösung: $x = 0$ (für alle Zeiten) hier nicht suchen, sondern Bewegungen des Massenpunktes betrachten wollen. Wir können diese quadratische Gleichung in der Form schreiben:

$$p^2 + \frac{k}{m} p + \frac{a^2}{m} = 0 \qquad (60a)$$

Die beiden Wurzeln derselben sind:

$$p = -\frac{k}{2\,m} \pm \sqrt{\frac{k^2}{4\,m^2} - \frac{a^2}{m}} \qquad (60\,\mathrm{b})$$

Wir erhalten also zwei im Allgemeinen verschiedene Werthe von p, welche die Form (60) zu einer Lösung der Differentialgleichung machen, wir haben somit gleichzeitig zwei particuläre Integrale gefunden, aus denen wir das vollständige Integral mit zwei willkürlichen Constanten zusammensetzen können.

Bei der weiteren Behandlung des angegriffenen Problems sind nun zwei Fälle zu unterscheiden, je nachdem die in Gleichung (60 b) vorkommende Quadratwurzel reell oder imaginär ausfällt. Beide Fälle haben einen physikalischen Sinn, es werden dadurch zwei wesentlich verschiedene Bewegungsarten charakterisirt; über die Verwendbarkeit von Integralen, welche in der Form imaginärer Exponentialfunctionen auftreten, haben wir schon in § 23 gesprochen.

§ 31. Aperiodischer Verlauf der Bewegung.

Zunächst behandeln wir den Fall, in welchem die beiden Wurzeln p reell sind. Derselbe tritt ein, wenn die Dämpfung so stark ist, dafs die Ungleichung:

$$\frac{k}{2\,m} \gtreqqless \frac{a}{\sqrt{m}} \qquad (61)$$

erfüllt ist. Eine obere Grenze für die Gröfse der Dämpfung ist durch die mathematischen Betrachtungen nicht gegeben, wenn sie sich nur durch physikalische Verhältnisse herstellen läfst.

Der absolute Betrag der Quadratwurzel bleibt stets kleiner als $\frac{k}{2\,m}$, die beiden reellen Wurzeln p sind daher immer negativ und im Allgemeinen von verschiedener Gröfse. Bezeichnen wir dieselben kurz durch

und

$$\left.\begin{aligned} -\beta_1 &= -\frac{k}{2\,m} + \sqrt{\frac{k^2}{4\,m^2} - \frac{a^2}{m}} \\[2mm] -\beta_2 &= -\frac{k}{2\,m} - \sqrt{\frac{k^2}{4\,m^3} - \frac{a^2}{m}}, \end{aligned}\right\} \qquad (62)$$

also

$$|\beta_1| < |\beta_2|,$$

so können wir mit Hülfe zweier unbestimmter positiver oder negativer Constanten A_1 und A_2 folgendes Integral bilden:

$$x = A_1 \cdot e^{-\beta_1 t} + A_2 \cdot e^{-\beta_2 t}. \tag{63}$$

Die Vollständigkeit desselben ergiebt sich daraus, daſs man jeden Anfangszustand, also den Ort x_0 und die Geschwindigkeit u_0 zur Zeit $t = 0$ durch dasselbe befriedigen kann. Es wird nämlich:

$$x_0 = A_1 + A_2$$

$$u_0 = \left(\frac{dx}{dt}\right)_{t=0} = -\beta_1 A_1 - \beta_2 A_2,$$

woraus folgt:

$$A_1 = \frac{\beta_2 x_0 + u_0}{\beta_2 - \beta_1}$$

und

$$A_2 = -\frac{\beta_1 x_0 + u_0}{\beta_2 - \beta_1}.$$

Jede der beiden Exponentialfunctionen in Gleichung (63) stellt eine Bewegung dar, welche sich mit der Zeit asymptotisch der Ruhelage

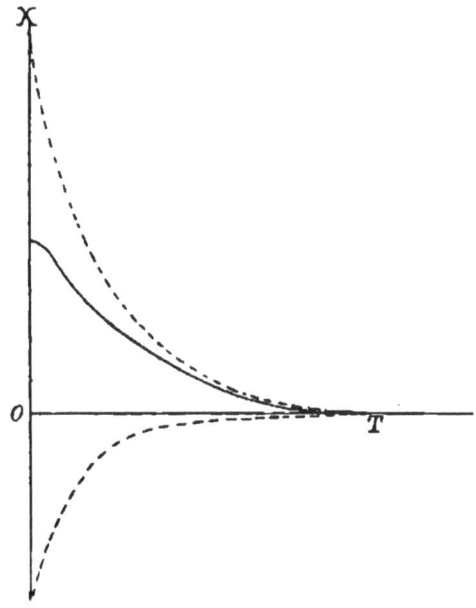

Fig. 5a.

nähert, und zwar erfolgt die Annäherung um so schneller, je gröſser der Coefficient β ist, mit welchem die Zeit im Exponenten multiplicirt ist. Von den beiden in (63) vorkommenden Functionen nimmt

7*

also diejenige, welche β_2 enthält, schneller ab, als die andere, weil nach Gleichung (62) $|\beta_2| > |\beta_1|$ ist. Der zeitliche Verlauf dieser Functionen ist in Fig. 5a und 5b in graphischer Weise durch die punktirten Curven anschaulich gemacht, die Abscissen, Richtung OT, stellen die fortschreitende Zeit dar, die Ordinaten, Richtung OX, die Abweichungen aus der Ruhelage. Die Superposition beider, die ausgezogenen Curven der Figuren, stellt einen Linienzug dar, welcher sich entweder sofort der Abscissenaxe asymptotisch anschmiegt (Fig. 5a), oder nur einmal dieselbe durchsetzt und sich dann von der anderen Seite nähert (Fig. 5b). Zu einem mehrfachen Oscilliren um die Ruhelage kommt es also in diesem Falle überhaupt nicht.

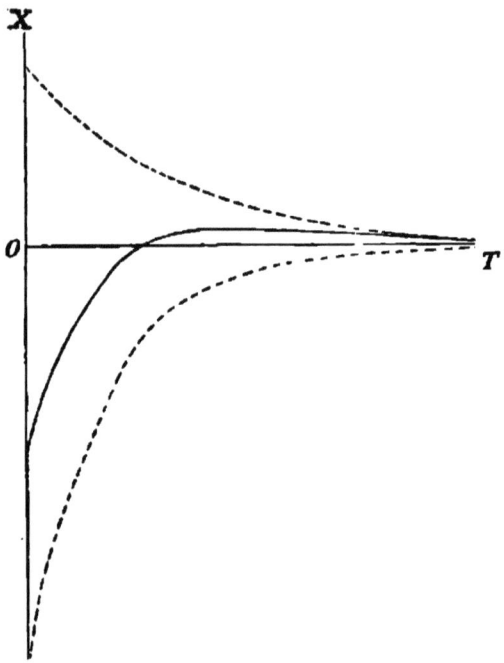

Fig. 5b.

Beispiele solcher stark gedämpfter Schwingungen bieten die Magnetnadeln in den ballistischen Galvanometern, deren Bewegungen aperiodisch sind und nach dem ersten Ausschlag sofort ersterben. Die Galvanometernadeln können zwar nicht als Massenpunkte aufgefaßt werden, auf welche sich unsere jetzige Betrachtung bezieht, das einfachste mechanische System, welches man für dieselben einsetzen kann, besteht vielmehr aus mindestens zwei durch einen festen Abstand getrennten, gleichen Massenpunkten, welche sich um eine gemeinsame, im Mittelpunkte der Verbindungslinie senkrechte Drehungsaxe bewegen können. Wir werden aber später einsehen, daſs auch ausgedehnte starre Massensysteme, welche sich um eine feste Axe drehen können und dabei entweder durch die Torsion eines Aufhängungsdrahtes oder durch äuſsere Kräfte in eine bestimmte Ruhelage hingezogen werden, schwingende Bewegungen um diese Lage ausführen nach denselben Gesetzen, welche wir hier für einen einzelnen Massenpunkt finden.

Von praktischer Bedeutung für diesen Fall der aperiodischen Bewegung ist noch die Frage, unter welchen Gröſsenverhältnissen zwischen den vorgeschriebenen Constanten m, a^2 und k die Annäherung an die Ruhelage am schnellsten erfolgt. Der spätere Verlauf der Bewegung wird hauptsächlich bestimmt durch die langsamer abnehmende der beiden Exponentialfunctionen, in unserer Bezeichnung also durch diejenige, welche die Wurzel β_1 enthält. Je gröſser dieser Factor also ist, desto schneller erfolgt die Beruhigung. Nun sieht man aus den Gleichungen (62), daſs der absolute Betrag von β_1 am gröſsten wird, wenn die Quadratwurzel verschwindet, wenn also:

$$\frac{k}{2m} = \frac{a}{\sqrt{m}} \qquad (64)$$

ist. Dies ist mithin die gesuchte Bedingung für das schnellste Erlöschen der Bewegung. Diese Relation bildet den Grenzfall zwischen reellen und complexen Wurzeln; daſs auch im letzteren Falle die Dämpfung langsamer wirkt, werden wir nachher erkennen.

Dieser Fall der verschwindenden Quadratwurzel bietet auch noch ein besonderes mathematisches Interesse, da die beiden particulären Integrale, aus welchen wir die allgemeine Lösung, Gleichung (63), zusammengesetzt haben, dadurch in eines zusammenflieſsen, also zunächst auch nur einer disponiblen Integrationsconstante Raum geben. Man kann aber durch einen vorsichtigen Grenzübergang zur Gleichheit von β_1 und β_2 die Vollständigkeit der Lösung mit zwei Constanten auch in diesem Falle wahren. Zunächst kann man die vollständige Lösung in folgender Form schreiben:

$$x = \{ A_1 + A_2 \cdot e^{-(\beta_2 - \beta_1)t} \} \cdot e^{-\beta_1 t}.$$

Läſst man nun β_2 und β_1 gegen den gemeinsamen Grenzwerth $\dfrac{k}{2m}$ streben, so wird wegen der verschwindenden Differenz $(\beta_2 - \beta_1)$ für jede endliche Zeit:

$$e^{-(\beta_2 - \beta_1)t} = 1 - (\beta_2 - \beta_1)t$$

und die vorstehende Lösung wird dann:

$$x = (A_1 + A_2) \cdot e^{-\beta_1 t} - A_2(\beta_2 - \beta_1) \cdot t \cdot e^{-\beta_1 t}$$

oder wenn man folgende Constanten benutzt:

$$B_1 = A_1 + A_2$$

$$B_2 = -A_2(\beta_2 - \beta_1):$$

$$x = B_1 \cdot e^{-\beta_1 t} + B_2 \cdot t\, e^{-\beta_1 t} \text{ für } \beta_1 = \frac{k}{2m}. \tag{65}$$

Es tritt also für diesen Specialfall außer dem Integral $e^{-\frac{k}{2m}t}$, welches den gemeinsamen Werth der beiden früheren particulären Integrale darstellt, noch ein neues particuläres Integral von der Form: $t \cdot e^{-\frac{k}{2m}t}$ auf. Daß dieses die Differentialgleichung (59) für den Fall der Erfüllung der Relation (64) in der That befriedigt, kann man durch Bildung seiner Differentialquotienten und Einsetzung derselben in (59) leicht bestätigen. Wir behalten also auch für diesen Fall zwei Integrationsconstanten, mithin eine vollständige Lösung, durch welche wir jedem beliebigen Anfangszustande gerecht werden können. In den meisten praktischen Fällen, wo dieser Verlauf der Bewegung erwünscht ist, kann man entweder die bewegte Masse m, oder die elastische Kraft a^2, oder endlich die Dämpfung k so reguliren, daß die Relation (64), von welcher das Eintreten desselben abhängt, erfüllt wird. Bei den Galvanometern zur Messung von sogenannten Stromstößen hat diesen Zustand zuerst E. DU BOIS-REYMOND hergestellt.

Das Resultat dieser letzten Betrachtung, daß nämlich die Beruhigung am schnellsten eintritt, wenn die Dämpfung k den kleinsten Betrag besitzt, der überhaupt bei aperiodischer Bewegung möglich ist, kann auf den ersten Blick paradox erscheinen; man könnte bei oberflächlicher Betrachtung vielmehr vermuthen, die Ruhe müßte um so schneller eintreten, je größer die Dämpfung ist. Dagegen ist aber geltend zu machen, daß bei starker Dämpfung die Bewegung überhaupt nur mit geringerer Geschwindigkeit erfolgen kann und deshalb mehr Zeit bis zur Erreichung der Ruhelage erfordert, als in diesem günstigsten Falle.

§ 32. Gedämpfte Schwingungen.

Der zweite Fall, in welchem die Quadratwurzel der Gleichung (60b) (Seite 98) imaginär wird, liefert die eigentlichen gedämpften

Schwingungen mit oscillatorischem Verlauf. Die Bedingung für das Eintreten dieser Bewegungen ist die Ungleichung:

$$\frac{k}{2\,m} < \frac{a}{\sqrt{m}}, \tag{66}$$

welche alle Fälle umfaßt, in denen die Dämpfungsconstante k, welche stets positiv sein muß, einen geringeren Betrag hat, als in dem vorher betrachteten Grenzfall. Wir erhalten alsdann für die beiden Wurzeln p folgende Gleichung:

$$p = -\frac{k}{2\,m} \pm i \sqrt{\frac{a^2}{m} - \frac{k^2}{4\,m^2}} \tag{67}$$

oder, wenn wir der Kürze wegen schreiben:

$$\left.\begin{array}{c} \dfrac{k}{2\,m} = b \\[2mm] \left|\sqrt{\dfrac{a^2}{m} - \dfrac{k^2}{4\,m^2}}\right| = n \end{array}\right\} \tag{67a}$$

$$p = -b \pm i\,n. \tag{67b}$$

Das vollständige Integral wird nun

$$x = A_1\,e^{-bt+int} + A_2\,e^{-bt-int}$$

oder:

$$x = e^{-bt}\{A_1\,e^{+int} + A_2 \cdot e^{-int}\}.$$

Die imaginären Exponentialfunctionen können wir durch trigonometrische Functionen ausdrücken:

$$x = e^{-bt}\{(A_1 + A_2)\cos nt + i(A_1 - A_2)\sin nt\}.$$

Das Integral tritt in complexer Form auf; wir hatten aber schon früher auseinandergesetzt, daß man in solchem Falle den reellen und den imaginären Theil gesondert als particuläres Integral benützen kann; die aus A_1 und A_2 zusammengesetzten unbestimmten Constanten bleiben ebenfalls wegen einer Eigenschaft der linearen homogenen Differentialgleichungen frei verfügbar, so daß wir aus den beiden Theilen der letzten Gleichung folgendes Integral zusammenstellen können:

$$x = F.e^{-bt}\cos nt + G.e^{-bt}\sin nt. \tag{68}$$

F und G sind die unbestimmten Integrationsconstanten, statt welcher man, gleichwie bei der Betrachtung der ungedämpften Schwingungen, eine Amplitude h und eine Phasenconstante φ einführen kann. Man erhält dann folgende, mit der vorstehenden gleichwerthige Lösung:

$$x = h \cdot e^{-bt} \cdot \sin(\varphi + n t). \tag{68a}$$

Die Vollständigkeit dieser Lösungen läfst sich, wie früher, dadurch nachweisen, dafs man F und G, oder h und φ durch die Anfangsbedingungen x_0 und u_0 ausdrückt. Das Resultat unterscheidet sich also von demjenigen, welches für ungedämpfte Schwingungen gilt, rein analytisch betrachtet, nur durch den hinzugekommenen Factor e^{-bt}. Dieser bringt aber in den durch jene Gleichungen beschriebenen Bewegungen characteristische Veränderungen hervor, welche wir betrachten wollen. Rechnen wir in Gleichung (68a) diesen Exponentialfactor mit zur Amplitude h, so erkennen wir, dafs die Bewegung wegen der Darstellung durch den Sinus eines mit der Zeit wachsenden Argumentes eine oscillatorische sein mufs von bestimmter unveränderlicher Periode, welche man leicht finden kann aus dem Werth von n in Gleichung (67a, 2), der die Bedeutung der Schwingungszahl für 2π Secunden erhält. Jedenfalls folgen also die Zeitpunkte, in denen der Sinus verschwindet, in denen also der Punkt durch seine Gleichgewichtslage geht, einander in gleichen Zeitintervallen. Der Hauptunterschied gegen den früheren Fall liegt darin, dafs die Amplitude, welche damals constant blieb, jetzt wegen des Factors e^{-bt} in einer bestimmten Weise mit der Zeit abnimmt und gegen die Grenze Null strebt, und zwar um so schneller, je gröfser b ist, während bei hinreichend kleinen Werthen von b die Abnahme der Amplituden im Vergleich zu der Schwingungsdauer der Oscillationen sehr langsam erfolgt. Die Gröfse b hängt durch Gleichung (67a) in einfachster Weise mit der Dämpfungsconstante k zusammen, auf welche man daher leicht übertragen kann, was hier von dem Einflufs von b gesagt ist. Der zeitliche Verlauf erlöschender Exponentialfunctionen ist bereits in den vorstehenden Figuren 5a und b durch die punktirten Curven anschaulich gemacht.

Bei genauerer Betrachtung kann man auch nachweisen, dafs durch den Exponentialfactor der zeitliche Verlauf der Bewegung im Inneren einer einzigen Oscillation in bestimmter Weise abgeändert wird im Vergleich zu dem Verlaufe einer normalen Sinusschwingung. Am deutlichsten zeigt sich dies, wenn wir die Zeiten aufsuchen, in welchen der Massenpunkt in seiner gröfsten Entfernung aus der Ruhelage umkehrt. Diese Zeiten sind charakterisirt durch die Bedingung: $\frac{dx}{dt} = 0$, wir müssen also zuerst durch Differentiation der

Gleichung (68a) nach der Zeit den Ausdruck für die Geschwindigkeit finden. Es ergiebt sich:

$$\frac{dx}{dt} = . h . e^{-bt} . \{n . \cos(\varphi + nt) - b . \sin(\varphi + nt)\}.$$

An Stelle der beiden Coefficienten in der geschweiften Klammer, n und b, wollen wir zwei anschaulichere Gröfsen, n_0 und γ, einführen durch die Festsetzung:

$$\left. \begin{array}{l} n = n_0 \cos \gamma \\ b = n_0 \sin \gamma. \end{array} \right\} \quad (69)$$

Dafs man unter allen Verhältnissen passende Werthe von n_0 und γ finden kann, ergiebt sich aus den Auflösungen dieser beiden Gleichungen:

$$\left. \begin{array}{l} n_0^2 = n^2 + b^2 \\ \gamma = \operatorname{arctang} \dfrac{b}{n}. \end{array} \right\} \quad (69a)$$

Ein Blick auf die Ausdrücke in Gleichung (67a), für welche n und b als Abkürzungen eingeführt sind, zeigt, dafs:

$$n_0^2 = \frac{a^2}{m}$$

ist, dafs also nach Gleichung (38b), Seite 64, n_0 die Schwingungszahl darstellt, welche herrschen würde, wenn keine Dämpfung vorhanden wäre. Der Bogen γ kann, da b und n beide absolute Gröfsen sind, der Tangens also einen positiven Betrag hat, immer im ersten Quadranten gewählt werden: $0 < \gamma < \dfrac{\pi}{2}$. Der Ausdruck für die Geschwindigkeit erhält durch Einführung von n_0 und γ folgende Form:

$$\frac{dx}{dt} = n_0 . h . e^{-bt} . \cos(\gamma + \varphi + nt). \quad (70)$$

Dieser Ausdruck wird Null, sobald der Cosinus verschwindet; wir sehen daraus, dafs die Zeitpunkte, in welchen der Massenpunkt in seiner äufsersten Entfernung umkehrt, ebenfalls in unveränderlichen Abständen von einander liegen, welche überdies gleich sind denjenigen, in welchen die Durchgänge durch die Ruhelage einander folgen. Der Unterschied vom Verlaufe der ungedämpften Sinusschwingungen besteht aber darin, dafs die Zeitpunkte der Umkehr, die wir mit t_{max} bezeichnen wollen, eine Verschiebung gegenüber den Zeitpunkten des Durchgangs durch die Ruhelage, die wir t_0

nennen wollen, erfahren haben. Die Zeiten t_0 sind gegeben durch: $\sin(\varphi + n t_0) = 0$. Daraus folgt $\varphi + n t_0 = a \pi$, mithin

$$t_0 = a \cdot \frac{\pi}{n} - \frac{\varphi}{n} \qquad (a = 1, 2, 3 \ldots \ldots) \qquad (71)$$

Die Zeiten $t_{\max}$ aber werden bestimmt durch: $\cos(\gamma + \varphi + n \cdot t_{\max}) = 0$, oder $\gamma + \varphi + n t_{\max} = a \pi + \frac{\pi}{2}$, mithin:

$$t_{\max} = a \frac{\pi}{n} - \frac{\varphi}{n} + \frac{\pi}{2n} - \frac{\gamma}{n}. \qquad (71\,\mathrm{a})$$

Der Zeitraum zwischen irgend einem t_0 und dem nächsten darauffolgenden $t_{\max}$ ergiebt sich hiernach:

$$(t_{\max} - t_0) = \frac{\pi}{2\,n} - \frac{\gamma}{n},$$

oder wenn wir statt n die Schwingungsdauer $T = 2\pi/n$ einführen:

$$(t_{\max} - t_0) = \frac{T}{4} - \frac{\gamma}{2\pi}\,T. \qquad (71\,\mathrm{b})$$

Die Zeit zwischen einer Umkehr und dem nächsten darauf folgenden Durchgang durch die Ruhelage ist dementsprechend $\frac{T}{4} + \frac{\gamma}{2\pi}\,T$. Erstere ist also kürzer, als eine viertel Periode, letztere um ebenso viel länger, während bei den normalen Sinusschwingungen beide Zeiträume den gleichen Betrag einer viertel Periode besitzen. Diese Verschiebung der Umkehrzeiten bei gedämpften Schwingungen kann man sich auch durch eine graphische Darstellung veranschaulichen. In Fig. 6 stelle die horizontale, bei O beginnende Abscissenaxe die fortschreitende Zeit dar, während die verticale Ordinatenaxe OX in positiver und negativer Richtung die Entfernungen x des Massenpunktes aus seiner Ruhelage messen soll. Wir betrachten zuerst eine normale Sinuscurve von der Amplitude h und der Periode T. Dieselbe beginnt, entsprechend dem Anfangszustande, im Punkte X_0, ihre Gipfel sind durch H bezeichnet, die Fußpunkte derselben auf der Abscissenaxe, also die Zeitpunkte der Umkehr für diesen Fall, durch A, die Durchgänge durch die Ruhelage sind Ω genannt; der Abstand zweier benachbarter A oder Ω mißt also auf der Zeitaxe die halbe Periode, die kürzesten Strecken $A\Omega$ eine viertel Periode; durch die Strecke $O\Omega$ findet auch die Phasenconstante φ Berücksichtigung. Außer dieser Sinuscurve enthält die Zeichnung auch noch die graphische Darstellung der Exponentialfunction $h \cdot e^{-bt}$.

Diese ist durch die punktirte Curve angegeben, welche im Punkte E ansetzt; OE ist gleich h. Wenn man nun die Ordinaten der Sinuscurve nach dem Mafsstab der Ordinaten der Exponentialcurve verjüngt, so entsteht die dritte Curve der Figur, welche den Verlauf der gedämpften Schwingung darstellt. Die Amplituden AH werden dadurch verkürzt bis zur Höhe AJ, welche von Halbperiode zu Halbperiode mehr und mehr abnimmt. Da nun in der allernächsten Umgebung der Gipfelpunkte H die Sinuscurve parallel der Abscissenaxe verläuft, so mufs die Curve der gedämpften Schwingung in den Punkten J die Exponentialcurve tangiren, also in diesen Punkten

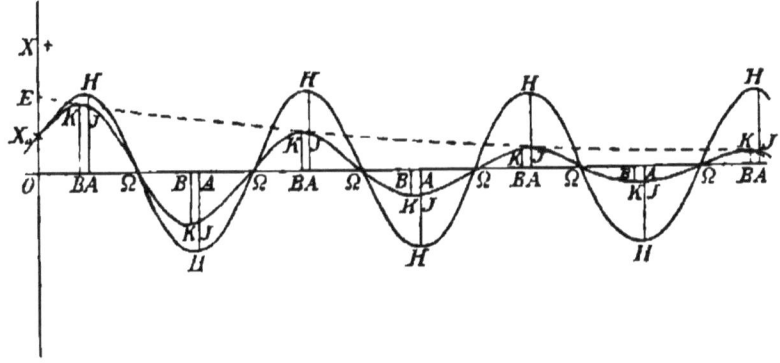

Fig. 6.

bereits abwärts geneigt sein, die Gipfelpunkte K der letzten Curve müssen also der Zeit nach früher erfolgen, also links von J liegen; die Fufspunkte B dieser Gipfelpunkte K, welche die Zeiten anzeigen, zu welchen die Geschwindigkeit des gedämpft schwingenden Massenpunktes gleich Null wird, liegen daher links von den entsprechenden Zeitpunkten A der ungedämpften Schwingung. Die kurzen Strecken BA sind nach der vorangehenden analytischen Betrachtung in allen Perioden dieselben und repräsentiren den durch $\frac{\gamma}{2\pi} T$ bezeichneten Zeitraum:

$$\overrightarrow{\Omega B} \text{ ist} = \frac{T}{4} - \frac{\gamma}{2\pi} T \text{ und } \overrightarrow{B\Omega} = \frac{T}{4} + \frac{\gamma}{2\pi} T.$$

Aus den Gleichungen (67a) und (69a) erkennt man auch den Einflufs der Dämpfung auf die Schwingungszahl n; es ist nämlich:

$$n^2 = n_0{}^2 - \frac{k^2}{4\,m^2}, \tag{71 c}$$

wo n_0 sich auf ungedämpfte Schwingungen bezieht. Die Schwingungszahl wird also durch die Dämpfung verkleinert, der gedämpfte Punkt schwingt langsamer. Doch enthält die Gleichung nur das Quadrat der Dämpfungsconstante k, welches in den Fällen, wo k selbst als kleine Größe betrachtet werden kann, völlig unmerklich wird, so daß man den Satz aufstellen kann: Schwache Dämpfung verändert die Schwingungszahl nicht merkbar. Bei stärkerer Dämpfung wächst aber der Einfluß in gesteigertem Maaße, und man muß denselben namentlich bei denjenigen Meßmethoden berücksichtigen, in denen man die Größe einer elastischen Kraft (Constante a^2) aus der Beobachtung der Schwingungszahl ableiten will. Hierbei kommt es nämlich auf die Ermittelung von n_0 an, während man direct nur n beobachten kann. Die Correction, welche man an n^2 anbringen muß, ergiebt sich aus der vorstehenden Gleichung, erfordert aber die zahlenmäßige Kenntniß der Dämpfungsconstante k, mit deren experimenteller Bestimmung wir uns jetzt beschäftigen müssen.

§ 33. Logarithmisches Decrement, Schwingungsbeobachtungen, Methode der kleinsten Quadrate.

Am leichtesten zu beobachten ist die Lage eines schwingenden Punktes zur Zeit seiner Umkehr, weil dann seine Geschwindigkeit Null ist, also ein Stillstand eintritt und man an einer festen Scala in Ruhe eine Ablesung machen kann, ohne durch die Erwartung eines von außen gegebenen Zeitsignals für die Ablesung beunruhigt zu werden. Man kann durch solche Beobachtungen die Amplituden der auf einander folgenden Schwingungen (die Höhen BK in Fig. 6) feststellen und dieselben mit den Resultaten der vorangehenden Theorie vergleichen. Die Umkehr findet nach Gleichung (71a) zu bestimmten Zeiten t_{max} statt. Wenn wir diese Zeiten in die Integralgleichung für x (Gleichung 68a) einführen, so erhalten wir die Beträge der aufeinanderfolgenden Amplituden x_a zunächst in der Form:

$$x_a = h \cdot e^{-\frac{b}{n}\left(a\pi + \frac{\pi}{2} - \varphi - \gamma\right)} \cdot \sin\left(a\pi + \frac{\pi}{2} - \gamma\right)$$

und nach einigen elementaren Umformungen in folgender Gestalt:

$$x_a = \pm h \cdot e^{-ab\frac{T}{2}} \cdot \left\{ e^{-\frac{b}{n}\left(\frac{\pi}{2} - \varphi - \gamma\right)} \cdot \cos\gamma \right\}.$$

Die geschweifte Klammer stellt einen constanten Factor dar, welcher die Ordnungszahl a nicht enthält, also für alle auf einander folgenden Amplituden denselben Werth besitzt, folglich stellt sich die Amplitude x_a proportional $e^{-a.b\frac{T}{2}}$ heraus, wenn man das abwechselnd positive und negative Vorzeichen unberücksichtigt läfst, die Amplituden also als absolute Strecken betrachtet. Bildet man die Verhältnifszahl zweier auf einander folgender Amplituden:

$$\frac{x_{a+1}}{x_a} = \frac{e^{-(a+1)b.\frac{T}{2}}}{e^{-ab\frac{T}{2}}} = e^{-b.\frac{T}{2}}, \tag{72}$$

so stellt sich dieselbe als unabhängig von a heraus, ist also für alle Paare benachbarter Ausschläge dieselbe. Der Werth dieser Zahl ist stets ein echter Bruch, welcher bei kleiner Dämpfung b nahezu 1 wird, bei gröfserer Dämpfung aber kleinere Werthe besitzt.

Die Ausschläge nehmen also ab als die Glieder einer geometrischen Reihe mit dem Quotienten $e^{-b\frac{T}{2}}$. Dieses Resultat der Theorie bildet durch seine Uebereinstimmung mit den Messungen, welche an gedämpften Schwingungen ausgeführt werden können, die wichtigste Stütze für die Richtigkeit der zu Anfang beim Aufstellen der Differentialgleichung (59) gemachten Annahme, dafs die Dämpfungskraft einfach proportional der Geschwindigkeit zu setzen sei.

Bildet man die Logarithmen von den Gliedern einer geometrischen Reihe, so erhält man eine arithmetische Reihe; wenn der Quotient der ersteren, wie in unserem Falle, echt gebrochen ist, so ist jedes folgende Glied der arithmetischen Logarithmenreihe um eine constante Differenz kleiner als das vorhergehende. Diese Differenz finden wir durch Logarithmirung der Gleichung (72):

$$\log{}^{1)} x_{a+1} - \log x_a = -b \cdot \frac{T}{2} = -\sigma. \tag{72a}$$

Man nennt dieselbe das logarithmische Decrement der Schwingungen und besitzt in demselben eine genauen Messungen gut zugängliche Gröfse, aus welcher man nach Bestimmung der Schwingungsdauer T auch die Constante b und endlich das Maafs der Dämpfungskraft, k, in absolutem Maafse finden kann. Die Gröfse der Amplituden x_a kann aus den Umkehrpunkten einer festen Scala nur abgeleitet werden, wenn man auch die Gleichgewichtslage auf

---

¹ Das Zeichen log bedeutet hier und später die natürlichen Logarithmen.

dieser Scala kennt; diese läfst sich indessen an dem schwingenden Punkte nicht direct beobachten. Es läfst sich aber leicht zeigen, dafs auch die ganzen Schwingungsbogen, von einem Umkehrpunkt bis zum nächsten gemessen, nach demselben Gesetz abnehmen. Nennen wir s_a den absoluten Betrag desjenigen Bogens, welchen der Punkt beschreibt, um von der durch die Amplitude vom absoluten Betrage x_{a-1} gegebenen Umkehrstellung bis zur nächsten Grenzlage x_a zu gelangen, so ist

$$s_a = x_{a-1} + x_a$$

und wir finden folgende Verhältnifszahl zwischen zwei auf einander folgenden Bogen:

$$\frac{s_{a-1}}{s_a} = \frac{x_a + x_{a+1}}{x_{a-1} + x_a} = \frac{x_{a+1}}{x_a} \cdot \frac{\dfrac{x_a}{x_{a+1}} + 1}{\dfrac{x_{a-1}}{x_a} + 1} = \frac{x_{a+1}}{x_a} = e^{-b\frac{T}{2}}$$

mithin:

$$\log s_{a+1} - \log s_a = -b\frac{T}{2} = -\sigma. \tag{72b}$$

Zur Bestimmung des logarithmischen Decrements ist also die Kenntnifs der Ruhelage entbehrlich.

Die Beobachtungen an pendelnden oder auch rotatorisch oscillirenden Körpern spielen in der ganzen messenden Physik eine wichtige Rolle, weil dieselben mit grofser Schärfe auszuführen sind und einen Schlufs auf die Gröfsen der in der Differentialgleichung angesetzten Kräfte ziehen lassen. So führt z. B., wie wir schon vorher erwähnten, die Bestimmung der Schwingungszahl n_0 zur Kenntnifs der durch die Constante a^2 characterisirten Kraft, mag dieselbe nun von der Torsion eines Aufhängungsdrahtes oder von einer äufseren Richtkraft, wie die Schwere beim Pendel oder die sogenannte Feldstärke bei den Magnetnadeln, herrühren. In anderen Fällen, bei ballistischen Messungen, wo ein schwingungsfähig aufgehängter Körper durch einen Stofs eine gewisse Anfangsgeschwindigkeit erhält, kommt es auf die Gröfse des ersten Ausschlages an, welche alsdann erlaubt, diese Anfangsgeschwindigkeit zu ermitteln. Die früher schon erwähnten aperiodischen Galvanometer zur Messung von Stromstöfsen gehören hierher. Man kann auch die Geschwindigkeit von Geschossen dadurch bestimmen, dafs man dieselben gegen ein hinreichend schweres ballistisches Pendel abfeuert und den Ausschlagswinkel des letzteren mifst. In noch anderen Fällen ist es die Aufgabe, die Gröfse der Dämpfung zu bestimmen, z. B. um die

Gröfse der Inductionsströme zu vergleichen, welche durch die Bewegung von Magneten erzeugt werden. Endlich kann auch durch eine
Veränderung der Gleichgewichtsbedingungen, also durch das experimentell bewirkte Hinzutreten einer vorher nicht wirksamen, nachher
aber unveränderlichen äufseren Kraft, die Ruhelage des Körpers
dauernd verändert werden, und es handelt sich um die Auffindung
der neuen Ruhelage des schwingenden Körpers, um aus der ein-
getretenen Verschiebung einen Schlufs auf die Gröfse der neu hin-
zugetretenen Kraft zu ziehen. Dabei ist es unzweckmäfsig, das endliche Eintreten der Ruhe in der neuen Lage abzuwarten, weil dazu
meist so lange Zeit nöthig ist, dafs die äufseren Verhältnisse inzwischen sich wieder irgendwie verändert haben können; auch ist
aus demselben Grunde die zu einer genauen Ablesung erforderliche
Bewegungslosigkeit selten vollkommen erreicht, gewöhnlich ist die
Einstellung in einer, wenn auch geringfügigen, so doch bemerkbaren
Wanderung begriffen, auf welche man Rücksicht nehmen mufs, wenn
die Beobachtungen über längere Zeiten ausgedehnt sind. Deshalb
entsteht die Aufgabe, die Ruhelage aus der Beobachtung einiger
weniger auf einander folgender Umkehrstellungen abzuleiten.

Ehe wir zur Behandlung dieser Frage übergehen, sei hier noch
Einiges über die Beobachtung der Umkehrpunkte gesagt. Bei einem
materiellen Punkte, welcher in geradliniger oder kreisförmiger Bahn
schwingt, ist der Begriff der Scalenablesung, durch welche dessen
jeweiliger Ort bestimmt wird, ohne Weiteres klar. In der Praxis
haben wir es aber stets mit ausgedehnten Massen zu thun, deren
Lagenveränderungen wir durch irgend ein einfaches Merkmal zu
verfolgen versuchen müssen. Um nun die Lage eines um eine feste
Axe schwingenden Körpers feststellen zu können und um die Winkel
zu messen, um welche derselbe sich gedreht hat, befestigte man
früher einen Zeiger an demselben, welcher über eine festliegende
Kreistheilung hinwegstrich. Auf diese Weise war bei der beschränkten Bewegungsfreiheit die Lage aus der Stellung des Zeigers auf
der Scala sicher zu erkennen. Viel vollkommener erfüllt denselben
Zweck die von Gauss und von Poggendorf eingeführte Methode
der Spiegelablesung. An dem schwingenden Körper ist ein kleiner
Spiegel derart befestigt, dafs dessen Ebene die Drehungsaxe enthält.
Man beobachtet dann durch ein feststehendes Fernrohr das Spiegel-
bild eines in beliebiger Entfernung an geeigneter Stelle angebrachten
Maafsstabes. Die Theilstriche desselben müssen parallel der Drehungsaxe gestellt sein und das Fernrohr mufs in der Bildebene eine Fadenmarke von der gleichen Richtung besitzen. Wenn dann der Körper

nebst dem Spiegel um jene Axe schwingt, so werden immer andere
Theilstriche des gespiegelten Bildes der Scala zur Deckung mit der
Fadenmarke kommen; die letztere scheint also auf der Scala hin-
und herzuwandern, und es ist bei einigermafsen langsamen Schwingungen leicht, den Zahlenwerth derjenigen Scalenstelle abzulesen,
bei welcher der Faden stillsteht und umkehrt. Die Reduction der
auf dem Maafsstab abgemessenen Strecken auf das Winkelmaafs der
Drehung kann durch Ausmessung des Abstandes der Scala vom
Spiegel gefunden werden; häufig genügt übrigens die Annahme, dafs
bei kleinen Schwingungen die auf der Scala abgelesenen Strecken
von einem Umkehrpunkt zum nächsten den wahren Schwingungsbogen proportional sind. Bei gröfseren Winkeln ist die Verschiedenheit des Bogenmaafses selbst von seiner trigonometrischen Tangente
dabei zu berücksichtigen.

Wir wollen uns nun vorstellen, dafs wir nach dieser Methode
die gedämpften Schwingungen eines Körpers beobachten. Der Gleichgewichtslage entspricht irgend ein bestimmter, aber zunächst aus den
Schwingungen nicht deutlich erkennbarer Punkt der Scala, dessen
Abmessung wir durch ξ bezeichnen wollen. Die Gröfse eines bestimmten Ausschlages, d. h. der Abstand eines bestimmten Umkehr-
punktes von der Ruhelage ξ, sei in Einheiten der Scalentheile gemessen gleich X; auch diese Gröfse wollen wir ermitteln. Drittens
fragen wir nach dem logarithmischen Decrement σ. Um diese drei
Unbekannten zu bestimmen, liest man aufser demjenigen Umkehrpunkte, welcher zu dem gesuchten Ausschlag X gehört, bereits einige
vorhergehende und dann ebenso viele darauf folgende Umkehrpunkte
auf der Scala ab, so dafs man eine ungerade Anzahl von auf einander
folgenden Ablesungen zur Verfügung hat. Wir wollen uns der Kürze
wegen auf fünf beschränken und dieselben der Reihe nach durch
die Scalenwerthe: $\lambda_{-2}, \lambda_{-1}, \lambda_0, \lambda_{+1}, \lambda_{+2}$ bezeichnen. Der mittelste
Umkehrpunkt λ_0 entspricht dann dem gesuchten Ausschlag X; wir
wollen annehmen, dafs die Scala in solcher Richtung zählt, dafs λ_0
nach den grofsen Zahlen hinüberneigt, oder, wie man sich ausdrückt,
dafs λ_0 ein oberer Umkehrpunkt ist. Fig. 7 veranschaulicht in
graphischer Weise den beobachteten Theil der Bewegung der Fadenmarke auf der Scala. Letztere ist als Ordinatenaxe benützt, während
die Abscissen, wie früher, die Zeit versinnlichen. Die Buchstaben
der Figur stimmen mit denen des Textes überein. Folgende Beziehung: $\lambda_0 = \xi + X$, ist sofort aufzustellen. Die vorhergehenden
und die nachfolgenden Ausschläge lassen sich durch die Unbekannte X
und das logarithmische Decrement σ nach dem Gesetze der geo-

metrischen Progression mit dem Quotienten $e^{-\sigma}$ folgendermafsen in ihrem absoluten Betrage ausdrücken:

$$X.e^{+2\sigma}, \quad X.e^{+\sigma}, \quad X, \quad X.e^{-\sigma}, \quad X.e^{-2\sigma}.$$

Da dieselben abwechselnd nach entgegengesetzten Seiten gerichtet sind, erhalten wir folgende Beziehungen:

$$\left.\begin{aligned}
\lambda_{-2} &= \xi + X.e^{+2\sigma} \\
\lambda_{-1} &= \xi - X.e^{+\sigma} \\
\lambda_{0} &= \xi + X \\
\lambda_{+1} &= \xi - X.e^{-\sigma} \\
\lambda_{+2} &= \xi + X.e^{-2\sigma}
\end{aligned}\right\} \quad (73)$$

oder kurz:

$$\lambda_a = \xi + (-1)^a.X.e^{-a\sigma}, \quad a \text{ von } -2 \text{ bis } +2.$$

Dies sind ebenso viele Gleichungen, als wir Ablesungen angenommen hatten, während die Zahl der Unbekannten nur drei ist, also auch drei Gleichungen zu ihrer Bestimmung ausreichen würden. Nun sind aber Beobachtungen niemals ohne Unvollkommenheit: Die Schärfe unserer sinnlichen Wahrnehmungen hat gewisse Grenzen,

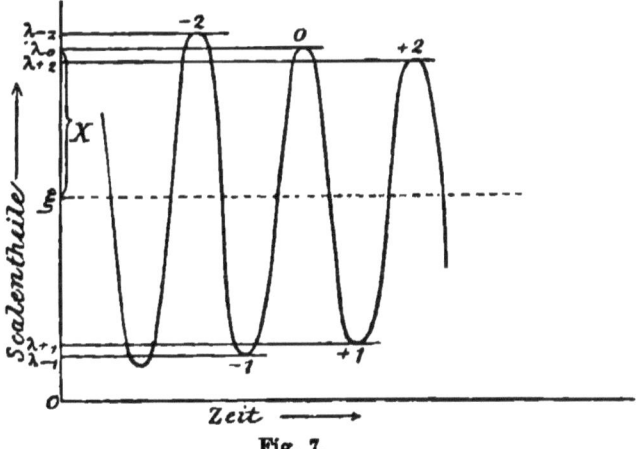

Fig. 7.

über welche man trotz gespannter Aufmerksamkeit nicht hinauskommt; ferner spielen in dem thatsächlichen Naturvorgang fast immer noch schwer bestimmbare äufsere Einflüsse mit, die in der theoretischen Behandlung des Vorgangs, also in der Aufstellung der zu Grunde gelegten Differentialgleichung, unberücksichtigt geblieben sind. Das Streben, welches man bei der Construction und Aufstellung eines Beobachtungsapparates verfolgt, kann nur dahin gerichtet sein, diese störenden Einflüsse auf ein möglichst geringes Maafs zurückzuführen, namentlich solche Störungen auszuschliefsen, welche eine einseitige, systematische Abweichung der beobachteten Gröfsen von dem theoretisch abgeleiteten Resultate herbeiführen können. In dem hier vorliegenden Falle werden also die Ablesungen λ dem theoretisch gefundenen Verlauf der gedämpften Schwingungen nicht in voller Schärfe entsprechen, dieselben werden vielmehr mit kleinen Fehlern behaftet sein. Wir würden daher aus jeder verschiedenen Zusammenfassung von je drei der vorliegenden Gleichungen (73) etwas verschiedene Werthe der gesuchten unbekannten Gröfsen herausrechnen, und wir stehen somit vor der Aufgabe, durch eine gleichmäfsige Berücksichtigung aller Beobachtungen diejenigen Werthe von ξ, X und σ ausfindig zu machen, welche, im Ganzen genommen, sich den sämmtlichen beobachteten λ am genauesten anschliefsen. Diese Aufgabe wird am elegantesten gelöst durch das von GAUSS aufgestellte Princip der Methode der kleinsten Quadrate.

Man hat nach dieser Methode die Differenzen aller beobachteten λ und der theoretisch dafür aufgestellten Ausdrücke in Gleichungen (73) zu bilden, die Quadrate aller dieser Differenzen zu addiren, also folgenden Ausdruck zu bilden:

$$\sum_{a=-2}^{a=+2}(\lambda_a - \xi - (-1)^a X \cdot e^{-a\sigma})^2 \tag{74}$$

und dann die drei Unbekannten so zu bestimmen, dafs die Quadratsumme so klein wie möglich wird. Wenn die Ablesungen fehlerfrei wären, so würden die Gleichungen (73) vollkommen mit einander übereinstimmen und alle erfüllt werden durch genau dieselben Werthe der gesuchten Constanten. Dann würde jede einzelne der gebildeten Differenzen, mithin auch die Summe ihrer Quadrate gleich Null sein, d. h. den kleinsten Werth besitzen, den eine Summe von Quadraten überhaupt annehmen kann. Bei fehlerhaften Beobachtungen aber werden wenigstens einige Differenzen, meist alle von Null verschieden sein, die Quadratsumme wird daher stets einen positiven Betrag haben, und wir können nur solche Werthe suchen, welche den Ausdruck (74) zu einem Minimum machen.

Die mathematische Bedingung für das Eintreten dieses Minimums ist dadurch gegeben, dafs kleine Variationen der ξ, X und σ den Werth der Quadratsumme nicht ändern. Drücken wir die Variation eines analytischen Ausdrucks durch ein vorgesetztes δ aus, so können wir die Forderung der Methode der kleinsten Quadrate in folgender Gleichung ausdrücken:

$$\delta \sum_a (\lambda_a - \xi - (-1)^a X . e^{-a\sigma})^2 = 0. \qquad (74\,\text{a})$$

Nehmen wir nun nacheinander drei besonders einfache Variationen vor, indem wir erstens nur ξ verändern, dann nur X und endlich nur σ, so erhalten wir unter Benutzung der Grundlehren der Differentialrechnung folgende drei Gleichungen, in welchen die vorstehende Quadratsumme durch das Zeichen $\sum$ abgekürzt ist:

$$\delta\,\xi \cdot \frac{\partial \sum}{\partial \xi} = 0$$

$$\delta\,X \cdot \frac{\partial \sum}{\partial X} = 0$$

$$\delta\,\sigma \cdot \frac{\partial \sum}{\partial \sigma} = 0.$$

Führen wir die Differentiationen von $\sum$ aus und unterdrücken wegen des Nullwerthes der rechten Seiten alle sicher von Null verschiedenen Factoren, zu denen namentlich die Variationen $\delta\,\xi$, $\delta\,X$, $\delta\,\sigma$ selbst gehören, so erhalten wir folgende drei Gleichungen:

$$\left.\begin{aligned}
\sum_a \left\{\lambda_a - \xi - (-1)^a X . e^{-a\sigma}\right\} &= 0 \\
\sum_a (-1)^a . e^{-a\sigma} \left\{\lambda_a - \xi - (-1)^a X . e^{-a\sigma}\right\} &= 0 \\
\sum_a (-1)^a . a . e^{-(a-1)\sigma} \left\{\lambda_a - \xi - (-1)^a . X . e^{-a\sigma}\right\} &= 0
\end{aligned}\right\} \qquad (74\,\text{b})$$

aus denen die drei Unbekannten unter gleichmäfsiger Verwendung der Ablesungen eindeutig bestimmt werden können. Für ξ und X sind die Gleichungen linear, für $e^{-\sigma}$ aber von einem höheren Grade, dessen Höhe von der Zahl der beobachteten Umkehrpunkte abhängt. Solche Gleichungen sind unbequem zu behandeln; wenn sie den vierten Grad übersteigen, überhaupt nicht mehr in geschlossener Form aufzulösen. Doch können wir in unserem Falle die Rechnung dadurch vereinfachen, dafs wir die bei gut gearbeiteten Apparaten (Pendeln, Waagen etc.) stets zutreffende Annahme einführen, das Decrement σ sei eine so kleine Zahl, dafs wir für mäfsige Ordnungszahlen a mit hinreichender Genauigkeit setzen können:

$$e^{-a\sigma} = 1 - a\sigma. \qquad (75)$$

In der graphischen Darstellung Fig. 6 bedeutet diese Annahme, dafs man in dem Bereich der gemachten Beobachtungen die punktirte Exponentialcurve für eine schwach geneigte gerade Linie ansehen kann, daß also die geometrische Reihe der Amplituden von einer arithmetischen Reihe nicht zu unterscheiden ist, daß folglich auch in Fig. 7 die oberen Umkehrpunkte λ_{-2}, λ_0, λ_{+2} und die unteren λ_{-1}, λ_{+1} in gleichen Abständen von einander liegen.

Die Gleichungen (74b) erhalten dadurch die Form:

$$\left.\begin{array}{l} \sum\left\{\lambda_a - \xi - (-1)^a X + (-1)^a . a . \sigma . X\right\} = 0 \\[2mm] \sum\left\{(-1)^a \lambda_a - (-1)^a \xi - X - (-1)^a . a . \sigma \lambda_a + (-1)^a a \sigma \xi + 2 a \sigma X\right\} = 0 \\[2mm] \sum\left\{(-1)^a a \lambda_a - (-1)^a . a \xi - a X + a^2 . \sigma X\right\} = 0. \end{array}\right\} (75\,\text{a})$$

Die Summen der auftretenden Polynome kann man nun nach deren einzelnen Gliedern zerspalten und die in den Theilsummen auftretenden, unbekannten Factoren ξ, X, σ, $\sigma\xi$, σX, welche frei von a sind, vor die Summenzeichen setzen. Die dann noch übrig bleibenden Summen erhalten durch die angegebene Vorschrift, ebenso viel Umkehrpunkt vor wie nach dem festzustellenden Zustand abzulesen, die einfachste Gestalt. Für den hier angenommenen Fall von je zwei vorhergehenden und nachfolgenden Ablesungen wird nämlich:

$$\sum_{a=-2}^{a=+2} 1 = 5 \ (\text{Zahl der Beobachtungen})$$

$$\sum_{a=-2}^{a=+2} (-1)^a = +1$$

$$\sum_{a=-2}^{a=+2} a = 0$$

$$\sum_{a=-2}^{a=+2} (-1)^a . a = 0$$

$$\sum_{a=-2}^{a=+2} a^2 = 10$$

Das Verschwinden zweier dieser Summen vereinfacht die Rechnung wesentlich, die Gleichungen (75a) nehmen folgende Gestalt an:

$$\left.\begin{array}{l} \left(\sum \lambda_a\right) - 5\xi - X = 0 \\[2mm] \left(\sum (-1)^a \lambda_a\right) - \xi - 5X - \sigma \sum (-1)^a . a . \lambda_a = 0 \\[2mm] \left(\sum (-1)^a . a . \lambda_a\right) + 10 \sigma X = 0 \end{array}\right\} (75\,\text{b})$$

Die in der zweiten Gleichung an letzter Stelle stehende Summe kann man aus der dritten Gleichung, in welcher dieselbe an erster Stelle wieder auftritt, entnehmen; das letzte Glied der zweiten

Gleichung erhält dadurch den Werth $10\,\sigma^2 X$. Da wir aber σ als eine so kleine Gröfse behandeln wollen, dafs deren höhere Potenzen vernachlässigt werden können, so fällt dieses Glied ganz aus der Rechnung fort; die beiden ersten Gleichungen werden dadurch frei von σ und dienen allein zur Bestimmung von ξ und X, wie man aus folgenden Rechnungen ohne weitere Erläuterungen einsieht:

$$5\,\xi + X = \sum_{-2}^{+2} \lambda_a$$

$$\xi + 5X = \sum_{-2}^{+2} (-1)^a \cdot \lambda_a.$$

Daraus folgt:

$$\xi + X = \tfrac{1}{8} \cdot \left\{ \sum \lambda_a + \sum (-1)^a \lambda_a \right\} = \tfrac{1}{3}(\lambda_{-2} + \lambda_0 + \lambda_{+2})$$

$$\xi - X = \tfrac{1}{4} \cdot \left\{ \sum \lambda_a - \sum (-1)^a \lambda_a \right\} = \tfrac{1}{2}(\lambda_{-1} + \lambda_{+1})$$

und schliefslich:

$$\left. \begin{aligned} \xi &= \tfrac{1}{2} \cdot \left\{ \tfrac{1}{3}(\lambda_{-2} + \lambda_0 + \lambda_{+2}) + \tfrac{1}{2}(\lambda_{-1} + \lambda_{+1}) \right\} \\ X &= \tfrac{1}{2} \cdot \left\{ \tfrac{1}{3}(\lambda_{-2} + \lambda_0 + \lambda_{+2}) - \tfrac{1}{2}(\lambda_{-1} + \lambda_{+1}) \right\} \end{aligned} \right\} \quad (76)$$

Man hat also zuerst den Mittelwerth der oberen und denjenigen der unteren Umkehrpunkte zu bilden; das Mittel aus den beiden so gefundenen Werthen liefert dann die gesuchte Ruhelage ξ, während die halbe Differenz derselben den gesuchten Ausschlag X angiebt. Von der Gröfse der Dämpfung, so lange dieselbe nur klein genug ist, sind diese Ausdrücke unabhängig, und erlauben also durch sehr einfache Rechenoperationen aus den beobachteten Umkehrpunkten diejenigen Werthe ξ und X abzuleiten, welche die Methode der kleinsten Quadrate fordert.

In Fällen, wo die Bestimmung des Decrementes von Wichtigkeit ist, pflegt die Dämpfung meist stärker zu sein, als wir in Gleichung (75) annahmen; es empfiehlt sich dann mehr, dieselbe in einer besonderen Betrachtung auf Grund der genauen Gleichung (72b) zu bestimmen, als die angenäherte dritte der Gleichungen (75b) zu verwenden. Man bildet dann aus einer Reihe beobachteter Umkehrpunkte die Gröfsen der auf einander folgenden ganzen Schwingungsbogen s_a, deren Logarithmen sich nach jener Gleichung alle um die Gröfse σ unterscheiden sollen. Auch in diesem Falle werden die Beobachtungen das gefundene Gesetz nicht fehlerlos darstellen, sondern die aus je zwei Schwingungsbogen abgeleiteten Decremente werden ein wenig von einander abweichen, wir müssen also auch

hier nach der Methode der kleinsten Quadrate den wahrscheinlichsten Werth σ aus allen zur Verfügung stehenden Schwingungsbogen ableiten. Wir wollen annehmen, es seien μ auf einander-
folgende Bogen s_1, s_2 ... s_μ durch Beobachtung von $(\mu + 1)$ Umkehrpunkten gemessen. Würde man für σ einfach den Mittelwerth
aller einzelnen Bestimmungen wählen, die sich aus den benachbarten
Paaren von s ergeben, so sieht man, dafs im Resultate alle Bogen
aufser dem ersten und dem letzten sich wegheben würden, und als
Resultat nur übrig bliebe:

$$\sigma = \frac{1}{\mu} \cdot (\log s_1 - \log s_\mu).$$

Doch kann man auf eine andere Weise ein Resultat für σ unter
Verwendung des gesammten Beobachtungsmaterials finden. Wir
drücken zu diesem Zwecke sämmtliche Bogen s_1 bis s_μ analytisch
nach dem Gesetz der Gleichung (72b) aus durch die Bogenlänge s_0,
welche der ersten beobachteten unmittelbar vorangeht:

$$\log s_1 = \log s_0 - \sigma$$
$$\log s_2 = \log s_0 - 2\sigma$$
$$\vdots$$
$$\log s_a = \log s_0 - a\sigma$$
$$\vdots$$
$$\log s_\mu = \log s_0 - \mu\sigma.$$

Aus diesem Satz von Gleichungen, welche links die mit Fehlern
behafteten Beobachtungen enthalten, sind die wahrscheinlichsten
Werthe der unbekannten Constanten $\log s_0$ und σ zu ermitteln. Die
Methode der kleinsten Quadrate verlangt:

$$\sum_{a=1}^{\mu} \left\{ \log s_a - \log s_0 + a\sigma \right\}^2 = \text{Minimum}.$$

Die Bedingungen des Minimums finden wir, wie vorher, im Verschwinden der Variationen von $\sum$, wenn $\log s_0$ und σ einzeln variirt
werden. Die beiden Gleichungen, welche daraus entspringen, sind
$\frac{\partial \sum}{\partial \log s_0} = \frac{\partial \sum}{d\sigma} = 0$, oder ausgeführt:

$$\sum \left\{ \log s_a - \log s_0 + a\sigma \right\} = 0$$

$$\sum a \cdot \left\{ \log s_a - \log s_0 + a\sigma \right\} = 0.$$

Da nun:

$$\sum_{1}^{\mu} 1 = \mu, \quad \sum_{1}^{\mu} a = \frac{\mu(\mu+1)}{2} \quad \text{und} \quad \sum_{1}^{\mu} a^2 = \frac{\mu(\mu+1)(2\mu+1)}{6}$$

ist, kann man dafür auch schreiben:

$$\left(\sum \log s_a\right) - \mu . \log s_0 + \frac{\mu(\mu+1)}{2}\,\sigma = 0$$

$$\left(\sum a \log s_a\right) - \frac{\mu(\mu+1)}{2} \log s_0 + \frac{\mu(\mu+1)(2\mu+1)}{6}\,\sigma = 0.$$

Die Auffindung der Constanten $\log s_0$ interessirt uns nicht weiter, für σ aber finden wir nach elementaren Zwischenrechnungen:

$$\sigma = \frac{(\mu+1)\sum \log s_a - 2 \sum a . \log s_a}{\dfrac{\mu . (\mu^2-1)}{6}} = 6\,\frac{\displaystyle\sum_{1}^{\mu}(\mu+1-2a)\log s_a}{\mu(\mu^2-1)},$$

Man sieht leicht, daß die Zahlencoefficienten des ersten und letzten Summengliedes und aller gleich weit von diesen beiden abstehenden Glieder entgegengesetzt gleich werden. Deshalb kann man auch schreiben:

$$\sigma = 6\,\frac{(\mu-1)(\lg s_1 - \lg s_\mu) + (\mu-3)(\lg s_2 - \lg s_{\mu-1}) + (\mu-5)(\lg s_3 - \lg s_{\mu-2}) + \cdots}{\mu . (\mu^2-1)} \quad (77)$$

Diese Gleichung stellt σ dar unter Benutzung aller Schwingungsbogen; das Gewicht derselben im Resultat nimmt von den äußersten, welche das größte Gewicht erhalten, nach der Mitte zu ab. Ist μ eine ungerade Zahl, so existirt ein mittelster Schwingungsbogen, welcher gar nicht zur Bestimmung von σ verwendet wird; es ist daher vortheilhaft, eine gerade Anzahl von Bogen zu messen.

Die Methode der kleinsten Quadrate, welche wir hier an zwei Beispielen auseinandergesetzt haben, läßt sich in derselben Weise in sehr zahlreichen Fällen anwenden und bildet deshalb ein wichtiges Hülfsmittel der messenden Physik bei der Verwerthung der Beobachtungen.

§ 34. Erzwungene Schwingungen.

Wir haben nun zur Vervollständigung der Lehre von den oscillatorischen Bewegungen eines Massenpunktes noch eine Erscheinung zu betrachten, welche sehr vielfältige Anwendung zur Erklärung verschiedener Vorgänge in mehreren wichtigen Kapiteln der Physik findet, nämlich das Phänomen des Mitschwingens oder der

erzwungenen Schwingungen. Dasselbe tritt ein, wenn aufser der
bisher betrachteten elastischen Kraft und der Dämpfungskraft noch
eine fremde, von aufsen her wirkende Kraft auf den beweglichen
Massenpunkt einwirkt, deren Intensität selbst in vorgeschriebener
Periode oscillatorisch wechselt. Es entstehen dadurch Erscheinungen
von theils sehr überraschender Eigenthümlichkeit; namentlich tritt
unter besonderen Umständen der Fall ein, dafs die erzeugten Bewegungen der mitschwingenden Masse im Vergleich zur Gröfse
dieser äufseren periodischen Kraft aufserordentlich ausgiebig werden.
Wegen dieser zahlreichen merkwürdigen Erscheinungen mechanischer,
akustischer, optischer und elektrischer Natur, welche durch das Mitschwingen zu erklären sind, beansprucht dieser Vorgang ein besonderes Interesse.

Wir wollen hier also eine Kraft benutzen, welche sich in vorgeschriebener Weise in der Zeit verändert. Nun hatten wir aber
bei Gelegenheit der Feststellung des Begriffes der Kraft gesagt, dafs
wir Naturkräfte als etwas unverändert Bleibendes, Dauerndes ansehen müfsten, was immer die gleiche Wirkung äufsert, wenn die
Bedingungen der Wirksamkeit die gleichen sind. Wir können also
in diesem Sinne eine Naturkraft nicht als eine willkürlich vorgeschriebene Function der Zeit in die Rechnung einführen. Für den
vorliegenden Fall ist aber dazu zu bemerken, dafs wir hier nur
eine unvollständige Betrachtung machen wollen, indem wir allein
die Bewegung des mitschwingenden Massenpunktes verfolgen, ohne
auf die Herkunft dieser äufseren Kraft einzugehen. Würden wir
das vollständige Massensystem betrachten, von welchem unser Massenpunkt nur ein Element ausmacht, so würden wir diese wechselnden
Kräfte als eine Folge der Bewegung anderer Massen dieses Systems,
zu denen schliefslich auch die umgebende Luft gehört, einführen
müssen; dann würde auch die Bedingung erfüllt sein, dafs bei
gleichem Zustand des ganzen Systems, d. h. also unter gleichen
Bedingungen, die Intensität der Kraft stets denselben Betrag bewahrt, also nicht mehr willkürlich von der Zeit abhängt, sondern
nach festen, dauernden Gesetzen durch die relative Lage aller Theile
des Systems gegeben ist. Wenn nun die Bewegung dieser übrigen
Theile von bekannter oscillatorischer Art ist und auch durch die
Anwesenheit und Bewegung des betrachteten Massenpunktes nicht
merkbar alterirt wird, so wird auch die Kraftwirkung auf diesen in
derselben Weise oscillatorisch sein, und wir haben das Recht für
unsere besondere Betrachtung eine Kraft einzuführen, welche in vorgeschriebener Weise von der Zeit abhängt.

Wir lassen im übrigen die Bedingungen, welche wir vorher bei den gedämpften Schwingungen machten, unverändert, betrachten also einen Punkt m, der sich in der x-Axe bewegen kann und in deren Nullpunkt seine natürliche Ruhelage hat. Wir haben dann in der Differentialgleichung (59) (Seite 97) zu den auf der rechten Seite stehenden Kräften noch die soeben besprochene äufsere Kraft hinzuzufügen, welche wir als bekannte Function der Zeit durch das Symbol $K(t)$ bezeichnen wollen, und erhalten:

$$m \frac{d^2 x}{d t^2} = - a^2 x - k \frac{d x}{d t} + K(t) \qquad (78)$$

Diese Differentialgleichung ist, wie die früheren linear, aber wegen des von x unabhängigen Gliedes $K(t)$ nicht mehr homogen.

§ 35. Ueber lineare, nicht homogene Differentialgleichungen.

In Ergänzung der früheren allgemeinen Betrachtungen über die Integrale der linearen, homogenen Differentialgleichungen (§ 23) mögen hier an der Hand der Differentialgleichung (78) die wichtigsten Eigenschaften der Integrale entwickelt werden, welche die linearen, aber nicht mehr homogenen Differentialgleichungen befriedigen. Nehmen wir an, wir hätten zwei verschiedene Lösungen x_1 und x_2 gefunden, dann können wir durch Einsetzung derselben in die Differentialgleichung zwei identisch richtige, für alle Zeiten geltende Gleichungen herstellen. Subtrahieren wir die zweite von der ersten, so fällt in der Differenz $K(t)$ heraus und es bleibt übrig:

$$m \cdot \frac{d^2 (x_1 - x_2)}{d t^2} = - a^2 (x_1 - x_2) - k \cdot \frac{d (x_1 - x_2)}{d t} .$$

Die Differenz zweier Integrale der neu aufgestellten Differentialgleichung ist also ein Integral der entsprechenden homogenen Differentialgleichung, welche durch Weglassung des nicht homogenen Gliedes $K(t)$ entsteht. Mit anderen Worten können wir dieses Resultat auch in folgender Weise aussprechen: Wenn wir ein einziges particuläres Integral der nicht homogenen Differentialgleichung kennen, so können wir durch Addition von Integralen der zugehörigen homogenen Differentialgleichung neue Lösungen der ersteren finden. Dafs durch Hinzufügung des vollständigen Integrals der homogenen Differentialgleichung auch für diesen Fall die vollständige Lösung gefunden wird, ergiebt sich daraus, dafs durch die zwei verfügbaren Integrationsconstanten jeder beliebige Anfangszustand des Massenpunktes befriedigt werden kann, wie weiter unten ausführlich gezeigt werden wird.

Eine weitere wichtige Eigenschaft ergiebt sich aus der gleichzeitigen Betrachtung zweier solcher Differentialgleichungen (78), welche sich nur dadurch unterscheiden, daſs $K(t)$ in beiden verschiedene vorgeschriebene Zeitfunctionen darstellt. Wir betrachten also die Bewegung desselben Massenpunktes unter der Wirkung zweier verschiedener äuſserer Kräfte, welche wir durch die Zeichen $K_1(t)$ und $K_2(t)$ unterscheiden wollen. Zwei particuläre Integrale x_1 und x_2, welche aber diesmal verschiedenen Differentialgleichungen angehören, führen dann zu den Identitäten:

$$m \cdot \frac{d^2 x_1}{d t^2} = - a^2 x_1 - k \frac{d x_1}{d t} + K_1(t)$$

$$m \cdot \frac{d^2 x_2}{d t^2} = - a^2 x_2 - k \frac{d x_2}{d t} + K_2(t)$$

Erweitern wir die Gleichungen mit den willkürlichen Constanten A_1 und A_2 und addiren dieselben, so erhalten wir:

$$m \frac{d^2}{d t^2}(A_1 x_1 + A_2 x_2) = - a^2(A_1 x_1 + A_2 x_2) - k \frac{d}{d t}(A_1 x_1 + A_2 x_2) + (A_1 K_1(t) + A_2 K_2(t)) \quad (79)$$

Dies ist eine Differentialgleichung von derselben Form; nur ist die äuſsere Kraft jetzt die Superposition der beiden vorher einzeln wirksam gedachten Kräfte, jede in beliebiger Stärke wirkend. Das Integral, welches dieselbe erfüllt, stellt sich dar als die ebenso gebildete Superposition der einzelnen Lösungen x_1 und x_2. Wir erkennen daraus das Gesetz, daſs die Wirkungen mehrerer äuſserer Kräfte, also die durch die einzelnen erzeugten Bewegungen, sich ungestört zu einer Summe superponiren. Diese Betrachtung ist nicht auf zwei äuſsere Kräfte beschränkt, gilt vielmehr für jede Anzahl. Wenn daher zu den Kräften $K_a(t)$ die Bewegungen x_a gehören, und A_a eine Reihe willkürlicher Constanten bezeichnet, so gilt auch die Gleichung:

$$m \cdot \frac{d^2}{d t^2} \left(\sum A_a x_a\right) = - a^2 \cdot \sum A_a x_a - k \cdot \frac{d}{d t}\left(\sum A_a x_a\right) + \sum A_a \cdot K_a(t). \quad (79\,a)$$

Diese Eigenschaft ist besonders deshalb wichtig, weil man dadurch die Lösung für complicirte Ausdrücke der äuſseren Kraft zusammensetzen kann aus einfacheren Fällen. Ist nämlich die äuſsere Kraft von einem ganz willkürlichen, aber periodischen Verlauf, so gelingt es nach einem von FOURIER gefundenen Lehrsatz immer,

dieselbe darzustellen als Superposition einer Reihe von ungestört
zusammenwirkenden Kräften, deren Verlauf durch je eine einfache
Sinus- oder Cosinusfunction der Zeit angegeben ist. Wenn wir also
die Integrale für diese einfachen sinusförmigen Kräfte kennen,
so sind wir im Stande, die Wirkungen aller periodischen Kräfte
daraus zusammenzusetzen.

§ 36. Particuläre Lösung für den Fall eines sinusförmigen Verlaufs der äufseren Kraft.

In Folge der letzten Bemerkung des vorigen Paragraphen können
wir die weitere Betrachtung unter der Annahme fortführen, dafs der
zeitliche Verlauf von $K(t)$ durch eine einfache trigonometrische
Function, etwa $\cos Nt$ oder $\sin Nt$ angegeben wird, wo N die vorgeschriebene Zahl der in 2π Secunden ausgeführten Perioden der
Kraft bedeutet. Wenn der Anfangspunkt der Zeit nicht mehr frei
verfügbar ist, mufs man eventuell zum Argumente Nt noch eine
additive Constante hinzusetzen. Die in Gleichung (79) ausgedrückte
Eigenschaft der Lösungen unserer Differentialgleichung erleichtert
die Ausführung der Rechnung noch in einer anderen Weise: Es
steht in mathematischer Hinsicht nichts im Wege, den willkürlichen
Factor $A_2 = i \cdot A_1$ zu setzen. Wir erhalten dann einen complexen
Ausdruck der Kraft und auch ein complexes Integral. Die Gleichung
zerfällt aber sofort wieder in die beiden vorhergehenden, aus denen
sie entstanden ist, wenn man den reellen Theil der Bewegung durch
den reellen Theil der Kraft erklärt, und den imaginären durch den
imaginären, man ist also dadurch in nichts vorwärts gekommen.
Der Nutzen des imaginären Coefficienten liegt aber darin, dafs bei
sinusförmigen Kräften:

$$K_1(t) = \cos Nt \quad \text{und} \quad K_2(t) = \sin Nt$$

die zusammengesetzte complexe Kraft:

$$\cos Nt + i \sin Nt = e^{iNt}$$

gesetzt werden kann; das Rechnen mit imaginären Exponential-
curven ist nämlich einfacher als die Anwendung der trigonometrischen Functionen. Nach Ausführung der Rechnung kann man
dann die complexe Kraft und das complexe Integral in reell und
imaginär spalten, und so zu trigonometrischen Functionen zurückkehren, welche den Verlauf der Kraft darstellen.

Wir führen jetzt als äußere Kraft ein:

$$K(t) = A \cdot e^{iNt} \tag{80}$$

wo A den reellen Maaßstab für die Stärke der Kraft bezeichnet, während N dieselbe Bedeutung hat, wie vorher. Die Differentialgleichung (78) erhält nun die bestimmte Form:

$$m \frac{d^2 x}{dt^2} = - a^2 x - k \frac{dx}{dt} + A \cdot e^{iNt} \tag{80a}$$

Ein particuläres Integral derselben ist:

$$x = B \cdot e^{iNt}. \tag{81}$$

Der Factor B, welcher die Rolle einer Amplitude spielt, ist dabei aber keine willkürliche Integrationsconstante, sondern eine zunächst noch unbekannte Größe, deren Werth man durch Einsetzung des Ausdrucks (81) in die Differentialgleichung aufsuchen muß. Wir bilden zu diesem Zwecke:

$$\frac{dx}{dt} = i N \cdot B \cdot e^{iNt}$$

$$\frac{d^2 x}{dt^2} = - N^2 \cdot B \cdot e^{iNt}$$

In der Differentialgleichung hebt sich nach Einführung dieser Ausdrücke der gemeinsame Factor e^{iNt} fort, und es bleibt:

$$- m \cdot N^2 \cdot B = - a^2 B - i k \cdot N \cdot B + A.$$

Aus dieser Gleichung folgt direct:

$$B = \frac{A}{a^2 - m N^2 + i \cdot k N}.$$

Dividirt man Zähler und Nenner durch m, und führt an Stelle von a^2/m das Quadrat der früher schon mehrfach benutzten Schwingungszahl n_0 der freien ungedämpften Schwingungen ein, so erhält man:

$$B = \frac{\dfrac{A}{m}}{(n_0^2 - N^2) + i \cdot N \cdot \dfrac{k}{m}}$$

Die Größe B besitzt also einen bestimmten complexen Werth, den wir dadurch umformen wollen, daß wir den Nenner in bekannter Weise durch den Modul ϱ und das Azimuth ψ darstellen. Wir setzen also:

$$\left. \begin{array}{l} n_0^2 - N^2 = \varrho \cdot \cos \psi \\[2mm] N \cdot \dfrac{k}{m} = \varrho \cdot \sin \psi \end{array} \right\} \tag{82}$$

woraus folgt:

$$\varrho = + \sqrt{(n_0{}^2 - N^2)^2 + N^2 \frac{k^2}{m^2}} \left.\begin{array}{c}\\[2em]\\\end{array}\right\} \quad (82\,\text{a})$$

$$\operatorname{tg} \psi = \frac{N\,.\,k}{m\,(n_0{}^2 - N^2)}$$

und finden:

$$B = \frac{A}{m\,.\,\varrho}\,.\,e^{-i\psi}.$$

Das in Gleichung (81) aufgestellte particuläre Integral erhält also die bestimmte Form:

$$x = \frac{A}{m\,\varrho}\,.\,e^{i(Nt-\psi)}. \qquad (83)$$

Nehmen wir jetzt die Trennung der reellen und imaginären Theile der äußeren Kraft, Gleichung (80), und der dadurch erzeugten Bewegung, Gleichung (83), vor, so erkennen wir aus den reellen Bestandtheilen, daß die Kraft:

$$K = A \cos Nt \qquad (84)$$

eine mitschwingende Bewegung:

$$x = \frac{A}{m\,\varrho}\,.\,\cos(Nt - \psi) \qquad (85)$$

erzeugt. Die imaginären Antheile liefern kein wesentlich hiervon verschiedenes Resultat, es tritt nur das Zeichen sin an Stelle von cos, die Angaben beziehen sich also nur auf einen anderen Anfangspunkt der Zeit, welcher um ein Viertel der Periode früher angesetzt ist. Wir können uns daher auf die Berücksichtigung der reellen Theile beschränken. Man sieht aus der letzten Gleichung (85), daß die mitschwingende Bewegung eine einfache Sinusschwingung von unveränderlicher Amplitude darstellt. Die Schwingungszahl ist diejenige der äußeren Kraft, also im Allgemeinen verschieden von derjenigen der freien und der gedämpften Schwingungen, der Massenpunkt wird also gezwungen in einem anderen Zeitmaaß zu schwingen, als seinen eigenen Verhältnissen entspricht, deshalb nennt man diese Bewegungen auch erzwungene Schwingungen. Ferner erkennt man, daß die Bewegung x sich nicht in derselben Phase befindet, wie die Kraft K, sondern in einem durch die bestimmte Phasenconstante ψ angegebenen Rückstande gegenüber der Kraft ist. Es sei bei dieser Gelegenheit darauf aufmerksam gemacht, in wie einfacher Weise sich durch die Anwendung der imaginären Exponentialfunctionen dieser Phasenunterschied zwischen Kraft und

Verschiebung darin geoffenbart hat, daſs die in der ursprünglich für das particuläre Integral aufgestellten Gleichung (81) als Amplitude eingeführte Gröſse B sich als complex herausgestellt hat. Aus den Gleichungen (82) erkennt man, daſs der Phasenunterschied ψ stets in den beiden ersten Quadranten zwischen 0 und $+ \pi$ liegt, denn der Modul ρ ist eine absolute Gröſse, desgleichen die linke Seite der zweiten Gleichung, also ist $\sin \psi$ immer positiv zu setzen. Dagegen kann die Differenz $(n_0{}^2 - N^2)$, welche in der ersten jener Gleichungen vorkommt, mithin auch $\cos \psi$, positiv oder negativ sein. Darnach wird es sich also richten, ob ψ im ersten oder zweiten Quadranten liegt:

$$\text{Wenn } n_0 > N \text{ ist, so ist } 0 < \psi < \frac{\pi}{2}$$

$$\text{„ } \quad n_0 = N \text{ „ „ „ } \psi = \frac{\pi}{2}$$

$$\text{„ } \quad n_0 < N \text{ „ „ „ } \frac{\pi}{2} < \psi < \pi.$$

Bei sehr langsamen Schwankungen der äuſseren Kraft (kleinem N) wird der Massenpunkt nur wenig hinter der Phase derselben zurückbleiben, wenn also die Kraft ihren gröſsten, nach der positiven Seite ziehenden Betrag erreicht, so wird auch der mitschwingende Punkt schon nahe seiner äuſsersten positiven Elongation angelangt sein. Sind dagegen die erzwungenen Schwingungen von derselben Schnelligkeit, wie die freien Eigenschwingungen des Punktes, so wird derselbe zur Zeit des gröſsten positiven Betrages der Kraft gerade erst nach der positiven Seite hin durch seine Ruhelage eilen. Bei verhältniſsmäſsig sehr schnellen Oscillationen der Kraft (groſsem N) endlich wird der Punkt eben erst auf der negativen Seite umgekehrt sein, wenn die Kraft ihr positives Maximum erreicht. Die Betrachtung des in Gleichung (82a) gegebenen Ausdrucks für $\operatorname{tg} \psi$ belehrt uns über den Einfluſs der Dämpfung auf die Gröſse des Phasenunterschiedes ψ; der Ausdruck enthält die Dämpfungsconstante k als Factor im Zähler, wird also in den Fällen einer sehr geringen Dämpfung, bei welcher die freien Schwingungen nur sehr langsam erlöschen, selbst auch einen kleinen Zahlenwerth besitzen; ψ ist dann nur wenig von 0 oder von π verschieden, wenigstens gehört dann schon eine sehr nahe Uebereinstimmung zwischen den Schwingungszahlen n_0 und N dazu, um durch die alsdann klein werdende Differenz $(n_0{}^2 - N^2)$ im Nenner die Kleinheit des Zählers aufzuheben und gröſsere Werthe für $\operatorname{tg} \psi$ zu er-

geben. Wenn wir also bei sehr geringer Dämpfung die Schwingungszahl der äußeren Kraft N von kleinen Werthen aus wachsen lassen,
so wird ψ lange nur wenig von Null verschieden sein, und erst
kurz vor $N = n_0$ schnell zunehmen bis $\dfrac{\pi}{2}$, welcher Werth für die
vollkommene Gleichheit beider Zahlen erreicht wird, nach der Ueberschreitung von n_0 wird ψ ebenso schnell weiter wachsen und sehr
bald in nächste Nähe von π gelangen und für alle größeren N auch
dort verharren. In Fällen stärkerer Dämpfung ist das Auftreten
von Phasendifferenzen nahe $\dfrac{\pi}{2}$ nicht auf einen so engen Bezirk
von N beschränkt.

Die zweite für das Mitschwingen charakteristische Größe ist
die Amplitude desselben, die wir durch H bezeichnen wollen. Dieselbe ist nach Gleichung (85) gleich $A/(m \cdot \varrho)$, oder nach Einsetzung
des Betrages von ϱ aus Gleichung (82 a):

$$H = \frac{A}{m \cdot \sqrt{(n_0{}^2 - N^2)^2 + N^2 \dfrac{k^2}{m^2}}} \qquad (85\,\mathrm{a})$$

Dieselbe ist proportional der Stärke der äußeren Kraft, welche
durch A gegeben ist, und umgekehrt proportional der bewegten
Masse m. Diese Abhängigkeiten ließen sich von vornherein erwarten; interessanter ist der Einfluß der Wurzelgröße. Nehmen
wir eine so geringe Dämpfung an, daß wir das mit dem Quadrat
der Constante k behaftete Glied des Radicandus vernachlässigen
können, so wird die Amplitude umgekehrt proportional dem absoluten
Betrage der Differenz $(n_0{}^2 - N^2)$, also um so größer, je näher N mit
n_0 übereinstimmt. Für vollkommene Gleichheit beider Schwingungszahlen würde der Ausdruck sogar eine unendlich große Amplitude
ergeben; es ist indessen in diesem Falle keineswegs zulässig, die
Dämpfung zu vernachlässigen; dieselbe kann bei sehr heftigen Bewegungen von großer Amplitude und entsprechend großen Geschwindigkeiten sogar einen größeren Einfluß üben, als wir durch
die Proportionalität derselben mit der Geschwindigkeit in der zu
Grunde gelegten Differentialgleichung angenommen haben. Aber
auch auf Grund des von uns benutzten einfachen Dämpfungsgesetzes bleibt die Amplitude H für $N = n_0$ endlich, der Betrag derselben, den wir H_{max} bezeichnen, ergiebt sich aus der vollständigen
Gleichung (85 a):

$$H_{\mathrm{max}} = \frac{A}{N \cdot k}.$$

Derselbe kann selbst bei kleiner Intensität A der äufseren Kraft einen beträchtlichen Werth erreichen, wenn die Dämpfung k gering genug ist. Die Gröfse des maximalen Mitschwingens ist also wesentlich bedingt durch den Grad der Dämpfung.

Da es schwierig ist, die bei manchen Fragen wichtige Phasendifferenz ψ direct durch Beobachtung festzustellen, so sei darauf hingewiesen, dafs man dieselbe bestimmen kann aus dem Vergleich der Amplitude H mit der maximalen Amplitude H_{max}. Dies gelingt wenigstens in den Fällen, wo man die Schwingungszahl der äufseren Kraft verändern kann ohne ihre Intensität wesentlich zu alteriren, namentlich also in den Fällen schwacher Dämpfung, wo schon geringe Abweichungen zwischen N und n_0 beträchtliche Phasenveränderungen mit sich führen.

Es ist nämlich nach den soeben entwickelten Gleichungen:

$$\frac{H}{H_{max}} = \frac{\dfrac{A}{m\,\varrho}}{\dfrac{A}{N\,.\,k}} = \frac{N\,k}{m\,\varrho}\,.$$

Dieser Ausdruck ist aber nach Gleichung (82) gleich $\sin\psi$, man kann daher aus einer relativen Messung von H und H_{max} zunächst $\sin\psi$ finden. Den Bogen ψ selbst sucht man dann im ersten oder zweiten Quadranten, je nachdem $N <$ oder $> n_0$ ist.

Bei stärker gedämpften mitschwingenden Massen tritt übrigens die maximale Erregung nicht genau für $N = n_0$ ein, sondern für eine etwas geringere Schwingungszahl, welche sich aus Betrachtung des vollständigen Radicandus ergiebt. Eine leichte Umformung der Quadratwurzel ϱ liefert den Ausdruck:

$$\varrho = \sqrt{(n_0{}^2 - N^2)^2 + N^2\frac{k^2}{m^2}} = \sqrt{n_0{}^4 - \left(n_0{}^2 - \frac{k^2}{2\,m^2}\right)^2 + \left[\left(n_0{}^2 - \frac{k^2}{2\,m^2}\right) - N^2\right]^2}$$

Betrachtet man N als Veränderliche, so sieht man, dafs die Wurzel ihren Minimalwerth, also die Amplitude ihr Maximum erreicht, wenn die eckige Klammer gleich Null ist, wenn also: $N^2{}_{max} = n_0{}^2 - \dfrac{k^2}{2\,m^2}$, also kleiner als $n_0{}^2$ ist. Vergleichen wir diesen Werth von $N^2{}_{max}$ mit dem bei gedämpften Schwingungen geltenden Ausdruck für das Quadrat der freien Schwingungszahl n, welchen wir in Gleichung (71 c), Seite 107 aufgestellt haben, so sehen wir, dafs $N^2{}_{max}$ noch um ebensoviel kleiner als n^2 ist, wie n^2 bereits kleiner als $n_0{}^2$ ist; dies giebt

bei beträchtlicher Dämpfung einen ganz gut bemerkbaren Unterschied
zwischen der Schwingungszahl des maximalen Mitschwingens und derjenigen der freien Eigenschwingungen.

Wenn wir N allmählich verändern und durch den Werth n_0
hindurchgehen lassen, so hängt nicht nur die Gröfse des maximalen
Mitschwingens, sondern auch die Plötzlichkeit des Eintretens dieser
Erscheinung wesentlich von den Gröfsen m und k ab. Ist die zu
bewegende Masse m sehr grofs, so wird dieselbe die Amplitude H
dadurch so lange unmerklich klein halten, als nicht die Wurzel dem
Verschwinden nahe kommt; das heifst: nur für sehr kleine Dämpfung
und für sehr nahe Uebereinstimmung von n_0 und N wird ein er-
giebiges Mitschwingen möglich. Grofse und dabei schwachgedämpfte
Massen gerathen also nur für einen sehr engen Bereich von N in
starke Mitschwingung, es zeigt sich ein sehr plötzliches Maximum.
Als Beispiel für diesen Fall können stark gebaute stählerne Stimmgabeln dienen, deren elastische Deformationen im Wesentlichen denselben Gesetzen folgen, die wir hier für die Verschiebungen eines
einzelnen Massenpunktes entwickelt haben. Diese besitzen eine grofse
Masse und haben, wenn sie gut gearbeitet sind, eine so geringe
Dämpfung, dafs die einmal erregten Bewegungen nach vielen Tau-
senden von Perioden noch nicht erloschen sind. Hat man nun zwei
auf genau die gleiche Schwingungszahl, das heifst, akustisch gesprochen, auf denselben Ton abgestimmte Gabeln, so kann man
durch Erregung der einen die andere noch in einer Entfernung von
mehreren Metern in Mitschwingungen versetzen. Die wirkende
periodische Kraft entsteht alsdann nur aus den äufserst geringen
Luftbewegungen, welche von der ersten Gabel ausgehen und die
zweite treffen. Die geringste, für das Ohr kaum wahrnehmbare Ver-
stimmung der einen Gabel genügt aber bereits, um dieses Phänomen
zu vernichten. Haben wir im Gegensatz dazu einen Körper, der
unter starker Dämpfung schwingt, so wird die Wurzel selbst im
Minimalfalle nicht dem Verschwinden nahe kommen; deshalb wird
auch der reciproke Werth nicht an dieser Stelle plötzlich stark
ansteigen und schnell wieder sinken, vielmehr wird das Maximum
ein breites und flaches sein, welches nur dadurch beträchtliche
Höhe erreichen kann, dafs die Intensität der äufseren Kraft A hinreichend grofs und die zu bewegende Masse m unbedeutend genug
ist. Bei derartigen Fällen wird das Mitschwingen für ein grofses
Gebiet von Schwingungszahlen N in ziemlich gleicher Stärke erfolgen. Ein passendes Beispiel aus der Akustik liefern hierfür
die stark gedämpften Membranen, beispielsweise das Paukenfell

im Ohre und die schallempfangenden Platten der Telephone und Mikrophone.

Wirkungen des starken Mitschwingens kann man übrigens im täglichen Leben bisweilen beobachten. Eiserne Brücken, welche wegen ihrer Elasticität bestimmte Eigenschwingungen besitzen, können dadurch, daß viele Menschen gerade in diesem Zeitmaaße darüber hinwegmarschiren und periodische Anstöße geben, so stark in Mitschwingungen versetzt werden, daß dieselben die dadurch erregten ausgiebigen Bewegungen nicht mehr ertragen können und einstürzen, während die Tragfähigkeit derselben viel größere Lasten aushalten kann. Auch Fahrzeuge, welchen, im Wasser schwimmend, bestimmte Schwingungen um ihre Längsaxe eigen sind, können durch Wellen, welche zufällig in dem gleichen Zeitmaaße ihre Seitenwand treffen, in so starke Schwankungen gerathen, daß dieselben schließlich umschlagen, wenn sie nicht rechtzeitig quer gegen die Wellen gestellt werden.

Man kann sich das Spiel der äußeren Kraft und deren Eingreifen in die inneren Kräfte durch folgende Betrachtung anschaulich machen. Die äußere Kraft befindet sich, wie wir sahen, in einer anderen Phase, als die Bewegung. Man kann die Kraft K aber in zwei Summanden zerlegen, deren erster mit der Phase der Verschiebung x übereinstimmt, während der zweite die Phase der Geschwindigkeit dx/dt besitzt. Dies geschieht durch folgende einfache Umformung:

$$K = A \cdot \cos Nt = A \cdot \cos\{(Nt - \psi) + \psi\},$$

also nach Entwickelung des Cosinus:

$$K = A \cdot \cos\psi \cdot \cos(Nt - \psi) - A\sin\psi \cdot \sin(Nt - \psi).$$

Wenn wir die Ausdrücke für die Verschiebung:

$$x = \frac{A}{m\varrho}\cos(Nt - \psi)$$

und für die Geschwindigkeit:

$$\frac{dx}{dt} = -\frac{AN}{m\varrho}\sin(Nt - \psi)$$

hinzunehmen, so können wir dieselben in den umgeformten Ausdruck der äußeren Kraft einsetzen und finden:

$$K = m\varrho\cos\psi \cdot x + \frac{m\varrho}{N}\sin\psi \cdot \frac{dx}{dt}.$$

Setzen wir endlich aus Gleichung (82) die Bedeutungen von $\varrho \cos \psi$ und $\varrho \sin \psi$ ein, so erhalten wir:

$$K = m(n_0^2 - N^2) . x + k \frac{dx}{dt} .$$

Aus dieser Form kann man deutlich die Wirkungsweise der beiden einzelnen Summanden erkennen, in welche wir die Kraft K zerlegt haben. Der erste Summand, welcher den Factor x enthält, also proportional der Abweichung des Punktes m aus der Ruhelage ist, wird sich mit der inneren elastischen Kraft $- a^2 . x$ vermischen und diese dadurch in der Weise verändern, dafs die Schwingungszahl, welche vorher n_0 war, auf N gebracht wird. Wenn man nämlich in dem Ausdruck der elastischen Kraft die Constante a^2 durch die ihr gleiche Gröfse $m . n_0^2$ ersetzt, so hat dieselbe die Form $- m . n_0^2 . x$. Fügen wir hinzu den ersten Summanden der äufseren Kraft, $+ m (n_0^2 - N^2) x$, so ist der Betrag beider zusammen:

$$- a^2 . x + m (n_0^2 - N^2) x = - m N^2 x,$$

also gleich einer elastischen Kraft, welche dem Punkte m die Schwingungszahl N giebt. Wenn $N < n_0$ ist, so ist dieser erste Summand der äufseren Kraft positiv, er wird daher die negative innere elastische Kraft schwächen, um die Schwingungszahl auf den Werth N zu erniedrigen. Wenn dagegen $N > n_0$ ist, so ist der betreffende Summand von K negativ, liefert also einen stärkenden Beitrag zu der elastischen Kraft, durch dessen Hülfe die Schwingungszahl auf N gesteigert wird.

Der zweite Summand der äufseren Kraft, $+ k . \dfrac{dx}{dt}$ ist in jedem Falle gleich und entgegengesetzt der dämpfenden Kraft $- k . \dfrac{dx}{dt}$; derselbe erfüllt also die Aufgabe, die Dämpfung zu vernichten, so dafs die Schwingungen ohne Abnahme ihrer Amplitude gleichmäfsig fortdauern können. Der gemeinsame Effect beider Theile der äufseren Kraft ist also derselbe, als ob der Massenpunkt ohne jede Dämpfung einer in bestimmter Weise veränderten, gesteigerten oder geschwächten elastischen Kraft folgte, aber — wohl zu beachten — nur bei einer vorgeschriebenen Amplitude. Wenn die innere elastische Kraft schon von vorn herein den durch die Schwingungszahl N geforderten Betrag besitzt, so braucht kein Theil der äufseren Kraft auf Veränderung derselben verwendet zu werden, dieselbe steht vielmehr in ihrer ganzen Gröfse zur Ueberwindung der Dämpfungskraft zur Verfügung, und die Geschwindigkeiten, folglich auch die Amplituden, werden so grofs werden, dafs beide Kräfte sich gerade aufheben. Dies ist der Fall des stärksten Mitschwingens. In allen anderen Fällen wird ein grofser Theil der äufseren Kraft zur Veränderung der Elasticität verwendet, zur Ueberwindung der Dämpfung bleibt nur ein kleiner Rest übrig, deshalb können dann auch nur schwache Bewegungen aufrecht erhalten werden.

§ 37. Vollständige Lösung.

Das bisher gefundene Integral, Gleichung (85), der Differentialgleichung (80a) ist eine particuläre Lösung, welche keinen beliebigen Anfangszustand zuläfst, weil sie keine verfügbaren Integrationsconstanten besitzt. Wir haben aber in § 35 bemerkt, dafs man durch Hinzufügung des vollständigen Integrales der freien gedämpften Schwingungen des Massenpunktes eine umfassendere Lösung finden kann. Wir stellen daher aus Gleichung (85) und Gleichung (68) (Seite 103) folgendes Integral zusammen:

$$x = \frac{A}{m \cdot \varrho} \cdot \cos(Nt - \psi) + e^{-bt} \cdot \{F \cos nt + G \sin nt\}, \qquad (86)$$

in welchem F und G beliebige Werthe haben. Durch Differentiation folgt daraus die Geschwindigkeit:

$$\frac{dx}{dt} = -\frac{AN}{m\varrho} \cdot \sin(Nt - \psi) + e^{-bt}\{(nG - bF)\cos nt - (nF + bG)\sin nt\} \quad (86a)$$

Sobald nun ein bestimmter Anfangszustand des Massenpunktes vorgeschrieben ist durch den Ort x_0 und die Geschwindigkeit u_0, so können wir aus den beiden vorstehenden Gleichungen F und G bestimmen, indem wir $t = 0$ setzen. Also:

$$x_0 = \frac{A}{m\varrho} \cos \psi + F$$

$$u_0 = \frac{AN}{m\varrho} \sin \psi + nG - bF$$

oder:

$$F = x_0 - \frac{A}{m\varrho} \cos \psi$$

$$G = \frac{u_0 + bx_0}{n} - \frac{A}{m\varrho}\left\{\frac{N}{n}\sin \psi + \frac{b}{n} \cos \psi\right\}.$$

Man kann also jeden Anfangszustand darstellen, mithin ist Gleichung (86) das vollständige Integral.

Wir wollen als einfachstes Beispiel jetzt annehmen, der Massenpunkt befinde sich in seiner Gleichgewichtslage in Ruhe, und zur Zeit $t = 0$ beginne plötzlich die äußere Kraft ihre Wirksamkeit. Wir haben dann $x_0 = 0$ und $u_0 = 0$ zu setzen und erhalten:

$$F = -\frac{A}{m\varrho}\cos\psi$$

$$G = -\frac{A}{m\varrho}\left\{\frac{N}{n}\sin\psi + \frac{b}{n}\cos\psi\right\}.$$

Die Amplituden der durch den Beginn des Ergreifens der äußeren Kraft, wie durch einen Stoß, miterzeugten freien Schwingungen werden also zu Anfang von derselben Größenordnung sein, wie die dauernden erzwungenen Schwingungen, und da beide Bewegungen sich superponiren, wird im Beginn der Verlauf des Phänomens ein complicirter sein, und erst nach dem Absterben der gedämpften Eigenschwingungen wird die Erscheinung des Mitschwingens in der Einfachheit hervortreten, welche wir im vorigen Paragraphen besprochen und durch Gleichung (85) ausgedrückt haben. Besonders deutlich kann man diese anfänglichen Nebenerscheinungen im Falle des stärksten Mitschwingens erkennen, wenn also N nahezu gleich n ist und auch die Dämpfung b eine kleine Größe ist. Man kann dann für eine ganze Reihe von Schwingungen, vom Beginn der Bewegung an gezählt, den erlöschenden Factor e^{-bt} noch annähernd gleich 1 setzen, ferner ist b/n nahezu gleich Null und N/n nahezu gleich 1, während ψ nach den Erfahrungen im vorigen Paragraphen für diesen Fall nahezu gleich $\frac{\pi}{2}$ wird. Setzen wir alle diese angenäherten Beträge in die Ausdrücke für F und G ein, so wird $F = 0$ und $G = -A/m\varrho$, und die Bewegung wird während der ersten Zeit nach Beginn, also jedenfalls während einer größeren Anzahl von Perioden, angenähert dargestellt durch:

$$x = \frac{A}{m\varrho}\cdot(\sin Nt - \sin nt).$$

Dieser Ausdruck stellt x dar als Differenz zweier Sinusfunctionen der Zeit von gleicher Amplitude und nahezu gleicher Schwingungszahl. Die Superposition zweier solcher Schwingungen führt zu einer characteristischen Erscheinung. Beide vernichten sich nämlich zu Anfang, weil die Ausschläge dann entgegengesetzt gleich sind; wenn aber nach Verlauf einer hinreichenden Reihe von Perioden der Unterschied zwischen N und n sich bemerkbar macht, so treffen verschie-

dene Phasen der beiden Schwingungen zusammen; diese können sich
nicht vernichten, sondern liefern eine schwingende Bewegung mit
allmählich zunehmender Amplitude. Diese schwillt an bis zu einem
Maximum, in welchem beide Bewegungen sich vollkommen verstärken,
um dann später wieder abzunehmen, und so fort. Dieser ganze Verlauf geht um so langsamer vor sich, je näher die beiden Zahlen N
und n übereinstimmen. Man nennt diese Erscheinung die Inter-
ferenz zweier Schwingungen; in der Akustik verursacht dieselbe
die sogenannten Schwebungen, welche als regelmäßige, langsame oder
auch schnellere Schwankungen der Tonstärke zu hören sind, wo zwei
Töne von nahezu gleicher Höhe dieselbe Luft oder dieselben festen
Körper erschüttern.

Daß nun dergleichen Schwebungen beim Mitschwingen thatsächlich zu Beginn auftreten, kann man an zwei Stimmgabeln nachweisen, deren Tonhöhe zwar um ein Geringes verschieden, aber doch
noch so nahe gleich ist, daß die eine die andere zu erregen im
Stande ist; man hört dann nach dem Anschlagen der einen Gabel
in der Nähe der zweiten mehrmals hintereinander das langsame
Anschwellen und Abnehmen des Tones, bis endlich nach dem Erlöschen der gedämpften Eigenschwingungen nur der Ton der ersten
Gabel übrig bleibt.

§ 38.   Vom Uhrpendel.

Verwandt mit den besprochenen Erscheinungen des Mitschwingens
sind gewisse stationäre Schwingungsbewegungen, welche ebenfalls durch
die Wirkung einer äußeren Kraft aufrecht erhalten werden, aber mit
dem Unterschiede, daß letztere nicht eine von außen vorgeschriebene
Periode besitzt, sondern durch die Schwingungen selbst zu gewissen
Zeiten ausgelöst und dadurch in eine periodisch wechselnde Wirkung
verwandelt wird. Daß diese periodischen Antriebe zur Bewegung in
den meisten Fällen nicht durch eine einfache Sinusfunction der Zeit
darzustellen sind, sondern vielmehr den Character von discontinuir-
lichen Anstößen besitzen, ändert an dem Wesen ihrer Wirkung nichts.
Hatten wir doch bereits früher schon vorläufig erwähnt, daß nach
dem Fourier'schen Lehrsatz jede beliebige periodische Wirkung zerlegt werden kann in eine Reihe von sinusförmigen Kräften, unter
denen dann diejenige, welche in ihrer Periode mit der schwingenden
Bewegung übereinstimmt, allein befähigt ist, starkes Mitschwingen
zu erregen. Zu Einrichtungen dieser Art gehören verschiedene

Apparate, in denen elastische Federn oder Stimmgabeln durch mechanische oder elektromagnetische Kräfte in dauernde Schwingungen
versetzt werden. Das wichtigste Beispiel für diesen Fall bildet das
Uhrpendel, dessen Mechanismus wir jetzt betrachten wollen. Das
Pendel würde, frei schwingend, nach einiger Zeit durch Dämpfung
zur Ruhe kommen, die Bewegung wird auch hier durch eine äufsere
Kraft dauernd erhalten, indem das Uhrwerk, welches nach Hebung
eines Gewichts oder nach Spannung einer Spiralfeder einen bestimmten Arbeitsvorrath aufgespeichert enthält, bei jedem Hin- und
Hergang dem Pendel durch einen unbedeutenden Anstofs so viel
lebendige Kraft zuführt, als während der halben Schwingung durch
allerhand Reibung verzehrt ist. Die Periode, in der diese Stöfse
erfolgen, wird durch die Pendelschwingungen selbst bestimmt, indem
die stets zur Wirkung bereite Kraft des Uhrwerkes durch eine sinn-
reiche mechanische Einrichtung nur an einer bestimmten Stelle der
Schwingungsbahn und in der erwünschten Richtung ausgelöst wird.

　　Diesem Zwecke dient das sogenannte Echappement, dessen Einrichtung in einfachster Form aus Fig. 8 (a. folg. S.) ersichtlich ist. Mit
der Pendelstange AP ist ein stählerner Anker LAR starr verbunden,
welcher deshalb die Schwingungen um die Pendelaxe A mitmacht.
Der wesentlichste Theil des treibenden Uhrwerkes ist das Steigrad S,
um dessen Welle wir uns eine durch das Gewicht M gespannte
Schnur im Sinne der Uhrzeigerdrehung gewickelt denken. Die
Schwerkraft wird daher dieses Rad in demselben Sinne herumzudrehen streben[1]) und würde dasselbe, wenn kein Hindernifs vorhanden wäre, in beschleunigte Rotation versetzen, wobei das herab-
fallende Gewicht keine andere äufsere Arbeit leistet, als etwa einige
von der geringen Axenreibung des Rades herrührende Wärme. Das
Steigrad ist aber rings besetzt mit langen Schneidezähnen, in deren
Zwischenräumen der vorerwähnte Anker mit seinen hakenförmig um-
gebogenen Enden L und R bei den Schwingungen bald rechts, bald
links eingreift und dadurch die Bewegung des Rades hemmt. In
der Figur sind nur vier von diesen Zähnen angedeutet. Denken
wir uns das Pendel in seiner linken Ausweichung, entsprechend
(Fig. 8a), so hindert der Haken R die Bewegung des Rades, welches
den Zahn r gegen die Seitenfläche jenes Hakens drückt. Dadurch
kann auf das Pendel keine Wirkung geübt werden, abgesehen von

---

[1]) Dafs bei den gebräuchlichen Uhrwerken diese Kraft durch Vermittelung
mehrerer Zahnräder auf die Welle des Steigrades übertragen wird, ist für
unsere Betrachtungen unwesentlich.

der unbedeutenden Reibung zwischen den kleinen Flächen. Eine Wirkung kommt indessen zu Stande, wenn das Pendel nach rechts zurückschwingend seiner Gleichgewichtslage nahe ist (Fig. 8 b), und zwar dadurch, daß die Endfläche des nun zurückweichenden und den Zahn *r* freigebenden Hakens in dem Sinne schräg geschliffen

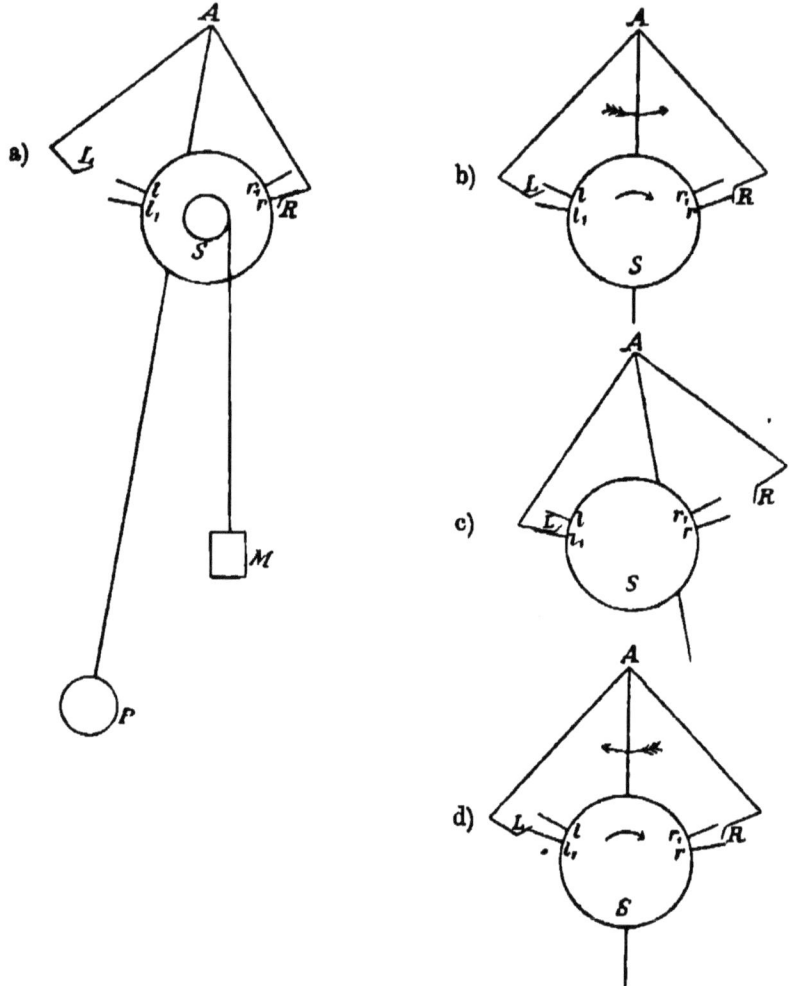

Fig. 8.

ist, daß der Zahn bei der beginnenden Bewegung des Steigrades mit seiner Schneide über diese schiefe Ebene hinweggleiten muß. Während dieses kurzen Stadiums der Bewegung weicht diese schräge Fläche nicht allein in Folge der Pendelbewegung zurück, sondern

sie wird auch durch die Kraft des andringenden Zahnes zurück-
geschoben, und das Pendel erfährt während der Zeit des Abgleitens
eine Beschleunigung durch das Uhrwerk. Sobald aber der Zahn r
frei ist und das Rad ohne Hemmung und ohne Arbeitsleistung seinen
Weg fortsetzen kann, ist der linke Haken L zwischen zwei Zähne l
und l_1 auf der linken Seite eingedrungen und diese Bewegung endigt
mit dem Anschlag des Zahnes l_1 gegen die Seitenfläche des Hakens L
(Fig. 8c). Diese Berührung dauert so lange, bis das Pendel auf
der rechten Seite umgekehrt ist und wieder seiner Gleichgewichtslage nahegekommen ist (Fig. 8d). Dann gleitet der Zahn l_1 an der
ebenfalls schrägen Endfläche des Hakens L ab und ertheilt dadurch
dem nach links hinüber eilenden Pendel eine Beschleunigung in
dieser Richtung. Das Rad wird frei, eilt weiter, bis der Zahn r_1
gegen R stößt, und nach der Umkehr links wiederholt sich dasselbe
Spiel von vorn. Das Steigrad dreht sich also während eines Hin-
und Herganges um einen Zahn vorwärts. Wenn wir es mit einem
Secundenpendel zu thun haben, dessen halbe Periode eine Secunde
dauert, und wenn das Steigrad 30 Zähne besitzt, so wird sich dasselbe während einer Minute in 60 stoßweisen Bewegungen ein Mal
vollständig herumdrehen, und ein an diesem Rade befestigter Zeiger
liefert direct einen Secundenzähler. Sind die Anstöße des Uhrwerkes auf das Pendel kräftiger, die Beschleunigungen also größer,
so werden weitere Amplituden erfolgen. Diese bringen auch wieder
wegen der größeren Geschwindigkeiten stärkere Reibungskräfte mit
sich, so daß sich innerhalb gewisser Grenzen der treibenden Kraft
stets ein stationärer Schwingungszustand herstellen wird. Ueber eine
gewisse Grenze darf indessen die Kraft des Uhrgewichtes nicht gesteigert werden, weil einmal die Construction des Echappements
größere Amplituden nicht zuläßt und andererseits auch das Gesetz
der Unabhängigkeit der Periode von der Amplitude bei größeren
Schwingungsbogen aufhört.

Noch ein Umstand fordert besondere Beachtung. Es ist niemals zu vermeiden, daß die treibende Kraft mit der Zeit abnimmt,
oder daß die zu überwindenden Dämpfungskräfte allmählich zunehmen: Das Oel auf den reibenden Flächen wird steifer, es sammelt sich Staub darauf an, folglich werden die Amplituden bei einer
frisch gereinigten Uhr größer sein, als bei einer bereits längere Zeit
dienenden; es können eben bei größerer Dämpfung nur kleinere
Bewegungen aufrecht erhalten werden. Bei manchen Uhren, in
denen das Uhrgewicht durch eine gespannte Spiralfeder ersetzt ist,
nimmt die Kraft sogar beim jedesmaligen Ablaufen der Uhr be-

trächtlich ab. Wenn wir nun verlangen, daſs trotz dieser unvermeidlichen Umstände der Gang einer guten Uhr unverändert bleibe, daſs also das Pendel stets in seiner natürlichen Periode schwinge, so ist die Erfüllung an eine ganz bestimmte Bedingung geknüpft, die sich dahin aussprechen läſst, daſs durch die Anstöſse die Phase der Schwingungen nicht verändert werden darf. Die Wirkung des Anstoſses besteht in einer kleinen Vermehrung der Geschwindigkeit, während derselbe dem Pendel in der kurzen Zeit seiner Dauer keine merkliche Verschiebung ertheilen kann. Wir sehen das am leichtesten ein, wenn wir uns an die Wirkungen der Beschleunigung erinnern, welche bei den Fallbewegungen vorkommen. Man vergleiche Gleichungen (28b) und (30b), Seite 47. Nennen wir die Beschleunigung, welche das Pendel während des Abgleitens der Zähne an den schiefen Flächen erfährt, γ und die kurze Zeit dieser Wirkung τ, so wird die erzeugte Geschwindigkeit durch $\gamma\,\tau$ gemessen, während der dabei durcheilte Weg gleich $\frac{1}{2}\gamma\,\tau^2$ ist. Wenn nun τ sehr klein ist, so wird τ^2 völlig unmerklich, der Weg, welcher diesem Quadrat proportional ist, kann vernachlässigt werden, so daſs wir zu der Annahme berechtigt sind, daſs das Pendel seinen Weg nach dem Stoſs von derselben Stelle aus fortsetzt, die es vor dem Stoſse erreicht hat. Die Wirkung des Stoſses besteht dann nur darin, daſs die Amplitude nach dem Stoſse um ein wenig gröſser wird, als sie ohne Stoſs sein würde. Nennen wir die unmittelbar vor dem Stoſs geltende Amplitude h_0, so können wir die Bewegung vor dem Stoſse darstellen durch:

$$x_0 = h_0 \cos\,(n\,t - \varphi_0),$$

wo die Phasenconstante φ_0 nur von der Wahl des Zeitanfanges abhängt. Die gröſsere Amplitude nach dem Stoſse sei h_1. Wir können nicht annehmen, daſs die neue Bewegung dieselbe Phase habe, müssen die Bewegung nach dem Stoſse vielmehr schreiben:

$$x_1 = h_1 \cos\,(n\,t - \varphi_1).$$

Die Bedingung, daſs der Stoſs keine Verschiebung erzeuge, findet dann ihren Ausdruck in der Gleichung $x_1 = x_0$ für die Zeit des Stoſses, die wir $\bar{t}$ nennen wollen. Wir finden somit:

$$h_1 \cos\,(n\,\bar{t} - \varphi_1) = h_0 \cos\,(n\,\bar{t} - \varphi_0)$$

und sehen, daſs thatsächlich φ_1 im Allgemeinen von φ_0 verschieden sein wird. Die Folge eines solchen Phasensprunges ist aber die, daſs ein gewisser Theil der Schwingung übersprungen wird oder doppelt durchgemacht wird. In beiden Fällen wird dadurch die Wiederkehr desselben Bewegungszustandes verschoben, verfrüht oder verspätet, die Dauer der Periode also verfälscht, und zwar werden diese Phasensprünge ($\varphi_1 - \varphi_0$) um so gröfser werden, je gröfser h_1 gegen h_0, je stärker also die Stöfse des Uhrwerkes sind. Der Gang der Uhr ist dann unnormal und auch mit der Kraft des Werkes veränderlich. Finden die Stöfse vor einem Durchgang durch die mittlere Lage statt, so wird die Periode verkürzt, indem die Phase vorwärts springt, finden die Stöfse nach dem Durchgang statt, so springt die Phase rückwärts und die Umkehr wird verspätet, die Periode also verlängert. Nur in einem einzigen Falle ist die letzte Gleichung verträglich mit der Forderung, dafs $\varphi_1 = \varphi_0$ bleiben soll, wenn nämlich die Zeit $\bar{t}$ so gewählt ist, dafs beide Seiten gleich Null werden, das heifst, wenn der Stofs in dem Augenblicke erfolgt, wo das Pendel durch seine Gleichgewichtslage geht. Es ist diese Erkenntnifs auch leicht daraus einzusehen, dafs die Zeit zwischen einem Durchgang und dem nächsten stets eine halbe normale Schwingungsdauer beträgt, unabhängig davon, mit welcher Geschwindigkeit der Weg in Folge des Stofses angetreten wird. Wenn die Zeit des Stofses nicht verschwindend klein gemacht werden kann, so mufs jedenfalls die Mitte derselben mit dem Durchgange zusammenfallen, wodurch die Veränderlichkeit des Ganges bei wechselnder Intensität der treibenden Kraft wenigstens auf ein Minimum reducirt wird.

Die Erfüllung der angeführten Bedingungen zu prüfen, ist wichtig für Jeden, der mit Uhren zu thun hat, von denen eine grofse Präcision des Ganges verlangt wird. Der Erste, welcher den Einflufs dieser Umstände erkannt hat und dadurch die Constanz der Pendelschwingungen für Zeitmessungen verwenden gelehrt hat, war GALILEI.

Dritter Theil.

Dynamik eines Massensystems.

Erster Abschnitt.

Das Reactionsprincip.

---

§ 39. Newtons drittes Axiom.

In den vorangehenden Betrachtungen beschäftigte uns die theoretische Ableitung der Bewegungsgesetze eines einzelnen Massenpunktes, auf welchen gewisse von außen gegebene Kräfte einwirken. Wenn dabei bisweilen auf die Bewegungen ausgedehnter Körper Bezug genommen wurde, so geschah dies nur, um anschauliche, der Beobachtung zugängliche Beispiele anzuführen, in denen indessen die Erscheinungen in derselben Weise verlaufen, wie dies für den einzelnen Massenpunkt abgeleitet wurde.· Als allgemeine Principien für die Aufstellung der Differentialgleichungen der Bewegung genügten dabei die beiden Newton'schen Axiome vom Beharrungsvermögen und von der beschleunigenden Wirkung der Bewegungskraft. Wir gehen nun dazu über, gleichzeitig mehrere Massenpunkte zu betrachten. Wenn die wirkenden Kräfte, wie bisher, gänzlich von außen vorgeschrieben sind, so werden wir nur eine vielfache Anwendung der bereits gewonnenen Kenntnisse zu machen haben, jeder Massenpunkt bewegt sich dann ebenso, als wenn er allein vorhanden wäre. In den nun folgenden Betrachtungen wollen wir jedoch annehmen, daß durch die Anwesenheit mehrerer Massenpunkte Kräfte zwischen denselben auftreten, welche zu den eventuell vorhandenen, von außen vorgeschriebenen Kräften hinzukommen und dadurch die Bewegungserscheinungen der einzelnen Massenpunkte verändern, oder auch bei Abwesenheit fremder Kräfte beschleunigte Bewegungen der einzelnen Massenpunkte erzeugen.

Newton hat auch der Behandlung dieser Probleme eine Grundlage geschaffen, indem er zunächst die Hypothese aufstellte, daß alle Naturkräfte zurückzuführen seien auf Wirkungen, welche zwischen

jedem Paar von Massenpunkten beständen und zwar in Gestalt von
Kräften, welche in Richtung der geradlinigen Verbindung des Paares
wirken, also als Abstofsungs- oder Anziehungskräfte zu bezeichnen
sind, je nachdem sie den Abstand der beiden Massen zu vergröfsern
oder zu verkleinern streben. ,Greift man ein Paar von Punkten
heraus, so erfährt jeder eine Kraftwirkung durch den anderen, diese
beiden Kräfte pflegt man durch die Bezeichnung „Wirkung" und
„Rückwirkung", „actio" und „reactio", in gegensätzliche Verbindung zu bringen und über diese beiden Kräfte stellte NEWTON
folgendes dritte Axiom auf:

„Actioni contrariam semper et aequalem esse reactionem,
sive corporum duorum actiones in se mutuo semper esse
aequales et in partes contrarias dirigi."

Aufser der entgegengesetzten Gleichheit der actio und reactio
liegt in diesem Satze stillschweigend die Anschauung ausgedrückt,
dafs die Anwesenheit eines dritten oder noch mehrerer anderer
Massenpunkte die gegenseitige Wirkung der beiden ersteren nicht
stört, dafs vielmehr die Kräfte zwischen allen möglichen Paaren
sich ungestört superponiren oder geometrisch addiren, so dafs die
Wirkung, welche auf einen Punkt von vielen anderen Punkten zusammen ausgeübt wird, gefunden wird als die Resultante aller
einzelnen Kräfte. Es ist diese Anschauung keine logische Nothwendigkeit. Man könnte sich auch denken, dafs ein Massenpunkt,
welcher bereits auf einen zweiten eine Kraft ausübt, deshalb auf
einen dritten nicht mehr ebenso wirken kann, wie bei Abwesenheit
des zweiten. Es sind aber derartige Erscheinungen bisher noch
niemals beobachtet worden, wenigstens gelingt es in Fällen, welche
dafür zu sprechen scheinen (z. B. Kraftwirkung zweier weicher
Eisenstücke auf einander bei Annäherung eines Magneten) stets,
noch anderweitig veränderte Zustände nachzuweisen, deren Wirkungen
dann auch noch superponirt werden müssen.

Man nennt jede räumliche Gruppirung von Massenpunkten,
welche mit Kräften der eben besprochenen Art auf einander wirken,
ein Massensystem, und zwar heifst dasselbe ein freies Massensystem, wenn aufser diesen gegenseitigen Actionen und Reactionen
oder, wie man sagt, inneren Kräften keine von aufserhalb her-
stammenden Einflüsse (äufsere Kräfte) vorhanden sind.

Ebenso verschiedenartig wie nun die Richtungen der Ver-
bindungslinien aller Punkte eines freien Massensystems sind, so verschieden sind auch die Richtungen aller inneren Kräfte, doch lassen
sich dieselben auf drei beliebig festgelegte, senkrechte Axenrichtungen

zurückführen, wenn wir alle Kräfte in die entsprechenden drei Componenten zerlegen. Wir denken uns alle Punkte des Massensystems in irgend einer Reihenfolge numerirt, greifen zwei derselben, m_a und m_b, heraus und nennen den absoluten Betrag der von m_b auf m_a ausgeübten Kraft $K_{a,b}$, so sagt der erste Theil des Axioms aus, daſs

$$K_{b,a} = K_{a,b}$$

sein muſs. Bildet nun die Richtung der Kraft $K_{a,b}$ mit den positiven Axenrichtungen die Winkel α, β, γ, so werden die drei Componenten dieser Kraft:

$$X_{a,b} = K_{a,b} \cdot \cos\alpha$$
$$Y_{a,b} = K_{a,b} \cdot \cos\beta$$
$$Z_{a,b} = K_{a,b} \cdot \cos\gamma.$$

Da die Kraft $K_{b,a}$ entgegengesetzt gerichtet sein soll, so werden die Richtungswinkel derselben durch $\alpha \pm \pi$, $\beta \pm \pi$, $\gamma \pm \pi$ bestimmt sein und die Componenten der Kraft $K_{b,a}$ werden:

$$X_{b,a} = K_{b,a} \cos(\alpha \pm \pi) = -K_{b,a} \cdot \cos\alpha$$
$$Y_{b,a} = K_{b,a} \cos(\beta \pm \pi) = -K_{b,a} \cdot \cos\beta$$
$$Z_{b,a} = K_{b,a} \cos(\gamma \pm \pi) = -K_{b,a} \cdot \cos\gamma.$$

Die entgegengesetzte Gleichheit beider Kräfte führt also sofort zu der Beziehung:

$$X_{a,b} + X_{b,a} = 0$$
$$Y_{a,b} + Y_{b,a} = 0$$
$$Z_{a,b} + Z_{b,a} = 0.$$

Dieselbe Betrachtung denken wir für jedes mögliche Punktepaar des Massensystems, also für jedes Paar von zwei verschiedenen Ordnungszahlen a und b, durchgeführt. Die ganze Schaar von Gleichungssystemen der vorstehenden Art können wir durch Addition vereinigen, und finden so:

$$\left. \begin{array}{l} \sum_{a,b}(X_{a,b} + X_{b,a}) = 0 \\ \sum_{a,b}(Y_{a,b} + Y_{b,a}) = 0 \\ \sum_{a,b}(Z_{a,b} + Z_{b,a}) = 0 \end{array} \right\} \quad b \text{ nicht} = a.$$

Diese Summen, über alle Punktpaare des Systems erstreckt, enthalten aber als Summanden schlieſslich sämmtliche gleichgerichtete Componenten der überhaupt in dem System vorhandenen inneren Kräfte, so daſs wir dieselben Summen kürzer und übersichtlicher darstellen können. Bezeichnen wir nämlich durch X_a die Summe aller derjenigen x-Componenten, welche einen Massenpunkt m_a angreifen, also die x-Componente der gesammten Kraft, welche m_a von den übrigen Massen des Systems aus erfährt, so werden sämmtliche im System vorkommenden x-Componenten offenbar durch $\sum_a X_a$ dargestellt. Wenn Y_a und Z_a entsprechende Bedeutung haben, so erhalten wir als Resultat:

$$\left.\begin{array}{l} \sum_a X_a = 0 \\ \sum_a Y_a = 0 \\ \sum_a Z_a = 0, \end{array}\right\} \quad (87)$$

die Summen erstreckt über sämmtliche Punkte des freien Massensystems.

Diese drei Gleichungen sind eine directe Folge des Axioms von der Gleichheit der actio und reactio, sie sind aber allgemeiner als die der NEWTON'schen Lehre zu Grunde liegenden Anschauung, denn es wird hier nicht mehr gefordert, daſs die inneren Kräfte nothwendig Anziehungen und Abstoſsungen zwischen Punktpaaren in Richtung ihrer Verbindungslinie, d. h. sogenannte Centralkräfte sein müssen. Die Gleichungen sagen nur aus, daſs in jedem freien Massensystem die gleichgerichteten Componenten aller vorhandenen Kräfte sich vernichten, wie auch die Richtung gewählt werde. Es folgt daraus auch sofort, daſs im freien System die geometrische Summe aller vorhandenen Kräfte gleich Null sein muſs. Die weiteren Folgerungen aus diesem durch die Gleichungen (87) dargestellten Gesetze haben sich in der gesammten Physik ausnahmelos bestätigt, das darin liegende Princip hat also erfahrungsmäſsig eine ganz umfassende Bedeutung, was man von den Voraussetzungen NEWTONS über die Natur der Kräfte nicht beweisen kann. Wir wollen daher die Gleichungen (87) als den eigentlichen Inhalt des dritten NEWTON'schen Axioms ansehen und für jedes freie Massensystem als erfüllt voraussetzen.

§ 40. Vom Schwerpunkt.

Aus dem eben besprochenen Princip lassen sich einige allgemeine Gesetze über die möglichen Bewegungen eines freien Massensystems unter dem Spiel seiner inneren Kräfte herleiten. Um aber diese Gesetze in übersichtlicher Form darzustellen, müssen wir zunächst einen für jedes Massensystem wichtigen Begriff aufstellen. Derselbe hat nicht, wie sein Name „Schwerpunkt" erwarten läſst, etwas zu thun mit der Schwerkraft noch mit irgend welchen anderen Kräften, sondern er ist in rein geometrischer Art zu definiren als

der mittlere Ort aller Massen des Systems. Denken wir uns die
Lagen aller Massenpunkte m_a angegeben durch ihre auf ein festes
Axensystem bezogenen Coordinaten x_a, y_a, z_a, so können wir uns
zunächst für die x-Richtung die Aufgabe stellen, eine Abmessung $\mathfrak{x}$
zu suchen, welche der Bedingung genügt:

$$\mathfrak{x} \cdot \sum m_a = \sum m_a x_a \,,$$

die Summen über sämmtliche Massenpunkte des Systems erstreckt.
Die x_a können dabei selbstverständlich, je nach der Lage der
Punkte, positiv oder negativ sein, und auch $\mathfrak{x}$ ist als algebraische
Gröfse aufzufassen. Die einzelnen x_a geben alsdann die Abstände
der einzelnen Massenpunkte von der auf der x-Axe senkrechten
Coordinatebene (der y-z-Ebene) an, und $\mathfrak{x}$ ist nach der aufgestellten
Gleichung der mittlere Abstand aller Massen von dieser festen Ebene.
Wären alle Punkte m_a von der gleichen Masse, so würde $\sum m_a$ nur
die Anzahl der vorhandenen Punkte angeben, und wir würden $\mathfrak{x}$ als
das arithmetische Mittel aller x_a finden. Wenn die m_a aber von
ungleicher Gröfse sind, so werden die verschiedenen x_a ungleiches
Gewicht in der Summe bekommen; wir können uns aber wohl vorstellen, dafs beispielsweise in einem doppelt so grofsen Massenpunkt
zwei solche von einfacher Gröfse an demselben Orte vereinigt sind,
so dafs deshalb diese Coordinate zweimal in die Summe aufzu-
nehmen ist. In derselben Weise können wir für die y- und z-
Abmessungen zwei Coordinaten $\mathfrak{y}$ und $\mathfrak{z}$ aufstellen, welche den Bedingungen genügen:

$$\mathfrak{y} \cdot \sum m_a = \sum m_a y_a$$

$$\mathfrak{z} \cdot \sum m_a = \sum m_a z_a$$

und welche als mittlerer Abstand aller Massen des Systems von den
beiden anderen Coordinatebenen zu bezeichnen sind. Die drei
Coordinaten $\mathfrak{x}$, $\mathfrak{y}$, $\mathfrak{z}$ definiren einen durch die Lage aller einzelnen
Massenpunkte bestimmten Punkt des Raumes, den man den mittleren
Ort der Massen oder kürzer den Schwerpunkt des Systems nennt.
Die Coordinaten desselben sind nach dem Vorhergehenden:

$$\left. \begin{array}{l} \mathfrak{x} = \dfrac{\sum m_a x_a}{\sum m_a} \\[2ex] \mathfrak{y} = \dfrac{\sum m_a y_a}{\sum m_a} \\[2ex] \mathfrak{z} = \dfrac{\sum m_a z_a}{\sum m_a} \end{array} \right\} \qquad (88)$$

Bei der Auffindung dieses Punktes haben wir uns auf ein bestimmtes Coordinatensystem gestützt, durch welches sowohl die Oerter der einzelnen Massenpunkte wie auch der Ort des Schwerpunktes angeben wurden. Wir haben nun zunächst zu zeigen, daß die durch Gleichung (88) definierte Lage des Schwerpunktes im Massensystem nicht etwa von der besonderen Wahl der Coordinaten-Ebenen abhängt, sondern dass dadurch vielmehr ein nur durch die Gruppirung der Massen bedingter Punkt bezeichnet wird. Wir werden diesen Nachweis dadurch führen, daß wir das Coordinatensystem in irgend eine andere Lage bringen. Bekanntlich ist jede Lage aus der ursprünglichen abzuleiten durch eine Parallelverschiebung und eine Drehung.

Bezeichnen wir die Abmessungen, welche sich auf das parallelverschobene Axensystem beziehen, durch x', y', z', so gelten die Relationen:

$$x = x' + a$$
$$y = y' + b$$
$$z = z' + c$$

in denen a, b, c Constanten sind.

Der Schwerpunktscoordinate $\mathfrak{x}$ wird danach:

$$\mathfrak{x} = \frac{\sum m_a (x' + a)}{\sum m_a} = \frac{\sum m_a x'}{\sum m_a} + a,$$

während die auf das neue Axensystem bezügliche, nach der Vorschrift der Gleichung (88) gebildete Coordinate $\mathfrak{x}'$ ist:

$$\mathfrak{x}' = \frac{\sum m_a x'}{\sum m_a},$$

sodaß man schließlich erhält:

$$\mathfrak{x} = \mathfrak{x}' + a.$$

Durch die gleiche Ueberlegung findet man:

$$\mathfrak{y} = \mathfrak{y}' + b$$
$$\mathfrak{z} = \mathfrak{z}' + c.$$

Die Coordinaten des auf das neue Axensystem bezogenen Schwerpunktes $(\mathfrak{x}' \ \mathfrak{y}' \ \mathfrak{z}')$ stehen also zu denjenigen des ursprünglichen Schwerpunktes $(\mathfrak{x} \ \mathfrak{y} \ \mathfrak{z})$ in derselben Beziehung, wie die Coordinaten jedes festen Punktes in beiden Coordinatsystemen, mithin bezeichnet die Gleichung (88) in allen parallel gerichteten Axensystemen denselben Ort des Massensystems.

Nun werde das Coordinatensystem gedreht und die neuen Abmessungen durch x'' y'' z'' bezeichnet. Man hat alsdann die Beziehung:

$$x = x'' \cos \alpha + y'' \cos \beta + z'' \cos \gamma,$$

in welcher α, β, γ die Winkel sind, welche die x-Axe vor der Drehung mit den neuen, gedrehten drei Axenrichtungen bildet. Zwei analoge Gleichungen stellen die Verbindung zwischen y, z und den neuen Coordinaten her.

Die Schwerpunktsabmessung $\mathfrak{x}$ wird danach:

$$\mathfrak{x} = \frac{\sum m_a (x_a'' \cos \alpha + y_a'' \cos \beta + z_a'' \cos \gamma)}{\sum m_a}$$

$$= \frac{\sum m_a x_a''}{\sum m_a} \cos \alpha + \frac{\sum m_a y_a''}{\sum m_a} \cos \beta + \frac{\sum m_a z_a''}{\sum m_a} \cos \gamma.$$

Anderseits sind die auf Grundlage des neuen Axensystems bestimmten Coordinaten des Schwerpunktes:

$$\mathfrak{x}'' = \frac{\sum m_a x_a''}{\sum m_a}, \qquad \mathfrak{y}'' = \frac{\sum m_a y_a''}{\sum m_a}, \qquad \mathfrak{z}'' = \frac{\sum m_a z_a''}{\sum m_a},$$

so dafs wir erhalten:

$$\mathfrak{x} = \mathfrak{x}'' \cos \alpha + \mathfrak{y}'' \cos \beta + \mathfrak{z}'' \cos \gamma.$$

Also auch bei der Drehung der Coordinaten verändern sich die Abmessungen des Schwerpunktes in derselben Weise wie diejenigen eines festen Punktes. Es ist hiermit bewiesen, dafs in jedem Coordinatensystem der nach Vorschrift aufgesuchte Schwerpunkt eines Massensystems dieselbe Lage zu diesem Massensystem besitzt, also thatsächlich unabhängig von den Coordinaten ist.

Zu derselben Erkenntnifs kann man auch durch folgende Betrachtung kommen. Die gesammte Masse des Systems, $\sum m_a$, welche auf der rechten Seite der Gleichungen (88) als Nenner auftritt, kann man jedem Summanden des Zählers jener Gleichungen zuerteilen und schreiben:

$$\mathfrak{x} = \sum \frac{m_a}{\sum m_a} \cdot x_a$$

$$\mathfrak{y} = \sum \frac{m_a}{\sum m_a} \cdot y_a$$

$$\mathfrak{z} = \sum \frac{m_a}{\sum m_a} \cdot z_a$$

Durch diese Umformung ist die Auffindung des Schwerpunktes auf eine einfache geometrische Addition zurückgeführt, denn man hat die Coordinaten der einzelnen Massenpunkte nur mit der zugehörigen echt gebrochenen Verhältnifszahl $\dfrac{m_a}{\sum m_a}$ zu multipliciren, und alle zu addiren. Nennen wir den Radius vector des a-ten Massenpunktes r_a und verjüngen denselben im Verhältnifs $m_a : \sum m_a$, so erhalten wir eine gerichtete Strecke, deren Componenten die Bestandtheile der vorstehenden Summen bilden, der Radius vector des Schwerpunktes ist also die geometrische Summe der in den angegebenen Verhältnissen verjüngten Radii vectores der einzelnen Massenpunkte. Die geometrische Addition von Vectoren ist aber ein Process, der von jeder Coordinatenrichtung unabhängig ist.

Die gelieferten Nachweise für die eindeutig bestimmte Lage des Schwerpunktes gegen die Punkte des Massensystems bleiben dieselben, wenn man anstatt des Coordinatensystems das Massensystem ohne Veränderung der relativen Lage seiner Theile verschiebt und dreht: Die Lage des Schwerpunktes im System bleibt dabei unverändert.

§ 41. Erhaltung der Bewegung des Schwerpunktes.

Die Componenten der Kraft, welche auf einen Massenpunkt m_a wirkt, werden nach der NEWTON'schen Definition zu setzen sein:

$$\left.\begin{aligned}
X_a &= m_a\,\frac{d^2 x_a}{d t^2} = \frac{d^2}{d t^2}(m_a\,x_a)\\[4pt]
Y_a &= m_a\,\frac{d^2 y_a}{d t^2} = \frac{d^2}{d t^2}(m_a\,y_a)\\[4pt]
Z_a &= m_a\,\frac{d^2 z_a}{d t^2} = \frac{d^2}{d t^2}(m_a\,z_a)
\end{aligned}\right\} \quad (89)$$

Für jedes Element des Systems erhalten wir drei solche Componenten. Addiren wir die gleichgerichteten, so bekommen wir für das Massensystem folgende drei Gleichungen:

$$\left.\begin{aligned}
\sum_a X_a &= \frac{d^2}{d t^2}\sum_a (m_a\,x_a)\\[4pt]
\sum_a Y_a &= \frac{d^2}{d t^2}\sum_a (m_a\,y_a)\\[4pt]
\sum_a Z_a &= \frac{d^2}{d t^2}\sum_a (m_a\,z_a)
\end{aligned}\right\} \quad (89\,a)$$

Es ist dabei auf den rechten Seiten erlaubtermafsen statt der
Summe von Differentialquotienten sogleich der Differentialquotient
von der Summe der in den einzelnen Gliedern zu differenzirenden
Gröfsen gesetzt worden. Diese letzteren Summen in den drei vorstehenden Gleichungen bezeichnen die entsprechenden Coordinaten
des Schwerpunktes multiplicirt mit der Gesammtmasse des Systems,
welche wir als unveränderliche Gröfse vor das Zeichen der Differentiation setzen können. So findet man das Resultat:

$$\left.\begin{array}{l} \sum_a X_a = \left(\sum_a m_a \right) \cdot \dfrac{d^2 \mathfrak{x}}{d\, t^2} \\[2mm] \sum_a Y_a = \left(\sum_a m_a \right) \cdot \dfrac{d^2 \mathfrak{y}}{d\, t^2} \\[2mm] \sum_a Z_a = \left(\sum_a m_a \right) \cdot \dfrac{d^2 \mathfrak{z}}{d\, t^2} \end{array}\right\} \quad (90)$$

Vergleichen wir dasselbe mit dem in Gleichungen (15) (Seite 29)
aufgestellten Ausdruck der auf einen einzelnen Massenpunkt wirkenden Kraftcomponenten, so finden wir eine vollkommene formelle
Uebereinstimmung, die sich in Worten folgendermafsen aussprechen
läfst: Wenn auf die Punkte eines Massensystems beliebige innere
und äufsere Kräfte einwirken, so wird sich der Schwerpunkt des
Systems ebenso bewegen, wie ein einzelner Massenpunkt von der
Gröfse $\sum m_a$, welcher angegriffen wird von einer Kraft, deren Componenten $\sum X_a$, $\sum Y_a$, $\sum Z_a$ sind. Wir können daher sämmtliche
Erkenntnisse, die wir bisher über die Bewegungen eines einzelnen
Massenpunktes gewonnen haben, direct übertragen auf die Bewegung
des Schwerpunktes von irgend welchen Massensystemen, zu denen
auch alle ausgedehnten starren Körper gehören. Dadurch gewinnen
jene Betrachtungen überhaupt erst reale Bedeutung, denn wir haben
es bei unseren Beobachtungen immer mit ausgedehnten Massen zu
thun, während ein materieller Punkt nur eine Abstraction ist.

Die Schwerkraft und die dadurch verursachten Bewegungserscheinungen waren eines der am frühesten behandelten Themata
der Dynamik, und da auch bei diesen Erscheinungen der mittlere
Ort der Massen zur übersichtlichen Darstellung der Vorgänge vor-
nehmlich betrachtet werden mufste, so nannte man denselben, als
den Angriffspunkt der Resultante aller Zugkräfte der Schwere, den
Schwerpunkt — centrum gravitatis; erst später erkannte man die
allgemeinere Bedeutung dieses Begriffs. Die Schwere ist ja erfahrungsmäfsig eine allgemeine Eigenschaft aller Massen; wenigstens geht bei
aller ponderablen, wägbaren Substanz das Gewicht proportional der

Gröfse des Beharrungsvermögens oder der Trägheit, welche das eigentlich Wesentliche an dem Begriff der Masse ist. Beharrungsvermögen ist indessen ein Begriff für sich, welcher auch getrennt von der Eigenschaft der Schwere vorgestellt werden kann; deshalb müfste man diesen ausgezeichneten Punkt richtiger mit „centrum inertiae" bezeichnen. Der Name Schwerpunkt ist nun einmal im Sprachgebrauch fest eingewurzelt, aufserdem kürzer als alle anderen Bezeichnungen, er wird daher beibehalten.

Wir wollen nun annehmen, dafs das betrachtete Massensystem ein freies ist. Alsdann haben wir nach dem Reactionsprincip, Gleichung (87) die Summen der Kraftcomponenten gleich Null zu setzen, und erhalten als Differentialgleichungen der Bewegung des Schwerpunktes, nach Unterdrückung des jedenfalls von Null verschiedenen Factors $\sum m_a$:

$$\left.\begin{array}{l} \dfrac{d^2 \xi}{d t^2} = 0 \\[2ex] \dfrac{d^2 \eta}{d t^2} = 0 \\[2ex] \dfrac{d^2 \zeta}{d t^2} = 0 \end{array}\right\} \quad (90\,\text{a})$$

Der Schwerpunkt eines freien Massensystems besitzt also niemals eine Beschleunigung, die erste Integration liefert in Folge dessen constante Geschwindigkeitscomponenten, welche aussagen, dafs der Schwerpunkt sich nur in geradliniger Bahn mit unveränderter Geschwindigkeit fortbewegen kann, gleichwie ein einzelner Massenpunkt bei Abwesenheit von Kräften seinem Beharrungsvermögen folgt. In diesem Sinne können wir den eben gefundenen Satz, soweit er sich auf starre Systeme bezieht, als eine Praecisirung des ersten NEWTON'schen Axioms (Seite 26) ansehen, wenn wir nämlich corpus mit Schwerpunkt des Körpers und vires impressae mit äufsere Kräfte übersetzen. Das jetzt mit Hülfe des Reactionsprincips erkannte Gesetz ist aber umfassender, da es sich auch auf solche Fälle bezieht, in denen die einzelnen Theile des Systems ihre relative Lage verändern können und unter der Wirkung der inneren Kräfte beschleunigte oder verzögerte oder krummlinige Bewegungen ausführen. Man nennt das gewonnene Resultat das Gesetz von der Erhaltung der Bewegung des Schwerpunktes freier Massensysteme. Dasselbe besitzt, soweit bis jetzt die Beobachtungen reichen, gleich dem eng damit verbundenen Reactionsprincip, ganz universelle Gültigkeit.

Wenn man die vollständige Reihe von Bewegungsgleichungen, welche die Kraftwirkungen zwischen den einzelnen Punkten eines freien Massensystems zum Ausdruck bringen, aufgestellt hat, so liefert das eben erkannte Gesetz sofort eine Integration mit sechs disponiblen Constanten, welche die Anfangslage und die Geschwindigkeitscomponenten des Schwerpunktes bezeichnen. In vielen Fällen interessiren bei einem freien System nur die gegenseitigen Lagenänderungen der einzelnen Punkte, während die translatorische Bewegung des mittleren Ortes der Massen im Raume gleichgültig bleibt; alsdann setzt man willkürlicher Weise diese sechs Constanten gleich Null, nimmt also den Schwerpunkt als ruhend im Nullpunkt der Coordinaten an.

§ 42. Von den Rotationsmomenten.

Wir haben nun zu fragen, von welcher Art die Bewegungen in einem Massensystem, dessen Schwerpunkt ruht, überhaupt noch sein können. Für starre Systeme bleiben, wie man ohne Weiteres sieht, nur noch Drehungen übrig, um irgend welche durch den Schwerpunkt gehende Axen, in beweglichen Systemen können auch Bewegungen in radialer Richtung zu jenen hinzukommen und dadurch gröfsere Mannigfaltigkeit der Bahnen erzeugen. Um die Gesetzmäfsigkeiten dieser Bewegungen übersichtlich darzustellen, müssen wir zunächst wieder einige Begriffe einführen.

Wir denken uns zu dem Zwecke die Punkte des Massensystems, dem allgemeineren Falle entsprechend, frei beweglich und greifen zurück auf die zu Anfang des vorigen Paragraphen aufgestellten Differentialgleichungen (89). Wir weisen der z-Axe dadurch eine Sonderstellung in der folgenden Betrachtung an, dafs wir die dritte jener Gleichungen fortlassen, und mit den beiden anderen allein eine Umformung vornehmen. Für den Massenpunkt m_a benutzen wir also die beiden Gleichungen:

$$X_a = m_a \frac{d^2 x_a}{d t^2}$$

$$Y_a = m_a \frac{d^2 y_a}{d t^2}$$

Wir erweitern die erste mit y_a, die zweite mit x_a und bilden die Differenz der linken und der rechten Seiten. Es wird durch diese Operation aufser der Sonderstellung der z-Axe auch noch eine zunächst willkürliche Reihenfolge der x- und y-Axe festgesetzt, je nachdem man die zweite Gleichung von der ersten oder die erste von der zweiten abzieht. Wir wollen die letztere Anordnung wählen, weil sich bei derselben die Drehung, welche die $+ x$-Richtung auf kürzestem Wege in die $+ y$-Richtung überführt, positiv ausfällt, also mit dem üblichen Sinne einer positiven Drehung übereinstimmt. Das Resultat dieser Umformung ist die Gleichung:

$$Y_a\, x_a - X_a\, y_a = m_a \cdot \left(\frac{d^2 y_a}{d t^2}\, x_a - \frac{d^2 x_a}{d t^2}\, y_a \right)$$

Das Bedeutsame dieser Combination der beiden Gleichungen liegt darin, dafs die rechte Seite sich als ein vollständiger Differentialquotient herausstellt, also in allen Fällen, wo die linke Seite integrabel erscheint, eine Integration erlaubt. Es ist nämlich:

$$\frac{d}{d t}\left(\frac{d y}{d t}\, x - \frac{d x}{d t}\, y \right) = \frac{d^2 y}{d t^2}\, x + \frac{d y}{d t} \cdot \frac{d x}{d t} - \frac{d x}{d t} \cdot \frac{d y}{d t} - \frac{d^2 x}{d t^2}\, y.$$

Die beiden mittleren Glieder der Entwickelung heben sich fort und es bleibt derselbe Ausdruck übrig, der in der gewonnenen Gleichung die rechte Seite bildet; wir erhalten also:

$$Y_a\, x_a - X_a\, y_a = \frac{d}{d t}\left\{ m_a \left(\frac{d y_a}{d t}\, x_a - \frac{d x_a}{d t}\, y_a \right) \right\}.$$

Entsprechende Gleichungen denken wir uns nun für sämmtliche Massenpunkte des Systems gebildet, und alle addirt:

$$\sum_a (Y_a\, x_a - X_a\, y_a) = \frac{d}{d t} \sum_a \left\{ m_a \left(\frac{d y_a}{d t}\, x_a - \frac{d x_a}{d t}\, y_a \right) \right\}.$$

Ebenso, wie wir im Vorhergehenden der z-Richtung eine Ausnahmestellung ertheilten, können wir auch die x- und die y-Richtung absondern, und erhalten im Ganzen folgende drei Gleichungen:

$$\left.
\begin{aligned}
\sum_a (Z_a\, y_a - Y_a\, z_a) &= \frac{d}{d t} \sum_a \left\{ m_a \left(\frac{d z_a}{d t}\, y_a - \frac{d y_a}{d t}\, z_a \right) \right\} \\
\sum_a (X_a\, z_a - Z_a\, x_a) &= \frac{d}{d t} \sum_a \left\{ m_a \left(\frac{d x_a}{d t}\, z_a - \frac{d z_a}{d t}\, x_a \right) \right\} \\
\sum_a (Y_a\, x_a - X_a\, y_a) &= \frac{d}{d t} \sum_a \left\{ m_a \left(\frac{d y_a}{d t}\, x_a - \frac{d x_a}{d t}\, y_a \right) \right\}
\end{aligned}
\right\} \quad (91)$$

Die auf der linken Seite dieses Gleichungssystems auftretenden Summen nennt man die Rotationsmomente der Kräfte bezogen auf die x-Axe (erste Gleichung), y-Axe (zweite Gleichung) und z-Axe

(dritte Gleichung). Die anderen Summen, deren zeitliche Differentialquotienten die rechten Seiten der Gleichungen bilden, heißen die
Rotationsmomente der Geschwindigkeiten oder auch der Bewegungen, bezogen auf die drei Coordinataxen. Das Wort Moment
(eigentlich movimentum) findet sich in mehrfacher Anwendung zur
Bezeichnung verschiedenartiger Begriffe, die sich an die Bewegung
von Massen knüpfen. So wird bisweilen die Bewegungsgröße, das
Product einer Masse multiplicirt mit ihrer Geschwindigkeit, als das
Moment der Bewegung bezeichnet, hier haben wir zwei Arten von
Rotationsmomenten kennen gelernt, später werden wir noch von
dem sogenannten Trägheitsmoment einer Masse in Bezug auf eine
Axe zu reden haben. Man muß sich also vor dem Irrthum hüten,
dergleichen als Momente bezeichnete Größen für Begriffe derselben
Art oder Dimension zu halten.

Das Charakteristische an der Bildungsweise der Rotationsmomente besteht darin, daß sie zusammengesetzt sind aus Producten
zweier senkrecht auf einander stehender Vectoren, von denen die
einen Coordinaten von Punkten, also gerichtete Strecken sind,
während die anderen Componenten von Kräften oder Geschwindigkeiten sind. Wenn man sich diese letzteren ebenfalls als Strecken
versinnlicht, wie wir das auch schon früher gethan haben, so sieht
man sogleich, dass die Rotationsmomente sich durch Flächengrößen
in den drei Coordinatebenen werden veranschaulichen lassen. Im
Einzelnen erhellt dies aus folgender geometrischen Betrachtung. Wir
denken uns in der (x, y)-Ebene vom Anfangspunkt aus zwei gerichtete Strecken gezogen, die eine sei bezeichnet durch r, ihre
Componenten durch x und y, die andere Strecke sei R mit den
Componenten X und Y. Es läßt sich leicht zeigen, daß die doppelte
Fläche des von r und R begrenzten Dreiecks für jede Lage der
beiden Vectoren gegeben ist durch:

$$2 \varDelta = Yx - Xy.$$

Unter einer Dreiecksfläche verstehen wir gewöhnlich einen absoluten
Werth; der hier gegebene Ausdruck kann indessen positiv oder
negativ ausfallen, und zwar wird er in dieser Anordnung positiv,
wenn die Richtung r in die Richtung R auf kürzestem Wege durch
eine positive Drehung übergeführt wird. Positive Drehung ist dabei,
wie allgemein acceptirt, diejenige, welche die $+ x$-Richtung auf
kürzestem Wege in die $+ y$-Richtung überführt. Denken wir uns
die beiden Vectoren r und R nicht in die (x, y)-Ebene fallend, sondern
im Raume liegend, so werden dieselben auch noch je eine Compo-

nente in der Richtung der z-Achse haben, die wir entsprechend durch z und Z bezeichnen wollen. Das durch r und R bestimmte Dreieck liegt dann in irgend einer gewissen Ebene im Raum, deren Richtung man am besten durch die Winkel bestimmt, welche die Normale auf der Ebene mit den Coordinataxen einschliefst. Um bei der Angabe dieser Winkel Zweideutigkeiten zu vermeiden, ist es indessen nöthig, festzusetzen, nach welcher Seite der Dreiecksebene die Normale errichtet werden soll. Da zunächst die beiden Vectoren ganz gleichartig sind, ist diese Festsetzung beliebig, wir wollen jedoch in Uebereinstimmung mit der vorangehenden Betrachtung des Dreiecks in der (x, y)-Ebene, welches positiv war, wenn r in R durch eine positive Drehung übergeführt wurde, festsetzen, dafs die positive Richtung der Normalen nach derjenigen Seite zeige, welche die $+ z$-Axe auf der (x, y)-Ebene bestimmt. Diese Lage wird nun allgemein durch folgende Regel angegeben: Man denke sich in der $+ x$-Axe liegend, die Füfse im Anfangspunkt, und sehe die $+ y$-Axe an, dann ist die $+ z$-Axe nach links gerichtet. Dementsprechend bestimmen wir die positive Normale auf der Dreiecksebene folgendermaßen: Man denke sich in den Vector r versetzt, die Füfse im Anfangspunkt, und blicke nach dem Vector R. Die positive Normale wird dann durch die Richtung des linken Armes bestimmt. Dieses Dreieck kann auf die drei Coordinatebenen projicirt werden, und man sieht ohne Weiteres, dafs die doppelten Flächen der drei Projectionsdreiecke gegeben sind durch:

$$\left.\begin{aligned} 2\,\varDelta_x &= Zy - Yz \\ 2\,\varDelta_y &= Xz - Zx \\ 2\,\varDelta_z &= Yx - Xy \end{aligned}\right\} \quad (92)$$

Anderseits kann man aber die Projectionsflächen ausdrücken durch die im Raume liegende Dreiecksfläche $\varDelta$ und die Cosinus der Neigungswinkel der betreffenden Ebenen. Diese letzteren sind gleich den Winkeln zwischen der positiven Normalen auf $\varDelta$ und den drei Axen; diese Winkel bezeichnen wir durch (n, x), (n, y), (n, z), sie sind kleiner als zwei Rechte. Man findet:

$$\left.\begin{aligned} 2\,\varDelta_x &= 2\,\varDelta \cdot \cos(n, x) \\ 2\,\varDelta_y &= 2\,\varDelta \cdot \cos(n, y) \\ 2\,\varDelta_z &= 2\,\varDelta \cdot \cos(n, z) \end{aligned}\right\} \quad (92\,\mathrm{a})$$

Auch bei dieser Darstellung sieht man, dafs nach Annahme eines positiven Werthes $\varDelta$ die Projectionsflächen positiv oder negativ

werden können, nämlich je nachdem die Neigungswinkel spitz oder
stumpf sind.

Die Summe der drei Cosinusquadrate ist bekanntlich gleich 1,
man findet daher:

$$
\left.\begin{aligned}
2\varDelta &= +\sqrt{(2\,\overline{\varDelta_x})^2 + (2\,\overline{\varDelta_y})^2 + (2\,\overline{\varDelta_z})^2} \\
&= +\sqrt{(Zy - Yz)^2 + (Xz - Zx)^2 + (Yx - Xy)^2}
\end{aligned}\right\} \quad (92\,\mathrm{b})
$$

und die drei Richtungswinkel der positiven Normalen auf $\varDelta$ werden
dann:

$$
\left.\begin{aligned}
\cos(n, x) &= \frac{\varDelta_x}{\varDelta} \\[2mm]
\cos(n, y) &= \frac{\varDelta_y}{\varDelta} \\[2mm]
\cos(n, z) &= \frac{\varDelta_z}{\varDelta}
\end{aligned}\right\} \quad (92\,\mathrm{c})
$$

Die rechten Seiten der Gleichungen (92) stimmen formell mit den
einzelnen Gliedern der eingeführten Rotationsmomente überein, doch
sind die hier betrachteten Dreiecksflächen rein geometrische Größen,
während in jenen Rotationsmomenten der eine der beiden combi-
nirten Vectoren physikalischer Natur ist, eine Geschwindigkeit oder
eine Kraft. Man kann indessen jede Art von gerichteter Größe,
sei deren Dimension, welche sie wolle, darstellen als Product eines
ungerichteten (skalaren) constanten Factors und einer gerichteten
Strecke. Die Größe jenes constanten Factors ist willkürlich ein-
für allemal festzusetzen und spielt nur die Rolle eines Maßstabes,
die Dimension desselben wird aber durch die Natur des Vectors
bestimmt, und ist für Geschwindigkeiten $[T^{-1}]$, für Kräfte $(M\,T^{-2})$.
Führen wir nun in den Rotationsmomenten solche Darstellungen der
physikalischen Vectoren ein, so tritt der ungerichtete Maaßfactor
als gemeinsamer Bestandtheil vor den ganzen Ausdruck, und die
zurückbleibende Summe enthält dann in der That nur solche aus
geometrischen Streckencomponenten gebildete Ausdrücke, deren Sinn
als doppelte Dreiecksflächen mit algebraischem Vorzeichen wir soeben
abgeleitet haben. Wir können daher diese Betrachtungen direct
auf die einzelnen Glieder der Rotationsmomente übertragen und
auch von den über alle Punkte des Systems summirten vollständigen
Ausdrücken, welche als algebraische Summen von gleichgerichteten
Dreiecksflächen erscheinen, erhält man einen anschaulichen Begriff.

Die Rotationsmomente sind somit gerichtete Größen, ihre
Richtung ist die Normale auf der Ebene, in welcher die Drei-

ecksflächen liegen, also die in den Ausdrücken ausgesparte Axe, und zwar je nachdem die algebraische Summe größer ader kleiner als Null ausfällt, die positive oder negative Axenrichtung. Man kann deshalb die Gesetze der geometrischen Addition auf die Rotationsmomente anwenden, man kann dieselben in verschieden gerichtete Componenten zerlegen, und man kann dieselben zu einer Resultante von bestimmter Größe und Richtung zusammenfassen, welche man das Hauptrotationsmoment nennt. Ferner wird es möglich, nach Auffindung des letzteren, die drei Rotationsmomente für jedes andere beliebig gerichtete Axensystem zu finden, indem man das Hauptmoment multiplicirt mit den Cosinus der Winkel, welche die Hauptrotationsaxe mit den Coordinatenaxen bildet.

Für einen einzelnen Massenpunkt haben wir das resultirende Hauptrotationsmoment und die Richtung der positiven Axe desselben veranschaulicht durch ein im Raume liegendes Dreieck, dessen Größe und Richtung durch die Gleichungen (92 b und c) angegeben wurde; die auf das ganze Massensystem erstreckten Rotationsmomente entsprechen algebraischen Summen von Dreiecken, welche keine bestimmte Gestalt mehr besitzen, sondern nur bestimmte Flächengröße und Richtung haben. Dies genügt aber, um mit Hülfe der Gleichung (92 b) den Flächenwerth $\varDelta$ zu berechnen, welcher nach Erweiterung mit demselben konstanten und ungerichteten Factor, der in den Componenten vorkommt, das Hauptrotationsmoment des ganzen Systems ergiebt. Auch die Richtung der Axe dieses Hauptmomentes ist durch (92 c) gegeben. Eine selbstverständliche Folge ergiebt sich für den Fall, daß man das Axensystem so gedreht hat, daß eine Axe, etwa die z-Axe mit der Axe des Hauptmomentes zusammenfällt. Dann ist das Rotationsmoment um die z-Axe das Hauptmoment, die Momente um die x- und y-Axe sind alsdann aber Null.

Die bisherigen Betrachtungen gelten in gleicher Weise sowohl für die Rotationsmomente der Kräfte wie die der Bewegungen. Wenn wir nun fragen, welchen Einfluß eine Parallelverschiebung des Coordinatensystems, also die Substitution:

$$x = x' + a$$
$$y = y' + b$$
$$z = z' + c$$

auf die Werthe der Rotationsmomente übt, so haben wir zwischen Kräften und Geschwindigkeiten zu unterscheiden, obwohl beide Arten von Gröfsen bei solchen Verschiebungen die Werthe ihrer Componenten nicht ändern. Für die Kräfte erhält man:

$$\sum_a (Z_a y_a - Y_a z_a) = \sum_a (Z_a y'_a - Y_a z'_a) + \left(b \sum_a Z_a - c \sum_a Y_a\right)$$

$$\sum_a (X_a z_a - Z_a x_a) = \sum_a (X_a z'_a - Z_a x'_a) + \left(c \sum_a X_a - a \sum_a Z_a\right)$$

$$\sum_a (Y_a x_a - X_a y_a) = \sum_a (Y_a x'_a - X_a y'_a) + \left(a \sum_a Y_a - b \sum_a X_a\right)$$

Die ersten Summen der rechten Seiten geben die Rotationsmomente für die neuen Coordinaten. Dieselben stimmen mit denen für die alten Coordinaten überein, wenn die übrigen rechts auftretenden Beträge verschwinden. Die Rotationsmomente der Kräfte bleiben also bei Parallelverschiebung der Coordinaten unverändert, erstens wenn:

$$\sum X_a = \sum Y_a = \sum Z_a = 0$$

ist, wenn wir es also lediglich mit den inneren Kräften eines freien Massensystems zu thun haben, und zweitens in dem singulären Falle, dafs die Verschiebung des Coordinatenanfangspunktes in derselben Richtung erfolgt, in welcher die Resultante aller äufseren Kräfte den Schwerpunkt des Systems angreift; alsdann ist nämlich:

$$\sum X_a : \sum Y_a : \sum Z_a = a : b : c$$

und die zweite Hälfte der rechten Seiten der vorstehenden Gleichungen verschwinden ebenfalls.

Betrachten wir nun die Rotationsmomente der Bewegung bei dieser Coordinatenverschiebung:

$$\sum_a m_a \left(\frac{dx_a}{dt} y_a - \frac{dy_a}{dt} z_a\right) = \sum_a m_a \left(\frac{dx_a}{dt} y'_a - \frac{dy_a}{dt} x'_a\right) + \left(b \sum m_a \frac{dx_a}{dt} - c \sum m_a \frac{dy_a}{dt}\right)$$

$$\sum_a m_a \left(\frac{dx_a}{dt} z_a - \frac{dz_a}{dt} x_a\right) = \sum_a m_a \left(\frac{dx_a}{dt} z'_a - \frac{dz_a}{dt} x'_a\right) + \left(c \sum m_a \frac{dx_a}{dt} - a \sum m_a \frac{dz_a}{dt}\right)$$

$$\sum_a m_a \left(\frac{dy_a}{dt} x_a - \frac{dx_a}{dt} y_a\right) = \sum_a m_a \left(\frac{dy_a}{dt} x'_a - \frac{dx_a}{dt} y'_a\right) + \left(a \sum m_a \frac{dy_a}{dt} - b \sum m_a \frac{dx_a}{dt}\right)$$

Die zweiten Glieder der rechten Seiten, welche die formale Uebereinstimmung der Ausdrücke in beiden Coordinatensystemen stören, lassen sich durch die Componenten des Schwerpunktes (Gleichung (88), Seite 144) in eine andere Form bringen. Denn es ist:

$$\sum m_a \frac{dx_a}{dt} = \frac{d}{dt} \sum m_a x_a = \left(\sum m_a\right) \frac{d\mathfrak{x}}{dt}$$

$$\sum m_a \frac{dy_a}{dt} = \frac{d}{dt} \sum m_a y_a = \left(\sum m_a\right) \frac{d\mathfrak{y}}{dt}$$

$$\sum m_a \frac{dx_a}{dt} = \frac{d}{dt} \sum m_a z_a = \left(\sum m_a\right) \frac{d\mathfrak{z}}{dt}.$$

Jene auf der rechten Seite der transformirten Rotationsmomente der Bewegung auftretenden Glieder verschwinden und die Rotationsmomente der Bewegung bleiben bei Coordinatenverschiebungen unverändert, erstens, wenn:

$$\frac{d\mathfrak{x}}{dt} = \frac{d\mathfrak{y}}{dt} = \frac{d\mathfrak{z}}{dt} = 0,$$

d. h. wenn wir es mit einem System zu thun haben, dessen Schwerpunkt sich nicht bewegt, und zweitens, wenn:

$$\frac{d\mathfrak{x}}{dt} : \frac{d\mathfrak{y}}{dt} : \frac{d\mathfrak{z}}{dt} = a : b : c$$

ist, also in dem singulären Fall, daſs die Verschiebung des Coordinatenanfangspunktes parallel der Bewegung des Schwerpunktes erfolgt.

§ 43. Erhaltung der Rotationsmomente der Bewegung.

Nachdem wir im vorangehenden Paragraphen die Bedeutung und die Eigenschaften der auf die drei Coordinataxen bezogenen Rotationsmomente der Kräfte und der Bewegungen auseinandergesetzt haben, kehren wir zurück zu den Differentialgleichungen (91), welche die Verbindung beider Arten dieser Gröſsen herstellen und suchen zunächst diejenigen Fälle auf, in denen sich die Integration am einfachsten gestaltet, in denen nämlich die linken Seiten, die Rotationsmomente der Kräfte, gleich Null sind. Dieser Fall tritt erstens ein, wenn gar keine Kräfte wirken, wenn sich also ein oder mehrere Massenpunkte nur ihrem Beharrungsvermögen entsprechend ungestört im Raume bewegen. Zweitens tritt dieser Fall ein, wenn alle Kräfte, welche die einzelnen Massenpunkte angreifen, nach dem Anfangspunkt der Coordinaten gerichtet sind oder geradlinig in Richtung der Radii vectores vom Anfangspunkt wegweisen. In diesem Fall ist nämlich für jeden Massenpunkt m_a

$$X_a : Y_a : Z_a = x_a : y_a : z_a,$$

eine Proportionsfolge, aus welcher sofort hervorgeht, daſs die einzelnen Glieder der Rotationsmomente der Kräfte, jedes für sich, gleich Null werden. Denn wenn beispielsweise $X_a : Y_a = x_a : y_a$ ist, so ist $Y_a x_a - X_a y_a = 0$.

Drittens aber tritt der genannte Fall ein, wenn sämmtliche vorhandene Kräfte innere Kräfte sind, welche dem Reactionsprincip folgen unter Aufrechterhaltung der NEWTON'schen Hypothese, daſs

die Richtung der Kraftwirkung, welche zwischen je zwei Punkten
stattfindet, die gerade Verbindungslinie der beiden Orte ist. Um
diese Behauptung zu beweisen, wollen wir zunächst ein einzelnes
Paar von Massenpunkten herausgreifen. Es seien dies m_a und m_b.
Die Componenten der auf m_a ausgeübten Kraft, soweit dieselbe von
der Anwesenheit der Masse m_b herrührt, seien, wie früher, bezeichnet
durch $X_{a,b}$, $Y_{a,b}$, $Z_{a,b}$, die entsprechenden Componenten, welche m_b
angreifen, seien $X_{b,a}$, $Y_{b,a}$, $Z_{b,a}$. Dann ist nach dem Reactionspricip:

$$X_{b,a} = - X_{a,b}$$
$$Y_{b,a} = - Y_{a,b}$$
$$Z_{b,a} = - Z_{a,b}.$$

Die Hypothese, daß die wirkenden Kräfte Anziehungen oder Ab-
stoßungen in Richtung der Verbindungslinie sind, findet ihren Ausdruck in der Proportionsfolge:

$$X_{a,b} : Y_{a,b} : Z_{a,b} = X_{b,a} : Y_{b,a} : Z_{b,a} = (x_b - x_a):(y_b - y_a):(z_b - z_a)$$
$$= (x_a - x_b):(y_a - y_b):(z_a - z_b).$$

Denn $(x_b - x_a)$, $(y_b - y_a)$, $(z_b - z_a)$ sind die Componenten der Strecke,
welche m_a mit m_b verbindet. Sondern wir aus den vorstehenden
Angaben die Proportion ab:

$$\frac{Y_{a,b}}{X_{a,b}} = \frac{y_a - y_b}{x_a - x_b},$$

so finden wir:

$$Y_{a,b}.x_a - Y_{a,b}.x_b - X_{a,b}.y_a + X_{a,b}.y_b = 0$$

oder schließlich:

$$(Y_{a,b}.x_a + Y_{b,a}.x_b) - (X_{a,b}.y_a + X_{b,a}.y_b) = 0.$$

Wenn die beiden Punkte m_a und m_b die einzigen vorhandenen sind,
so ist der hier entstandene Ausdruck bereits das vollständige Rotationsmoment der Kräfte bezogen auf die z-Axe. Zwei analoge
Gleichungen, welche sich auf die x-Axe und die y-Axe beziehen,
lassen sich in gleicher Weise herstellen, und man erkennt, daß aus
der Annahme der Newton'schen Hypothese der Centralkräfte die
Rotationsmomente der Kräfte für jedes Punktepaar gleich Null
werden. Besteht das Massensystem aus einer größeren Anzahl von
Punkten, so kann man für jedes mögliche Paar die verschwindenden Kraftmomente aufstellen und alle zusammenfassen zu Summen
von der Form:

$$\sum_{a,b}' \left\{ (Z_{a,b} y_b + Z_{b,a} y_b) - (Y_{a,b} z_a + Y_{b,a} z_b) \right\} = 0$$
$$\sum_{a,b}' \left\{ (X_{a,b} z_a + X_{b,a} z_b) - (Z_{a,b} x_a + Z_{b,a} x_b) \right\} = 0 \quad\quad a \text{ nicht } = b$$
$$\sum_{a,b}' \left\{ (Y_{a,b} x_a + Y_{b,a} x_b) - (X_{a,b} y_a + X_{b,a} y_b) \right\} = 0$$

In diesen Summen kommen aber schliefslich alle in dem freien Massensystem wirkenden Kraftcomponenten in der für die Rotationsmomente charakteristischen Verbindung mit den Coordinaten der angegriffenen Massenpunkte vor, und wenn wir, ebenfalls wie früher in § 39, setzen,

$$\sum_b X_{a,b} = X_a \text{ etc.,}$$

so können wir die vorstehenden Summen einfacher schreiben in der Form:

$$\sum_a' (Z_a y_a - Y_a z_a) = 0$$
$$\sum_a' (X_a z_a - Z_a x_a) = 0 \quad\quad (93)$$
$$\sum_a' (Y_a x_a - X_a y_a) = 0,$$

d. h. die Rotationsmomente der Kräfte werden unter den Bedingungen der NEWTON'schen Hypothese nothwendig gleich Null.

Da die Folgerungen, die sich aus dem Verschwinden der Kraftmomente ergeben, soweit bis jetzt Erfahrungen reichen, ganz allgemein bestätigt werden auch in Fällen, wo die NEWTON'sche Anschauung von den Centralkräften zwischen Punktpaaren unzutreffend oder wenigstens nicht geboten erscheint, so wollen wir diese Gleichungen (93), welche direct aus dem dritten Axiom folgen, aber allgemeiner sind, als die Voraussetzungen, unter denen dieselben abgeleitet wurden, als eine zweite wichtige principielle Eigenschaft der inneren Kräfte eines freien Massensystems den früher aufgestellten Gleichungen (87) an die Seite setzen. Es ist ausdrücklich darauf hinzuweisen, dafs der logische Process, durch den wir von den NEWTON'schen Centralkräften ausgehend, die Gleichungen (93) folgerten, sich nicht umkehren läfst, dafs also diese Gleichungen nicht als Zeugnifs für die Richtigkeit jener Hypothese angesehen werden können. Wenn man von einer geraden Anzahl von einzelnen Gröfsen voraussetzt, dafs sie sich paarweise vernichten, so folgt zwar daraus nothwendig, dafs ihre Total-Summe ebenfalls Null ist; wenn man aber erkannt hat, dafs eine Summe von algebraischen Gröfsen gleich Null ist, so ist es zwar hinreichend, aber nicht nothwendig, dafs ihre Glieder sich paarweise vernichten.

Wir wollen nun die Gleichungen (93) als erfüllt ansehen. Aus den Gleichungen (91) erkennt man, dass alsdann die zeitlichen Differentialquotienten der Rotationsmomente der Bewegungen gleich Null sind, daß also diese Momente selbst während der Bewegung irgend welche constanten Beträge beibehalten müssen, welche die Rolle von Integrationsconstanten spielen. Wir bezeichnen dieselben durch A, B, C, und erhalten:

$$\sum_a \left\{ m_a \left(\frac{dz_a}{dt} y_a - \frac{dy_a}{dt} z_a \right) \right\} = A$$

$$\sum_a \left\{ m_a \left(\frac{dx_a}{dt} z_a - \frac{dz_a}{dt} x_a \right) \right\} = B \qquad (94)$$

$$\sum_a \left\{ m_a \left(\frac{dy_a}{dt} x_a - \frac{dx_a}{dt} y_a \right) \right\} = C.$$

Dieses Resultat nennt man das Gesetz von der Erhaltung der Rotationsmomente. Dasselbe gilt in allen Fällen, in welchen die Gleichungen (93) erfüllt sind, d. h. erstens, wenn gar keine Kräfte wirken, zweitens wenn äußere Kräfte da sind, deren Richtungen überall radial zu der Drehungsaxe stehen und endlich drittens in jedem freien Massensystem. Nun hatten wir im vorigen Paragraphen die Rotationsmomente als gerichtete Größen kennen gelernt, welche sich als Componenten zu einer bestimmten Resultante, dem Hauptrotationsmoment, zusammenfassen lassen. Die Intensität des letzteren ist durch eine gewisse Flächengröße charakterisirt, die Richtung derselben durch die Normale auf der Ebene, in welcher jene Fläche liegt. Wenn nun unter den hier angeführten Verhältnissen die drei auf die Coordinataxen bezogenen Rotationsmomente der Bewegungen die constanten Werthe A, B, C bewahren, so wird auch die Resultante, das Hauptrotationsmoment den absoluten Betrag $R = \sqrt{A^2 + B^2 + C^2}$ beibehalten und die Ebene, in welcher die charakteristische Flächengröße dieses Hauptmomentes liegt, hat ebenfalls eine feste Richtung, welche durch die Cosinus der Winkel gegeben wird, welche die positive Normale n der Ebene mit den Axenrichtungen bildet, nämlich:

$$\cos (n, x) = \frac{A}{R}$$

$$\cos (n, y) = \frac{B}{R}$$

$$\cos (n, z) = \frac{C}{R}.$$

Betrachtet man also ein freies Massensystem, dessen Schwerpunkt entweder ruht oder sich in einer gleichförmigen Fortbewegung befindet, welche man aufser Acht läfst, so kann man stets ein Coordinatensystem so legen, dafs der Schwerpunkt den Anfangspunkt bildet und dafs die eine Axe, z. B. die z-Axe, mit der positiven Normale der genannten Ebene, also mit der Axe des Hauptrotationsmomentes R zusammenfällt. Die (x, y)-Ebene bildet dann die Hauptrotationsebene und bleibt dies während der ganzen folgenden Bewegung. Man nennt diese Ebene die **invariabele Ebene** des freien Massensystems. So besitzt jedes Doppelsternsystem und jedes Planetensystem seine invariabele Ebene, welche bei Verrückung des Schwerpunktes sich zwar mitbewegt, aber stets sich selbst parallel bleibt.

Wegen der Beziehung der Rotationsmomente zu gewissen gerichteten Flächengröfsen kann man dem Gesetz von der Erhaltung der Rotationsmomente noch einen anderen anschaulichen Ausdruck geben. Betrachten wir ein einzelnes Element des z-Momentes

$$\frac{d y_a}{d t} x_a - \frac{d x_a}{d t} y_a$$

und führen wir in der (x, y)-Ebene Polarcoordinaten ein:

$$x_a = \varrho_a \cdot \cos \vartheta_a$$
$$y_a = \varrho_a \cdot \sin \vartheta_a$$
$$\frac{d x_a}{d t} = \frac{d \varrho_a}{d t} \cos \vartheta_a - \varrho_a \sin \vartheta_a \cdot \frac{d \vartheta_a}{d t}$$
$$\frac{d y_a}{d t} = \frac{d \varrho_a}{d t} \sin \vartheta_a + \varrho_a \cos \vartheta_a \cdot \frac{d \vartheta_a}{d t}.$$

Nach Einführung dieser Ausdrücke erhalten wir:

$$\frac{d y_a}{d t} x_a - \frac{d x_a}{d t} y_a = \varrho_a \cdot \frac{d \varrho_a}{d t} \cos \vartheta_a \sin \vartheta_a + \varrho_a^2 \cos^2 \vartheta_a \cdot \frac{d \vartheta_a}{d t}$$
$$- \varrho_a \cdot \frac{d \varrho_a}{d t} \cos \vartheta_a \sin \vartheta_a + \varrho_a^2 \sin^2 \vartheta_a \cdot \frac{d \vartheta_a}{d t}$$

oder

$$\frac{d y_a}{d t} x_a - \frac{d x_a}{d t} y_a = \varrho_a^2 \cdot \frac{d \vartheta_a}{d t} = \frac{\varrho_a^2 \cdot d \vartheta_a}{d t}. \tag{95}$$

Der Zähler $\varrho_a^2 d \vartheta_a$ mifst die doppelte Fläche des schmalen Dreiecks, welches ϱ_a, d. h. die Projection des Radius vector von m_a auf der (x, y)-Ebene in dem Zeittheilchen $d t$ durchstreicht, d. h. also der Zähler bezeichnet den doppelten Betrag des Zuwachses, welchen die überhaupt seit Beginn der Bewegung von der Projection des Radius

vector bestrichene Fläche in der (x, y)-Ebene während des Zeit-
elementes erfährt. Dieser Zuwachs ist positiv, wenn die Drehung
von ϱ_a positiv ist, wenn ϑ_a also wächst. Da nun dieses Flächen-
differential durch dt dividirt ist, stellt der Ausdruck den zeitlichen
Differentialquotienten der doppelten bestrichenen Fläche in der
(x, y)-Ebene dar. Gleiche Betrachtungen gelten für die Projectionen
des Radius vector auf die beiden anderen Grundebenen und beziehen sich gleichmässig auf sämmtliche Massenpunkte des Systems.

Bezeichnet man also die drei Flächengröfsen, welche seit der Zeit
$t = 0$ von den Projectionen des Radius vector von m_a in den
drei Coordinatebenen durchstrichen worden sind, durch $\frac{1}{2} F_a (y, z)$,
$\frac{1}{2} F_a (z, x)$, $\frac{1}{2} F_a (x, y)$, so kann man die Gleichungen (94) in folgender
Form schreiben:

$$\sum_a \left\{ m_a \cdot \frac{d F_a (y, z)}{d t} \right\} = A$$

$$\sum_a \left\{ m_a \cdot \frac{d F_a (z, x)}{d t} \right\} = B$$

$$\sum_a \left\{ m_a \cdot \frac{d F_a (x, y)}{d t} \right\} = C.$$

Die links stehenden Summen von Differentialquotienten kann man
in die Differentialquotienten von Summen verwandeln und man
findet durch eine einfache Integration:

$$\left. \begin{aligned}
\sum_a m_a \cdot F_a (y, z) &= A \cdot t \\
\sum_a m_a \cdot F_a (z, x) &= B \cdot t \\
\sum_a m_a \cdot F_a (x, y) &= C \cdot t.
\end{aligned} \right\} \quad (96)$$

Auf der rechten Seite additive Constanten hinzuzufügen ist deshalb
unnöthig, weil die Flächen F als Functionen der Zeit so definirt
wurden, dafs sie zur Zeit $t = 0$ selbst auch gleich Null sind. Diese
Gleichungen sagen aus, dafs die links stehenden Summen proportional
der Zeit wachsen. Diese Summen kann man sich als algebraische
Summen von Flächen vorstellen, welchletztere aber nicht alle mit
gleichem Gewicht in die Summe eingehen, sondern proportional der
Gröfse des zugehörigen Massenpunktes m_a eingefügt werden müssen.
Dann kann man den Sinn der letzten Gleichungen auch folgendermafsen in Worte kleiden: Jede der drei Flächensummen wächst
in gleichen Zeiten um gleiche Beträge, es werden in gleichen
Zeiten gleichwerthige Flächenräume durchstrichen. Wegen dieser

Betrachtungsweise wird die gefundene Consequenz des Reactionsprincips oft bezeichnet als das Princip der Erhaltung der
Flächen. Auch läfst sich nach den vorangehenden Betrachtungen
ohne weiteres einsehen, dafs die invariabele Ebene, wenn man sie
zu einer Coordinatebene macht, das Maximum der durchstrichenen
Flächengröfse liefert, während in beiden darauf senkrechten Ebenen
die Flächensumme gleich Null bleibt.

Für den allgemeinen Fall ist diese Ausdrucksweise wegen der
verschiedenen Gröfse der einzelnen Factoron m_a nicht gerade präcis
und kann zu Irrthümern führen. Haben wir indessen lauter gleich
grofse Massenpunkte, so kann man deren Masse vor das Summenzeichen setzen und hat dann allerdings thatsächlich nur mit gleichwerthigen Flächensummen zu thun. Entstanden ist dieser Ausdruck
für das Gesetz ursprünglich aus der Betrachtung eines einzelnen
Massenpunktes, dessen Zustand sich mit den Voraussetzungen der
Gleichungen (93) verträgt, auf den also entweder gar keine Kraft
wirkt, oder eine solche, welche auf den Anfangspunkt hinweist oder
von diesem wegweist. Denken wir uns einen Massenpunkt, welcher
sich in Folge seines Beharrungsvermögens in irgend einer geraden
Linie mit constanter Geschwindigkeit fortbewegt, so wird dieser
Punkt in gleichen Zeiten gleiche Strecken auf dieser Geraden zu-
rücklegen. Die vom Radius vector während dieser Zeiten durchstrichenen Flächen sind alsdann Dreicke, deren Grundlinien gleiche
Länge haben und deren Höhe die unveränderliche Länge des Lotes
ist, welches vom Anfangspunkt auf die gerade Linie der Bahn gefällt werden kann; diese Flächen haben also thatsächlich für gleiche
Zeiträume stets gleichen Inhalt. Auch ist die Ebene, welche durch
die geradlinige Bahn und den aufserhalb derselben gelegenen
Anfangspunkt bestimmt wird, eine unveränderliche, nämlich die invariabele Ebene. Als Beispiel eines Massenpunktes, welcher durch
eine Centralkraft vom Anfangspunkt aus regiert wird, können wir
auf § 24 verweisen, wo wir eine elastische Kraft proportional dem
Abstand vom Centrum annahmen. Dort wurde nachgewiesen, dafs
die Bewegung ebenfalls in irgend einer durch den Anfangspunkt
gehenden festen Ebene, der invariabelen Ebene, verlaufen mufs.
Dafs bei der im allgemeinen elliptischen Bahn, deren Mittelpunkt
das Centrum der Kraft ist, thatsächlich in gleichen Zeiten gleiche
Flächenräume durchstrichen werden, würde man unschwer nachweisen
können, doch sei diese Ausführung dem Leser überlassen. Das
klassische Beispiel für diesen Fall ist die elementare Theorie der
Planetenbewegung, d. h. die Bewegung eines Massenpunktes, welcher

mit einer Kraft umgekehrt proportional dem Quadrate des Abstandes nach dem Anfangspunkte hingezogen wird, ein Problem, welches wir später ausführlich behandeln werden. Für diese Art der Bewegung hat Kepler das Princip der Flächen aus den ihm vorliegenden Beobachtungsthatsachen empirisch hergeleitet.

§ 44. Starre Massensysteme.

Die vorangehenden Betrachtungen führen zu einer Reihe von Gesetzen über die möglichen Bewegungen fester Körper. Unter einem festen Körper stellt man sich ursprünglich, der oberflächlichen täglichen Erfahrung entsprechend, ein Massensystem vor, dessen sämmtliche Theile ihre gegenseitige Lage unter allen Verhältnissen unverändert beibehalten, so daß also die Entfernungen aller möglichen Punktepaare dieselben bleiben. Damit hängt auch zusammen, daß alle übrigen Raumgrößen, welche durch die Abmessungen des Massensystems bedingt sind, wie Gestalt der Oberfläche, Volumen, Massenvertheilung, relative Lage des Schwerpunktes stets dieselben bleiben. Derartige Bedingungen, welche schließlich auf die Unveränderlichkeit der Abstände der einzelnen Massenpunkte zurückzuführen sind, würden sich den vorgetragenen Grundsätzen der Dynamik nicht einreihen lassen, da diese Vorstellungen sich immer beziehen auf bestimmte Wirkungen von Kräften, die durch Größe und Richtung gewisse Einflüsse auf die Bewegung der einzelnen Massenpunkte ausüben. Sobald man nun genau beobachtet, kommt man zu der Erkenntniß, daß der Begriff eines absolut festen Körpers nirgends realisirt ist. Die Starrheit der Verbindungen der einzelnen Theile kann nur als eine Annäherung betrachtet werden, die zwar unter gewissen Umständen praktisch völlig berechtigt ist, aber doch eigentlich nur eine Abkürzung oder künstliche Vereinfachung der thatsächlichen Verhältnisse bedeutet, bei denen ein Theil der eigentlichen dynamischen Wirkungen vernachlässigt, also die theoretischen Grundlagen theilweis aufgegeben werden. Es zeigt sich nämlich, daß alle Körper, welche uns unter gewöhnlich vorkommenden Verhältnissen als starr erscheinen, doch Formveränderungen erleiden, daß sie nur den Kräften, welche die Entfernungen ihrer einzelnen Punkte von einander zu verändern streben, mit großer Gewalt widerstehen, d. h. so starke innere Kräfte erzeugen, daß dieselben jedem üblichen äußeren Einfluß, den wir in unseren Experimenten anzuwenden pflegen, das Gleichgewicht halten, dessen formverändernde Wirkung also vernichten. Die für gewöhnlich als starr angesehenen festen Körper sind thatsächlich Massensysteme mit sehr starken elastischen inneren Kräften, welche jeden erforderlichen Betrag erreichen bei so kleinen Verschiebungen der Teilchen, dafs dieselben gegenüber den eigentlich zu beobachtenden Bewegungen des ganzen Systems völlig zu vernachlässigen sind, wenigstens so lange es sich nicht um sehr empfindliche Mefsapparate handelt. Bei manchen Theilen wissenschaftlicher Apparate wäre eine vollkommene Starrheit sehr erwünscht, z. B. bei den möglichst fest gemauerten Fundamenten, auf denen die Meridiankreise und die Stative der grofsen Fernrohre befestigt werden. Doch kann man sogar bei diesen massiven steinernen Bauten wegen des empfindlichen Beobachtungsmittels, welches ein stark vergröfserndes Fernrohr für Richtungsänderungen darbietet, merken, dafs Verbiegungen eintreten, wenn man sich auch nur mit der Hand auf den Rand des Pfeilers stützt. Die Kunst des Erbauers und des Beobachters solcher empfindlicher Apparate beruht darin, dafs sie die Fehlerquellen kennen, welche aus der mangelhaften Starrheit entstehen, und dieselben entweder unschädlich oder wenigstens einer quantitativen Schätzung zugänglich machen.

Wenn es also den Anschein hat, als ob gewisse äufsere Kräfte, die man auf feste Körper wirken läfst, unwirksam gemacht werden, weil der angegriffene Theil des Körpers wegen seines starren Zusammenhanges mit den übrigen Theilen die der Kraft entsprechende Beschleunigung nicht annehmen kann, so hat man sich diesen Vorgang thatsächlich so vorzustellen, dafs der Körper in der Richtung der von aufsen angreifenden Kraft eine unmerklich kleine Deformation erleidet, durch welche, in dem Falle, dafs Ruhe eintritt, elastische Kräfte erregt werden, welche jenen äufseren gerade das Gleichgewicht halten. Man vergleiche hiermit auch die am Schlufs von § 8 gegebene Anschauung über die Ruhe eines schweren Körpers auf einer Unterlage.

Diese elastischen Kräfte, welche bei unmerkbaren Deformationen des Körpers bereits in jeder erforderlichen Stärke auftreten, sind innere Kräfte, welche dem Reactionsprincip unterliegen. Wenn wir also einen festen Körper zu betrachten haben, welcher in seiner ganzen Masse oder in einzelnen Punkten von äufseren Kräften angegriffen wird, so haben wir an dessen Stelle die Vorstellung eines Massensystems zu setzen von derselben Configuration wie der feste Körper, jedoch mit freier Beweglichkeit aller seiner Theile, und als wirkende Kräfte aufser den äufseren noch alle jene inneren elastischen Kräfte, welche auftreten, sobald kleine Verschiebungen der einzelnen

Massenpunkte gegeneinander vorkommen. Die Berücksichtigung dieser Kräfte kann mitunter zu Schwierigkeiten führen, in zwei Fällen jedoch bieten unsere Consequenzen aus dem Reactionsprincip ein Mittel dieselben zu beseitigen. Erstens, wenn wir die Bewegung des Schwerpunktes des festen Körpers suchen; wir müssen dann auf die Differentialgleichungen (90) (Seite 148) zurückgreifen und die Summen aller Kraftcomponenten $\sum X_a$, $\sum Y_a$, $\sum Z_a$ bilden. Diese setzen sich zusammen aus äuseren und inneren Kräften. Die Summen der letzteren sind aber nach Gleichungen (87) gleich Null, also brauchen wir zur Bildung der Kraftsummen jene elastischen Widerstandskräfte gar nicht, können vielmehr ohne Verstofs gegen die Grundlagen der Dynamik die Unveränderlichkeit der geometrischen Gestalt des festen Körpers verwenden. Zweitens, wenn wir nach den Rotationsmomenten der Bewegung des festen Körpers fragen, müssen wir von den Differentialgleichungen (91) (Seite 151) ausgehen, also zunächst die Rotationsmomente der Kräfte

$$\sum_a (Z_a y_a - Y_a z_a), \quad \sum_a (X_a z_a - Z_a x_a), \quad \sum_a (Y_a x_a - X_a y_a)$$

aufstellen. Diese Summen setzen sich ebenfalls zusammen aus Gliedern, welche sich auf Componenten der äuseren Kräfte beziehen und solchen, welche die inneren Kräfte enthalten. Die letzteren sind aber nach Gleichungen (93) gleich Null, fallen also von selbst aus der Summe fort. Wir können daher auch in diesem Falle die äuseren Kräfte allein betrachten und die geometrischen Consequenzen der Starrheit in der Berechnung verwenden. Wir kommen durch diese Vereinfachung in beiden Problemen dem thatsächlichen Vorgang so nahe, dafs man sich bei den allermeisten Fragen damit begnügen kann. Erst in einem späteren Kapitel der Physik, wo uns die Auffindung der Gesetze der elastischen Deformationen und Kräfte beschäftigen wird, haben wir diesen kleinen Formänderungen besondere Aufmerksamkeit zu schenken.

Aehnliche Vereinfachungen, wie wir sie uns bei der Betrachtung von sogenannten starren Körpern erlauben, läfst man auch gelten bei den sogenannten festen Verbindungen, durch welche Massenpunkte gezwungen werden, bei ihrer Bewegung in gewissen Bahnen oder Flächen zu bleiben. Dahin gehören bereits die zu Anfang des § 25 gemachten Bemerkungen über den sogenannt undehnbaren Faden des mathematischen Pendels. In vielen physikalischen Apparaten sind feste Körper unterstützt oder befestigt in der Weise, dafs eine gewisse gerade Linie in denselben, also sämmtliche in der Geraden liegenden Massenpunkte ihren Ort nicht verlassen können. Alsdann sind die einzig möglichen Bewegungen des Körpers Drehungen um diese feste Axe, denn von den geringen Verschiebungen, welche bei Drehbewegungen alle Punkte von der Axe entfernen, um durch die elastischen Kräfte die zur Erhaltung der Kreisbahnen nöthigen Centripetalkräfte zu liefern, können wir bei festen Körpern absehen. Auch bei solchen Apparaten ist zu bedenken, daſs eine absolut starre Festlegung einer Axe unausführbar ist. Die äuſseren Kräfte, welche den Körper angreifen, werden im Allgemeinen die Axe zu verschieben streben, und dieselbe wird wegen der Elasticität ihrer Lager diesen Kräften nachgeben, bis dadurch auf die Axe eine ebenso groſse Gegenkraft zu Stande kommt, als von jenen äuſseren Kräften ausgeübt wird. Sind nun diese Verschiebungen unmerklich klein, so sind wir zu der Annahme berechtigt, daſs die sogenannt feste Axe alle Kräfte aufhebt, welche ihre Lage zu verändern streben; wir brauchen uns dann um dieselben nicht weiter zu bekümmern. Wenn man die Axenlager nicht mehr zu dem Massensystem hinzurechnet, sondern nur ein starres System betrachtet, in welchem eine bestimmte Axe unbeweglich fest ist, so ist dieses System selbst bei Abwesenheit äuſserer Kräfte im allgemeinen kein freies Massensystem mehr, denn sobald diese Axe nicht durch den Schwerpunkt hindurchgeht, wird dieselbe bei Drehbewegungen fortwährend Kraftwirkungen durch die Elasticität ihrer Lager zu vernichten haben. Letztere sind aber alsdann äuſsere Kräfte. Daher ist es auch keine Widerlegung des Gesetzes von der Erhaltung der Bewegung des Schwerpunktes, wenn wir den Fall beobachten, daſs ein an einer Axe excentrisch befestigter Körper, wenn er einmal in Rotation versetzt ist, ohne Wirkung äuſserer Kräfte (abgesehen von den Reactionen der Lager) weiter rotirt, wobei der Schwerpunkt im Widerspruch zu jenem Gesetze sich dauernd auf einer Kreisbahn bewegt, statt in einer geraden Linie.

§ 45. Gleichgewicht bei einer festen Axe.

Den soeben erwähnten Zustand eines starren Körpers, in welchem die auf einer bestimmten geraden Linie gelegenen Massenpunkte ihren Ort nicht verlassen können, wollen wir näher betrachten. Um diesen Zustand herzustellen genügt es, daſs zwei Punkte des Körpers festgehalten werden, diese bestimmen dann die Lage der festen Linie oder Axe. Wir wollen dieselbe zur z-Axe des Coordi-

natensystems wählen. Auf die einzelnen Massenpunkte m_a mögen
beliebige Kräfte K_a wirken. Da aber die einzig möglichen Bewegungen der Punkte in Kreisbahnen verlaufen, deren Ebenen senkrecht
auf der z-Axe stehen, so bleiben die Abmessungen z_a aller Punkte
unverändert, d. h. durch die Befestigung der Axe werden alle Kraftcomponenten Z_a vernichtet. Die Kräfte K_a wirken also nicht
anders, als ihre Projectionen auf die (x, y)-Ebene auch wirken würden.
Bilden wir nun das auf die z-Axe bezogene Rotationsmoment der
Kräfte:

$$\sum_a (Y_a x_a - X_a y_a) = \frac{d}{dt} \sum_a \left(\frac{dy_a}{dt} x_a - \frac{dx_a}{dt} y_a \right).$$

Wir hatten schon früher gesehen, daß man sich jeden Summanden
$(Y_a x_a - X_a y_a)$ vorstellen kann als doppelte Dreiecksfläche, wenn
man die Resultante von X_a und Y_a, also die Projection von K_a auf
die (x, y)-Ebene als Strecke versinnlicht, und zur einen Dreiecksseite nimmt, die Hypotenuse von x_a und y_a, also den Abstand des
Punktes m_a von der z-Axe zur anderen Dreiecksseite nimmt. Da
nun die doppelte Fläche durch das Product aus Grundlinie und Höhe
gemessen wird, so ist dieselbe gleichzusetzen der in die (x, y)-Ebene
hineinfallende Kraftcomponente multiplicirt mit der Länge des Abstandes der festen z-Axe von der durch m_a gezogenen Geraden, welche
die Richtung der Kraft K_a anzeigt. Man nennt diesen Abstand der
Kraftlinie von der festen Axe in Erinnerung an ein bekanntes Instrument den Hebelarm, an welchem die Kraft angreift, und das
Product aus dem Hebelarm und der wirksamen Kraftcomponente
nennt man das statische Moment der Kraft. Man sieht, daß
dieser Begriff im Wesen gleich ist mit dem Begriff eines Rotationsmomentes der Kraft. Die Bezeichnung statisch rührt daher, daß
die Betrachtung dieser Momente nothwendig ist zur Entscheidung
der Frage, wann ein solcher um eine feste Axe drehbarer Körper
unter der Wirkung äußerer Kräfte in ruhendem Gleichgewicht sein
kann; die Lehre von den Bedingungen des Gleichgewichtes bezeichnet
man aber als Statik.

Diese Frage nach dem Gleichgewicht wollen wir zuerst behandeln.
Damit der betrachtete Körper in Ruhe bleiben könne, ist es nothwendig, daß das Rotationsmoment der Kräfte um die Drehaxe gleich
Null sei. Denn wäre es von Null verschieden, so würden die Rotationsmomente der Bewegungen in der Zeit veränderlich sein, also
jedenfalls nicht dauernd gleich Null bleiben können, was doch zur
Erhaltung der Ruhe gehört. Das Rotationsmoment der Kräfte ist

nun in dem vorliegenden Falle die Summe aller statischen Momente, diese kann nur Null werden, wenn entweder der uninteressante Fall vorliegt, dafs gar keine Kräfte wirken, oder wenn positive Beträge durch gleich grofse negative aufgehoben werden, denn die statischen Momente sind algebraische Gröfsen, welche den Körper positiv oder negativ herumzudrehen streben. Man sieht aus der Definition, dafs zwei an verschiedenen Punkten. des drehbaren Körpers angreifende verschiedene Kräfte das gleiche statische Moment ergeben werden, wenn die Hebelarme den Intensitäten jener Kräfte (d. h. den in die (x, y)-Ebene fallenden Componenten derselben) umgekehrt proportional sind.

Die äufseren Kräfte, welche auf die Massentheile eines festen Körpers wirken, werden im Allgemeinen sowohl eine Resultante liefern, welche den Schwerpunkt zu beschleunigen strebt, als auch ein Haupt-Rotationsmoment der Kräfte für eine durch den Schwerpunkt gehende Axe liefern. Indessen giebt es eine bestimmte Anordnung zweier Kräfte, welche nur Rotationsmoment erzeugt, aber zu den eventuell vorhandenen Beschleunigungen des Schwerpunktes $\sum X_a$, $\sum Y_a$, $\sum Z_a$, nichts beiträgt. Greifen nämlich zwei entgegengesetzt gleiche Kräfte an zwei Punkten eines festen Körpers an, so ist die Summe beider allerdings gleich Null, der Schwerpunkt kann also durch dieselben nicht beschleunigt werden, die Summe der beiden statischen Momente für irgend eine Axe wird aber nur dann Null, wenn beide Kraftlinien gleichen Abstand von der Axe haben, also zusammenfallen, d. h. wenn die beiden Kräfte der Richtung der Verbindungslinie der beiden Angriffspunkte folgen. Sobald aber die beiden durch die Angriffspunkte gezogenen Kraftlinien nicht zusammenfallen, sondern einen Abstand von einander haben, so erhalten wir ein Rotationsmoment, dessen Axe senkrecht auf der durch die beiden Kraftlinien bestimmten Ebene steht. Nehmen wir irgend eine Lage dieser Axe an, so sei der Abstand der negativ drehenden Kraft $- K$ bezeichnet durch h, derjenige der positiv drehenden $+ K$ ist dann $h + l$ und die Summe der beiden statischen Momente ist:

$$+ K.(h + l) - K.h = + K.l,$$

hat also einen Betrag, welcher nur von der Intensität K beider Kräfte und von dem Abstand l der durch die beiden Angriffspunkte in Richtung der Kraft gezogenen Geraden abhängt, aber ganz unabhängig von der Lage der gewählten Axe ist, denn der Abstand h hebt sich fort. Man nennt diese Anordnung zweier entgegengesetzt gleicher Kräfte ein Kräftepaar und das Product $K.l$ das (statische)

Moment des Kräftepaares. Die Wirkung eines Kräftepaares kann niemals ersetzt werden durch eine einzelne Kraft; auch in den Fällen, wo ein um eine feste Axe drehbarer Körper durch eine einzige seitlich angreifende Kraft in Rotation versetzt wird, haben wir es thatsächlich mit Kräftepaaren zu thun, denn die feste Axe äufsert auf den Körper stets die entgegengesetzt gleiche Kraft, wie wir bei Einführung des Begriffes der festen Verbindungen näher ausführten. Ist also der Abstand einer Kraft $+ K$ von der festen Axe gleich l, so haben wir in dem elastischen Lager der Axe die Kraft $- K$ wirksam zu denken, und dieses Paar giebt das Moment $K \cdot l$, welches wir vorher als statisches Moment der Kraft K für die feste Axe kennen gelernt haben. Auf diese Weise kann man schliefslich jedes Rotationsmoment von Kräften hervorbringen oder auch im Gleichgewicht halten durch ein geeignet gewähltes Kräftepaar.

§ 46. Trägheitsmomente.

Im vorigen Paragraph hatten wir als eine nothwendige Bedingung für die Ruhe eines um eine feste Axe drehbaren Körpers erkannt, dafs das Rotationsmoment der Kräfte um diese Axe gleich Null sein mufs. Es ist aber ferner dazu nöthig, dafs die Theile des Körpers keine Geschwindigkeit besitzen, sonst wird derselbe in Lagen übergehen, in denen jene Hauptbedingung nicht mehr erfüllt ist, oder wenn dieselbe auch für alle Lagen gilt, wird eine unveränderte Rotation stattfinden. Denn die Differentialgleichungen (91) sagen nur aus, dafs beim Verschwinden der Kraftmomente die Differentialquotienten der Bewegungsmomente gleich Null sind, letztere selbst können noch jeden beliebigen constanten Werth bewahren. Wir wollen nun den Fall annehmen, dafs Rotation um die feste Axe stattfinde, einerlei ob gleichförmig oder ungleichförmig. Wir werden dann das Rotationsmoment der Bewegung um die x-Axe, das einzige, welches bei fester x-Axe wirksam ist, zu betrachten haben, und wollen sehen, welche Vereinfachungen sich in der Form desselben aus der Starrheit des Massensystems ergeben. Wir greifen zurück auf Gleichung (95) (Seite 161), welche die Umformung eines einzelnen Gliedes des x-Momentes der Bewegung durch Polarcoordinaten darstellt. Durch Summation über das ganze Massensystem findet man daraus:

$$\sum_a m_a \left(\frac{dy_a}{dt} x_a - \frac{dx_a}{dt} y_a \right) = \sum_a \left(m_a \varrho_a^2 \cdot \frac{d\vartheta_a}{dt} \right), \quad \varrho_a^2 = x_a^2 + y_a^2.$$

Bei einem starren Körper mit fester Drehungsaxe müssen nun die Winkelgeschwindigkeiten $d\vartheta_a/dt$ sämmtlicher Massenpunkte dieselben sein, sonst wären relative Verschiebungen im Inneren des Systems unvermeidlich. Wir können dabei also den Index a fortlassen und $d\vartheta/dt$ als gemeinsamen Factor vor das Summenzeichen setzen; das Rotationsmoment der Bewegung ist dann $\dfrac{d\vartheta}{dt} \cdot \sum m_a \varrho_a^2$, also gleich dem Product der Winkelgeschwindigkeit und eines Summenwerthes, welcher über alle Theile des festen Körpers erstreckt ist, und nur von der Gruppirung der Massen um die Drehungsaxe abhängt, aber mit der Bewegung selbst nichts zu thun hat. Derselbe enthält als Summanden die Producte aller Massenpunkte mit den Quadraten ihrer Abstände von der Drehungsaxe. Man nennt dieses Gebilde das Trägheitsmoment des Körpers für die betreffende Drehungs-axe. Da das Trägheitsmoment bei einem festen Körper und einer festen Axe eine unveränderliche Größe ist, so ist der zeit-liche Differentialquotient des Rotationsmomentes der Bewegung einfach gleich $\dfrac{d^2\vartheta}{dt^2}\sum m_a \varrho_a^2$, und wir erhalten für einen um die z-Axe drehbaren Körper nach Gleichung (91) folgende Differential-gleichung:

$$\sum_a (Y_a x_a - X_a y_a) = \frac{d^2\vartheta}{dt^2} \sum_a m_a (x_a^2 + y_a^2) \tag{97}$$

welche in Worten lautet:

Das Rotationsmoment der Kräfte ist gleich dem Product aus Trägheitsmoment und Winkelbeschleunigung. Vergleicht man hier-mit die NEWTON'sche Kraftdefinition: die Kraft wird gemessen durch das Product aus träger Masse und Beschleunigung, so erkennt man, daß der neu eingeführte Begriff des Trägheitsmomentes eine ebenso wichtige Rolle bei der Rotation eines festen Körpers spielen wird, wie die Masse bei der translatorischen Bewegung. Beide geben das Maß für die Größe des Beharrungsvermögen, mit welcher ein Körper den Bewegungsänderungen widersteht, welche die angreifen-den Kräfte erzeugen. Daher ist die gewählte Bezeichnung für diesen Begriff ganz zutreffend.

Je größer das Trägheitsmoment eines Körpers für eine bestimmte Drehungsaxe ist, um so geringer ist die Winkelbeschleunigung, welche ein gegebenes Rotationsmoment der Kräfte an demselben hervor-bringt. Ein drehbarer, anfänglich ruhender Körper von sehr großem Trägheitsmoment wird also bei Einwirkung von drehenden Kräften

von solcher Größe, wie man sie für gewöhnlich zur Verfügung hat,
nur sehr langsam anlaufen und es bedarf verhältnißmäßig langer
Einwirkung, um denselben in schnelle Rotation zu versetzen; ist
diese aber einmal erreicht, so werden neu hinzutretende Kräfte,
welche etwa entgegengesetzte Rotationsmomente bilden, auch nur
sehr kleine Verzögerungen in der Winkelgeschwindigkeit hervorbringen, also den erreichten Bewegungszustand nur wenig zu alteriren
vermögen. Namentlich werden kurz andauernde Widerstände, wie
sie z. B. in Maschinen vorkommen, welche irgend welche unstetige
Arbeitsleistungen zu verrichten haben, durch Anbringung von rotirenden Massen von großem Trägheitsmoment ohne bemerkbare
Störung des Ganges überwunden. Ein rotirender Körper enthält
nämlich bei einer bestimmten Winkelgeschwindigkeit einen Vorrath
von Arbeit in Form von lebendiger Kraft aufgespeichert, welcher
dem Trägheitsmoment proportional ist. Die lebendige Kraft des
bewegten Massensystems ist, entsprechend den früheren Auseinandersetzungen des § 18 gegeben durch den Ausdruck:

$$L = \tfrac{1}{2} \sum m_a \cdot q_a^2,$$

die Geschwindigkeiten q_a sind aber bei der Winkelgeschwindigkeit $d\vartheta/dt$

$$q_a = \varrho_a \cdot \frac{d\vartheta}{dt}$$

also ist

$$L = \tfrac{1}{2} \left(\frac{d\vartheta}{dt} \right)^2 \cdot \sum m_a \varrho_a^2, \qquad (98)$$

d. h. die lebendige Kraft der Rotationsbewegung ist das halbe Product
aus dem Quadrat der Winkelgeschwindigkeit mal dem Trägheitsmoment. Je größer nun dieser Vorrath ist, um so weniger ist es
zu spüren, wenn ein gewisses Arbeitsquantum nach außen abgegeben wird.

Das Trägheitsmoment einer Masse ist um so größer, je weiter
man die Theile derselben von der Drehungsaxe wegrückt. Man giebt
derselben deshalb behufs Erreichung möglichst großen Trägheitsmomentes die Gestalt eines Ringes, welcher zur Herstellung eines
festen Zusammenhanges durch einige Speichen mit der Axe verbunden ist. Diese Gestalt besitzen die Schwungräder, welche zur
Aufspeicherung von Energie bei den Maschinen verwendet werden.
Bei Vergrößerung der Dimensionen unter Bewahrung der geometrischen Aehnlichkeit der Körper wachsen die Trägheitsmomente
in sehr starkem Maaße. Vergrößert man sämmtliche Linear-
abmessungen eines Schwungrades auf das n-fache, so wächst der

von der Eisenmasse ausgefüllte Inhalt des Ringes auf das n^3-fache, das Quadrat des Radius, mit welchem die Masse zu multipliciren ist, wächst auf das n^3-fache, also wird das Trägheitsmoment des gröfseren Schwungrades n^6-mal so grofs, als dasjenige des kleineren. Man sieht aus diesem starken Wachsthum, dafs man, ohne zu übermäfsig grofsen Ausdehnungen zu greifen, Schwungräder herstellen kann, welche bei gehöriger Geschwindigkeit kolossale Mengen von Energie enthalten.

Wir müssen uns zunächst mit den mathematischen Eigenschaften der Trägheitsmomente beschäftigen. Die erste Frage betrifft den Einflufs der Lage der festen Drehaxe im Körper. Wir wollen diese Axe zunächst parallel mit sich selbst lassen, aber an eine andere Stelle des Körpers verlegen. Wenn wir die x-Axe zur Drehungsaxe nehmen, so wird diese Verlegung dargestellt sein durch die Angaben:

$$x_a = x'_a + a$$
$$y_a = y'_a + b,$$

dabei sind a und b die allen Punkten gemeinsamen Componenten der Verschiebung und x' und y' die neuen Abmessungen der Massenpunkte. Es ist dann:

$$\sum m_a(x_a^2 + y_a^2) = \sum m_a(x_a'^2 + y_a'^2) + 2a\sum m_a x' + 2b\sum m_a y' + (a^2 + b^2)\sum m_a.$$

Das erste Glied der rechten Seite ist das auf die neue Axe bezogene Trägheitsmoment. Im zweiten und dritten Gliede treten die bekannten Summen auf, welche die Coordinaten $\mathfrak{x}'$ und $\mathfrak{y}'$ des Schwerpunktes für die neue Lage der Axe definiren. Das letzte Glied endlich ist das Product aus der gesammten Masse des Körpers, multiplicirt mit dem Quadrat des Abstandes der beiden parallelen Axen.

Wir wollen nun annehmen, dafs die Axe durch die vorgenommene Parallelverschiebung in diejenige Lage übergeführt ist, in welcher sie den Schwerpunkt des Körpers durchsetzt; alsdann werden die Coordinaten $\mathfrak{x}'$ und $\mathfrak{y}'$ gleich Null, die beiden mittleren Glieder verschwinden, und wenn wir den Abstand der ursprünglichen Axe vom Schwerpunkt mit h bezeichnen, also $a^2 + b^2 = h^2$ setzen, so erhalten wir:

$$\sum m_a(x_a^2 + y_a^2) = \sum m_a(x_a'^2 + y_a'^2) + h^2 \cdot \sum m_a \qquad (99)$$

oder in Worten: Das Trägheitsmoment für eine vorgeschriebene Axe ist gleich demjenigen für die parallele, durch den Schwerpunkt gelegte Axe, vermehrt um das Trägheitsmoment der im Schwerpunkt concentrirt gedachten Gesammtmasse des Körpers, bezogen auf die vorgeschriebene Axe. Die Trägheitsmomente als Producte von Massen und Streckenquadraten sind stets positive Gröfsen, also ist unter allen auf parallele Axen bezogenen Trägheitsmomenten dasjenige das kleinste, dessen Axe durch den Schwerpunkt geht. Ausserdem ist dieses letztere deshalb wichtig, weil alle anderen auf die leichteste Weise nach der so eben angegebenen Regel aus demselben abgeleitet werden können.

Wir wollen uns im folgenden den Schwerpunkt des Körpers als Anfangspunkt der Coordinaten denken, so dafs also die auf die drei Coordinataxen bezogenen Trägheitsmomente:

$$\left.\begin{array}{l} \Theta_x = \sum m_a (y_a^2 + z_a^2) \\ \Theta_y = \sum m_a (z_a^2 + x_a^2) \\ \Theta_z = \sum m_a (x_a^2 + y_a^2) \end{array}\right\} \quad (100)$$

die Minimalwerthe für jede der drei Hauptrichtungen darstellen. Die Summe aller drei Werthe:

$$\Theta_x + \Theta_y + \Theta_z = 2 \sum m_a (x_a^2 + y_a^2 + z_a^2) = 2 R \quad (100\,\text{a})$$

ist unabhängig von der Richtung des Axensystems, denn die Trinome $(x_a^2 + y_a^2 + z_a^2)$ sind die Quadrate der vom Schwerpunkt aus gezogenen Radii vectores der Massenpunkte m_a, welche unverändert bleiben bei jeder Lage der Axen.

Mit Hülfe dieser Gröfse R kann man den Trägheitsmomenten eine für die folgende Betrachtung übersichtlichere Form geben. Wenn man nämlich der Kürze halber setzt:

$$\mathfrak{X}_x = \sum m_a x_a^2, \quad \mathfrak{X}_y = \sum m_a y_a^2, \quad \mathfrak{X}_z = \sum m_a z_a^2 \quad (101)$$

so ist:

$$\left.\begin{array}{l} \Theta_x = R - \mathfrak{X}_x \\ \Theta_y = R - \mathfrak{X}_y \\ \Theta_z = R - \mathfrak{X}_z \end{array}\right\} \quad (101\,\text{a})$$

und wir können auch für jede beliebige Richtung s einer durch den Schwerpunkt gelegten Drehaxe setzen:

$$\Theta_s = R - \mathfrak{X}_s. \quad (101\,\text{b})$$

In dem Ausdruck:

$$\mathfrak{X}_s = \sum m_a s_a^2 \quad (101\,\text{c})$$

sind die Strecken s_a die Projectionen der Radii vectores auf die s-Axe.

Für die verschieden gerichteten, durch den Schwerpunkt gelegten Axen werden die Trägheitsmomente verschiedene Gröfse haben, und wir können die Frage aufwerfen, für welche Richtung der Axe ein Grenzwerth, Maximum oder Minimum eintritt, und wir können diese Untersuchung nach dem Vorangehenden für die einfacheren Gröfsen $\mathfrak{T}$, anstatt für die Trägheitsmomente Θ durchführen können.

Die s-Coordinate eines Massenpunktes m_a am Orte x_a, y_a, z_a ist:

$$s_a = x_a \cos(s, x) + y_a . \cos(s, y) + z_a . \cos(s, z).$$

Dabei bedeuten (s, x), (s, y), (s, z) die Winkel, welche die positive Richtung der s-Axe mit den drei Coordinataxen bildet. Folglich erhält man:

$$\mathfrak{T}_s = \sum m_a s_a^2 = \cos^2(s,x) \sum m_a x_a^2 + \cos^2(s,y) \sum m_a y_a^2 + \cos^2(s,z) \sum m_a z_a^2$$
$$+ 2 \cos(s, y) . \cos(s, z) . \sum m_a y_a z_a$$
$$+ 2 \cos(s, z) . \cos(s, x) . \sum m_a z_a x_a$$
$$+ 2 \cos(s, x) . \cos(s, y) . \sum m_a x_a y_a.$$

Nennen wir der Kürze wegen:

$$\sum m_a y_a z_a = \mathfrak{U}_x, \qquad \sum m_a z_a x_a = \mathfrak{U}_y, \qquad \sum m_a x_a y_a \mathfrak{U}_z \qquad (102)$$

und führen für die drei Richtungscosinus die kurzen Bezeichnungen:

$$\cos(s, x) = a, \quad \cos(s, y) = b, \quad \cos(s, z) = c$$

ein, so ist also:

$$\mathfrak{T}_s = a^2 . \mathfrak{T}_x + b^2 . \mathfrak{T}_y + c^2 . \mathfrak{T}_z + 2 b c . \mathfrak{U}_x + 2 c a . \mathfrak{U}_y + 2 a b . \mathfrak{U}_z. \qquad (103)$$

Die Aufgabe ist nun, a, b, c so zu bestimmen, dafs $\mathfrak{T}_s$ ein Grenzwerth wird, d. h. seinen Werth nicht ändert, wenn man den Richtungscosinus eine beliebige kleine Veränderung ertheilt. Die drei Variabelen sind aber nicht unabhängig; wenn man zweien eine beliebige Veränderung gegeben hat, ist vielmehr die dritte dadurch vorgeschrieben. Es wäre aber nicht übersichtlich, die eine Variabele, etwa c, dadurch zu eliminiren, dafs man dieselbe durch a und b ausdrückt, und dann nur mit zwei Variabelen zu rechnen. Wir wollen vielmehr zu der Gleichung (103) als zweite Gleichung die bekannte Bedingung für die drei Richtungscosinus

$$1 = a^2 + b^2 + c^2$$

hinzunehmen und in beiden Gleichungen a, b, c variiren. Man erhält dann:

$$\delta \mathfrak{T}_s = 2 a \mathfrak{T}_x . \delta a + 2 b \mathfrak{T}_y . \delta b + 2 c \mathfrak{T}_z . \delta c + 2 b \mathfrak{U}_z . \delta c + 2 c \mathfrak{U}_x . \delta b$$
$$+ 2 c \mathfrak{U}_y . \delta a + 2 a \mathfrak{U}_y . \delta c$$
$$+ 2 a \mathfrak{U}_z . \delta b + 2 b \mathfrak{U}_x . \delta a$$

und:

$$0 = 2 a . \delta a + 2 b . \delta b + 2 c . \delta c.$$

Beide Gleichungen wollen wir dadurch vereinigen, daſs wir die zweite mit einem unbestimmen Coefficienten L erweitern und von der ersten abziehen. Ordnen wir die rechte Seite nach δa, δb, δc, so kommt:

$$\delta \mathfrak{T}_s = 2 . \{ a . (\mathfrak{T}_x - L) + b . \mathfrak{u}_z \quad\quad + c . \mathfrak{u}_y \quad\quad\} . \delta a$$
$$+ 2 . \{ a . \mathfrak{u}_z \quad\quad + b . (\mathfrak{T}_y - L) + c . \mathfrak{u}_x \quad\quad\} . \delta a$$
$$+ 2 . \{ a . \mathfrak{u}_y \quad\quad + b . \mathfrak{u}_x \quad\quad + c . (\mathfrak{T}_z - L) \} . \delta c \quad\quad (104)$$

Im Falle eines Grenzwerthes von $\mathfrak{T}_s$ muſs nun $\delta \mathfrak{T}_s = 0$ sein für jede Variation der Richtung s. Wir werden diese Bedingung erfüllen können, wenn es gelingt, a, b und c so zu bestimmen, daſs die drei geschweiften Klammern einzeln verschwinden, daſs also folgende Gleichungen erfüllt sind:

$$a . (\mathfrak{T}_x - L) + b . \mathfrak{u}_z \quad\quad + c . \mathfrak{u}_y \quad\quad = 0$$
$$a . \mathfrak{u}_z \quad\quad + b . (\mathfrak{T}_y - L) + c . \mathfrak{u}_x \quad\quad = 0 \quad\quad (104\,a)$$
$$a . \mathfrak{u}_y \quad\quad + b . \mathfrak{u}_x \quad\quad + c . (\mathfrak{T}_z - L) = 0$$

Dies sind drei lineare homogene Gleichungen für drei Unbekannte, also ein System, welches bekanntlich nur dann von Null verschiedene Wurzeln liefern kann, wenn die Determinante verschwindet. Wir müssen also fordern:

$$\begin{vmatrix} (\mathfrak{T}_x - L) & \mathfrak{u}_z & \mathfrak{u}_y \\ \mathfrak{u}_z & (\mathfrak{T}_y - L) & \mathfrak{u}_x \\ \mathfrak{u}_y & \mathfrak{u}_x & (\mathfrak{T}_z - L) \end{vmatrix} = 0 \quad\quad (104\,b)$$

Die mit $\mathfrak{T}$ und $\mathfrak{u}$ bezeichneten Gröſsen sind vorgeschriebene Constanten, dagegen ist über das unbestimmte L noch frei zu verfügen, das Verschwinden der Determinante giebt eine Bestimmungsgleichung für diese Gröſse und zwar eine cubische Gleichung, da in der Entwickelung der Determinante das Diagonalglied:

$$(\mathfrak{T}_x - L) \cdot (\mathfrak{T}_y - L) \cdot (\mathfrak{T}_z - L)$$

vorkommt. Man findet also drei Wurzelwerthe L_1 L_2 L_3, welche die Determinante zum Verschwinden bringen und dadurch die drei homogenen Gleichungen lösbar machen. Die für jeden dieser Fälle gefundenen Lösungen bezeichnen wir durch:

$$a_1 \quad b_1 \quad c_1$$
$$a_2 \quad b_2 \quad c_2$$
$$a_3 \quad b_3 \quad c_3$$

Die Bedeutung der drei Wurzeln L wird durch folgende Betrachtung erkannt. Wählen wir die Lösung L_1, a_1, b_1, c_1 und schreiben die dadurch erfüllten Gleichungen (104a) in der Form:

$$\left.\begin{array}{l} a_1\, L_1 = a_1\, \mathfrak{T}_x + b_1\, \mathfrak{U}_z + c_1\, \mathfrak{U}_y \\ b_1\, L_1 = a_1\, \mathfrak{U}_z + b_1\, \mathfrak{T}_y + c_1\, \mathfrak{U}_x \\ c_1\, L_1 = a_1\, \mathfrak{U}_y + b_1\, \mathfrak{U}_x + c_1\, \mathfrak{T}_z. \end{array}\right\} \quad (105)$$

Wir erweitern die erste mit a_1, die zweite mit b_1, die dritte mit c_1, und addiren diese drei, so erhält man wegen $a_1^2 + b_1^2 + c_1^2 = 1$ folgendes Resultat:

$$L_1 = a_1^2\, \mathfrak{T}_x + b_1^2\, \mathfrak{T}_y + c_1^2 \cdot \mathfrak{T}_z + 2\, b_1\, c_1\, \mathfrak{U}_z + 2\, c_1\, a_1\, \mathfrak{U}_y + 2\, a_1\, b_1\, \mathfrak{U}_z.$$

Die rechte Seite ist aber nach Gleichung (103) nichts anderes, als der für die Richtung s_1 gebildete Ausdruck $\sum m_a s_1^2$. Gleiches läfst sich von den beiden anderen L zeigen, so dafs wir zu folgender Erkenntnifs gelangen:

$$\left.\begin{array}{l} L_1 = \mathfrak{T}_{s'1} \\ L_2 = \mathfrak{T}_{s'2} \\ L_3 = \mathfrak{T}_{s'3}. \end{array}\right\} \quad (106)$$

Aus dieser Bedeutung geht hervor, dafs alle drei Wurzeln der cubischen Gleichung nothwendig reell und positiv sind. Wir wollen zunächst auch den allgemeinen Fall voraussetzen, dafs die drei L verschieden von einander sind. Dann läfst sich zeigen, dafs die zugehörigen Werthe von a, b, c drei bestimmte, auf einander senkrechte Richtungen von s angeben.

Gehen wir zu diesem Zwecke wieder von den für den Index 1 erfüllten Gleichungen (105) aus, erweitern dieselben aber diesmal mit den Cosinus einer anderen Lösung, etwa mit a_2, b_2, c_2 und addiren wieder, so kommt:

$$(a_1 a_2 + b_1 b_2 + c_1 c_2)L_1 = a_1 a_2 \cdot \mathfrak{T}_x \quad + b_1 b_2 \cdot \mathfrak{T}_y \quad + c_1 c_2 \cdot \mathfrak{T}_z$$
$$+ (b_1 c_2 + b_2 c_1)\, \mathfrak{U}_z + (c_1 a_2 + c_2 a_1)\mathfrak{U}_y + (a_1 b_2 + a_2 b_1)\mathfrak{U}_z.$$

Die rechte Seite ist vollkommen symmetrisch für die Indices 1 und 2, man würde daher denselben Ausdruck gefunden haben, wenn man die Gruppe L_2, a_2, b_2, c_2 in die homogenen Gleichungen eingesetzt, dann mit a_1, b_1, c_1 erweitert und addirt hätte; die linke Seite würde alsdann aber gelautet haben:

$$(a_1 a_2 + b_1 b_2 + c_1 c_2) \cdot L_2.$$

Wegen der Symmetrie der rechten Seite erhält man durch Subtraction der beiden Resultate:

$$(a_1 a_2 + b_1 b_2 + c_1 c_2) \cdot (L_1 - L_2) = 0.$$

Wenn nun L_1 und L_2 verschieden sind, kann diese Bedingung nur dadurch erfüllt werden, dafs $a_1 a_2 + b_1 b_2 + c_1 c_2 = 0$ ist. Dies ist aber die bekannte Beziehung, welche zwischen den Cosinus zweier auf einander senkrechter Richtungen besteht. Hätten wir, statt mit a_2, b_2, c_2, mit a_3, b_3, c_3 erweitert, so würden wir gefunden haben, dafs auch die dritte Richtung senkrecht auf der ersten und zweiten steht. Es giebt also im Allgemeinen in jedem Körper drei bestimmte, auf einander senkrechte Axen s_1, s_2, s_3 für welche das Trägheitsmoment Θ einen Grenzwerth besitzt. Der gröfste ist ein Maximum, der mittlere ein Sattelwerth, der kleinste ein Minimum. Man nennt dieselben die drei Haupt-Trägheitsmomente des Körpers. Wenn wir das Coordinatensystem mit diesen drei ausgezeichneten Richtungen im Körper zur Deckung bringen, also etwa s_1 zur x-Axe, s_2 zur y-Axe und s_3 zur z-Axe wählen, so erhalten die Richtungscosinus folgende Werthe:

$$a_1 = b_2 = c_3 = 1$$
$$a_2 = a_3 = b_1 = b_3 = c_1 = c_2 = 0$$

und die nach dem Schema der Gleichungen (105) für alle drei Indices gebildeten 9 Gleichungen sagen aus:

$$\left. \begin{array}{c} \mathfrak{X}_x = L_1, \quad \mathfrak{X}_y = L_2, \quad \mathfrak{X}_z = L_3 \\ \mathfrak{U}_x = \mathfrak{U}_y = \mathfrak{U}_z = 0 \end{array} \right\} \quad (107)$$

Wegen des Verschwindens der Gröfsen $\mathfrak{U}$ erhält man bei dieser besonderen Lage des Coordinatensystems den einfachsten Ausdruck für die auf irgend eine in beliebiger Richtung durch den Schwerpunkt gelegte Axe s. Denn zunächst wird:

$$\mathfrak{X}_s = \mathfrak{X}_x \cdot \cos^2(s, x) + \mathfrak{X}_y \cos^2(s, y) + \mathfrak{X}_z \cos^2(s, z) \quad (107\,a)$$

und in Folge dessen:

$$\begin{aligned} \Theta_s &= R - \mathfrak{X}_s \\ &= R \left(\cos^2(s, x) + \cos^2(s, y) + \cos^2(s, z) \right) \\ &\quad - \mathfrak{X}_x \cos^2(s, x) - \mathfrak{X}_y \cos^2(s, y) - \mathfrak{X}_z \cos^2(s, z), \end{aligned}$$

das heifst:

$$\Theta_s = \Theta_x \cos^2(s, x) + \Theta_y \cos^2(s, y) + \Theta_z \cos^2(s, z). \quad (107\,b)$$

Nach dieser einfachen Formel kann das Trägheitsmoment für eine beliebige Axe hergeleitet werden aus den drei Haupt-Trägheitsmomenten.

Man kann sich auch geometrische Vorstellungen bilden über die Gröfsenverhältnisse der verschiedenen Trägheitsmomente, wenn man auf den vom Schwerpunkt ausgehenden Strahlen Strecken

abträgt, deren Länge zu den entsprechenden Trägheitsmomenten in
irgend einer bestimmten Beziehung stehen; alsdann bildet nämlich
der Inbegriff aller dieser Endpunkte eine geschlossene Oberfläche
um den Schwerpunkt herum, aus deren Gestalt man eine Anschauung über die Gröfsenverhältnisse der verschiedenen Trägheitsmomente erhalten kann. Die einfachste analytische Form erhält
diese Fläche, wenn man die auf den Strahlen abgetragenen Strecken
umgekehrt proportional den Quadratwurzeln der zugehörigen Trägheitsmomente macht, also den Radius vector r setzt:

$$r = \frac{C}{\sqrt{\Theta_s}},$$

wo C irgend ein fester Mafsstab ist. Nennen wir nämlich, um die
Gleichung dieser Oberfläche zu finden, die Coordinaten ihrer Punkte
x, y, z, so wird:

$$\cos(s, x) = \frac{x}{r} = \frac{x\sqrt{\Theta_s}}{C}$$

$$\cos(s, y) = \frac{y}{r} = \frac{y\sqrt{\Theta_s}}{C}$$

$$\cos(s, z) = \frac{x}{r} = \frac{z\sqrt{\Theta_s}}{C}$$

und die Gleichung (107b), welche Θ_s durch die Haupt-Trägheitsmomente ausdrückt, ergiebt:

$$\Theta_s = \Theta_s \cdot \frac{x^2 \cdot \Theta_s}{C^2} + \Theta_y \cdot \frac{y^2 \cdot \Theta_s}{C^2} + \Theta_s \cdot \frac{z^2 \cdot \Theta_s}{C^2}$$

oder nach Multiplication mit $\dfrac{C^2}{\Theta_s}$:

$$\Theta_s \cdot x^2 + \Theta_y \cdot y^2 + \Theta_s \cdot z^2 = C^2 \qquad (108)$$

In dieser Gleichung kommt das Moment Θ_s nicht mehr vor. Da
die Coefficienten alle wesentlich positiv sind, so bestimmt diese
Gleichung ein Ellipsoid, das sogenannte Trägheitsellipsoid des
Körpers mit den Hauptaxen $\dfrac{C}{\sqrt{\Theta_x}}$, $\dfrac{C}{\sqrt{\Theta_y}}$, $\dfrac{C}{\sqrt{\Theta_s}}$. Man kann dasselbe
construirt denken, sobald man die drei Hauptträgheitsmomente ge-
funden hat. Alsdann ist es leicht, die Gröfse des Trägheitsmomentes
für jede beliebige Richtung aus der Gröfse des im Inneren des
Ellipsoides verlaufenden Stückes der Axe herzuleiten.

Bei besonderer Gestaltung des Körpers kann dieses Ellipsoid ein Rotationskörper oder gar eine Kugel werden, wenn nämlich zwei oder alle drei Hauptaxen einander gleich werden. Diese besonderen Fälle treten ein, wenn zwei oder alle drei Hauptträgheitsmomente einander gleich werden, wenn also in der vorangehenden Rechnung Gleichheit der Wurzeln L der cubischen Gleichung eintritt. Alsdann bleibt auch die Richtung der betreffenden Axen unbestimmt und willkürlich.

Die Größen $\mathfrak{u}_x$, $\mathfrak{u}_y$, $\mathfrak{u}_z$, welche durch die Gleichungen (102) definirt sind, und welche in dem Trägheitsmomente Θ_z auftreten, sobald die Coordinatenaxen nicht mit den Hauptträgheitsaxen des Körpers zusammenfallen, haben auch eine besondere physikalische Bedeutung. Denken wir uns einen festen Körper um die durch seinen Schwerpunkt gelegte z-Axe als feste Drehungsaxe rotirend, so wird derselbe bei Abwesenheit oder Unwirksamkeit aller äußeren Kräfte eine ihm ertheilte Winkelgeschwindigkeit ω unverändert bewahren. Die einzelnen Massenpunkte werden aber bei ihren kreisförmigen Bahnen den Centrifugalkräften ausgesetzt sein, welche wir nach Gleichung (21) (Seite 36) schreiben können:

$$K_a = m_a \, \varrho_a \, \omega^2.$$

Dabei ist $\varrho_a = \sqrt{x_a^2 + y_a^2}$ zu setzen.

Die Richtung von K_a ist radial und senkrecht auf der z-Axe, wir finden daher die Componenten

$$X_a = \frac{x_a}{\varrho_a} K_a = m_a \, x_a \, \omega^2$$

$$Y_a = \frac{y_a}{\varrho_a} K_a = m_a \, y_a \, \omega^2$$

$$Z_a = 0.$$

Bilden wir nun für die Kräfte die Rotationsmomente, so wird dasjenige für die z-Axe allerdings gliedweise gleich Null, die Centrifugalkräfte können wegen ihrer radialen Richtung die Rotation um die bestehende Axe nicht alteriren und wegen der Starrheit des Körpers auch nicht die Massen desselben von der Axe wegtreiben. Dagegen erhalten die Rotationsmomente für die x- und y-Axe folgende Werthe, bei deren Bildung zu bedenken ist, dass die Winkelgeschwindigkeit ω im ganzen Körper die gleiche ist:

$$\left.\begin{aligned}
\sum(Z_a \, y_a - Y_a \, z_a) &= -\,\omega^2 \sum m_a \, y_a \, z_a \\
\sum(X_a \, z_a - Z_a \, x_a) &= +\,\omega^2 \sum m_a \, z_a \, x_a
\end{aligned}\right\} \quad (109)$$

Wir erhalten also das interessante Resultat, dass bei einem ohne
Wirkung äufserer Kräfte rein in Folge des Beharrungsvermögens um
eine feste durch den Schwerpunkt gelegte Axe rotirenden Körper in
den senkrecht zur Drehungsaxe stehenden Richtungen im allgemeinen
Rotationsmomente von Kräften auftreten, welche zwar durch die Befestigung der Drehaxe unwirksam gemacht werden, welche aber streben,
diese Axe aus ihrer Richtung herauszudrehen. Sobald man also die
vorher ·festgehaltene Drehaxe freiläfst, wird die Bewegung nicht
mehr in derselben Weise weitergehen können; die Massenpunkte,
welche vorher in der Axe lagen, werden vielmehr in beschleunigter
Drehbewegung ihre Ruhelage verlassen und man wird einen complicirteren Bewegungsvorgang vor sich haben. Die rechten Seiten der
letzten beiden Gleichungen enthalten nun aufser dem Quadrat der
Winkelgeschwindigkeit noch diejenigen Summenbildungen, welche
wir in der vorhergehenden Rechnung durch $\mathfrak{U}_x$ und $\mathfrak{U}_y$ bezeichnet
hatten. Das Auftreten dieser Ausdrücke zeigt also an, dass der
Körper nicht dauernd und gleichförmig um die x-Axe rotiren kann,
aufser, wenn diese von aufsen festgehalten wird. Ebenso wenig
kann die x- oder y-Axe eine dauernde freie Rotationsaxe sein, wenn
im ersten Falle $\mathfrak{U}_y$ und $\mathfrak{U}_x$, im zweiten $\mathfrak{U}_x$ und $\mathfrak{U}_z$ von Null
verschieden sind. Die vorstehende Rechnung hat nun in Gleichungen
(107) ergeben, dass $\mathfrak{U}_x$, $\mathfrak{U}_y$ und $\mathfrak{U}_z$ gleich Null werden, wenn die
Coordinataxen zur Deckung gebracht werden mit den Axen des
gröfsten, kleinsten und sattelwerthigen Trägheitsmomentes, d. h. mit
den Hauptaxen des Trägheitsellipsoides des Körpers. Es folgt also
daraus, dass ein freier Körper sich in gleichförmiger Rotation
befinden kann nur um eine der drei bevorzugten Axen. Eine
solche gleichförmige Rotation bedeutet einen Gleichgewichtszustand
der Drehungsaxe. Dieser kann noch labil oder stabil sein. Es
kann nämlich eintreten, dafs bei einer erzwungenen kleinen Verdrehung der Axe aus einer ihrer Hauptlagen die dadurch auftretenden
Gröfsen $\mathfrak{U}$ diese Axe noch weiter wegdrehen, oder aber auch
dieselbe zurückdrehen in die Hauptlage. Nur, wenn letzteres
zutrifft für jede beliebige kleine Störung, ist das Gleichgewicht
stabil, und es lässt sich zeigen, dass dies nur der Fall ist, wenn
der Körper sich um die Axe des grössten Trägheitsmomentes dreht.

§ 47. Physisches Pendel.

Besonders einfach gestalten sich die Verhältnisse, unter denen ein um eine feste Axe drehbarer Körper steht, wenn die äußeren Kräfte überall die gleiche Richtung im Raume haben und proportional den angegriffenen Massenpunkten sind, wie dies besonders für die Schwerkraft gilt. Da nur die senkrecht zur Drehungsaxe stehenden Kraftcomponenten zur Wirksamkeit gelangen, so wird bei nicht horizontaler Lage der Axe nur ein bestimmter Bruchtheil der Schwerkraft in die Rechnung einzuführen sein, den wir erhalten, wenn wir die Intensität g der Schwerebeschleunigung multipliciren mit dem Cosinus des Winkels, um welchen die Drehungsaxe von der horizontalen Richtung abweicht. Da dieser Winkel aber bei fester Axe unverändert bleibt, so wird die Betrachtung dadurch nicht wesentlich verändert, und wir können uns auf den wichtigsten Fall beschränken, daß die feste Axe horizontal liegt. Da übrigens der Cosinus eines sehr kleinen Winkels nur um eine unendlich kleine Größe zweiter Ordnung von 1 verschieden ist, so braucht man nur bei sehr feinen Messungen die vollkommene Horizontalität der Drehungsaxe sorgfältig zu prüfen. Wir nehmen jetzt also die horizontale Drehungsaxe zur x-Axe, dieselbe zeige in der Richtung des Blicks nach vorn, die positive z-Axe zeige vertical nach oben, dann müssen wir die horizontale y-Axe nach links senden. Die auf die Massenpunkte m_a wirkenden Kraftcomponenten sind dann:

$$\left.\begin{array}{l} X_a = - m_a \cdot g \\ Y_a = \quad 0 \\ Z_a = \quad 0 \end{array}\right\} \qquad (110)$$

Folglich ist das Rotationsmoment der Kräfte um die z-Axe oder die Summe aller statischen Momente der Schwere:

$$\sum (Y_a x_a - X_a y_a) = g \cdot \sum m_a y_a.$$

Wir begegnen in diesem Ausdruck der aus Gleichungen (88) bekannten Form, durch welche die Coordinate $\mathfrak{y}$ des Schwerpunktes definirt wird, und wir können den vorstehenden Ausdruck auch schreiben:

$$= g \cdot \mathfrak{y} \cdot \sum m_a.$$

Das Rotationsmoment der Schwerkraft ist also eben so groß, wie es sein würde, wenn die ganze Masse $\sum m_a$ des Körpers im

Schwerpunkt desselben vereinigt wäre.   Dann wäre nämlich nur
die Resultante $g \cdot \sum m_a$ als wirkende Kraft vorhanden, der Hebelarm
derselben wäre die Coordinate $\mathfrak{y}$ des Schwerpunktes, also würde
das statische Moment derselben die gleiche Wirkung $g \cdot \mathfrak{y} \cdot \sum m_a$
haben, welche wir für das Rotationsmoment der über den ganzen
Körper vertheilten Schwerkraft gefunden haben.

Die nächstliegende Frage betrifft die Lage, in welcher der
Körper ruhen kann.   Es ist dazu nöthig, daß die Summe der
statischen Momente, also der vorstehende Ausdruck gleich Null
wird.   Dies kann aber nur dadurch geschehen, dass

$$\mathfrak{y} = 0$$

ist, d. h. dass der Schwerpunkt in der durch die Drehungsaxe
gelegten Verticalebene liegt.   Geht die Drehungsaxe durch den
Schwerpunkt, so ist die Bedingung der Ruhe in jeder möglichen
Lage erfüllt, die Schwerkraft ist dann durch die Unterstützung des
Schwerpunktes ganz unwirksam gemacht; man nennt diesen Zustand
indifferentes Gleichgewicht.   Sobald aber die Axe nicht durch den
Schwerpunkt geht, giebt es nur zwei bestimmte Lagen des Gleichgewichtes, in denen nämlich der Schwerpunkt vertical unter oder
über der Axe liegt.   Beide Ruhelagen sind von wesentlich verschiedenem Charakter.   Dreht man nämlich den Körper um ein
geringes aus einer dieser Lagen, so treten die vorher verschwundenen
Rotationsmomente der Schwerkraft wieder auf und streben den
Körper zu drehen, und zwar läßt sich leicht einsehen, daß die
Drehung in die Ruhelage zurückführt, sobald der Schwerpunkt
unter der Axe liegt, daß sie aber die Abweichung vergröfsert, und
dadurch den Körper überhaupt nicht wieder in diese Ruhelage
zurückführt, wenn der Schwerpunkt über der Axe liegt.   Das erste
Gleichgewicht ist stabil und stellt sich schliefslich immer wieder
von selbst her, wenn die mitgetheilten Bewegungen durch reibende
Kräfte oder ähnliche Ursachen vernichtet sind, das zweite dagegen
ist labil, der geringste Anstofs treibt den Körper in beschleunigter
Bewegung aus dieser Lage fort, welche er auch nicht wieder erreicht.

Um die Lage des stabilen Gleichgewichtes können pendelnde
Bewegungen des Körpers bestehen, und man nennt deshalb solche
um horizontale Axen bewegliche Körper Pendel, und zwar physische
Pendel zum Unterschied gegen das früher betrachtete ideale oder
mathemathische Pendel.   Um die Bewegungsgesetze der physischen
Pendel aufzufinden, müssen wir auf die grundlegenden Differentialgleichungen (91) zurückgehen, deren Aussage für einen um die z-Axe

drehbaren festen Körper wir bereits in Gleichung (97) in folgender Form hingestellt haben:

$$\sum (Y_a\, x_a - X_a\, y_a) = \frac{d^2\vartheta}{d\,t^2} \cdot \sum m_a\, (x_a^2 + y_a^2).$$

Die linke Seite wird bei alleiniger Wirkung der Schwerkraft, wie wir eben hergeleitet haben, gleich $g\cdot\mathfrak{y}\cdot\sum m_a$, das rechts stehende Trägheitsmoment ist eine Constante für jeden unveränderlichen Körper mit fester Axe, wir wollen dasselbe kurz mit Θ bezeichnen. Der variable Winkel ϑ hat selbst keine bestimmte Bedeutung, denn jeder Massenpunkt hat sein besonderes ϑ_a, und nur eine Consequenz der Starrheit verlangte, daß alle $d\vartheta_a/dt$ einander gleich, also mit Vernachlässigung des Index a vor das Summenzeichen gesetzt werden konnten. Wir wollen nun einen bestimmten Winkel einführen: Der Abstand des Schwerpunktes von der Drehungsaxe heiße $\mathfrak{r}$, und der Winkel, um welchen $\mathfrak{r}$ von der nach unten gehenden Verticalen abweicht, heiße α. Wir wollen die positive Richtung von α in Uebereinstimmung mit der positiven Drehung wählen; da also $\alpha = 0$ ist für die Richtung der negativen x-Axe, so wird α positiv in dem Quadranten, wo x und y negativ sind, also beim Ausschlage nach rechts vom Beschauer, negativ dagegen in dem Quadranten, wo y positiv ist. Da nun der Schwerpunkt eine feste Stelle in dem Körper hat, so werden die zeitlichen Veränderungen von α, also $\frac{d\alpha}{dt}$ und $\frac{d^2\alpha}{dt^2}$ ebenfalls mit sämmtlichen $\frac{d\vartheta_a}{dt}$ resp. $\frac{d^2\vartheta_a}{dt^2}$ übereinstimmen, und wir können den bestimmten Winkel α an Stelle von ϑ setzen. Auch die Variabele der linken Seite, $\mathfrak{y}$, lässt sich durch α ausdrücken, denn es ist nach unseren Festsetzungen:

$$\mathfrak{x} = -\,\mathfrak{r}\cos\alpha$$
$$\mathfrak{y} = -\,\mathfrak{r}\sin\alpha.$$

Die Differentialgleichung des physischen Pendels wird hiernach:

$$-\,g\,\mathfrak{r}\sin\alpha \cdot \sum m_a = \Theta\cdot\frac{d^2\alpha}{dt^2}$$

oder:

$$\frac{d^2\alpha}{dt^2} = -\,\frac{g\cdot\mathfrak{r}\cdot\sum m_a}{\Theta}\cdot\sin\alpha. \tag{111}$$

Diese Gleichung zeigt vollkommene formale Uebereinstimmung mit der früher behandelten Differentialgleichung für das mathe-

matische Pendel, Gleichung (46) (Seite 82), nur ist der dort auftretende
Coefficient g/l hier durch einen anderen Ausdruck ersetzt; es ist
indessen leicht, jenen als Specialfall des jetzt vorliegenden zu erkennen. Erweitern wir nämlich jenen Bruch g/l mit dem Ausdruck
$m . l$, so lautet er $\dfrac{g . l . m}{m . l^2}$, da aber l der Abstand des einzigen beim
mathematischen Pendel vorhandenen Massenpunktes m von der Axe
bedeutete, so ist l im Zähler als Schwerpunktsabstand r zu betrachten,
der Nenner $m l^2$ aber ist das Trägheitsmoment. Diese formale Uebereinstimmung überhebt uns der Mühe einer besonders durchzuführen-
den Integration; wir können vielmehr alle bei der Behandlung des
mathematischen Pendels gefundenen Resultate direkt auf den vorliegenden Fall übertragen. Bei kleinen Ausschlägen, so lange es
erlaubt ist $\sin \alpha = \alpha$ zu setzen, erhalten wir einfache Sinusschwingungen, deren Periode nicht von der Weite dieser Ausschläge
abhängt, bei grösseren Ausschlägen wird der zeitliche Verlauf der
Elongationen durch die elliptische Function Sinus-amplitudinis dargestellt, die Periode wächst dabei mit zunehmender Schwingungsweite
in der durch Gleichung (53) angegebenen Weise. Endlich können
auch ungleichförmige Rotationen ohne Umkehr vorkommen, bei denen
der Winkel α direct durch die Function Amplitudo einer mit der
Zeit proportional wachsenden Gröfse dargestellt wird, ganz wie dies
in § 29 ausführlich dargestellt ist.

Wenn wir die Coefficienten in den Differentialgleichungen des
mathematischen und des physischen Pendels einander gleichsetzen,
also die Gleichung aufstellen:

$$\frac{g}{l} = \frac{g . r . \sum m_s}{\Theta},$$

so folgt daraus eine gewisse Pendellänge:

$$l = \frac{\Theta}{r . \sum m_s}, \tag{112}$$

welche demjenigen mathematischen Pendel angehört, welches in
jedem Falle die gleiche Periode hat, wie das physische Pendel.
Man nennt daher diese Länge l die reducirte Pendellänge. Die
Schwingungsdauer T für kleine Amplituden, welche beim mathematischen Pendel gleich $2 \pi \sqrt{\dfrac{l}{g}}$ war, wird für das physische Pendel

$$T = 2 \pi \sqrt{\frac{\Theta}{g . r . \sum m_s}}. \tag{112 a}$$

Den Nenner des Radicandus, $g \cdot r \cdot \sum m_i$, welcher nach Multiplication mit dem Sinus des Elongationswinkels α, oder bei kleinen Schwingungen nach Multiplication mit dem Elongationswinkel α selbst, das Rotationsmoment der Kräfte ergiebt, nennt man gewöhnlich die Directionskraft, obwohl die Bezeichnung Kraft für diese Gröfse von der Dimension Kraft mal Hebelarm nicht angebracht ist. Man kann dann aus der vorstehenden Formel für T folgende für das physische Pendel und alle damit verwandten Körper, wie schwingende Magnetstäbe und Torsionswagen gültige Regel ableiten: Die Schwingungsdauer ist proportional der Wurzel des Trägheitsmomentes und umgekehrt proportional der Wurzel der Directionskraft.

Diese Formel für die Schwingungsdauer bietet nun das Mittel dar, um mit Hülfe eines wirklich ausführbaren physischen Pendels die Intensität der Schwerkraft g experimentell zu bestimmen. Die Dauer der Perioden T kann man sehr genau messen, weil dieselben durch das allmähliche Abnehmen der Amplituden nicht verändert werden, man also die Dauer von vielen Hunderten von Schwingungen mit einer Normaluhr vergleichen kann. Es ist nicht einmal nöthig, während der ganzen Zeit die Schläge zu zählen, man kann vielmehr nach Beobachtung einer kleineren Reihe von Durchgangszeiten durch die Ruhelage davon gehen und nach geraumer Zeit wiederum einige Beobachtungen machen. Die verstrichene Zeit mufs jedenfalls ein ganzzahliges Multiplum des gesuchten T sein, welches? — ergiebt sich zweifellos aus der ersten Annäherung für T, welche man aus wenigen Schlägen ableiten kann. Auch die Methode der Vergleichung der Zeiten der Durchgänge durch die Ruhelage mit den Schlägen einer Normaluhr sind sehr vollkommen ausgebildet durch die Methode der Coincidenzen.

Der Bestimmung der gesammten Masse $\sum m_i$ durch die Wage steht gleichfalls nichts im Wege; nicht so einfach ist indessen die Auffindung des Schwerpunktsabstandes r und namentlich des Trägheitsmomentes Θ. Man kann zwar für regelmäfsige Gestalten des als Pendel benützten Körpers, also beispielsweise für eine Kugel oder einen Kreiscylinder, welche etwa an einem Draht aufgehängt sind, r und Θ mathematisch berechnen, wobei die Summationen über alle Massenpunkte zu Integrationen über den ganzen mit Masse erfüllten Raum werden. Diese Berechnungen setzen aber voraus, dafs das Material, aus welchem der Körper gearbeitet ist, vollkommen homogen ist, d. h. dafs in gleich grofsen Volumelementen an allen Stellen des Körpers dieselbe Menge von träger Masse enthalten ist,

eine Bedingung, deren Erfüllung man in der Praxis schwer prüfen
kann, deren Nichterfüllung sich aber bei allen üblichen Materialien,
selbst bei gegossenen und gehämmerten Metallen, oft genug herausstellt. Daher werden diese aus den Dimensionen berechneten
Trägheitsmomente sich nicht vollkommen mit den physikalischen
Werthen decken, und die Sicherheit der gewonnenen Resultate wird
unter diesen unvermeidlichen Mängeln leiden, ganz abgesehen davon,
daſs die einfachen, der Berechnung zugänglichen Gestalten nicht
die für den Versuch zweckmäſsigsten Formen besitzen. Man hat
daher versucht, die directe Bestimmung der Trägheitsmomente zu
umgehen oder auf empirischem Wege
durch physikalische Mittel zu bewirken,
wobei die erkannten Gesetze über die
Veränderungen der Trägheitsmomente bei
Parallelverschiebung der Axe ein wichtiges
Hülfsmittel bilden.

Für das Pendel wird die Schwierigkeit am vollkommensten gehoben durch
die Benutzung des Reversionspendels,
welches um zwei verschiedene parallele
Axen schwingen kann. Die wichtigsten
Theile dieses Apparates zeigt Figur 9 in
schematischer Darstellung. Ein nach beiden Enden hin symmetrisch gearbeiteter
länglicher Metallkörper $A\,B$ besitzt in gleichem Abstand von beiden Enden zwei
gegen einander gekehrte Stahlschneiden O_1
und O_2, welche man auf ein festes, eben
oder hohlcylindrisch geschliffenes, hartes
Lager aufsetzen kann, so daſs beide
Schneiden abwechselnd als Drehungsaxen
benutzt werden können, um welche der
Körper Pendelschwingungen ausführen soll.
Beide Enden des Pendels tragen Schrauben-
gewinde, an welchen zwei linsenförmige
Körper M und $\mathfrak{M}$ in beliebiger Stellung
durch Muttern festgehalten werden. Beide
Linsen haben dieselbe äuſsere Gestalt, die

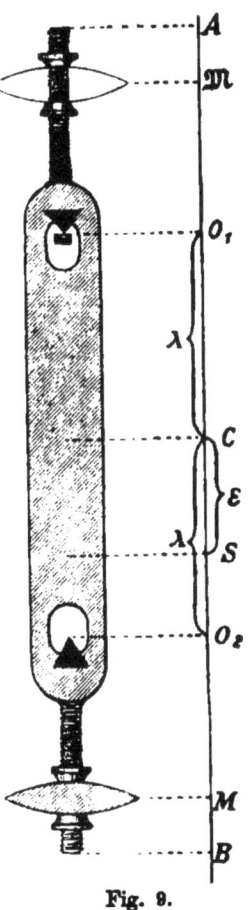

Fig. 9.

eine, von der Masse M, ist aber massiv oder mit Blei gefüllt, während
die andere dünnwandig und hohl ist und eine viel geringere Masse $\mathfrak{M}$
besitzt. Dies hat zur Folge, daſs selbst bei ganz symmetrischer

äufserer Erscheinung der Schwerpunkt nicht im Mittelpunkt C zwischen beiden Schneiden liegt, sondern bedeutend näher an der Masse M, etwa in S. Die hohle Linse $\mathfrak{M}$ ist überhaupt nur angebracht, damit das Pendel in beiden Aufhängungen den unvermeidlichen kleinen Einflüssen der Luftreibung die gleiche Oberflächenvertheilung darbiete. Die Massenvertheilung des ganzen Apparates ist nun derart gewählt, dafs die Schwingungsdauer um beide Axen nahezu die gleiche ist, die Aufgabe des Beobachters, die beiden Perioden in die vollkommenste Uebereinstimmung zu bringen, läfst sich dann durch geringe Verschiebungen der Linsen stets ausführen. Nehmen wir nun an, man hätte für einen bestimmten Beobachtungsort, an welchem die Intensität g der Schwerkraft gemessen werden soll, diese Stellung der Linsen herausgefunden, so werden die reducirten Pendellängen des Reversionspendels für beide Axen die gleiche Länge haben. Bezeichnen wir den Abstand der beiden Schneiden $O_1 O_2$ mit 2λ, also $C O_1 = C O_2 = \lambda$ und die Excentricität des Schwerpunktes, d. h. den Abstand des Schwerpunktes vom geometrischen Mittelpunkt, also die Strecke $C S$ mit ε. Das unbekannte Trägheitsmoment des Pendels für eine parallel den beiden Schneiden durch den Schwerpunkt gelegte Axe sei Θ_0, die Gesammtmasse inclusive M und $\mathfrak{M}$ behalte die Bezeichnung $\sum m$. Wir können dann mit den hier eingeführten Gröfsen nach der Regel der Gleichung (99) die Trägheitsmomente Θ_1 und Θ_2 für die beiden Axen O_1 und O_2 ausdrücken. Es ist $S O_1 = \lambda + \varepsilon$, $S O_2 = \lambda - \varepsilon$, folglich:

$$\Theta_1 = \Theta_0 + (\lambda + \varepsilon)^2 \sum m$$

$$\Theta_2 = \Theta_0 + (\lambda - \varepsilon)^2 \sum m$$

und daraus folgen nach Gleichung (112) die zugehörigen reducirten Pendellängen:

$$l_1 = \frac{\Theta_0 + (\lambda + \varepsilon)^2 \sum m}{(\lambda + \varepsilon) \sum m}$$

$$l_2 = \frac{\Theta_0 + (\lambda - \varepsilon)^2 \sum m}{(\lambda - \varepsilon) \sum m}.$$

Da diese beiden Gröfsen einander gleich gemacht worden sind, hat man also die Gleichung:

$$\frac{\Theta_0 + (\lambda + \varepsilon)^2 \sum m}{(\lambda + \varepsilon) \sum m} = \frac{\Theta_0 + (\lambda - \varepsilon)^2 \sum m}{(\lambda - \varepsilon) \sum m}.$$

Wir wollen die Quadrate der Binome im Zähler ausführen und die Nenner beider Seiten mit 2λ multipliciren, wodurch ja die Uebereinstimmung der Ausdrücke nicht gestört wird. Die Gleichung erhält dadurch die Form:

$$\frac{\{\Theta_0 + (\lambda^2 + \varepsilon^2)\sum m\} + 2\lambda\varepsilon.\sum m}{2\lambda^2.\sum m + 2\lambda\varepsilon.\sum m} = \frac{\{\Theta_0 + (\lambda^2 + \varepsilon^2)\sum m\} - 2\lambda\varepsilon.\sum m}{2\lambda^2.\sum m - 2\lambda\varepsilon.\sum m}$$

welche aussagt, dafs der Ausdruck:

$$\frac{\{\Theta_0 + (\lambda^2 + \varepsilon^2)\sum m\} \pm 2\lambda\varepsilon.\sum m}{2\lambda^2.\sum m \pm 2\lambda\varepsilon.\sum m}$$

denselben Werth behält, wenn man das $+$ Zeichen und das $-$ Zeichen gelten läfst. Da nun ε bei der Einrichtung des Reversionspendels sicher von Null verschieden ist und deshalb die zweiten Glieder in Zähler und Nenner nicht verschwinden, so ist diese Eigenschaft des obigen Ausdruckes nur möglich, wenn die ersten Glieder in Zähler und Nenner einander gleich sind, wenn also der ganze Ausdruck den Werth 1 hat. Es mufs also sein:

$$\Theta_0 + (\lambda^2 + \varepsilon^2)\sum m = 2\lambda^2\sum m$$

oder:

$$\Theta_0 = (\lambda^2 - \varepsilon^2)\sum m = (\lambda + \varepsilon)(\lambda - \varepsilon)\sum m.$$

Durch die hergestellte Gleichheit der Schwingungsdauern des Pendels um beide Axen erhält man also ein Mittel, die eine Unbekannte Θ_0 durch die andere ε auszudrücken. Die beiden einander gleichen reducirten Pendellängen l erhalten nach Einsetzung des vorstehenden Betrages von Θ_0 den Werth:

$$l = \frac{(\lambda + \varepsilon)(\lambda - \varepsilon)\sum m + (\lambda \pm \varepsilon)^2 \sum m}{(\lambda \pm \varepsilon)\sum m} = 2\lambda.$$

Die Unbekannte ε fällt also ebenfalls fort und wir erhalten das einfache Resultat, dafs die reducirte Pendellänge für die gemeinsame Schwingungsdauer um beide Axen gleich 2λ, also gleich dem Abstand der beiden Schneiden ist. Dieser Abstand ist mit Hülfe eines Kathetometers oder eines Längencomparators sehr genau zu messen. Man hat also beim Reversionspendel alle Mittel zur Hand, um die Intensität der Schwerkraft nach der einfachen Gleichung:

$$g = \frac{4\pi^2 l}{T^2}$$

mit gröfster Genauigkeit zu bestimmen. Ueber die Auffassung des
Begriffs Schwingungsdauer ist noch zu bemerken, dafs wir denselben
hier als Dauer einer ganzen Periode, d. h. eines Hin- und Rück-
ganges eingeführt haben, dafs man aber in der Praxis die Pendelschwingungen nach den Schlägen zählt, welche bei jedem Durchgange
durch die Ruhelage erfolgen; die Zeit zwischen zwei aufeinanderfolgenden Schlägen ist aber nur eine halbe Periode. Man mufs
daher bei Angaben über Schwingungsdauern stets darauf achten,
ob ganze oder halbe Perioden gemeint sind. Unter einem Secundenpendel, beispielsweise, versteht man für gewöhnlich ein Pendel,
welches in jeder Secunde einen Schlag giebt, dessen Periode also
$T = 2$ Secunden zu setzen ist, dessen reducirte Länge also:

$$l = \frac{g}{\pi^2}$$

ist, ein Werth, der, wie die Intensität der Schwere, an verschiedenen Orten kleine Unterschiede zeigt, jedoch überall sehr nahe
gleich 1 Meter ist.

Aufser dem physischen Pendel giebt es noch eine Anzahl von
Apparaten, welche zur Messung anderer Kräfte dienen, in denen
aber ebenfalls Körper pendelartige Schwingungen nach denselben
Gesetzen ausführen, welche wir eben gefunden haben. Befestigt
man z. B. an einem vertical herabhängenden Drahte, dessen oberes
Ende festgeklemmt ist, einen in horizontaler Richtung ausgedehnten
Körper, so dafs dessen Schwerpunkt gerade unter die Axe des
Drahtes fällt, so hat dieses System eine bestimmte Ruhelage. Dreht
man aber den Körper um die verticale Axe des Drahtes aus dieser
Lage heraus, so entsteht durch die Torsion des Drahtes ein Rotationsmoment von Kräften, welches den Körper in die Ruhelage zurück-
zudrehen strebt, und zwar ist hier dieses Moment proportional dem
Elongationswinkel α selbst, nicht wie beim Pendel dem Sinus desselben. Den Proportionalitätsfactor D, welcher also das Rotationsmoment der Kräfte für den Winkel $\alpha = 1$, also für die Verdrehung
um $57^0\,17{,}75'$ mifst, nennt man auch hier die Directionskraft und
die Schwingungsdauer des so aufgehangenen Körpers wird, wie
beim Pendel in Gleichung (112 a):

$$T = 2\pi\sqrt{\frac{\theta}{D}}. \tag{112 b}$$

Ist der Körper ein horizontal schwebender Magnetstab, so wird
derselbe streben, sich in die Richtung des magnetischen Meridians

zu stellen, und wenn die Befestigung der verticalen Axe torsionslos
ist oder nur eine sehr geringe Kraft äufsert, wird er die Nord-
Südlage auch erreichen. Dreht man den Magneten ein wenig und
läfst ihn dann frei, so führt er ebenfalls Pendelschwingungen um
die Ruhelage aus, deren Periode bei kleinen Ausschlägen durch
dieselbe Gleichung gegeben wird, wie oben, nur mit dem Unterschied, dafs die Directionskraft D jetzt von der erdmagnetischen
Kraft herrührt. Das durch die letztere erzeugte Rotationsmoment
ist wie bei der Schwere proportional dem Sinus des Ablenkungswinkels, also wird die Gültigkeit der einfachen Formel für die
Schwingungsdauer auf kleine Ausschläge beschränkt sein.

Der Zweck solcher Schwingungsbeobachtungen ist stets die
Bestimmung der wirksamen Directionskraft D, aus welcher man
dann einen Schluß ziehen kann im einen Falle auf die elastische
Beschaffenheit des zum Drahte ausgezogenen Metalls, im anderen
Falle auf die Intensität des erdmagnetischen Feldes. Man mufs
also aufser der Periode T auch hier wieder das auf die verticale
Drehungsaxe bezogene Trägheitsmoment Θ kennen, dessen mathematische Berechnung aus der Gestalt und der Dichtigkeit wir oben
schon als mifslich bezeichnet haben. Man hilft sich in diesen
Fällen meistens in der Weise, dafs man zwei kleinere cylindrische
Massen von gleicher Gröfse m, an den beiden Enden des schwingenden Stabes, im Abstand h von der Drehaxe in kleinen Einschnitten
an Coconfäden aufhängt. Die Trägheitsmomente, welche dadurch
hinzukommen, setzt man gleich $2\,m\,h^2$, und man findet für den so
belasteten Körper eine längere Periode:

$$T' = 2\,\pi\,\sqrt{\frac{\Theta + 2\,m\,h^2}{D}}.$$

Aus beiden Gleichungen kann man das unbekannte Θ eliminiren
und findet schliefslich:

$$D = \frac{8\,\pi^2 . m\,h^2}{T'^2 - T^2}$$

Dieses Verfahren leidet an dem Uebelstande, dafs man nicht sicher
ist, ob nicht die kleinen angehängten Gewichte Eigenschwingungen
machen, oder man darf sagen, man ist sicher, dafs sie Eigen-
bewegungen haben werden, welche noch eine weitere, schwer
controlirbare Reaction auf die Schwingung des ganzen Körpers
üben. Besser wäre es, die Magnetstäbe in cylindrische oder
prismatische Hülsen einzuschliefsen, auf denen beiderseits gleiche

Massen verschiebbar sind. Diese sind dann fest mit dem Körper verbunden, nehmen also sicher an der Drehung theil, es müssen daher auch deren Trägheitsmomente, bezogen auf die durch ihre Schwerpunkte gelegten Axen berücksichtigt werden. Diese bleiben aber bei allen Verschiebungen der Massen die gleichen, geändert wird nur der Abstand ihrer Schwerpunkte von der Drehungsaxe und zwar sind diese Veränderungen sehr leicht genau zu messen. Man kann dann ebenfalls durch Bestimmung der Schwingungsdauern bei mehreren verschiedenen Stellungen der Schieber das unbekannte Trägheitsmoment des ganzen Körpers eliminiren, ohne jenen Fehlerquellen ausgesetzt zu sein, die durch das Anhängen von Massen an dünnen Fäden auftreten können.

Zweiter Abschnitt.

Das Energieprincip.

§ 48. Beweis des Gesetzes für conservative Kräfte.

Bereits im zweiten Theile dieses Buches, als wir die Bewegungen eines einzelnen Massenpunktes unter der Wirkung verschiedener äufserer Kräfte betrachteten, hatten wir mehrfach Gelegenheit, auf die Erfüllung des Gesetzes von der Erhaltung der Energie hinzuweisen. Für die Wirkung der Schwerkraft wurde in § 18 eine ausführliche Darstellung desselben gegeben, welche als eine vorläufige Einführung in den Sinn des Gesetzes und die dabei zu betrachtenden Begriffe dienen mag. Auch bei der ersten Integration der Differentialgleichung der elastischen Kraft in § 22 fanden wir die Energie als Integrationsconstante (S. 60); der dort gebrauchte Kunstgriff, die Differentialgleichung durch Erweiterung mit der Geschwindigkeit dx/dt integrabel zu machen, ist nur eine specielle Benutzung desselben Gedankens, den wir sogleich auf die allgemeinen NEWTON'schen Bewegungsgleichungen anwenden werden. Ferner waren in § 29 bei der Theorie des mathematischen Pendels, welches in verticaler Kreisbahn ohne Umkehrpunkte rotirt, die

Begriffe der Arbeit und der lebendigen Kraft in ihrer durch das in Rede stehende Gesetz gegebenen Verbindung zur Veranschaulichung der ersten Integrationsconstante C (Seite 91—92) von Nutzen. Man könnte noch hinzufügen, daſs auch das oscillirende Pendel dadurch ein instructives Beispiel abgiebt, daſs bei der Bewegung desselben die beiden Formen der Energie abwechselnd in die Erscheinung treten. Zu den Zeiten, wo das Pendel umkehrt, ist der schwere Punkt zur höchsten Höhe gehoben, welche er überhaupt während der Bewegung erreicht, die Energie erscheint hier ausschlieſslich durch die Höhenlage des Punktes bedingt, denn lebendige Kraft ist beim Stillstand der Umkehr nicht vorhanden. Wenn das Pendel dagegen durch seine Gleichgewichtslage eilt, befindet sich der schwere Punkt in der niedrigsten Lage, welche er bei seiner Befestigungsart überhaupt erreichen kann; ein Vorrath von Energie kann deshalb nicht aus dieser Lage gewonnen werden, dagegen besitzt die Masse jetzt ihre maximale Geschwindigkeit, die gesammte Energie besteht dann nur in der lebendigen Kraft der bewegten Masse. Die Gleichheit beider Energiequanta läſst sich sehr leicht aus der Gleichung (47) (Seite 83) ablesen.

Das in Rede stehende Gesetz wurde nach dem Bekanntwerden der wichtigsten einfachen Bewegungserscheinungen, welche durch die Untersuchungen von GALILEI, NEWTON, HUYGENS u. a. festgestellt waren, nicht gleich in seiner Vollständigkeit erkannt. Die Betrachtung der lebendigen Kraft bewegter Massen wird gewöhnlich auf LEIBNIZ zurückgeführt; er war es auch, welcher den eigenthümlichen Namen für diese Gröſse einführte, indem er darauf hinwies, daſs eine bewegte Masse allerlei Wirkungen hervorbringen könne, welche man sonst nur durch directes Eingreifen von Kräften erzielen kann, wie z. B. die Fähigkeit selbst gegen die Richtung der Schwere aufzusteigen, statt zu fallen, oder auch als Geschoſs zerstörende Wirkungen beim Zusammenstoſs mit widerstehenden Körpern zu äuſsern. Das Epitheton „lebendig" sollte darauf hinweisen, daſs die beobachtete Wirkungsfähigkeit der Masse nur in ihrer Lebendigkeit, d. h. Bewegung liegt, der ruhenden Masse aber abgeht. LEIBNIZ stellte nun folgenden Satz auf, der sich bei der Betrachtung verschiedener Bewegungsvorgänge unter der Wirkung einer gewissen dadurch ausgezeichneten Klasse von Kräften bestätigt hatte, daſs nämlich die Summe der lebendigen Kräfte in einem Massensystem allemal wieder dieselbe wird, wenn die sämmtlichen Theile des Systems im Laufe ihrer Bewegung in die gleiche Lage zu einander zurückkehren.

Diese Gesetzmäfsigkeit bezeichnete er als conservatio virium vivarum, er ging also nicht auf den Begriff der potentiellen Energie ein, deshalb war es auch für seine Betrachtungen nicht störend, dafs er die lebendige Kraft durch das ganze Product aus Masse und Geschwindigkeitsquadrat definirte, während wir jetzt in Rücksicht auf die Gröfse des in der bewegten Masse enthaltenen Arbeitsquantums das halbe Product jener beiden Gröfsen einführen müssen. Es ist nun möglich aus dieser LEIBNIZ'schen Form des Gesetzes eine Bedingung herzuleiten, welcher diejenigen Kräfte genügen müssen, für welche dasselbe zutrifft und welchen man deshalb den Namen „conservative Kräfte" [1] gegeben hat. Wenn nämlich die Summe der lebendigen Kräfte für jede während der Bewegung wiederkehrende gleiche Constellation der Massen auch wieder den gleichen Werth erlangt, so mufs dieselbe, obwohl sie nur aus den Massen und den Geschwindigkeitsquadraten zusammengesetzt ist, doch eine reine Function der Coordinaten der Massenpunkte sein. Das Hülfsmittel, durch welches wir zur Aufstellung dieser Bedingung für die Kräfte gelangen, ist nun eine neue, von den in diesem Theile dagewesenen, verschiedene Integration der NEWTON'-schen Bewegungsgleichungen, welche gestattet, die Summe der lebendigen Kräfte zu bilden. Wir brauchen dabei die drei verschiedenen Coordinatenrichtungen nicht zu unterscheiden und können die ganze Schaar der für die einzelnen Massenpunkte geltenden Differentialgleichungen zusammenfassen in der Form:

$$m_a \cdot \frac{d^2 x_a}{d t^2} = X_a \qquad (113)$$

Zu jedem Punkte gehören drei Gleichungen, also drei Indices a, welche die sonst unterschiedenen drei Coordinaten vertreten, selbstverständlich müssen die drei dazugehörigen m_a identisch sein, denn sie bezeichnen denselben Punkt. Solcher Gleichungen haben wir dreimal so viel als das System Massenpunkte enthält. Wir erweitern jede der Differentialgleichungen mit der zugehörigen Coordinate der Geschwindigkeit des betreffenden Massenpunktes, also in unserer symbolischen Bezeichnung mit $\frac{d x_a}{d t}$, und addiren die ganze Schaar von Gleichungen; das Resultat ist:

$$\sum m_a \cdot \frac{d^2 x_a}{d t^2} \cdot \frac{d x_a}{d t} = \sum X_a \cdot \frac{d x_a}{d t} \,.$$

---

[1] Zunächst sollen also conservative Kräfte dadurch definirt sein, dafs sie dem LEIBNIZ'schen Gesetze folgen.

Die linke Seite ist ein vollständiger Differentialquotient nach der Zeit, wir können die Gleichung auch in folgender Form schreiben:

$$\frac{d}{dt} \sum \tfrac{1}{2} m_a \left(\frac{dx_a}{dt}\right)^2 = \sum X_a \frac{dx_a}{dt} \qquad (114)$$

In der links stehenden Summe lassen sich die je drei auf denselben Massenpunkt bezüglichen Quadrate der Geschwindigkeitscomponenten zusammenfassen zum Quadrat der resultirenden Geschwindigkeit dieses Punktes, also liefern je drei zusammengehörige Summanden das halbe Product aus dem bewegten Massenpunkte mal dem Quadrat seiner Geschwindigkeit, d. h. die lebendige Kraft dieses Punktes und die Summe, deren Differentialquotient die linke Seite der Gleichung bildet, ist die gesammte lebendige Kraft des Massensystems. Bezeichnen wir diese durch L, setzen also:

$$\sum \tfrac{1}{2} m_a \left(\frac{dx_a}{dt}\right)^2 = L \qquad (114\,\text{a})$$

so finden wir:

$$\frac{dL}{dt} = \sum X_a \frac{dx_a}{dt} \qquad (114\,\text{b})$$

Da wir nun aus dem Leibniz'schen Satze folgerten, daſs L eine reine Function der Coordinaten sein müsse, so muſs, wenn eine Integration möglich sein soll, auch die rechte Seite dieser Gleichung der vollständige zeitliche Differentialquotient einer reinen Coordinatenfunction sein, welche also nur insofern von der Zeit abhängt, als die x_a sich während der Bewegung verändern, nicht aber noch in anderer Weise direct die Zeit als Variabele enthält.

Diese Coordinatenfunction, deren Existenz wir fordern müssen, wollen wir bezeichnen durch $-\varPhi$; das Minuszeichen, welches zunächst willkürlich, aber für die analytischen Betrachtungen in keiner Weise anstöſsig erscheint, findet später seine Begründung in der physikalischen Bedeutung von $\varPhi$. Da $-\varPhi$ nur die variabelen Zeitfunctionen x_a enthält, so ist nach den Grundlehren der Differentialrechnung

$$\frac{d}{dt}\left(-\varPhi\right) = \sum \left(-\frac{\partial \varPhi}{\partial x_a}\right) \cdot \frac{dx_a}{dt}.$$

Dieser Ausdruck muſs nun verträglich sein mit der rechten Seite der Gleichung 114b; das ist aber nur möglich, wenn die Kraft-

componenten X_a, welche die Bewegungen in dem Massensystem
regiren, den Bedingungen genügen:

$$X_a = - \frac{\partial \Phi}{\partial x_a} \qquad (115)$$

Wir haben angenommen, daß Φ im Allgemeinen sämmtliche Coordinaten enthalte; sollten auf gewisse Punkte in gewissen Richtungen
keine Kräfte wirken, so würden die betreffenden Coordinaten in der
Function fehlen und die partiellen Differentialquotienten nach denselben würden gleich Null werden. Im Uebrigen ist Φ bisher keinen
weiteren Bedingungen unterworfen als der der eindeutigen Differenzirbarkeit.

Sobald die im System wirkenden Kräfte sich in der durch
Gleichung (115) angegebenen Weise darstellen lassen, ist die Differen-
tialgleichung (114b) integrirbar, wir können dieselbe dann in folgender
Form schreiben:

$$\frac{dL}{dt} + \sum \frac{\partial \Phi}{\partial x_a} \cdot \frac{dx_a}{dt} = 0$$

oder

$$\frac{d}{dt}(L + \Phi) = 0,$$

daraus folgt, daß während der Bewegung $(L + \Phi)$ eine unveränderliche Größe bleibt, eine Integrationsconstante, welche man die
Energie des Systems nennt. Bezeichnen wir dieselbe durch E, so
erhalten wir das Gesetz von der Constanz der Energie ausgedrückt
durch die Gleichung:

$$L + \Phi = E \qquad (116)$$

Die beiden Theile L und Φ nennt man, wie früher schon angeführt, die kinetische und die potentielle Energie;[1] erstere ist durch
den Bewegungszustand des Systems, letztere durch die Configuration
des Systems bedingt.

Es sei zum Schlusse nochmals darauf hingewiesen, daß der
Beweis dieses Gesetzes nur möglich geworden ist durch eine be-
stimmte Annahme über die Natur der in dem System wirkenden
Kräfte (Gleichung 115), daß daher die Gültigkeit desselben zunächst

---

[1] In seiner Schrift „Ueber die Erhaltung der Kraft" (Berlin 1847) nannte
HELMHOLTZ die Größe Φ die Summe der Spannkräfte, analog der Bezeichnung
Summe der lebendigen Kräfte für L, doch ist er selbst später zu den obigen
Bezeichnungen übergegangen.

auch beschränkt ist auf solche Kräfte, welche der gestellten Bedingung genügen. Diese letztere wurde hergeleitet aus dem Leibniz'-schen Gesetze von der Erhaltung der lebendigen Kraft. In diesem Sinne sagt auch unser Resultat nichts mehr oder weniger aus als jener Leibniz'sche Satz; dieser verlangt ja, daſs die lebendige Kraft durch eine reine Function der Coordinaten der Massenpunkte darstellbar sei, wir haben nun Φ als eine solche Function eingeführt und erhalten: $L = E - \Phi$, ein Ausdruck, welcher wegen der Constanz von E diese Forderung erfüllt, ohne daſs durch die besondere Form $E - \Phi$, d. h. durch die Heranziehung der potentiellen Energie eine darüber hinausgehende Erkenntniſs erzielt wäre. Eine solche kommt erst hinzu, wenn man auf die physikalische Bedeutung der Function Φ eingeht und untersucht, welche Gesetze über die Anordnung und Wirkung der Kräfte aus deren Bestehen flieſsen.

§ 49.　Centralkräfte sind conservativ.

Ehe wir zu den am Schlusse des vorigen Paragraphen bezeichneten Betrachtungen übergehen, wollen wir das Reich derjenigen Kräfte, welche den Bedingungsgleichungen (115) gehorchen, ein wenig durchmustern, d. h. ohne dasselbe erschöpfen zu wollen, eine bestimmte wichtige Klasse von Kräften als zugehörig nachweisen. Wir schlagen der Kürze wegen einen deductiven Weg ein und zeigen, daſs alle Kräfte, welche zwischen Massenpunkten in Richtung der geraden Verbindungslinie wirken und deren Intensität nur vom Abstand der Punkte abhängt, also alle sogenannten Centralkräfte, welche bereits durch die ursprüngliche Newton'sche Fassung des Reactionsprincips umgrenzt waren, auch unter dieses Gesetz fallen.

Zunächst betrachten wir ein System von nur zwei Massenpunkten m_a und m_b, und nennen den Betrag der zwischen diesen wirkenden Abstoſsungs- oder Anziehungskraft $K_{a,b}$ ($\equiv K_{b,a}$). Derselbe sei positiv, wenn es sich um Abstoſsung handelt, negativ, wenn um Anziehung.

Die Richtung derselben ist die der Verbindungslinie, deren absolute Länge $r_{a,b}$ ($\equiv r_{b,a}$) heiſsen mag. Es soll also vorausgesetzt werden, daſs $K_{a,b}$ irgend eine eindeutige Function von $r_{a,b}$ ist, welche nicht anders von der Zeit abhängt, als dadurch, daſs $r_{a,b}$ sich bei der Bewegung der beiden Punkte mit der Zeit verändert. (Vergl. § 8 und § 34.) Die Componenten dieser Kraft in Richtung der Coordinataxen werden dann gefunden, indem man die Intensität

$K_{a,b}$ multiplicirt mit den Cosinus, welche $r_{a,b}$ mit den Axen bildet. Diese lassen sich rein geometrisch in der Form $\dfrac{x_a - x_b}{r_{a,b}}$ etc. darstellen, man kann dieselben aber auch gewinnen, wenn man den Ausdruck:

$$r_{a,b} = + \sqrt{(x_b - x_a)^2 + (y_b - y_a)^2 + (z_b - z_a)^2} \qquad (117)$$

nach allen darin steckenden sechs Variabelen differenzirt. Man findet so:

$$\left.\begin{aligned}
\frac{\partial r_{a,b}}{\partial x_a} &= \frac{x_a - x_b}{r_{a,b}}, && \frac{\partial r_{a,b}}{\partial x_b} = \frac{x_b - x_a}{r_{a,b}} \\[2mm]
\frac{\partial r_{a,b}}{\partial y_a} &= \frac{y_a - y_b}{r_{a,b}}, && \frac{\partial r_{a,b}}{\partial y_b} = \frac{y_b - y_a}{r_{a,b}} \\[2mm]
\frac{\partial r_{a,b}}{\partial z_a} &= \frac{z_a - z_b}{r_{a,b}}, && \frac{\partial r_{a,b}}{\partial z_b} = \frac{z_b - z_a}{r_{a,b}}
\end{aligned}\right\} \quad (117\,a)$$

Die Componenten der auf m_a durch die Gegenwart von m_b ausgeübten Kraft sind danach:

$$X_{a,(b)} = K_{a,b} \cdot \frac{\partial r_{a,b}}{\partial x_a}$$

$$Y_{a,(b)} = K_{a,b} \cdot \frac{\partial r_{a,b}}{\partial y_a}$$

$$Z_{a,(b)} = K_{a,b} \cdot \frac{\partial r_{a,b}}{\partial z_a}$$

und die auf m_b durch die Anwesenheit von m_a geäufserten Kraftcomponenten sind:

$$X_{b,(a)} = K_{a,b} \cdot \frac{\partial r_{a,b}}{\partial x_b}$$

$$Y_{b,(a)} = K_{a,b} \cdot \frac{\partial r_{a,b}}{\partial y_b}$$

$$Z_{b,(a)} = K_{a,b} \cdot \frac{\partial r_{a,b}}{\partial z_b}$$

$$(118)$$

Die Erfüllung des Reactionsprincips in diesen Gleichungen zeigt ein Blick auf die vorstehenden Gleichungen (117). Es ist nämlich:

$$\frac{\partial r_{a,b}}{\partial x_a} = - \frac{\partial r_{a,b}}{\partial x_b} \text{ etc.,}$$

folglich auch:

$$X_{a,(b)} = - X_{b,(a)} \text{ etc.}$$

Da nun $K_{a,b}$ eine reine Function von $r_{a,b}$ sein soll, kann man stets durch eine einfache Quadratur folgendes Integral finden:

$$- \Phi_{a,b} = \int K_{a,b} \, d r_{a,b} \qquad (119)$$

Ob sich immer ein bequemer analytischer Ausdruck für $\Phi_{a,b}$ findet, ist hierbei gleichgültig, der Begriff dieses Integrales, welches im Allgemeinen ebenfalls eine Function von $r_{a,b}$ sein wird, ist dadurch festgestellt. Das Gesetz, nach welchem die Kraft von der Entfernung abhängt, stellt sich dann in folgender Form dar:

$$K_{a,b} = - \frac{d \Phi_{a,b}}{d r_{a,b}} \qquad (119\,\mathrm{a})$$

Die unbestimmte additive Constante, mit welcher $\Phi_{a,b}$ von der Bildung des unbestimmten Integrales her behaftet ist, bringt keine Unsicherheit in die Betrachtung, da erstere in den Differentialquotienten wieder fortfällt. Die Gleichungen (118) gehen aber unter Benutzung von Gleichung (119a) in folgende über:

$$\left. \begin{aligned} X_a &= - \frac{d \Phi_{a,b}}{d r_{a,b}} \cdot \frac{\partial r_{a,b}}{\partial x_a} \\[2mm] Y_a &= - \frac{d \Phi_{a,b}}{d r_{a,b}} \cdot \frac{\partial r_{a,b}}{\partial y_a} \quad \text{etc.} \\[2mm] X_b &= - \frac{d \Phi_{a,b}}{d r_{a,b}} \cdot \frac{\partial r_{a,b}}{\partial x_b} \quad \text{etc.} \end{aligned} \right\} \qquad (119\,\mathrm{b})$$

Die rechten Seiten dieser sechs Gleichungen sind nun nichts anderes als die partiellen Differentialquotienten, von $- \Phi_{a,b}$ genommen nach den sechs Coordinaten, welche in $r_{a,b}$ stecken. Wir erhalten also:

$$\left. \begin{aligned} X_a &= - \frac{\partial \Phi_{a,b}}{\partial x_a}, & X_b &= - \frac{\partial \Phi_{a,b}}{\partial x_b} \\[2mm] Y_a &= - \frac{\partial \Phi_{a,b}}{\partial y_a}, & Y_b &= - \frac{\partial \Phi_{a,b}}{\partial y_b} \\[2mm] Z_a &= - \frac{\partial \Phi_{a,b}}{\partial x_a}, & Z_b &= - \frac{\partial \Phi_{a,b}}{\partial x_b}. \end{aligned} \right\} \qquad (119\,\mathrm{c})$$

Es ist hier der Kürze halber X_a statt $X_{a,(b)}$ etc. und X_b statt $X_{b,(a)}$ etc. geschrieben worden, also wie früher, nur die Ordnungszahl des von der Kraft angegriffenen Massenpunktes gesetzt.

Diese Gleichungen stimmen überein mit der im vorigen Paragraphen aufgestellten Bedingung der conservativen Kräfte, es gelten deshalb auch dieselben Folgerungen, mithin auch das Gesetz von der Constanz der Energie. Die Beschränkung, welche in der Annahme von Centralkräften liegt, äußert sich darin, daß $\Phi_{a, b}$, die potentielle Energie, von welcher wir im Allgemeinen nur annahmen, daß sie irgend eine eindeutig differenzirbare Function der sämmtlichen vorkommenden Coordinaten sein müsse, bei den Centralkräften diese Coordinaten nur in einer ganz bestimmten Gruppirung enthält, welche durch den Ausdruck $r_{a, b}$ in Gleichung (117) gegeben ist. Die Sache liegt also so: Centralkräfte sind conservativ, aber conservative Kräfte brauchen deshalb nicht Centralkräfte zu sein.

Wir haben uns bisher auf zwei Massenpunkte beschränkt, jetzt wollen wir ein System von beliebig vielen Massenpunkten betrachten, welche sämmtlich auf einander mit solchen Centralkräften wirken. Man kann dann für jedes mögliche Punktepaar m_a und m_b die vorher benutzte Function $\Phi_{a, b}$ aufstellen, und die Summe dieser Functionen für alle möglichen Combinationen zu je zwei bilden. Nennen wir diese Summe Φ ohne Index, so ist:

$$\Phi = \tfrac{1}{2} \sum_{a, b}' \Phi_{a, b} \qquad (120)$$

In dieser Summe sind für a und b alle Indices der vorhandenen Massenpunkte einzusetzen, nur darf a und b nicht dieselbe Ordnungszahl bedeuten, da wir keinen Begriff verbinden mit der Wirkung eines ausdehnungslosen Massenpunktes auf sich selbst. Diese Lücke der Doppelsumme soll durch das Häkchen bezeichnet werden. Im übrigen liefert diese Summe jede Combination zweimal, z. B. den Summanden $\Phi_{2, 5} (\equiv \Phi_{5, 2})$ erstens wenn $a = 2$, $b = 5$ ist und zweitens, wenn $a = 5$, $b = 2$ ist. Um dieses doppelte Auftreten in ein einfaches zu verwandeln, ist der Factor $\tfrac{1}{2}$ vor die Summe gesetzt.

Dieser Ausdruck Φ spielt nun in dem allgemeinen Massensystem dieselbe Rolle, welche wir vorher bei einem einzelnen Paare von Punkten die Function $\Phi_{a, b}$ erfüllen sahen. Um dies nachzuweisen, wollen wir $-\Phi$ nach irgend einer ausgewählten Coordinate x_p des Punktes m_p differenziren. Dabei fallen aus der Summe alle diejenigen Glieder heraus, welche x_p nicht enthalten, in welchen also weder a noch b die gewählte Ordnungszahl p bedeuten; die übrig bleibenden Glieder bilden zunächst eine Summe von folgender Form:

$$\tfrac{1}{2} \left(\sum_b' \Phi_{p, b} + \sum_a' \Phi_{a, p} \right).$$

Die Häkchen der beiden $\sum$ sollen andeuten, dafs in der ersten das Glied $\mathfrak{b} = \mathfrak{p}$, in der zweiten das Glied $\mathfrak{a} = \mathfrak{p}$ fehlt. Die beiden Summen sind übrigens identisch, man kann statt des vorstehenden Ausdruckes einfacher schreiben:

$$\sum_{\mathfrak{b}}' \Phi_{\mathfrak{p},\, \mathfrak{b}}.$$

Es wird also:

$$-\frac{\partial \Phi}{\partial x_{\mathfrak{p}}} = -\tfrac{1}{2} \sum_{\mathfrak{a},\, \mathfrak{b}}' \frac{\partial \Phi_{\mathfrak{a},\, \mathfrak{b}}}{\partial x_{\mathfrak{p}}} = -\sum_{\mathfrak{b}}' \frac{\partial \Phi_{\mathfrak{p},\, \mathfrak{b}}}{\partial x_{\mathfrak{p}}}.$$

Da aber jedes $\Phi_{\mathfrak{p},\, \mathfrak{b}}$ nur Function von $r_{\mathfrak{p},\, \mathfrak{b}}$ ist, erhält man:

$$-\frac{\partial \Phi}{\partial x_{\mathfrak{p}}} = \sum_{\mathfrak{b}}' \left(-\frac{d\Phi_{\mathfrak{p},\, \mathfrak{b}}}{dr_{\mathfrak{p},\, \mathfrak{b}}} \cdot \frac{\partial r_{\mathfrak{p},\, \mathfrak{b}}}{\partial x_{\mathfrak{p}}} \right).$$

Jeder einzelne Summand auf der rechten Seite dieser Gleichung hat die in Gleichungen (119 b) vorkommende Gestalt, bezeichnet daher die x-Componente einer auf $m_{\mathfrak{p}}$ wirkenden Kraft und zwar je derjenigen, welche von der Anwesenheit eines bestimmten Punktes $m_{\mathfrak{b}}$ herrührt. Durch die Summirung über $\mathfrak{b}$ werden die Wirkungen aller aufser $m_{\mathfrak{p}}$ noch vorhandenen Punkte addirt, wir erhalten also die x-Componente der gesammten auf $m_{\mathfrak{p}}$ ausgeübten Kraft, welche wir $X_{\mathfrak{p}}$ nennen wollen. Wir erkennen also, dafs

$$X_{\mathfrak{p}} = -\frac{\partial \Phi}{\partial x_{\mathfrak{p}}}$$

ist und ein gleiches Resultat für jede andere Coordinate statt $x_{\mathfrak{p}}$. Damit ist nachgewiesen, dafs in einem Massensystem mit Centralkräften die in Gleichung (120) aufgestellte Function Φ die potentielle Energie darstellt. Zugleich sieht man, während die Kräfte sich bei ungestörter Superposition geometrisch addiren, dafs die $\Phi_{\mathfrak{a},\, \mathfrak{b}}$ zu einer gewöhnlichen algebraischen Summe zusammentreten. Deshalb wird in vielen Problemen die Betrachtung einfacher, wenn man auf die Functionen $\Phi_{\mathfrak{a},\, \mathfrak{b}}$ eingeht und nicht bei den gerichteten Kräften $K_{\mathfrak{a},\, \mathfrak{b}}$ stehen bleibt.

§ 50.   Räumliche Anordnung conservativer Kräfte.

Dafs die räumliche Anordnung der conservativen Kräfte, welche in einem System von Massenpunkten herrschen, nicht mehr ganz regellos sein kann, geht ganz im Allgemeinen schon aus der Ueberlegung hervor, dafs zur vollständigen Angabe der sämmtlichen

Kräfte, so lange dieselben ganz regellos vertheilt sind, dreimal so
viel Gleichungen nothwendig, als Punkte vorhanden sind, während
in einem conservativen System die Aufstellung einer einzigen Function Φ genügt, um die Werthe sämmtlicher Kraftcomponenten herzuleiten, also auch um alle Fragen über die aus einem gegebenen
Anfangszustand des Systems hervorgehenden Bewegungen zu beantworten.

Um ins Einzelne einzugehen, wollen wir zunächst eine ganz
bestimmte charakteristische Beziehung ableiten, welche zwischen je
zwei Kraftcomponenten bestehen muſs, sobald die Bedingungsgleichungen (115) der conservativen Kräfte erfüllt sind. Greifen wir
zwei ganz beliebige Kraftcomponenten X_a und X_b heraus, welche
nicht gleichgerichtet zu sein brauchen und auf zwei verschiedene
Massenpunkte wirken können. Die ihnen gleichgerichteten Coordinaten der angegriffenen Punkte sind x_a und x_b, und es ist:

$$X_a = -\frac{\partial \Phi}{\partial x_a}, \qquad X_b = -\frac{\partial \Phi}{\partial x_b}.$$

Geben wir nun einmal dem Punkt m_b eine kleine Verschiebung
derart, daſs x_b um δx zunimmt, so erfährt dadurch X_a eine Veränderung, welche dargestellt wird durch:

$$\frac{\partial X_a}{\partial x_b} \cdot \delta x = -\frac{\partial^2 \Phi}{\partial x_a \cdot \partial x_b} \cdot \delta x.$$

Verschieben wir andererseits m_a so, daſs x_a um dieselbe Strecke δx
wächst, so ist die dadurch bewirkte Aenderung von X_b gegeben
durch:

$$\frac{\partial X_b}{\partial x_a} \cdot \delta x = -\frac{\partial^2 \Phi}{\partial x_b \cdot \partial x_a} \cdot \delta x.$$

Da aber die zweifache Differentiation an Φ zu demselben Resultat führt, gleichviel ob man zuerst nach x_a und dann nach x_b
differenzirt, oder umgekehrt, so folgt, daſs die beiden Variationen
der betrachteten Kräfte einander gleich sind, daſs also für jedes
Paar von Componenten folgender reciproker Zusammenhang besteht:

$$\frac{\partial X_a}{\partial x_b} = \frac{\partial X_b}{\partial x_a}. \tag{121}$$

Als Ursache der auf einen Massenpunkt wirkenden Kraft haben
wir in diesem Theil des Buches immer die Anwesenheit anderer
Massen angesehen. Das Vorhandensein des angegriffenen Punktes
ist zufolge der allgemeinen Definition der Kraft, welche gemessen

werden sollte durch das Product der Masse des betroffenen Punktes
und der Beschleunigung, welche derselbe erfährt, unerläfslich. Es
ist nun aber die Frage von besonderem Interesse, die räumliche
Anordnung einer Kraftwirkung kennen zu lernen, welche von einer
bestimmten festen Configuration oder Gruppirung von Massen ausgeht, nämlich in welcher Weise diese sich ändert, wenn ein einzelner
beweglicher Massenpunkt an verschiedene Orte des Raumes gebracht
wird. Ist nun diese feste Gruppirung das Resultat eines Gleichgewichtszustandes der inneren Kräfte zwischen den Elementen des
ruhenden Systems, so ist zu bedenken, dafs die Anwesenheit des
zur Prüfung des Feldes dienenden Massenpunktes wegen der Reaction auch seinerseits Kräfte auf das übrige System ausüben, mithin
dadurch dessen Ruhelage verändern mufs, und zwar je nach der
Stelle des Raumes, an welche man diese Prüfungsmasse bringt, um
dort die Wirkung zu studiren, in stets anderer Weise verändern
mufs. Man würde also niemals die Kraftwirkung der ursprünglich
vorhandenen Configuration, sondern diejenige der gestörten Anordnung finden. Es giebt indessen zwei Vorstellungen, welche über
diese Schwierigkeit hinweg helfen. Entweder mufs die Prüfungsmasse so aufserordentlich klein angenommen werden, dafs deren
Anwesenheit die im Gleichgewicht befindlichen inneren Kräfte des
Systems in keiner der zu prüfenden Lagen merklich stört, oder aber
man mufs sich vorstellen, dafs die Theile des Systems starr festgehalten werden, dafs also zu einer merklichen Verschiebung derselben Kräfte erforderlich wären, welche unendlich grofs sind gegen
die von dem Prüfungstheilchen ausgehenden. Wir brauchen hier
keine Entscheidung zwischen den beiden Vorstellungen zu treffen;
in einigen Problemen, z. B. bei den elektrostatischen Wirkungen
eines geladenen Conductors wird man die erste Betrachtung wählen
müssen, da von einer starren Befestigung der Ladung an gewissen
Stellen eines Conductors nicht die Rede sein kann, bei Gravitations-
problemen dagegen kann man sich wohl die Anordnung der anziehenden Massen starr und unbeweglich denken, also die zweite
Vorstellung zu Grunde legen.

Wir wollen jedenfalls jetzt ein Massensystem betrachten, dessen
Punkte fest liegen bis auf einen einzigen Punkt m_0; diesen wollen
wir an verschiedene Orte führen, und Gröfse und Richtung der
Kraft untersuchen, welche dort m_0 von den übrigen Massen erfährt.
Die Function Φ, welche für das gesammte System einschliefslich m_0
gilt, soll nach früheren Auseinandersetzungen die Coordinaten sämmtlicher Punkte enthalten, da aber alle Punkte aufser m_0 festliegen,

sind deren Abmessungen nur Constanten in der Function Φ, die einzigen Variabelen bleiben die drei Coordinaten x_0, y_0, z_0 des beweglichen Punktes, d. h. die Abmessungen des Ortes, an welchem die Kraft bestimmt werden soll. Da dies aber alle möglichen Orte sein sollen, so ist Φ einfach eine Function der drei Raumcoordinaten, und wir können die Indices 0 weglassen.

Wir wollen zuerst nach dem Ort der Raumpunkte fragen, in denen Φ einen bestimmten constanten Werth C besitzt. Dieser Ort ist bestimmt durch die Gleichung:

$$\Phi(x, y, z) = C \tag{122}$$

welche nach den Lehren der analytischen Geometrie eine bestimmte Oberfläche im Raume bezeichnet. Auf dieser Oberfläche kann man also m_0 verschieben, ohne daß dadurch die potentielle Energie eine Aenderung erleidet. Man nennt deshalb solche Flächen Aequipotentialflächen oder in Uebertragung einer speciellen, der Wirkung der Schwerkraft entsprechenden Bezeichnung Niveauflächen, welche Ausdrücke wir in gleicher Weise benutzen werden. Je nach der Wahl der Constante C erhält man verschiedene Oberflächen, und wenn man dieser Größe nach einander eine ganze Reihe auf einander folgender Werthe beilegt, so erhält man eine ganze Schaar solcher Niveauflächen, deren besondere Gestalt von der Natur der Function Φ abhängt, welche aber doch stets einige gemeinsame Eigenschaften aufweisen. Zum Beispiel können sich zwei Flächen derselben Schaar niemals durchschneiden, weil dann Φ in der Schnittlinie die Werthe der beiden verschiedenen Constanten besitzen müßte, welche die beiden Flächen bestimmen. Ferner können diese Flächen in einem Raume, in welchem Φ überall definirt ist, nicht irgendwo aufhören, sie müssen vielmehr entweder geschlossen sein, oder bis an die Grenzen des betrachteten Raumes reichen, und falls solche durch das Problem nicht geboten sind, sich bis ins Unendliche erstrecken. Der Raum wird also durch diese Flächen in eine Schaar getrennter schalenförmiger Räume zerschnitten.

Da nun bei Verrückungen des Punktes m_0 in Richtung dieser Flächen die Function Φ kein Gefälle besitzt, so liegt auch in tangentialer Richtung zu diesen Niveauflächen niemals eine Kraftcomponente. Um dies deutlich einzusehen, müssen wir zunächst nachweisen, daß nicht nur die Kraftcomponenten X, Y, Z, welche den Richtungen der Coordinataxen folgen, durch die Gleichungen:

$$X = -\frac{\partial \Phi}{\partial x}, \qquad Y = -\frac{\partial \Phi}{\partial y}, \qquad Z = -\frac{\partial \Phi}{\partial z}$$

angegeben werden, sondern dafs überhaupt für jede beliebige Richtung s die gleichgerichtete Kraftcomponente, die wir S nennen wollen, durch eine ebensolche Bildung

$$S = - \frac{\partial \varPhi}{\partial s} \qquad (123)$$

bestimmt wird.   Der Nachweis kann in verschiedener Weise erbracht werden.   Zunächst folgt er ganz anschaulich aus der einfachen Ueberlegung, dafs die Wahl der Coordinatenrichtungen etwas rein Aeufserliches und für die Betrachtung Gleichgültiges ist, dafs man also die x-Axe ebenso gut in die Richtung s verlegen kann, wie in eine andere; alsdann wird aber $S = X$ und $\partial \varPhi / \partial s = \partial \varPhi / \partial x$, mithin die Gültigkeit der Gleichung (123) auf die der vorstehenden Wiederholung von Gleichung (115) zurückgeführt.

Man kann aber auch ohne Drehung des Axensystems, für welches die Function $\varPhi (x, y, z)$ nun einmal gebildet worden ist, die Richtigkeit der Gleichung (123) auf analytischem Wege nachweisen.   Man drückt zu diesem Zwecke die Componente S durch die Componenten X, Y, Z und die Winkel (x, s), (y, s), (z, s) aus, welche die Richtung s mit den Axen bildet. S ist die Projection der resultirenden Kraft K auf die Richtung s, da aber K die geometrische Summe von X, Y und Z ist, kommt man zu dem gleichen Werth für S, wenn man diese drei Componenten nach einander auf die Linie s projicirt und die algebraische Summe der Projectionen bildet.   Man findet also:

$$S = X \cdot \cos (x, s) + Y \cdot \cos (y, s) + Z \cdot \cos (z, s) \qquad (123a)$$

In Fig. 10 ist diese Zusammensetzung von S für nur zwei Componenten X und Y in der (x, y)-Ebene veranschaulicht. OA repräsentirt die Componente X, AB die Componente Y, also stellt OB die Resultante K dar.   Die Projection von K auf die Richtung s ist OC, stellt also die Componente S dar.   Ebenso ist aber OD die Projection von $OA = X$

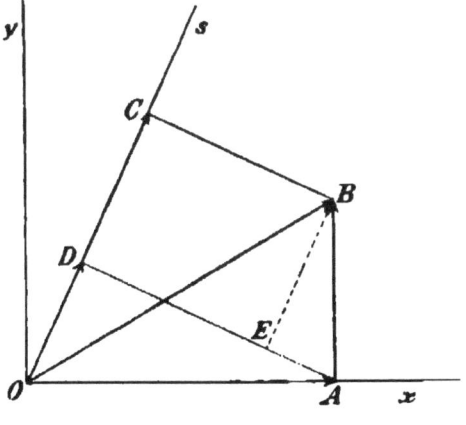

Fig. 10.

und DC die Projection von $AB = Y$ auf die Linie s. Diese beiden letzteren sind

$$OD = OA \cdot \cos(AOD) = X \cos(x, s)$$

$$DC = EB = AB \cdot \cos(ABE) = Y \cos(y, s),$$

und da $OD + DC = OC = S$, findet man

$$S = X \cos(x, s) + Y \cos(y, s)$$

eine Formel, welche in ganz gleicher Weise auf alle drei Axenrichtungen ausgedehnt, zu der vorstehenden Gleichung (123a) führt. Die Richtungscosinus können in anderer Weise dargestellt werden: Schreitet man nämlich auf der Linie s um das Differential ds vorwärts, und bezeichnet die Projectionen von ds durch dx, dy, dz, so ist:

$$\cos(x, s) = \frac{dx}{ds}, \qquad \cos(y, s) = \frac{dy}{ds}, \qquad \cos(z, s) = \frac{dz}{ds}.$$

Drückt man ferner X, Y, Z in bekannter Weise durch $\Phi(x, y, z)$ aus, so findet man:

$$S = -\left(\frac{\partial \Phi}{\partial x} \cdot \frac{dx}{ds} + \frac{\partial \Phi}{\partial y} \cdot \frac{dy}{ds} + \frac{\partial \Phi}{\partial z} \cdot \frac{dz}{ds} \right) \qquad (123\,\mathrm{b})$$

Die drei Raumcoordinaten erscheinen bei dieser Betrachtung nicht als unabhängige Variabele, ihre Differentiale stehen vielmehr in einem bestimmt vorgeschriebenen Verhältnisse, welches durch die Richtung von ds gegeben ist, also sind x, y, z als Functionen einer Urvariabelen s anzusehen, und der Differentialquotient von Φ nach s ist zu bilden nach der bekannten Regel, welche die Differentialrechnung für die Differentiation einer Function von Functionen angiebt. Bildet man auf diese Weise $\partial \Phi / \partial s$, so erhält man den Ausdruck, welcher in der Klammer der rechten Seite der vorstehenden Gleichung steht. Man findet also schließlich:

$$S = -\frac{\partial \Phi}{\partial s}$$

was zu beweisen war. Man kann den Schluß dieser Betrachtung auch auf folgende Weise machen: Wenn man von einem bestimmten Punkte aus, in welchem die potentielle Energie den bestimmten Werth Φ_1 besitzt, um das in Größe und Richtung vorgeschriebene Wegelement ds fortschreitet, so kommt man zu einem Punkt, in welchem die potentielle Energie Φ_2 ist, die Abnahme von Φ, also die Differenz $\Phi_1 - \Phi_2$, welche wir durch $- d\Phi$ bezeichnen wollen, ist vollkommen bestimmt durch die Werthe Φ_1 im Anfangspunkt und Φ_2 im Endpunkt des Weges. Das Gefälle $- \partial\Phi/\partial s$ ist definirt durch die Gleichung:

$$\Phi_1 - \Phi_2 = - d\Phi = - \frac{\partial\Phi}{\partial s}\,ds.$$

Es ist daher bei diesem Procefs gleichgültig, auf welchem Wege wir vom Ausgangspunkt zum Ziele gehen, ob wir beispielsweise die geradlinige Strafse ds wählen, oder die zweimal rechtwinkelig gebrochene Strafse, welche nach einander die drei Projectionen von ds, nämlich dx, dann dy und endlich dz durchläuft. Wir wollen jetzt diesen zuletzt beschriebenen, besonderen Weg einschlagen. Der Anfangswerth von Φ ist Φ_1. Während der Punkt dx durchläuft, findet die Abnahme:

$$(- d\Phi)_x = - \frac{\partial\Phi}{\partial x}\,dx$$

statt, während des darauf folgenden Weges dy kommt dazu die Abnahme:

$$(- d\Phi)_y = - \frac{\partial\Phi}{\partial y}\,dy$$

und auf der letzten Wegstrecke dz endlich die Abnahme:

$$(- d\Phi)_z = - \frac{\partial\Phi}{\partial z}\,dz.$$

Nun sind wir am Endpunkt von ds angelangt, wo der Werth Φ_2 herrscht. Also mufs sein

$$(- d\Phi)_x + (- d\Phi)_y + (- d\Phi)_z = \Phi_1 - \Phi_2 = - d\Phi$$

oder:

$$- \left(\frac{\partial\Phi}{\partial x}\,dx + \frac{\partial\Phi}{\partial y}\,dy + \frac{\partial\Phi}{\partial z}\,dz \right) = - \frac{\partial\Phi}{\partial s}\,ds.$$

Dividiren wir diese Gleichung durch ds, so finden wir:

$$- \left(\frac{\partial\Phi}{\partial x}\cdot\frac{dx}{ds} + \frac{\partial\Phi}{\partial y}\cdot\frac{dy}{ds} + \frac{\partial\Phi}{\partial z}\cdot\frac{dz}{ds} \right) = - \frac{\partial\Phi}{\partial s}.$$

Dies liefert zusammen mit Gleichung (123b) ebenfalls den Beweis für die Richtigkeit der Gleichung (123).

Kehren wir nach dieser Auseinandersetzung zurück zur Betrachtung der Schaar von Aequipotentialflächen $\Phi = $ const., und

stellen uns zwei Nachbarflächen vor, deren Constanten nur sehr
wenig von einander verschieden sind, der Werth der potentiellen
Energie auf der zweiten Fläche sei um den festen Betrag $\delta \Phi$ kleiner
als auf der ersten Fläche. Die beiden Flächen werden aufserordentlich nahe bei einander liegen und werden in einem engen, aber für
die folgende Betrachtung doch hinreichend weiten Gebiete als zwei
parallele Ebenen anzusehen sein. Auf welchem Wege man nun von
einem bestimmten Punkte der ersten Fläche aus nach der zweiten
Fläche hinübergehen mag, stets wird man dabei denselben Abfall
von Φ finden, nämlich die feste Gröfse $\delta \Phi$. Der kürzeste Weg ist
normal gegen die Richtung der beiden Flächen, seine Länge δn
mifst den kleinen Abstand der beiden Nachbarflächen an der betrachteten Stelle. Jeder von diesem verschiedene schräg gerichtete
Weg ist nothwendig länger als δn; die Länge δs desselben, wenn
er geradlinig gewählt wird, ist aus einfachsten geometrischen Gründen
gegeben durch:

$$\delta s = \frac{\delta n}{\cos(s, n)}$$

Nun mufs:

$$- \delta \Phi = - \frac{\partial \Phi}{\partial s} \cdot \delta s = - \frac{\partial \Phi}{\partial n} \cdot \delta n$$

sein; setzt man also den Ausdruck für δs ein, so erhält man:

$$- \frac{\partial \Phi}{\partial s} \cdot \frac{\delta n}{\cos(s, n)} = - \frac{\partial \Phi}{\partial n} \cdot \delta n$$

oder:

$$- \frac{\partial \Phi}{\partial s} = - \frac{\partial \Phi}{\partial n} \cdot \cos(s, n) \qquad (124)$$

eine Gleichung, welche das Gefälle von Φ in verschiedenen Richtungen s angiebt. Am gröfsten wird dasselbe, wenn $\cos(s, n) = 1$ ist,
wenn also der Weg in Richtung der Normale der Niveaufläche ver-
läuft; der Maximalwerth ist $- \frac{\partial \Phi}{\partial n}$ selbst. Dieses Gefälle bestimmt
aber direct die Gröfse der in dieser Richtung wirkenden Kraft-
componente, und die maximale Kraftcomponente ist die Resultante K,
wir sehen also, dafs die resultirende Kraft senkrecht gerichtet ist
gegen die Niveauflächen in Richtung der abnehmenden Φ, die Componente S in einer davon verschiedenen Richtung s ist:

$$S = K \cdot \cos(s, n) = K \cdot \cos(S, K)$$

d. h. die anders gerichteten Componenten werden aus der Kraft K abgeleitet durch Multiplication mit dem Cosinus des Richtungsunterschiedes. In tangentieller Richtung zu den Niveauflächen ist $(s, n) = \pi/2$, der Cosinus ist Null und wir erhalten, wie von vornherein ersichtlich, keine Kraftcomponente.

Durch diese Erkenntnifs ist ein sehr anschauliches Bild für die räumliche Vertheilung der Kraftrichtungen gewonnen. Denken wir uns den ganzen Raum durchsetzt von einer Schaar von Aequipotentialflächen, so haben wir überall eine Angabe über die Richtung der Kraft in der abwärts gerichteten Normale auf einer solchen Fläche. Aber auch die Intensität der Kraft läfst sich aus dem Bilde dieser Flächenschaar erkennen. Wir brauchen die Flächen nur so auszuwählen, dafs der vorerwähnte Abfall von Φ, also $-\delta\Phi$, zwischen allen Nachbarflächen im ganzen Raume der gleiche ist; die Constanten, welche die einzelnen Flächen bestimmen, bilden dann eine arithmetische Reihe mit der sehr kleinen Differenz $-\delta\Phi$. Machen wir nun an zwei verschiedenen Stellen des Raumes, (1) und (2), den Weg von einer dort zunächst befindlichen Fläche zu ihrer Nachbarfläche, so ist:

$$\left(-\frac{\partial\Phi}{\partial n}\right)_1 \cdot \delta n_1 = \left(-\frac{\partial\Phi}{\partial n}\right)_2 \cdot \delta n_2 = -\delta\Phi$$

oder:

$$K_1 \cdot \delta n_1 = K_2 \cdot \delta n_2$$

oder:

$$\frac{K_1}{K_2} = \frac{\delta n_2}{\delta n_1} \tag{125}$$

Die Intensitäten der Kraft an verschiedenen Stellen des Raumes verhalten sich mithin umgekehrt wie die Abstände der benachbarten Aequipotentialflächen. An Orten grofser Kraftintensität liegen diese Flächen also dicht gedrängt, während sie an Stellen schwächerer Wirkung weiter auseinander treten. Das Anschauungsmittel solcher Flächenschaaren läfst sich bei gewissen regelmäfsigen Gruppirungen des Massensystems auch graphisch in einer Ebene als Meridianschnitt zeichnen, und ist in vielen Fällen, namentlich auch in der Lehre von den elektrischen und magnetischen Kräften, nützlich.

§ 51. Die Arbeit längs eines Weges.

Wir bleiben zunächst bei der Vorstellung eines unbeweglich festgelegten Massensystems, welches auf einen beweglichen Massenpunkt m_0 mit conservativen Kräften wirkt. Diese Kräfte werden nach den vorhergehenden Betrachtungen den Punkt m_0, wenn er frei beweglich ist, in Richtung des stärksten Gefälles der Function Φ in beschleunigter Bewegung forttreiben. Der Zuwachs an lebendiger Kraft, welchen das ganze System durch den Bewegungszustand von m_0 erfährt, ist in Folge des erkannten Gesetzes von der Constanz der Energie gleich der Abnahme der potentiellen Energie Φ auf dem zurückgelegten Wege; diese Abnahme kann man nach Entwerfung der beschriebenen Niveauflächenschaar an den auf dem Wege durchsetzten Flächen abzählen und mit Benutzung des gewählten Werthes für den Sprung $\delta\Phi$ beliebig genau schätzen.

Nun können wir aber durch Eingriff von aussen, also durch fremde Kräfte, etwa durch die Kraft unseres Armes den Massenpunkt m_0 auch auf bestimmten Wegen durch dieses Kraftfeld führen, welche er unter alleiniger Wirkung der inneren Kräfte nicht einschlagen würde. Wir können diese Bewegungen so langsam ausgeführt denken, dass die kinetische Energie dabei stets unmerklich klein bleibt. Die äussere Kraft unseres Armes dient dann nicht zu einer effectiven Beschleunigung von m_0, sondern allein dazu, der von dem festen System ausgehenden Kraft das Gleichgewicht zu halten, dieselbe also aufzuheben; die äussere Kraft muss daher überall der inneren entgegengesetzt gleich gemacht werden. Dann befindet sich der Massenpunkt in einem Zustande, als wenn gar keine Kräfte auf ihn wirkten, er kann dann durch den geringsten Anstoss in jeder Richtung sehr langsam fortbewegt werden, ohne dass mit diesem verschwindend kleinen Bewegungszustand selbst irgend eine merkliche Leistung verbunden wäre; eine solche kann nur in der Veränderung seines Ortes beruhen, denn er kann an Stellen gebracht werden, an denen die potentielle Energie einen höheren oder geringeren Betrag hat, als im Ausgangspunkt. Die gesammte Energie des Systems, inclusive m_0, kann also vermehrt oder vermindert werden; darin liegt eine Wirkung, welche ohne das Eingreifen der Beschleunigung-aufhebenden Kraft unseres Armes nicht zu Stande zu bringen gewesen wäre. Diese äussere Kraft, welche den Punkt m_0 überall in Ruhe zu halten vermag, bewirkt

durch ihre Anwesenheit allein niemals eine solche Veränderung der
Energie des Systems, sondern es ist dazu nöthig, daſs diese Kraft
ausgeübt werde, während m_0 einen Weg beschreibt, auf welchem Φ
seinen Werth ändert, der also nicht in einer bestimmten Niveaufläche verläuft, sondern mindestens eine Componente aufweist, welche
gegen die innere Kraft oder mit derselben gerichtet ist. Diese
Leistung der Veränderung von Φ nennt man die Arbeit der
äuſseren Kraft längs des Weges und zwar, um das Vorzeichen
dieser Gröſse festzusetzen, eine von auſsen geleistete (positive) Arbeit,
wenn Φ dabei vergröſsert wird, eine nach auſsen abgegebene (negativ geleistete oder gewonnene) Arbeit, wenn Φ dabei vermindert
wird. Der Betrag der geleisteten Arbeit wird direct gemessen durch
den Zuwachs von Φ, d. h. es ist:

$$A = \Phi_2 - \Phi_1 \qquad (126)$$

wobei Φ_1 und Φ_2 die Werthe der potentiellen Energie im Ausgangspunkt (1) und im Endpunkt (2) des Weges darstellen und A
die Arbeit bezeichnet. Da nun A nur von den beiden Grenzwerthen
von Φ abhängt, muſs man auf allen möglichen Wegen, welche von
(1) nach (2) führen, die gleiche Arbeit leisten, gleichwie man auch
daraus sofort sieht, daſs bei einem geschlossenen Wege, welcher
wieder zum Ausgangspunkt zurückführt, die gesammte Arbeit gleich
Null sein muſs.[1]

Den Begriff der Arbeit, welchen wir soeben mit Hülfe der
Function Φ eingeführt haben, kann man in der Weise umbilden,

------

[1] Diese Folgerungen gelten nur für solche Räume, in denen Φ selbst
überall einen eindeutigen Werth besitzt. Man kann sich auch Anordnungen
vorstellen, bei denen zwar das Gefälle von Φ überall eindeutig bestimmt ist,
während Φ selbst vieldeutig ist; solche Räume müssen dann aber nothwendigerweise mehrfach zusammenhängend sein, d. h. es müssen Gebiete
aus dem Raume herausgeschnitten sein, in welchen Φ nicht existirt, und
welche nirgends allseitig umschlossen sind, sondern entweder in sich selbst
ringförmig zurücklaufen oder sich ins Unendliche erstrecken, resp. beiderseits
an den Grenzen des betrachteten Raumes endigen. Die Vertheilung der
magnetischen Kraft um einen elektrischen Stromleiter herum ist ein Beispiel
für eine solche Anordnung. Die Arbeit zwischen zwei Lagen ist dann die
gleiche nur, wenn die Wege continuirlich in einander übergeführt werden
können, nicht aber, wenn das herausgeschnittene Gebiet sich einer solchen
Ueberführung hindernd in den Weg stellt. Zunächst haben wir es aber nur
mit einfach zusammenhängenden Räumen zu thun.

dafs derselbe als ein Integral, genommen über den Weg, auftritt, denn es ist:

$$A = \Phi_2 - \Phi_1 = \int\limits_{(1)}^{(2)} \frac{\partial \Phi}{\partial s}\, ds,$$

wo ds die Elemente des Weges bezeichnet. Nach Gleichung (124) ist nun:

$$\frac{\partial \Phi}{\partial s} = \frac{\partial \Phi}{\partial n} \cos(s,n) = -K.\cos(s,n),$$

also ist auch:

$$A = -\int\limits_{(1)}^{(2)} K.\cos(s,n).ds.$$

Hier bedeutet K die vom festen System herrührende innere Kraft, die zur Compensation dienende äufsere Kraft ist also gleich $-K$; die positive Richtung der Normale n geht nach den steigenden Werthen von Φ, also entgegen der inneren und gleichgerichtet der äufseren Kraft. Wir können daher, wenn wir die äufsere Kraft K' nennen, die vorstehende Gleichung für die von aufsen geleistete Arbeit auch schreiben:

$$A = \int\limits_{(1)}^{(2)} K'.\cos(s,K').ds \qquad (126\,\mathrm{a})$$

Der Integrand $K'.\cos(s,K') = S'$ mifst die in Richtung des Weges ds fallende Componente der aufgewendeten äufseren Kraft, nur diese Componente kann zur Arbeitsleistung dienen.[1]

Wendet man die bekannte Zerlegung an:

$$\cos(s,K') = \cos(K',x).\cos(s,x) + \cos(K',y).\cos(s,y) + \cos(K',z).\cos(s,z)$$

und vereinigt die vorderen Cosinus mit dem Factor K' zu den Componenten X', Y', Z', die hinteren ebenso mit ds, so erhält man:

$$A = \int\limits_{(1)}^{(2)}(X'\,dx + Y'\,dy + Z'\,dz) = -\int\limits_{(1)}^{(2)}(X\,dx + Y\,dy + Z\,dz) \qquad (126\,\mathrm{b})$$

---

[1] Die in populären Darstellungen meistens verwendete Bildung des Arbeitsbegriffes findet man aus Gleichung (126 a), wenn man den Weg in Richtung der Kraft K' wählt, also $\cos(s,K') = 1$ setzt, und ferner annimmt, dafs die aufzuwendende Kraft K' auf dem ganzen Wege denselben Betrag behält. Dann wird einfach $A = K'.s$, d. h. die geleistete Arbeit ist gleich dem Product aus der wirkenden Kraft und der Länge des Weges, auf dem dieselbe angestrengt wurde.

In dieser Form ist jede Beziehung auf einen bestimmten Weg aufgegeben; nur die Integralgrenzen bezeichnen den Anfangs- und Endpunkt, zwischen denen der Weg laufen muß. Einen bestimmten Sinn hat aber ein Integral dieser Art nur, wenn der Integrand ein totales Differential bildet, so daß man das Integral unbestimmt ausführen kann und in die gefundene Function von x, y, z nachher die Grenzwerthe einsetzen kann. Diese Bedingung ist aber durch Gleichung (115) gegeben und beschränkt die Anwendbarkeit des Arbeitsbegriffes ebenfalls auf die Existenz der Function Φ, welche wir auch in Gleichung (126) zur Aufstellung von A brauchten. Die Form, welche in Gleichung (126a) gegeben ist, gestattet dagegen eine Erweiterung des Begriffes, denn diese läßt sich auch anwenden und behält einen bestimmten Sinn in solchen Fällen, wo zwar äußere Kräfte nöthig sind, um eine vorgeschriebene Bewegung auszuführen, wo aber keine Function Φ aufzufinden ist, also bei nicht conservativen Kräften. Die Arbeit wird dann definirt durch Gleichung (126a) und hat einen bestimmten Betrag, den man angeben kann, wenn man den Integrationsweg vorgeschrieben hat und die Größe und Richtung von K' an jeder Stelle kennt, denn die Größe der Arbeit ist in diesen Fällen nicht allein bestimmt durch Ausgangspunkt und Endpunkt, sondern hängt auch von der Wahl des Weges ab. Daß in diesen Fällen anstatt der Vermehrung der potentiellen Energie immer etwas anderes gleichwerthiges durch die Arbeitsleistung hervorgebracht wird, soll im nächsten Paragraphen besprochen werden.

Wie man sieht, kommt es bei der Bildung des Arbeitsbegriffes gar nicht auf die Zeit an, während welcher der Weg zurückgelegt wird, nur hatten wir bei der Einführung des Begriffes der Einfachheit wegen angenommen, daß die Bewegungen mit minimaler Geschwindigkeit erfolgen sollten, bei endlichen Wegen ist dann immer eine unendliche Zeit erforderlich. Diese Annahme war aber nur gemacht, um das Auftreten einer bemerkbaren kinetischen Energie zu vermeiden. Wir werden nun diese Beschränkung fallen lassen. In der Praxis werden Arbeitsleistungen von endlichem Betrage immer in endlicher, oft sehr kurzer Zeit verlangt. Um solche auszuführen, muß eine gehörige Geschwindigkeit der bewegten Masse erzeugt werden, die dazu erforderliche kinetische Energie kann nur dadurch gewonnen werden, daß die äußere Kraft unseres Armes die zur Compensation der inneren Kräfte erforderliche Größe mehr oder weniger übersteigt, so daß eine effective Beschleunigung in Richtung des gewählten Weges zu Stande kommt. Die geleistete

Arbeit ist dann gröfser als die Differenz $\Phi_2 - \Phi_1$, ist aber bei conservativen Kräften nicht verloren oder versteckt, sondern findet sich wieder in der lebendigen Kraft, mit welcher die Masse am Ziel anlangt, und welche dieselbe befähigt ohne Hülfe von aufsen noch weiter gegen die Richtung der inneren Kräfte vorzudringen bis zu einem Orte (3), welcher dadurch bestimmt ist, dafs Φ_3 um soviel gröfser als Φ_2 ist, wie der in der Lage (2) vorhandenen kinetischen Energie entspricht. An dem Platze (3) kommt dann die Masse nach einer verzögerten (negativ-beschleunigten) Bewegung zur Ruhe und kann dort ohne Arbeitsaufwand festgehalten werden. Wenn wir nun diesen Ort (3) als das von Anfang an beabsichtigte Ziel des Weges betrachten, so sehen wir, dafs man die Bewegung auch mit beliebiger Geschwindigkeit in endlicher Zeit ausführen kann, nur mufs dann die äufsere Arbeit früher geleistet werden, als sie zur Steigerung von Φ verbraucht wird. Man kann also durch Aufwendung äufserer Arbeit die potentielle Energie des Systems inclusive m_0 vermehren. Wenn man m_0 in der Endlage festhält, hat man diese Arbeit in dem System aufgespeichert, und kann dieselbe später wieder gewinnen, indem man m_0 zurückführt entweder auf demselben oder auf einem anderen Wege, längs dessen Φ ebenfalls vermindert wird. Wenn man die bei der Verminderung von Φ freiwerdende Arbeit sofort benutzt, so wird der Massenpunkt bei diesem Rückgang nicht die Beschleunigung erfahren, welche er bei freier Bahn annehmen würde, denn die Arbeit besteht darin, dafs er einer äufseren Kraft, welche der inneren das Gleichgewicht hält, entgegen arbeitet. Findet diese Rückbewegung unendlich langsam statt, so mifst die Abnahme von Φ jederzeit direct die gewonnene Arbeit. Bei diesem Processe kann man den Verlauf dadurch abkürzen, dafs man zunächst die äufsere Kraft geringer macht, als zur Compensation der inneren nöthig ist, eventuell dieselbe anfangs ganz wegläfst. Dann erhält die fortgetriebene Masse eine merkliche kinetische Energie und ist nachher im Stande eine äufsere Kraft zu überwinden, welche gröfser ist als die entgegengesetzte innere Kraft. Dieser zweite Theil der Bewegung findet dann in verzögerter Bewegung statt und der Massenpunkt kommt schliefslich zur Ruhe. Hält man denselben dann fest, so hat man in endlicher Zeit die ganze Arbeit gewonnen, welche durch die Abnahme von Φ längs des Weges gemessen wird, nur gewinnt man die Arbeit später, als dieselbe durch die Abnahme der potentiellen Energie frei geworden ist, denn dieselbe hat inzwischen in der Form von kinetischer Energie der bewegten Masse existirt.

Wir können nun auch die Annahme fallen lassen, daſs wir es mit einem solchen Massensysteme zu thun haben, welches bis auf ein einziges Element m_0 starr ist; wir können mehrere bewegliche Punkte annehmen, durch deren zwangsweise Bewegung die potentielle Energie der Configuration verändert wird; ja wir können schlieſslich sämmtliche Bestandtheile des Systems bewegen, und so die mannigfachsten Gestaltänderungen desselben hervorbringen. Bei allen diesen Vorgängen verändert sich die Function Φ, deren Werth nun nicht mehr durch den Ort eines einzigen Punktes bestimmt wird, sondern, wie ursprünglich, von den Coordinaten sämmtlicher Punkte abhängt, in der Weise, daſs wir in jedem Zustand eingetretener Ruhe eine von auſsen geleistete Arbeit wiederfinden in einer entsprechenden Vermehrung von Φ, oder eine dem System abgewonnene Arbeit in einer ebensolchen Verminderung von Φ.

Aus diesen Betrachtungen geht hervor, daſs die potentielle Energie als ein disponibler Arbeitsvorrath anzusehen ist, welchen man für äuſsere Zwecke nutzbar machen kann, wenn man eine derartige Deformation des Massensystems zuläſst, daſs Φ dadurch vermindert wird. In Rücksicht auf diese Bedeutung der Function wurde bei deren Einführung (Seite 195) das negative Vorzeichen gewählt, welches damals nicht gerechtfertigt werden konnte und sich in den die Kraftcomponenten darstellenden Differentialquotienten von $-\Phi$ in allen folgenden Rechnungen wiederfindet. Bei älteren Autoren, welche bereits die conservativen Kräfte als partielle Differentialquotienten einer Coordinatenfunction darstellten, findet man auch vielfach die entgegengesetzte Wahl des Vorzeichens. So stimmt z. B. die von JACOBI benutzte „Kräftefunction" nicht mit unserem Φ überein, sondern deckt sich mit dem Ausdruck $(-\Phi)$, die Kräfte werden dort[1] dargestellt als die positiven Differentialquotienten der Kräftefunction. Auch das von GAUSS für die Darstellung der im Verhältniss des verkehrten Quadrates des Abstandes wirkenden Anziehungs- und Abstoſsungskräfte benutzte „Potential" besitzt das entgegengesetzte Vorzeichen wie Φ, und wird öfters in dieser Weise eingeführt. Dies Potential ist übrigens nicht direct wesensgleich mit einer Energie, da bei der Aufstellung desselben für ein starres System dem zur Prüfung dienenden Massenpunkt m_0 die Einheit des von der Kraft angegriffenen Agens beigelegt wird. Man muſs daher die Differentialquotienten des Potentials noch mit dem Quantum des angegriffenen Agens (Masse, Magnetismus, Electricität) multipliciren, um die Gröſse

---

[1] JACOBI, Vorl. über Dynamik, Berlin 1866.

der Kraft in der durch die Differentiation gegebenen Richtung zu
erhalten. Das Gauss'sche Potential kann also definirt werden als
die in irgend einem Maafse gemessene Arbeit, welche nöthig ist,
um die Einheit des Agens von der zu prüfenden Stelle fortzuführen
bis an einen Ort, wo das Potential 0 herrscht; solche Orte findet
man bei lauter anziehenden oder lauter abstofsenden Kräften nur
in unendlicher Entfernung von dem festen System, bei Mischung
beider Arten von Kräften, wie solche ausgehen von Aggregaten
positiver und negativer elektrischer Ladungen oder nördlicher und
südlicher Magnetismen, liegen solche aber auch im Endlichen. Beispielsweise ist das Potential der Massenanziehung eines Systems von
festen Punkten m_1, m_2, $\ldots m_a$, $\ldots$:

$$P = \sum_a \frac{m_a}{r_a},$$

wo r_a den Abstand der Masse m_a von dem zu prüfenden Ort mifst,
während wir für diesen Fall setzen müssen:

$$\Phi = \text{Const.} - G \cdot \sum_a \frac{m_0 \cdot m_a}{r_{0,a}},$$

wo Const. beliebig, aber G ein bestimmte Constante ist, wie später
ausführlich zu zeigen sein wird.

Für die Rechnung selbst ist die Wahl des Vorzeichens gleichgültig, aber wegen möglicher Verwirrungen und Verwechselungen
ist es vortheilhafter an dem von uns gewählten Vorzeichen festzuhalten, welches der Function Φ in allen Fällen, wo dieselbe
existirt, die anschauliche physikalische Bedeutung eines aufge-
speicherten Energievorrathes sichert.

Die Dimension (vergl. § 13) der in diesem Abschnitt betrachteten Energiegröfsen E, L, Φ und A ist übereinstimmend gleich
$[M L^2 T^{-2}]$, denn L ist Masse mal Geschwindigkeitsquadrat, die Abnahme von Φ, dividirt durch die Strecke, längs welche dieselbe
eintritt, liefert eine Kraft, und Arbeit ist das Product Kraft mal
Weg. Die Einheit dieser Dimension im C. G. S.-System (siehe S. 35),
1 gr cm^2.sec^{-2} nennt man 1 Erg. Das Gauss'sche Potential mufs erst
durch gewisse Factoren vervollständigt werden, um einem Energiequantum gleichartig zu werden.

§ 52. Andere Energieformen. Universelle Gültigkeit des Princips von der Erhaltung der Energie.

Die Gleichung (116) (Seite 196), welche das Gesetz von der Constanz der Energie ausspricht, wurde hergeleitet aus dem zu Eingang dieses Abschnittes hingestellten Leibniz'schen Satze über die sogenannte Erhaltung der lebendigen Kräfte. Dieser Satz ist anzusehen als ein Inductionsschluß, welcher gezogen wurde aus einer ganzen Reihe damals schon geglückter mathematischer Darstellungen von Bewegungsvorgängen in der Natur, zu denen die Fallbewegungen, die elastischen Schwingungen und namentlich die nachher von uns zu behandelnden Bewegungen der Himmelskörper gehören. Die Gültigkeit desselben ist daher zunächst eine beschränkte und alle daraus gezogenen Folgerungen stehen und fallen zugleich mit ihrer Voraussetzung. Es gelang uns den begrenzten Bereich der Geltung in allgemeiner Form zu charakterisiren in den Bedingungsgleichungen (115) der conservativen Kräfte. Durch diese Gleichungen wurde die Coordinatenfunction Φ erst eingeführt, welche später eine anschauliche physikalische Bedeutung als Arbeitsvorrath fand, während die kinetische Energie L stets einen absoluten Sinn hat, sobald die Bewegung einer trägen Masse betrachtet wird. Die begriffliche Gleichartigkeit dieser beiden Größen zeigte sich in ihrer Zusammenfügung zu der constanten Summe $L + \Phi$. Wenn von einem System Arbeit nach außen abgegeben wird, so sinkt der Energieinhalt desselben; als Resultat der Arbeitsleistung konnten wir einstweilen nur anderweitig auftretende gleiche Quanta von L oder Φ ansehen; wenigstens nur wenn die Frucht der Arbeit sich in einer dieser uns als Energie jetzt bekannten Formen, als lebendige Kraft von bewegten Massen oder als Configuration mit gesteigerter potentieller Energie (etwa als gehobenes Gewicht) zeigt, hatten wir die Sicherheit, daß die Energie in Summa erhalten blieb.

Es giebt nun aber eine sehr große Anzahl von Fällen, in welchen wir bei einer offenbaren Arbeitsleistung keine von diesen Energieformen wieder auftreten sehen, ja es giebt — wenigstens in irdischen Verhältnissen — keinen einzigen Vorgang, in welchem wir den einem Massensystem bei der Arbeitsleistung desselben verloren gegangenen Energievorrath in seinem vollen Werthe in Form der beiden genannten mechanischen Energien wiederfinden.

Die erschöpfende Behandlung aller dieser Erscheinungen gehört nicht unter die Gegenstände dieses Bandes. Wir wollen nur vorausgreifend durch eine Reihe von Beispielen klar machen, um was es sich dabei handelt. Es soll nämlich gezeigt werden, daß diese Ausnahmen oder ungenauen Erfüllungen des Gesetzes immer mit irgend welchen anderweitigen Veränderungen Hand in Hand gehen, deren Größe den scheinbaren Energieverlust oder Gewinn stets ausgleicht. Nur bei der Wirkung der conservativen Kräfte, welche wir betrachtet haben, handelt es sich um reine sichtbare Bewegungs-vorgänge, es kommen dabei keine Erscheinungen vor, welche uns zwängen, noch anderweitige physikalische Processe zur Erklärung heranzuziehen. In diesem Sinne bezeichnet man die conservativen Kräfte auch als reine Bewegungskräfte und setzt sie dadurch in Gegensatz zu den vielen anderen Naturkräften, welche wir durch die im Folgenden angeführten Beispiele illustriren wollen.

Beispiel 1. Ein schwerer Körper ruht auf einer ebenen, horizontalen, rauhen Unterlage und soll auf derselben um eine ge-wisse Strecke verschoben werden. Wir wissen aus täglicher Er-fahrung, daß man eine mitunter recht bedeutende Kraftanstrengung braucht, um diese Bewegung zu ermöglichen. Vom Beharrungs-vermögen der bewegten Masse ist in diesem Falle wenig oder gar nichts zu spüren, der schwere Körper bleibt vielmehr, sobald wir denselben nicht mehr treiben, in Ruhe: lebendige Kraft wird also nicht gewonnen; auch ist der Körper durch seine neue Lage nicht fähig, irgend welche Arbeit zu leisten, indem er etwa auf seinen ursprünglichen Platz zurückkehrt, denn beide Orte haben dieselbe Höhenlage und die einzige Kraft, welche den ruhenden angreift, ist die verticale Schwerkraft, also ist auch keine potentielle Energie gewonnen; und trotzdem ist bei der Verschiebung eine meßbare Kraft längs des ganzen Weges ausgeübt worden, also eine ganz be-stimmte Arbeit für diesen Vorgang aufgewendet worden.

Beispiel 2. Einem isolirt aufgestellten Körper A ist eine be-stimmte Ladung positiver Elektricität mitgetheilt, welche er be-wahrt. Nähern wir demselben einen isolirten Conductor B, d. h. einen metallischen Körper, welchen wir mittelst einer Handhabe aus Glas oder Hartgummi bewegen können, so sammelt sich auf der A zugekehrten Seite desselben negative Elektricität, auf der ab-gewandten Seite eben so viel positive Elektricität. Entfernen wir B wieder von A, so fließen in ihm beide Elektricitäten wieder zu-sammen und geben denselben unelektrischen Zustand wie zu An-fang; eine Arbeitsleistung bei dem ganzen Vorgang in Summa ist dabei kaum zu spüren. Berühren wir aber während der Annäherung an A die abgewandte Seite von B mit einem Draht, welcher zu einem ferner stehenden unbeweglichen, gröfseren, isolirten Conductor C führt, so fliefst die abgestofsene positive Elektricität aus B nach C hinüber, und nach Entfernung des Contactes ist B nur mit negativer Elektricität geladen; die Wegführung des Conductors B aus der Nähe von A geschieht jetzt aber nicht ohne Arbeit, denn die Anziehungskraft der entgegengesetzten Ladungen mufs längs des Weges überwunden werden. Entleeren wir die negative Ladung von B in einen feststehenden grofsen, isolirten Conductor D, so ist B wieder in dem Zustande wie zu Anfang und wir können den Procefs wiederholen: B an A nähern, wiederum die abgestofsene positive Elektricität nach C fliefsen lassen, die Arbeit bei der Wegführung von B leisten und dessen negative Ladung in D aufspeichern, u. s. w. Es geht also auch bei diesem Procefs jedesmal eine gewisse Menge von Arbeit darauf, ohne dafs wir eine der mechanischen Energieformen finden.

In diesen zwei Beispielen sahen wir Arbeitsleistungen scheinbar verschwinden. Nun wollen wir einige Fälle anführen, in denen durch gewisse Processe, die sich nicht ohne weiteres den in den vorhergehenden Paragraphen betrachteten Vorgängen einordnen lassen, die beiden uns bis jetzt bekannten Energieformen gewonnen, scheinbar erzeugt werden.

Beispiel 3. In ein etwa 2 m hohes cylindrisches Gefäfs bringt man bei Zimmertemperatur eine geringe Menge Wasser, so viel, dafs dasselbe auf dem Boden eine Schicht von 1 mm Höhe bildet. Dieses geringe Volumen sei oberhalb abgesperrt durch einen leichten, luftdicht schliefsenden, aber verschiebbaren Stempel. Umgiebt man dieses hohe Gefäfs mit einem heifsen Bade, etwa mit geschmolzenem Paraffin, welches man durch regulirbare Gasflämmchen und Rührvorrichtungen auf einer Temperatur von 150° erhalten kann, so verwandelt sich sämmtliches Wasser in Dampf von der angegebenen Temperatur; dabei wird der Stempel um fast 2 m in die Höhe getrieben, um dem Dampf den erforderlichen Raum zu geben, welcher etwa 1927 mal so grofs ist, als das Volumen derselben Wassermenge im flüssigen Zustande. Wiederholen wir denselben Versuch ein zweites Mal mit dem Unterschied, dafs wir auf eine an dem herausragenden Ende des Stempelstieles befindliche Schale eine schwere Masse auflegen, so wird auch jetzt während der Verwandlung des Wassers in Dampf der Stempel in die Höhe getrieben und dadurch zugleich das belastende Gewicht gegen die Richtung der Schwerkraft gehoben. Die Stellung, in welcher der Stempel diesmal aufhört zu steigen, ist zwar nicht so hoch, wie beim ersten

Versuch, weil der überhitzte Dampf unter dem stärkeren Drucke, welchen die schwere Masse verursacht, in einem geringeren Raume Platz findet; auf jeden Fall aber gewinnen wir durch die Hebung des aufgelegten Gewichtes einen bestimmten Betrag potentieller Energie, welchen wir aufbewahren können, wenn wir das gehobene Gewicht abnehmen und in der erreichten Höhenlage aufhängen. Nach der Entlastung steigt der Stempel noch ein Stück weiter bis zu derselben Höhe, welche er im ersten Versuche erreichte. Der Endzustand ist also nun scheinbar derselbe wie beim ersten Versuch, nur haben wir einen gewissen Arbeitsvorrath gewonnen, welcher nicht durch Aufwand der uns bisher vorgekommenen Energieformen erzeugt worden ist.

Beispiel 4 (Fig. 11). Ein Gefäfs T aus porösem gebrannten Thon wird mit stark verdünnter Schwefelsäure angefüllt und in ein weiteres Glasgefäfs G gestellt, welches man mit einer concentrirten Lösung von Kupfersulfat beschickt. In die verdünnte Säure taucht man einen dicken Zinkstab Z, in die Kupfersulfatlösung ein Kupferblech K, welches cylindrisch gekrümmt ist, so dafs es die Thonzelle umschliefst. Eine solche Einrichtung nennt man ein galvanisches Element, die hier beschriebene Form desselben führt den Namen ihres Erfinders DANIELL. Beide Metalle ragen aus den sie benetzenden Flüssigkeiten heraus und werden durch die im Folgenden beschriebene Anordnung metallischer Körper aufserhalb der Flüssigkeiten in Verbindung mit einander gebracht: Zwei ringförmige mit Quecksilber gefüllte offene Rinnen Q und Q' sind in einem gewissen verticalen Abstande von einander befestigt; das Quecksilber der unteren Rinne Q ist mit dem Kupferblech durch einen Kupferdraht D verbunden, ebenso Q' mit dem Zinkstabe durch den Draht D'. Eine verticale Drehungsaxe $A A'$ geht durch beide Ringcentra hindurch und besteht zwischen den Ebenen der beiden Ringe aus einem Metallstab $B B'$, von welchem aus in die untere und die obere Quecksilberrinne Metallarme $C C$ und $C' C'$ eintauchen. Diese etwas complicirte Verbindung soll nur bewirken, dafs bei einer Drehung der Axe doch das Kupfer und das Zink aufserhalb der Flüssigkeit immer durch eine Reihe metallischer Körper verbunden bleiben, ohne dafs durch das Schleifen von festen Metallen auf einander eine merkliche Reibung erzeugt wird. Diese Verbindung in der Richtung vom Kupfer zum Zink ist in der Figur durch ungefiederte Pfeile angezeigt. Für sich allein zeigt eine solche Einrichtung keinerlei Bewegungserscheinungen. Befestigt man aber zu beiden Seiten nahe an der Drehungsaxe symmetrisch zwei verticale Magnet-

stäbe *NS* derart, daſs deren Nordpole *N* in den Raum zwischen den
beiden Quecksilberringen hineinragen, während die Südpole *S* in

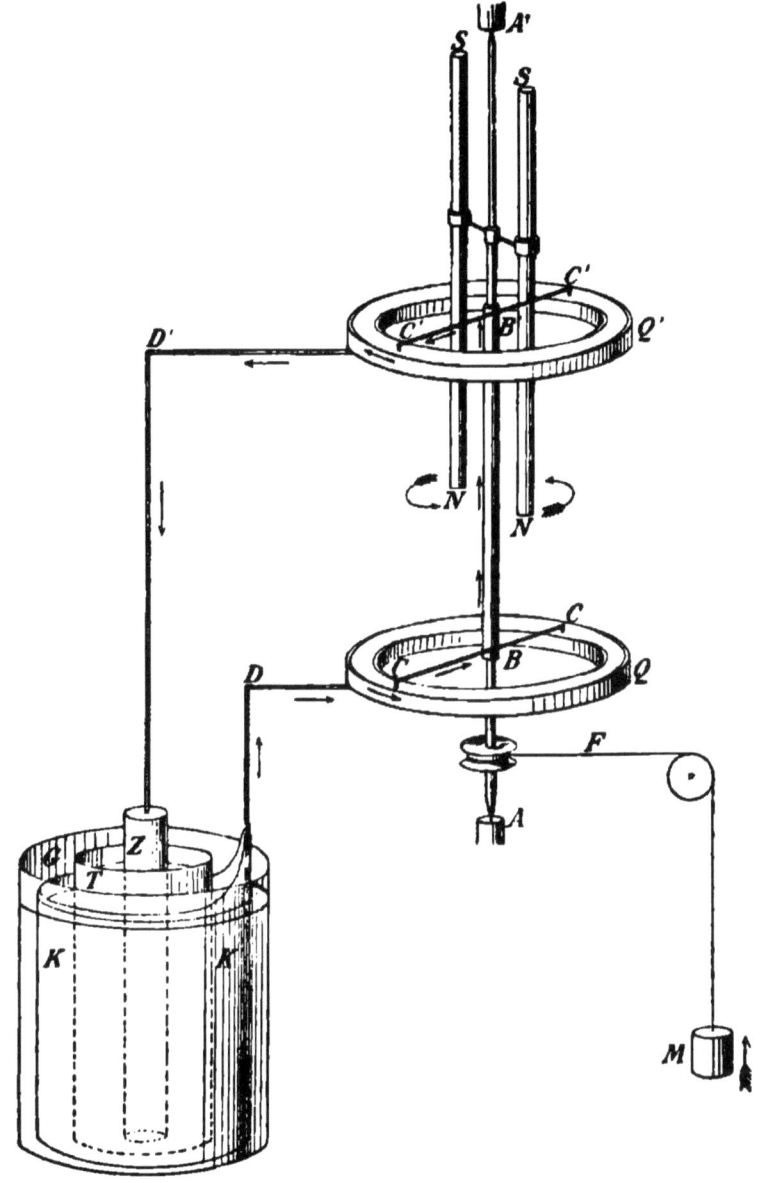

Fig. 11.

einiger Entfernung über dem oberen Ringe bleiben, so setzt sich
die Axe mit den beiden Magneten in schneller und schneller

werdende Rotation, deren Richtung durch die gefiederten Pfeile bei
N bezeichnet ist; die trägen Stahlmassen der Magnete erhalten also
wachsende Beträge an kinetischer Energie, ohne daſs wir dabei
eine der uns bekannten Formen von Arbeitsvorrath dazu aufwenden
oder dabei verschwinden sehen. Man kann dieses einfache (elektromagnetische) Maschinchen auch zu anderen Arbeitsleistungen verwenden; man kann z. B. die Drehungsaxe einen Faden F aufwickeln
lassen, an welchem ein Gewicht M hängt. Die Bewegung wird dann
in mäſsiger Geschwindigkeit ohne Beschleunigung erfolgen, aber die
schwere Masse wird gehoben und repräsentirt nach der Hebung
einen Gewinn an potentieller Energie.

Man sieht aus allen diesen Beispielen, die sich noch beliebig
vermehren lieſsen, daſs das Gesetz von der Erhaltung der Energie
in der Form, wie wir es abgeleitet haben, nur eine beschränkte
Gültigkeit besitzt. Wenn wir aber alle diese Vorgänge, welche zunächst als Ausnahmen erscheinen, genauer untersuchen, so finden
wir, daſs es sich dabei niemals um reine Bewegungserscheinungen
handelt, sondern daſs immer noch anderweitige Veränderungen vor
sich gehen, welche aufzuspüren mitunter eine schwierige Aufgabe
der experimentellen Forschung ist, welche sich indessen noch stets
haben entdecken lassen. Wir wollen jetzt diese Begleiterscheinungen
in den angeführten Beispielen aufdecken und betrachten.

In dem Vorgang Beispiel 1 bemerkt man, daſs die reibende
Fläche des bewegten Körpers sowohl wie die geriebenen Theile der
Unterlage erwärmt werden. In Fällen, wo dauernd dieselben Flächen
auf einander reiben, wie dies z. B. bei ungenügend oder gar nicht
geschmierten Radaxen von Eisenbahnwagen oder Maschinen vorkommt, können die benachbarten Theile bis zum Glühen erhitzt
werden. Schnelle Reibung geeigneter Holzstücke auf einander ist
wohl das älteste Mittel zum Feuerzünden. Nimmt man nun solche
Reibungsversuche unter geeigneten Vorsichtsmaſsregeln in geschlossenen Gefäſsen vor, in denen man die erzeugte Wärmemenge
durch irgend welche genau beobachtbaren Veränderungen messen
kann (Calorimeter), so findet man, daſs ein bestimmtes Quantum
geleisteter Arbeit in allen Fällen genau dieselbe Wärmemenge
hervorbringt, unabhängig von der besonderen Form des Experi-
mentes und von der Natur der geriebenen Körper. Wir wollen gleich
hinzusetzen, daſs es durchaus nicht nöthig ist, daſs die Arbeit
gerade durch Reibungsvorgänge in Wärme übergeht, es giebt noch
manche andere Processe, welche dieselbe Umwandelung entweder
direct oder durch Vermittelung anderer Zustände hervorbringen,

immer aber ist die durch eine bestimmte Arbeit gewonnene Wärme dieselbe, vorausgesetzt, daſs diese Arbeit sich nicht als L oder Φ wiederfindet, oder als irgend eine andere Art von verändertem Zustand. Der erste, der eine quantitative Schätzung der zur Erzeugung einer Wärmeeinheit (Calorie) erforderlichen Arbeit, also eine Bestimmung des sogenannten mechanischen Wärmeäquivalentes unternahm, war J. R. MAYER im Jahre 1842. Er stützte sich dabei auf einige damals bereits bekannte Daten anderer Physiker über die bei der Compression der Luft auftretenden Wärmemengen. J. P. JOULE führte um dieselbe Zeit eine ganze Reihe eigener directer Messungen dieses Zusammenhanges mit groſser Sorgfalt aus, welche zum Theil von ROWLAND mit den vollkommeneren Hülfsmitteln der modernen Thermometrie wiederholt wurden. Es steht nach diesen Versuchen fest, daſs die Wärmemenge, welche erforderlich ist um ein Gramm reines flüssiges Wasser vom Gefrierpunkt bis zum Siedepunkt zu erhitzen, durch eine Arbeit erzeugt wird, welche in Form von potentieller Energie aufgespeichert wird, indem man ein Gewicht von 100 gr gegen die Richtung der Schwerkraft auf eine Höhe von fast 430 m hebt oder durch eine Arbeit, welche in Form von kinetischer Energie auftritt an einer Masse von 100 gr, welche ohne Luftwiderstand durch einen Fallraum von fast 430 m frei herabgefallen ist. Dabei ist die nicht ganz zutreffende Annahme gemacht, daſs die Beschleunigung der Schwerkraft in so bedeutender Höhe denselben Werth habe, wie an der Oberfläche der Erde; thatsächlich ist sie oben etwas kleiner. Man kann aber bei dieser Veranschaulichung der Arbeitsgröſse die verticale Distanz vermindern und die schwere Masse in demselben Verhältniſs vergröſsern: Dieselbe wird auch dargestellt durch die potentielle Energie, welche ein Gewicht von 100 kg bei einer Erhebung von 43 cm aufnimmt, oder durch die lebendige Kraft, welche 100 kg beim freien Fall von einer Höhe von 43 cm herab erlangen. Will man diese Arbeit unabhängig von der Schwerkraft im absoluten Maſse darstellen, so muſs man die Zugkraft des schweren Gewichtes gleich seiner Masse mal der Beschleunigung $g = 981$ cm . sec^{-2} einführen und diesen Betrag multipliciren mit dem Wege längs dessen dieselbe bei der Hebung überwunden wird. Man erhält so:

$$100 \times 1000\,\text{gr} \times 981\,\frac{\text{cm}}{\text{sec}^2} \times 43\,\text{cm} = 100 \times 42\,000\,000\,\text{Erg.}$$

Diese zur Erwärmung von 1 gr Wasser vom Gefrierpunkt bis zum Siedepunkt erforderliche Wärmemenge spielt in der messenden Physik eine wichtige Rolle: der hundertste Theil derselben bildet die neuerdings allgemein angenommene praktische Wärmeeinheit, welche man als mittlere Grammcalorie bezeichnet, es ist

$$\text{1 mittlere Grammcalorie} = 4{,}2 \cdot 10^7 \text{ Erg.}, \qquad (127)$$

wenigstens können wir jetzt sagen, daß die auf der rechten Seite der vorstehenden Gleichung angegebene Arbeitsgröße im Stande ist gerade eine Wärmeeinheit zu produciren, d. h. sich in eine solche zu verwandeln.

Greifen wir nun das Beispiel 3 heraus: Dort finden wir den umgekehrten Vorgang illustrirt. Es ist nämlich bei dem zweiten Experiment, als wir den entstehenden Dampf nöthigten, für uns ein schweres Gewicht zu heben, dem heißen Bade mehr Wärme entzogen worden, als dies im ersten Experiment ohne äußere Arbeitsleistung der Fall war. Die regulirbaren Heizflammen mußten zur Erhaltung der Temperatur beim zweiten Versuche höher brennen als beim ersten, um den Mehrverbrauch von Wärme zu ersetzen. Ohne künstliche Nachheizung würde sich die Wärmeabgabe in dem ausgedehnten Bade in beiden Fällen durch ein Sinken der Temperatur anzeigen; diese Abkühlung würde aber im zweiten Falle größer sein, als im ersten. Wir haben also hier eine Verwandelung von Wärme in mechanische Energie vor uns durch Vermittelung des Bestrebens des Wasserdampfes sich auszudehnen. Es wirken hier dieselben Naturerscheinungen, durch welche wir auch in den Dampfmaschinen diese Umsetzung im großen Maßstabe erreichen. Die Resultate eingehender Messungen bei ganz verschiedener Anordnung der Versuche haben nun gelehrt, daß die Wärmemengen, welche verschwinden, wenn Arbeitsquanta an ihrer Stelle auftreten, diesen letzteren ebenfalls stets äquivalent sind nach derselben quantitativen Beziehung, welche in der vorstehenden Gleichung (127) ausgesprochen ist, daß dieselben dagegen unabhängig von der Natur des sich ausdehnenden Körpers sind, so daß wir diese Gleichung als allgemeingültig für alle wechselweisen Umwandelungen zwischen den mechanischen Energieformen und der Wärme anzusehen haben. Das Erfahrungsresultat, daß eine Wärmemenge ein ganz bestimmtes Energiequantum repräsentirt, welches zwar verwandelbar aber unzerstörbar ist, auch durch Leitung und Strahlung nur seinen Sitz, aber nicht sein Quantum ändert, dehnt den Gültigkeitsbereich des Gesetzes von der Erhaltung der Energie über alle Vorgänge aus, in denen Bewegungserscheinungen und Wärmeveränderungen Hand in Hand gehen; das Energieprincip bildet den ersten Hauptsatz der Thermodynamik.

Betrachten wir jetzt das Beispiel 2. Die bei der wiederholten Entfernung des negativ geladenen Conductors B von dem positiv elektrischen Körper A aufgewendete Arbeit hat eine Veränderung erzeugt, welche wir in der positiven Ladung von C und der ebensogrofsen negativen Ladung von D wiederfinden. Diese Ladungen sind um so gröfser, je öfter wir den beschriebenen Procefs ausgeführt haben. Es giebt Maschinen, in welchen durch eine cyklische Bewegung, einer drehbaren Scheibe, welche den Conductor B oder mehrere solche Conductoren trägt, das Abnehmen der abgestofsenen positiven und dann das Wegführen der angezogenen negativen immerfort besorgt wird, so lange man dreht; es sind das die von HOLZ und TÖPLER construirten Influenzmaschinen. Die Drehung derselben erfordert weit mehr Arbeit, als durch die Reibung der Drehungsaxe und den Luftwiderstand erklärt werden kann. Diese beiden entgegengesetzt geladenen Conductoren C und D repräsentiren nun ein bestimmtes Quantum von einer besonderen Energieform, der elektrostatischen Energie, welche in die uns bereits bekannten Formen zurückverwandelt werden kann. In einer Beziehung ist dieselbe ganz analog der potentiellen Energie, denn die beiden Conductoren ziehen sich an mit einer starken Kraft, welche die allgemeine Massenanziehung völlig in den Schatten stellt. Diese Kraft kann man arbeiten lassen, wenn man den Conductoren gestattet, sich einander zu nähern, ganz wie man ein der Erde sich näherndes, d. h. fallendes Gewicht arbeiten lassen kann. Diese Arbeit erschöpft aber den Vorrath elektrischer Energie noch nicht, den Rest derselben verliert man in einer ganz eigenartigen Weise, sobald die Annäherung hinreichend eng geworden ist. Es springt dann ein elektrischer Funke über, durch welchen die beiden entgegengesetzten Ladungen sich ausgleichen und verschwinden. Bei dieser Erscheinung wird die Luftstrecke und abgerissene Metalltheilchen bis zur Weifsgluth erhitzt, es entsteht also eine gewisse Wärmemenge, welche zum Theil als sichtbare Lichtstrahlung in den Raum hinausgeht, ferner entstehen dabei langsamere elektrische Schwingungen, welche, wie das Licht, in dem durchstrahlten Raume einen Energievorrath repräsentiren, der seinerseits wieder in Wärme verwandelt wird, sobald die Strahlen auf absorbirende Körper treffen, endlich hört man einen Knall, welcher als Lufterschütterung eine gewisse kinetische Energie repräsentirt. In der Summe aller dieser auftretenden bekannten Energieformen finden wir das volle Aequivalent der bei der Trennung der entgegengesetzten Elektricitäten durch Influenz aufgewendeten Arbeit wieder.

Wir sehen also, daſs die entgegengesetzte Ladung der Conductoren
C und D einen der verbrauchten mechanischen Arbeit gleichwerthigen
Energievorrath darstellt, den man in andere Formen zurückverwandeln
kann, ohne etwas zu gewinnen oder zu verlieren. Die Constanz der
Energie zeigt sich also auch im Gebiete der elektrostatischen Erscheinungen als gewahrt. Die Maſseinheiten der elektrostatischen Ladungen sind so festgesetzt worden, daſs die positive Einheit die negative Einheit im Abstand von 1 cm mit der Kraft einer Dyne anzieht.
Man erhält dann bei der gewaltsamen Entfernung beider Quanta aus
der angegebenen Lage in so grofse Entfernung, daſs die proportional
dem reciproken Quadrate des Abstandes abnehmende Anziehungskraft
unmerklich geworden ist, die Arbeit von 1 Erg. in Form elektrostatischer
Energie aufgespeichert. Durch diese Wahl der elektrischen Einheiten,
wird die Einheit der elektrostatischen Energie (e^2/r) direct 1 Erg.

Schlieſslich wollen wir in Beispiel 4 diejenigen Vorgänge aufsuchen, welche als die Energiequelle für die beschriebene Arbeitsleistung anzusehen sind. Wir haben dabei unsere Aufmerksamkeit
auf die Veränderungen zu lenken, welche in dem DANIELL'schen
Element vor sich gehen. Man bemerkt, daſs der Zinkstab ange-
fressen wird und dadurch an Masse abnimmt. Dies ist nicht die
gewöhnliche chemische Wirkung verdünnter Schwefelsäure auf Zink,
bei welcher letzteres auch verzehrt wird, denn es entsteht hierbei
keine Ausscheidung von Wasserstoffgas, welche sonst mit diesem
Procefs verbunden ist. Das verlorene Zink (Zn) findet sich in der
von der Thonzelle umschlossenen Flüssigkeit in Verbindung mit
einem Bestandtheile der Schwefelsäure (dem Anion SO_4) chemisch
verbunden als Zinksulfat ($ZnSO_4$) wieder; man kann letzteres durch
Abdampfen der Flüssigkeit als weiſses Salz wiedergewinnen. In der
die Thonzelle von aufsen umgebenden Lösung von Kupfersulfat
($CuSO_4$) ist die entgegengesetzte Veränderung zu bemerken: Die
Lösung wird verdünnter, es verschwindet dort eine entsprechende
Menge des blauen Salzes, während das Kupferblech durch nieder-
geschlagenes metallisches Kupfer (Cu) an Masse zunimmt. Die
durch diesen Niederschlag frei gewordenen Mengen des Anions
SO_4 sind es, welche sich mit dem Zink verbunden haben, sie haben
dazu durch die poröse Thonwand ins Innere hineindringen müssen.
Die Mengen der freien Schwefelsäure im inneren Gefäfs bleiben
dabei unverändert, die fortschreitenden Veränderungen in dem galvanischen Elemente finden in der Ausdrucksweise der chemischen
Zeichensprache ihre Darstellung durch die Gleichung:

$$Zn + CuSO_4 = Cu + ZnSO_4,$$

welche aussagt, daſs die Menge von SO$_4$ unverändert geblieben ist,
aber von der Verbindung mit Cu gelöst, Zn ergriffen hat. Die an
dem Proceſs betheiligten Massen stehen in ganz festen Verhältnissen; während nämlich 65,5 gr Zink gelöst werden, scheiden sich
63,3 gr Kupfer als Metall wieder aus, die Menge des Anions SO$_4$,
welche dabei ihren Platz wechselt, beträgt 96 gr. Daſs nun diese
chemische Umsetzung eine ganz bestimmte Energiemenge freimacht,
kann man durch ein einfaches, rein chemisches Experiment nachweisen: Man löse in Wasser soviel Kupfersulfat auf, daſs 63,3 gr
Kupfer, also auch 96 gr SO$_4$ darin enthalten sind. (Die blauen
Kupfervitriolkrystalle enthalten viel unwirksames Krystallwasser gebunden, man muſs 249,3 gr des Salzes nehmen, um die geforderte
Menge 159,3 gr der Verbindung CuSO$_4$ in der Lösung zu haben.)
Wirft man in diese Lösung 65,5 gr feinvertheiltes Zink — etwa
Zinkfeilspähne — und schüttelt kräftig, so tritt bereits während
weniger Secunden eine vollständige Umsetzung der Stoffe ein, die
vorher blaue Lösung hat sich entfärbt und enthält nun Zinksulfat, an Stelle des grauen Zinkpulvers erscheint ein brauner
Bodensatz von metallischem Kupfer. Es ist derselbe Proceſs plötzlich eingetreten, welcher in dem DANIELL-Element allmählich vor
sich geht, zugleich bemerkt man aber eine ganz bedeutende Erwärmung, welche bei Verwendung von 1 l Wasser die Temperatur
der Lösung um etwa 50° steigert. Nach genauen Messungen entstehen bei diesem chemischen Proceſs 50 100 Grammkalorien Wärme,
welche ein ganz bestimmtes Energiequantum repräsentiren. Wenn
das Gesetz von der Constanz der Energie gelten soll, so muſs diese
als Wärme auftretende Energiemenge vorher in irgend einer anderen Form bestanden haben. Aehnliche Wärmeproductionen oder
auch Wärmeabsorptionen findet man mit den allermeisten chemischen
Processen Hand in Hand gehend; sie führen uns zu der Concep-
tion des Begriffes einer besonderen Energieform — der chemischen
Energie. Wir müssen (um bei unserem Beispiel zu bleiben) annehmen, daſs die Zusammenstellung Zn + CuSO$_4$, also 65,5 gr Zink
in Berührung mit 159,3 gr gelöstem Kupfersulfat einen Gehalt an
chemischer Energie besitzt, welcher um 50 100 Grammkalorien gröſser
ist, als die chemische Energie der Zusammenstellung Cu + ZnSO$_4$,
d. h. 63,3 gr Kupfer in Berührung mit 161,5 gr Zinksulfat in Lösung.

　　Diese Einführung der chemischen Energie drückt aber zunächst
nur den Wunsch aus, das Energieprincip auf das Gebiet der chemischen Reactionen auszudehnen; einen realen Inhalt erhält der
neue Begriff erst dadurch, daſs man denselben als ein unveränder-

liches Quantum einer jeden chemischen Verbindung für sich erkennt. Die freiwerdenden oder verschwindenden Wärmemengen bei
chemischen Reactionen hängen nun thatsächlich nur von der anfänglichen und der schliefslichen Zusammenstellung der Stoffe ab,
sind aber stets unabhängig gefunden worden von dem Weg und
den Mitteln oder Zwischenstufen, durch welche man den Procefs
leitet. Dieses Gesetz ist durch zahlreiche calorimetrische Messungen
bestätigt worden, die ersten rühren von G. H. HESS (um 1840) her,
den man als den Begründer der systematischen Thermochemie ansehen mufs.

Dieselbe Energiemenge, welche in dem rein chemischen Procefs
als Wärme auftrat, müssen wir auch erhalten, wenn in dem DANIELL-
Elemente die gleiche Menge von Kupfer ausgeschieden worden ist.
Wenn wir den Kupfer- und Zinkpol durch einen einfachen Metall-
draht aufserhalb des Elementes verbinden, so erhalten wir auch in
diesem Falle die gesammte freiwerdende Energie als Wärme, freilich
nicht allein in dem Elemente, sondern wir bemerken auch eine Erwärmung des verbindenden Drahtes, die Wärme entsteht also in
dieser Anordnung an einer räumlich von dem chemischen Procefs
verschiedenen Stelle. Wie sich die Wärmeproduktion dabei in dem
ganzen Apparate vertheilt und wie schnell dieselbe vor sich geht,
hängt ganz von der speciellen Einrichtung desselben ab; die mefs-
baren Eigenschaften, welche darauf Einflufs haben, nennt man die
galvanischen Widerstände des Elementes und der Drahtleitung.
Nimmt man zur Verbindung einen kurzen und dicken Kupferdraht,
so wird der allergröfste Theil der Wärme in den Flüssigkeiten des
Elementes selbst in Freiheit gesetzt. Wählt man aber einen langen,
dünnen Platin- oder Neusilberdraht, so wird der gröfste Theil der
Wärme in diesem Drahte selbst erzeugt. Sehr dünne, kurze Platin-
drähte können bis zum Glühen erhitzt werden, und auch Kohlen-
fäden, welche ebenfalls wie Metalldrähte wirken, strahlen dabei
dauernd helles Licht aus, wenn man dieselben nur durch Abschlufs
der Luft vor Verbrennung schützt (Elektrische Glühlampen). Solche
Metalldrähte müssen sich also, nach dieser merkwürdigen Wärme-
erzeugung zu schliefsen, in einem besonderen Zustande befinden;
man sagt, es fliefst ein elektrischer Strom in ihnen, und erklärt
sich diesen Zustand dadurch, dafs man annimmt, es gingen dauernd
sehr bedeutende Mengen positiver Elektricität in der Richtung vom
Kupfer zum Zink durch denselben hindurch, eventuell auch gleich-
grofse Mengen negativer Elektricität in entgegengesetzter Richtung.
Mit allen diesen Auslegungen haben wir hier nichts weiter zu thun,

wir führen dieselben nur an, um den Namen elektrokinetische Energie zu erklären, d. h. Energie der in Bewegung befindlichen Elektricität. Die im DANIELL'schen Elemente verschwindende chemische Energie setzt sich in elektrokinetische Energie um, und diese setzt sich in dem Leitungsdraht in Wärme um. Die Erwärmung ist aber nicht die einzige Wirkung des elektrischen Stromes. Die von demselben durchflossenen Drähte vermögen andere stromleitende Drähte, wenn sie beweglich sind, nach bestimmten Gesetzen zu bewegen, die Ströme lenken Magnetnadeln ab, so daß diese sich quer gegen den Draht stellen, ja sie sind im Stande Magnete in dauernde Bewegung zu setzen, wie wir das an der kleinen in Fig. 11 skizzirten Maschine bemerkten. Es gehen also von den Stromleitern Kräfte aus, welche auf gewisse dafür empfängliche Gebilde, wie Magnetpole, beschleunigend wirken, und dadurch im Stande sind Arbeit zu leisten, in der Darstellung von Beispiel 4 ließen wir z. B. ein Gewicht dadurch in die Höhe winden.

Das Gesetz von der Erhaltung der Energie bewahrheitet sich dabei in der Weise, daß die Summe der geleisteten Arbeit, der kinetischen Energie der rotirenden Stahlmassen der Magnete (und der anderen bewegten Theile des Apparates) und der in dem Stromkreise erzeugten Wärme gleich ist der im Elemente freiwerdenden chemischen Energie. Die Stromwärme allein muß dabei also kleiner sein, als dies ohne äußere Arbeitsleistung der Fall sein würde; dies findet auch seine volle Erklärung in dem Umstand, daß die um den Stromleiter rotirenden Magnetpole den elektrischen Strom schwächen durch Erzeugung eines ihrer Geschwindigkeit proportionalen Gegenstroms. Ganz vermeiden läßt sich indessen diese Erwärmung niemals, man gewinnt im günstigsten Falle die Hälfte der chemischen Energie in der Form mechanischer Arbeit, der andere Theil wird auch in diesem Falle in Wärme umgesetzt. Man kann diesen eben erwähnten Gegenstrom auch für sich allein erhalten. Wir entfernen zu diesem Zwecke in der durch Fig. 11 gegebenen Anordnung das DANIELL-Element und den Faden F nebst dem Gewichte M. Setzt man dann durch einen äußeren Eingriff die Magnetstäbe in eine schnell rotirende Bewegung von derselben Richtung, so werden diese bei der verschwindend kleinen Axenreibung sehr lange mit unverminderter Geschwindigkeit umlaufen, es findet dann keine Verwandelung der ihnen ertheilten kinetischen Energie in andere Energieformen statt. Bringt man aber gleichzeitig die freien Enden der beiden Drähte D und D' in Berührung mit einander, so kommen die rotirenden Magnete sehr bald zur

Ruhe; ihre kinetische Energie wird in elektrokinetische Energie verwandelt, der geschlossene metallische Kreis weist einen elektrischen Strom auf, welcher ganz dieselben charakteristischen Eigenschaften aufweist, wie der durch das galvanische Element erzeugte; die Leitung wird erwärmt, auch wird eine Magnetnadel in der Nähe des Drahtes quer gestellt, die Ablenkung erfolgt aber jetzt in entgegengesetzter Richtung; wir schliefsen daraus, dafs dieser Strom die entgegengesetzte Richtung besitzt, als der durch die ungefiederten Pfeile in Fig. 11 angedeutete. Die Bewegung der Magnete hört dabei, wie schon gesagt, bald auf, zugleich auch diese Stromerzeugung. Will man die Rotation ungeschwächt aufrecht erhalten, so mufs man von aufsen dauernd Arbeit zuführen, man mufs die Magnete drehen, entweder durch eine Kurbel mit der Kraft unseres Armes, oder durch eine Kraftmaschine, etwa eine Mühle, in welcher ein fallendes Gewicht — Wassermassen — Arbeit leisten. Dann erhält man auch einen dauernden elektrischen Strom in der Leitung. Die mechanische Arbeit wird dabei durch Vermittelung der um den Stromleiter rotirenden Magnetpole in elektrokinetische Energie umgesetzt. Das beschriebene Maschinchen ist zwar nicht geeignet, grofse Arbeitsquanta zu verbrauchen und starke Ströme zu liefern, dasselbe wurde aber auch nur seiner Durchsichtigkeit wegen in dieser einfachen Form beschrieben. Das Princip ist ganz dasselbe, nach welchem in der modernen Technik durch die sogenannten Dynamo-Maschinen kolossale Quanta von mechanischer Arbeit in elektrokinetische Energie umgesetzt werden. Man sieht bei letzteren von der Verwendung permanenter Stahlmagnete ganz ab, verwendet vielmehr weiches Eisen, welches durch Drahtumwickelungen, die von den erzeugten Strömen selbst durchflossen werden, sehr stark magnetisch wird.

Kurz erwähnt möge zum Schlufs noch werden, dafs elektrokinetische Energie auch direct in chemische Energie verwandelt werden kann. Schaltet man in einen Stromkreis eine Strecke Wasser ein, welches um besser leitend zu werden, ein wenig angesäuert ist, so wird dasselbe in Wasserstoff und Sauerstoff gespalten. Diese Gasmischung verbrennt unter starker Wärmeproduction zu Wasser, ein Beweis, dafs erstere einen gröfseren Inhalt an chemischer Energie besitzt, als das Wasser, aus welchem sie entstand. Es ist auch gelungen, diese chemische Energie in einer Art von Verbindungen zu gewinnen, die nicht durch Verbrennung ihre Energie wieder abgeben, sondern rückwärts Ströme erzeugen können in derselben Art, wie dies im DANIELL-Element geschieht. Es sind dies die Accumulatoren; diese speichern einen Theil der in sie hineingesteckten elektrokinetischen Energie in Form von chemischer Energie auf, um ihn später, wenn sie als galvanische Elemente benutzt werden, wieder in elektrokinetische Energie zurückzuverwandeln.

Man könnte diese Beispiele von Verwandelungen der verschiedenen Energieformen in einander noch beliebig häufen, doch können wir nach dem Angeführten bereits übersehen, daſs das Gesetz von der Unzerstörbarkeit und Unerschaffbarkeit der Energie alle Erscheinungen der Natur als ein allgemeines Princip beherrscht. Wir haben uns auf Phänomene der unbelebten Natur beschränkt, aber auch die Lebenserscheinungen in Pflanze und Thier, welche über das Gebiet rein physikalischer Forschung hinausgehen, sind nicht aus dem Rahmen dieses Gesetzes auszuschlieſsen. Wo wir dabei auch auf Energiegröſsen stoſsen, folgen dieselben demselben Gesetze. Im Pflanzenreiche haben wir es hauptsächlich mit der Umwandelung von Wärme und Strahlungsenergie (Sonnenlicht) in chemische Energie zu thun, es werden verbrennbare kohlen- und wasserstoffreiche Producte erzeugt, welche den Thieren zur Nahrung dienen, im Thierreiche haben wir Umsetzung dieser chemischen Energie in Wärme und mechanische Arbeit vor uns.

Man hat es unternommen, die nicht mechanischen Energieformen durch hypothetische Vorstellungen auf die rein mechanischen als Urformen zurückzuführen. So erklärt man die Wärme als kinetische Energie der kleinsten Theilchen der Materie, namentlich in der Gastheorie ist diese Vorstellung mit ihren Consequenzen zu einer hohen Ausbildung gekommen. Auch die chemische Energie wird als potentielle Energie specifischer Anziehungskräfte — der Verwandtschaftskräfte der verschiedenen Stoffe zu einander — erklärt, welche zwar erst bei minimalen Entfernungen in Wirkung treten, dann aber Arbeit leisten, die angezogenen Atome beschleunigen und dadurch bei der Vereinigung heftige Bewegung der kleinsten Theilchen, d. h. Wärme erzeugen. Derartige Vorstellungen sind wegen ihrer Anschaulichkeit sehr nützlich, dürfen aber wegen ihres hypothetischen Charakters nicht mit dem Inhalte des Energieprincips vermengt werden. Dieses Princip steht als ein bis jetzt überall bestätigter Erfahrungssatz über diesen Hypothesen und kann diese Veranschaulichungen entbehren.

Die in diesem Paragraphen gegebenen Auseinandersetzungen sollten in vorbereitender Weise einen Ueberblick geben über die umfassende Bedeutung des Energieprincips; wir muſsten dabei über

den besonderen Stoff dieses Bandes hinausgehen; im folgenden
wollen wir uns nun wieder auf dynamische Verhältnisse unter der
Wirkung conservativer, reiner Bewegungskräfte beschränken, für
welche die Energie vollständig als die Summe von kinetischer und
potentieller Energie definirt ist.

Dritter Abschnitt.

Anwendung.   Die Bewegungen der Himmelskörper.

§ 53.   Newton's Gravitationsgesetz.

In diesem Abschnitte soll an einem Beispiele gezeigt werden,
wie sich die in den beiden vorhergehenden Abschnitten entwickelten
allgemeinen Principien zur Auflösung besonderer Aufgaben verwenden lassen.   Wir fanden bei der Betrachtung der in einem
freien Massensysteme unter der Wirkung innerer conservativer
Kräfte stattfindenden Bewegungen drei fundamentale Gesetze: Die
Erhaltung der Bewegung des Schwerpunktes, die Erhaltung des
Hauptrotationsmomentes der Bewegungen und seiner invariabelen
Ebene und die Erhaltung der Energie.   Diese Gesetze wurden aus
den NEWTON'schen Bewegungsgleichungen [Gleichung (89) S. 147] abgeleitet durch drei verschiedene Arten von Integration, welche in
allen Fällen ausgeführt werden können, ohne auf die specielle
Natur der wirkenden Kräfte dabei einzugehen, wenn letztere nur
dem Reactionsprincip folgen und conservativ sind.   Diese Integralgleichungen, welche die drei genannten Gesetze aussprechen, bringen
gewisse Integrationsconstanten mit sich: Die gleichförmige Bewegung
des Schwerpunktes liefert deren sechs, nämlich die drei Coordinaten
des Ortes, an welchem der Schwerpunkt im Anfangszustand zur
Zeit $t = 0$ liegt und die drei unveränderlichen Componenten seiner
Geschwindigkeit im Raume.   Die Erhaltung des Hauptrotationsmomentes liefert drei Constanten, als welche man entweder die
Momente um die drei Coordinataxen ansehen kann, wie dies in
Gleichung (94) S. 160 geschehen ist, oder aber die Größe des Hauptrotationsmomentes und die beiden Winkelbestimmungen, welche
nöthig sind, um die Richtung der invariabelen Ebene im Raume

festzulegen. Das Energieprincip endlich liefert eine Constante — die
Energie des Systems. Zusammengenommen sind dies 10 Integrationsconstanten, welche durch den Anfangszustand des Massensystems bestimmt sind. Die Integration der Differentialgleichungen, in welchen
die Beschleunigungen der einzelnen Massenpunkte, also die zweiten
Differentialquotienten der Coordinaten vorkommen, ist aber durch
die Benutzung dieser drei Gesetze nicht vollendet, denn sowohl in
den Rotationsmomenten, wie auch in dem kinetischen Theile der
Energie kommen noch die Geschwindigkeiten, d. h. die ersten
Differentialquotienten der Coordinaten nach der Zeit vor. Diese
noch übrig bleibenden Integrationen muß man bei jedem einzelnen
Problem unter Benutzung der besonderen Natur der wirkenden
Kräfte auszuführen suchen, eine Aufgabe, deren Lösung bis jetzt
nur bei wenigen, besonders einfachen Problemen gelungen ist.

Ein solches lösbares Problem wollen wir im folgenden behandeln — das sogenannte Zwei-Körper-Problem. Dieses fragt nach
der Bewegung eines freien Systems von nur zwei Massenpunkten,
zwischen denen eine centrale Anziehungskraft wirkt, deren Intensität umgekehrt proportional dem Quadrat des jeweiligen Abstandes
der beiden Massenpunkte variirt. Diese Anziehungskraft zwischen
zwei Massen ist nicht eine mathematische Fiction, sondern ein
überall, wo Massen in der Natur vorkommen, in gleicher Weise be-
obachtetes Phänomen. Das will sagen, Phänomen sind die Bewegungen, welche die Massen zeigen: die Fallbewegung oder für
willkürlichen Anfangszustand die Wurfbewegung der irdischen
Massen in der Nähe der Erde, die Bewegung der Monde, der Planeten und der Doppelsternsysteme. Alle diese Bewegungen lassen
sich erklären und aufs genaueste vorher berechnen durch die Annahme einer allgemeinen Anziehungskraft von dem angeführten
Typus; zwischen Massenpunkten von verschiedener Größe hat sich
diese Kraft als durchaus proportional herausgestellt dem Quantum
an träger Masse sowohl des einen wie des anderen Punktes, zwischen
denen die Wirkung betrachtet wird. Die vollkommene Proportionalität
zwischen Masse und Gewicht ist eine einzelne Aeußerung dieses
Gesetzes, denn die Schwerkraft erklärt sich als die Anziehung der
Erdmasse auf die Massen in ihrer Nähe. Danach kann man die
Anziehungskraft K, welche zwischen den Massenpunkten m_1 und m_2
wirkt, wenn diese sich im Abstand r von einander befinden, darstellen durch folgenden Ausdruck:

$$K = - G \cdot \frac{m_1 \cdot m_2}{r^2} \qquad (128)$$

Diese Gleichung spricht das von NEWTON gefundene Gesetz der
allgemeinen Massenanziehung oder Gravitation aus. Das Minuszeichen soll nur symbolisch andeuten, daß es sich um eine
Kraft handelt, welche r zu verkleinern strebt, ihre Intensität ist
durch den absoluten Betrag gegeben, ihre Richtung ist für m_1
und m_2 die entgegengesetzte und fällt in die Verbindungslinie r
hinein. Der Proportionalitätsfactor G, welcher zur Herstellung der
Gleichheit beider Seiten der vorstehenden Gleichung hinzugefügt
werden mußte, stellt eine für das gesammte Weltall unveränderliche Größe dar, deren Werth durch die schwierige experimentelle
Messung der Kraft zwischen bekannten Massen gefunden werden
muß und, seit der Aufstellung dieses Gesetzes, vielfach nach verschiedenen Methoden mit immer größerer Genauigkeit bestimmt
worden ist. Nach den zuverlässigsten modernen Messungen hat
man den Zahlenwerth dieser Gravitationsconstante G im (C.-G.-S.)-
System, in welchem die Kraft in Dynen (gr-cm-sec^{-2}), die Massen
in Gramm, die Entfernung in Centimetern gemessen wird, zu setzen
sehr nahe an:

$$G = \tfrac{2}{3} \times 10^{-7}\,(\mathrm{cm^3 \cdot gr^{-1} \cdot sec^{-2}}) \qquad (129)$$

NEWTON bewies die Richtigkeit des von ihm aufgefundenen Ele-
mentargesetzes dadurch, daß es ihm gelang, die Planetenbewegungen,
für welche KEPLER drei empirische Gesetze aufgefunden hatte, denen
wir nachher begegnen werden, aus seinem Gesetze zu entwickeln.
Die Identität der irdischen Schwerkraft mit der allgemeinen Gravitation konnte er nachweisen durch den Vergleich der Beschleunigung
der fallenden Körper an der Erdoberfläche mit der Beschleunigung,
welche unser Mond bei seiner nahezu kreisförmigen Bewegung von
seinem Centralkörper, der Erde, her erfährt.

Es ist dabei aber zu berücksichtigen, daß das Gravitationsgesetz, wie es in Gleichung (128) dargestellt ist, sich auf zwei aus-
dehnungslose Massenpunkte bezieht. Die Himmelskörper sind aber
ausgedehnte Massen; zwar ist deren Abstand von einander fast
immer so bedeutend, daß gegen diese Entfernungen ihre Dimensionen völlig verschwinden, also die Betrachtung derselben als
Massenpunkte in den allermeisten Fällen völlig gerechtfertigt erscheint; aber schon bei der Wirkung zwischen Erde und Mond ist
diese Annahme streng nicht mehr zulässig, da der Abstand der
beiden nur etwa 60 Erdradien beträgt; für die Bewegung geworfener
oder fallender irdischer Körper gar können wir diese vereinfachte
Vorstellung von der Erde überhaupt direct gar nicht anwenden.

Die anziehende Kraft einer ausgedehnten Masse auf einen einzelnen
Massenpunkt ist, wegen der ungestörten Superposition der Wirkungen,
die (geometrische) Summe aller Elementarkräfte, welche von den
kleinsten Theilchen der Masse ausgehen; man kann die resultirende
Kraft also durch eine Integration über den ausgedehnten Körper
in der Idee stets finden. Bei gewissen einfachen Körperformen und
Massenverteilungen in ihrem Inneren kann man diese Integration
analytisch ausführen; zu diesen Fällen gehört auch die Gestalt der
Weltkörper, deren Wechselwirkung uns hier gerade beschäftigt. Man
hat allen Grund die Weltkörper (mit sehr großer Annäherung an
die wirkliche Form) zu betrachten als Kugeln, deren Massenfüllung
in concentrischen Schichten um den Mittelpunkt herum gleichmäßig
vertheilt ist; die weiteren Complicationen, welche aus der an Sonne
und Planeten beobachteten Abplattung entspringen, wollen wir
wenigstens hier bei Seite lassen.

Um die Anziehung einer Kugel von der beschriebenen Massen-
verteilung zu finden, müssen wir uns dieselbe zusammengesetzt
denken aus lauter dünnen Schalen, im Inneren jeder einzelnen von
diesen kann man dann die Masse gleichmäßig (homogen) vertheilt
annehmen. Zuerst wollen wir die Anziehung einer einzelnen Schale
berechnen; ihr Radius sei ϱ, ihre sehr geringe Dicke δ; der ange-
zogene Massenpunkt m habe den Abstand l vom Kugelcentrum. In
Fig. 12 ist ein Meridianschnitt dieses Massensystems gezeichnet,

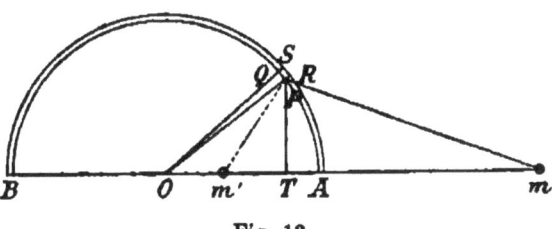

Fig. 12.

dessen räumliche Gestalt man durch eine volle Umdrehung der
Figur um die Axe Om erhält. Wir führen Polarcoordinaten ein,
der Anfangspunkt sei das Kugelcentrum O, die Axe sei Om, die beiden
Pole der Kugel sind A und B, ein Punkt P der Schale wird bestimmt durch die Poldistanz $\sphericalangle AOP = \alpha$. Ob man die Punkte A, B, P
auf der inneren oder äußeren Oberfläche der Schale annimmt, ist
wegen der verschwindenden Dicke $PR = \delta$ gleichgültig. Der zweite
Coordinatenwinkel, der Längenwinkel λ kann im Meridianschnitt
nicht gezeichnet werden, derselbe giebt die Drehung um die Axe Om

an, geht also aus der Ebene der Figur heraus. Mit Hülfe dieser Abmessungen wollen wir die Kugelschale in kleinste Volumelemente zerschneiden. Wählen wir einen bestimmten Punkt P, dessen Lage durch die Winkel α und λ angegeben ist, ertheilen α einen kleinen Zuwachs $d\alpha$, und λ einen Zuwachs $d\lambda$. Dadurch wird aus der Schale ein kleines, durchaus rechtwinkeliges Volumen herausgeschnitten, als dessen Grundfläche das Rechteck $PQSR$ erscheint. Die Fläche desselben ist $PR \times PQ = \delta \cdot \varrho\, d\alpha$. Die Höhe des Körperelementes, welche senkrecht auf dem Papier steht, wird gebildet durch den Weg, welchen der Punkt P beschreibt, bei einer Drehung um $d\lambda$. Der Abstand desselben von der Drehaxe ist $PT = \varrho \cdot \sin\alpha$, also ist dieser Weg $\varrho \cdot \sin\alpha \cdot d\lambda$, und das Volumelement ist gegeben durch:

$$dV = \delta \cdot \varrho^2 \cdot \sin\alpha \cdot d\alpha \cdot d\lambda.$$

Das Volumen der ganzen Schale ist:

$$V = \delta \cdot 4\pi\,\varrho^2.$$

Da wir nun annehmen, daſs die gesammte Masse M, welche in der Schale steckt, homogen vertheilt ist, so muſs die in dem Element dV herausgeschnittene Masse dM sich zu M verhalten wie dV sich zu V verhält:

$$dM : M = dV : V.$$

Daraus folgt unter Benutzung der vorstehenden Ausdrücke:

$$dM = \frac{M}{4\pi} \sin\alpha \cdot d\alpha \cdot d\lambda.$$

Dieses Massenelement kann nun in seinen Wirkungen auf m als Massenpunkt betrachtet werden, welcher in P liegt. Bezeichnet man also die Entfernung Pm mit r, so ist die Anziehungskraft desselben

$$dK = -G\,\frac{m \cdot dM}{r^2}$$

in der Richtung von r. Dieses r hat aber für die verschiedenen Volumelemente der Kugelschale verschiedene Richtung, die Addition der Kräfte aller Theile der Kugelschale ist eine geometrische, die rechnerische Ausführung würde die Zerlegung von dK in Componenten von fester Richtung verlangen. Kürzer kommt man zum Ziel, wenn man an die Bemerkung denkt, welche wir am Schlusse des § 49 (S. 201) machten, und deshalb die potentielle Energie $d\Phi$

bildet, welche, zwischen dM und m besteht. Diese ist nach Gleichung 119 (S. 199):

$$d\Phi = -\int_{(r)} (dK) \cdot dr = - G \frac{m \cdot dM}{r} + \text{const.}$$

Auf den Werth der additiven Constante kommt es in der folgenden Rechnung nicht an, wir wollen dieselbe der Einfachheit wegen gleich Null setzen; dann ist $d\Phi$ als eine wesentlich negative Form charakterisirt, weil r stets als absolute Größe angesehen werden soll. Die gesammte potentielle Energie zwischen der Kugelschale und dem Punkt m findet man durch eine einfache algebraische Summirung sämmtlicher $d\Phi$, also durch Integration des Ausdrucks:

$$d\Phi = - G \frac{m \cdot dM}{r} = - G \frac{mM}{4\pi} \cdot \frac{\sin\alpha \cdot d\alpha \cdot d\lambda}{r} \qquad (130)$$

über die ganze Kugelschale. Die Grenzen von λ werden dabei 0 und 2π, die Grenzen von α aber 0 und π. Die Entfernung r läßt sich ausdrücken durch den Winkel α; aus der Betrachtung des Dreiecks mOP folgt:

$$r = + \sqrt{l^2 + \varrho^2 - 2l\varrho\cos\alpha}. \qquad (130a)$$

Umgekehrt läßt sich auch der in dem Ausdruck für $d\Phi$ auftretende Complex $\sin\alpha \cdot d\alpha$ durch r darstellen. Wir brauchen zu diesem Zwecke von dem vorstehenden Ausdruck r nur das Differential zu bilden. Es ist

$$dr = \frac{-2l\varrho \cdot d(\cos\alpha)}{2 \cdot \sqrt{l^2 + \varrho^2 - 2l\varrho\cos\alpha}} = l \cdot \varrho \cdot \frac{\sin\alpha \cdot d\alpha}{r}$$

oder

$$\frac{\sin\alpha \cdot d\alpha}{r} = \frac{1}{l \cdot \varrho} dr. \qquad (130b)$$

Führen wir nun dr an Stelle von $d\alpha$ in Gleichung (130) ein, so finden wir;

$$d\Phi = - G \frac{mM}{l \cdot \varrho} \cdot \frac{d\lambda}{4\pi} \cdot dr \qquad (130c)$$

Der unteren Grenze $\alpha = 0$ entspricht $r_0 = mA$, der oberen Grenze $\alpha = \pi$ entspricht $r_\pi = mB$; beide Grenzwerthe im absoluten Werthe genommen. Von actuellem Interesse für die hier behandelte Frage ist nur der Fall, daß der Punkt m außerhalb der Kugelschale liegt, dafs also $l > \varrho$ ist. Dann stellen sich die beiden Grenzen von r folgendermafsen dar:

$$\left.\begin{array}{l} r_0 = m\,A = l - \varrho \\ r_\pi = m\,B = l + \varrho \end{array}\right\} \quad (131\,a)$$

Wir können aber gleichzeitig bei dieser Gelegenheit den in anderen Problemen interessirenden Fall mitbehandeln, dafs der Punkt m im Inneren der Kugelschale liegt, etwa an der Stelle m' (Fig. 12). Dann ist:

$$\left.\begin{array}{l} r_0 = m'\,A = \varrho - l \\ r_\pi = m'\,B = \varrho + l \end{array}\right\} \quad (131\,i)$$

Das Integral Φ ist nun aus dem Differential $d\,\Phi$ in Gleichung (130 c) ohne jede Rechnung abzuleiten, da λ und r nur als Differentiale in diesem Ausdruck vorkommen:

$$\Phi = -\,G\,\frac{m\,.\,M}{l\,.\,\varrho}\cdot\frac{1}{4\,\pi}\int\limits_{0}^{2\pi} d\lambda\,.\int\limits_{r_0}^{r_\pi} d\,r$$

$$= -\,G\,\frac{m\,.\,M}{l\,.\,\varrho}\cdot\frac{1}{4\,\pi}\cdot 2\,\pi\cdot(r_\pi - r_0).$$

Für einen äufseren angezogenen Punkt wird nach (131 a) $r_\pi - r_0 = 2\varrho$, für einen inneren nach (131 i) $r_\pi - r_0 = 2l$. Bezeichnen wir die potentielle Energie für diese beiden Möglichkeiten durch Φ_a (aufsen) und Φ_i (innen), so finden wir:

$$\Phi_a = -\,G\,.\,\frac{m\,.\,M}{l} \quad (132\,a)$$

$$\Phi_i = -\,G\,.\,\frac{m\,.\,M}{\varrho} \quad (132\,i)$$

Man sieht hieraus, dafs Φ_i unabhängig von l, α und λ ist, d. h. denselben Werth giebt für alle Lagen des Punktes im Hohlraum der Schale. Φ hat daher in dem inneren Raume nirgends ein Gefälle, sondern ist constant, folglich mufs die auf den Massenpunkt ausgeübte Kraft gleich Null sein: die von den verschiedenen Theilen der Schale ausgeübten Anziehungskräfte vernichten sich gegenseitig.

Für eine äufsere Lage von m dagegen finden wir in Φ_a einen Ausdruck, welcher (abgesehen von der gleichgültigen additiven Constante, die wir fortgelassen haben) identisch ist mit der potentiellen Energie zwischen einem in O liegend gedachten Massenpunkt M und dem Punkte *m*. Daraus folgt der wichtige Satz, daß die Anziehung einer homogenen Kugelschale auf einen äußeren Massenpunkt ebenso groß ist, als sie sein würde, wenn die gesammte Masse der Schale im Mittelpunkt concentrirt wäre. Gehen wir nun einen Schritt weiter und denken uns eine Vollkugel, welche aus lauter solchen homogenen Schichten zusammengesetzt ist. Dann werden sich die von den einzelnen Schalen ausgehenden Kräfte superponiren, die gesammte Attraction ist dann dieselbe, als wäre die Masse der ganzen Kugel in ihrem Mittelpunkt concentrirt.

Durch diese Betrachtung ist die Anziehung einer homogenschichtigen Kugel zurückgeführt auf die eines Massenpunktes im Centrum der Kugel und die directe Anwendung des Newton'schen Attractionsgesetzes in seiner elementaren Gestalt auch in diesen Fällen gerechtfertigt. Denken wir uns an Stelle des Punktes *m* ebenfalls eine Kugel, so können wir für diese dieselbe Betrachtung durchführen. Die Anziehung zwischen zwei Kugeln ist dieselbe wie zwischen zwei Massenpunkten, die in den Kugelcentren liegend gedacht werden.

§ 54. Differentialgleichungen des Zwei-Körper-Problems. Anwendung der 10 Integrationen.

Nachdem wir das Gesetz der allgemeinen Massenanziehung kennen gelernt haben, wollen wir zur Behandlung des Zwei-Körper-Problems schreiten. Die beiden punktförmigen oder kugelförmigen Weltkörper seien bezeichnet durch die Werthe ihrer Massen m_1 und m_2; ihre Orte, auf ein festes Coordinatensystem bezogen, seien x_1, y_1, z_1 und x_2, y_2, z_2; der absolute Werth ihres Abstandes ist dann:

$$r = \sqrt{(x_2 - x_1)^2 + (y_2 - y_1)^2 + (z_2 - z_1)^2}. \qquad (133)$$

Die Anziehungskraft K ist gegeben durch Gleichung (128). Die Differentialgleichungen des Problems findet man, indem man in die allgemeinen Bewegungsgleichungen die Componenten der Gravitationskraft K einsetzt. Letztere findet man durch Multiplication von K mit den Cosinus der Winkel, welche r mit den Coordinataxen bildet. Denken wir uns einmal, um eine feste Vorstellung zu fassen, die Coordinaten von m_1 alle kleiner, als die von m_2, so werden die Cosinus der Richtung, welche von m_1 nach m_2 zeigt, nämlich:

$$\frac{x_2 - x_1}{r}, \qquad \frac{y_2 - y_1}{r}, \qquad \frac{z_2 - z_1}{r}$$

alle positiv sein, während die Cosinus der von m_2 nach m_1 gehenden Richtung ihnen entgegengesetzt gleich also negativ werden. Die Componenten der auf m_1 wirkenden Kraft streben dann auch alle Coordinaten x_1, y_1, x_1 zu vergröfsern, d. h. X_1, Y_1, Z_1 sind dann positiv, während X_2, Y_2, Z_2 negativ werden, weil sie die Coordinaten von m_2 zu verkleinern streben. Da wir nun einmal K in Gleichung (128) als Anziehungskraft durch ein negatives Vorzeichen symbolisch bezeichnet haben, so müssen wir nun setzen:

$$X_1 = -K \cdot \frac{x_2 - x_1}{r} \text{ etc.} \quad \text{und} \quad X_2 = -K \cdot \frac{x_1 - x_2}{r}$$

oder nach Einsetzung des Betrages von K

$$X_1 = G \frac{m_1 m_2}{r^2} \cdot \frac{x_2 - x_1}{r} \quad \text{und} \quad X_2 = G \frac{m_1 m_2}{r^2} \cdot \frac{x_1 - x_2}{r}.$$

Da nun nach der NEWTON'schen Kraftdefinition

$$X_1 = m_1 \frac{d^2 x_1}{d t^2} \text{ etc.} \quad \text{und} \quad X_2 = m_2 \frac{d^2 x_2}{d t^2} \text{ etc.}$$

ist, erhalten wir nach Wegheben gemeinsamer Factoren m folgende 6 Differentialgleichungen zweiter Ordnung für unser Problem:

$$\left.\begin{array}{ll}
\dfrac{d^2 x_1}{d t^2} = G m_2 \dfrac{x_2 - x_1}{r^3} & \dfrac{d^2 x_2}{d t^2} = G m_1 \dfrac{x_1 - x_2}{r^3} \\[2mm]
\dfrac{d^2 y_1}{d t^2} = G m_2 \dfrac{y_2 - y_1}{r^3} & \dfrac{d^2 y_2}{d t^2} = G m_1 \dfrac{y_1 - y_2}{r^3} \\[2mm]
\dfrac{d^2 z_1}{d t^2} = G m_2 \dfrac{z_2 - z_1}{r^3} & \dfrac{d^2 z_2}{d t^2} = G m_1 \dfrac{z_1 - z_2}{r^3}
\end{array}\right\} \quad (134)$$

in denen für r der Werth aus Gleichung (133) zu setzen ist.

Der Anfangszustand dieses Systems ist bestimmt durch die Anfangsorte von m_1 und m_2, d. h. durch zweimal drei Coordinaten und durch die Anfangsgeschwindigkeiten der beiden, d. h. durch zweimal drei Geschwindigkeitscomponenten. Im Ganzen bringt also der Anfangszustand 12 vorgeschriebene Gröfsen in die Rechnung hinein, welche den Differentialgleichungen fremd sind. Ebenso viele disponible Integrationsconstanten liefert auch die Integration der sechs zweiten Differentialquotienten. Nun wissen wir, dafs man zehn von diesen letzteren aus den drei Erhaltungsgesetzen herleiten kann, und man übersieht sofort, dafs schliefslich noch zwei Constanten zu suchen übrig bleiben, deren Bedeutung diesem besonderen Problem eigenthümlich ist. Daſs man dieselben finden kann durch zwei besondere Integrationen, werden wir nachher sehen, aber bereits bei dem ganz analogen Problem dreier Körper ist es mit unseren jetzigen analytischen Hülfsmitteln nicht gelungen eine vollständige Integration auszuführen. Das Drei-Körper-Problem kann nur unter bestimmten vereinfachenden Annahmen näherungsweise gelöst werden, so z. B. bei der Berechnung der Störungen, welche der Lauf eines Planeten um die Sonne erfährt durch die Anwesenheit eines anderen Planeten, weil dabei die Anziehung des störenden Planeten als sehr klein gegen die Anziehung der Sonne zu betrachten ist.

Wir wollen jetzt die 10 Integrationsconstanten, welche uns sicher sind, aus den Anfangsdaten ableiten. Zur Zeit $t = 0$ befinde sich m_1 an einem Ort, dessen Coordinaten sind:

$$a_1, \; b_1, \; c_1,$$

die Geschwindigkeit desselben habe die Componenten:

$$u_1, \; v_1, \; w_1.$$

In gleicher Weise gelten für den Punkt m_2 die vorgeschriebenen Werthe:

$$a_2, \; b_2, \; c_2,$$
$$u_2, \; v_2, \; w_2.$$

Der Anfangsort des Schwerpunktes $(\mathfrak{x}_0, \mathfrak{y}_0, \mathfrak{z}_0)$ ist nach Gleichungen (88) (S. 144):

$$\left. \begin{aligned} \mathfrak{x}_0 &= \frac{m_1 a_1 + m_2 a_2}{m_1 + m_2} \\[1ex] \mathfrak{y}_0 &= \frac{m_1 b_1 + m_2 b_2}{m_1 + m_2} \\[1ex] \mathfrak{z}_0 &= \frac{m_1 c_1 + m_2 c_2}{m_1 + m_2} \end{aligned} \right\} \quad (135)$$

Die während der folgenden Bewegung unverändert bleibenden Geschwindigkeitscomponenten des Schwerpunktes $(\mathfrak{u}, \mathfrak{v}, \mathfrak{w})$ sind:

$$\left. \begin{aligned} \mathfrak{u} &= \frac{m_1 u_1 + m_2 u_2}{m_1 + m_2} \\[1ex] \mathfrak{v} &= \frac{m_1 v_1 + m_2 v_2}{m_1 + m_2} \\[1ex] \mathfrak{w} &= \frac{m_1 w_1 + m_2 w_2}{m_1 + m_2} \end{aligned} \right\} \quad (135a)$$

Die auf die Coordinataxen bezogenen Rotationsmomente (A, B, C), welche ebenfalls während des ganzen Verlaufes bewahrt bleiben, sind nach Gleichung (94) (S. 160):

$$\left.\begin{aligned}
A &= m_1\,(w_1\,b_1 - v_1\,c_1) + m_2\,(w_2\,b_2 - v_2\,c_2) \\
B &= m_1\,(u_1\,c_1 - w_1\,a_1) + m_2\,(u_2\,c_2 - w_2\,a_2) \\
C &= m_1\,(v_1\,a_1 - u_1\,b_1) + m_2\,(v_2\,a_2 - u_2\,b_2)
\end{aligned}\right\} \quad (135\,\mathrm{b})$$

Das Hauptrotationsmoment wird daraus gefunden

$$R = \sqrt{A^2 + B^2 + C^2} \qquad (135\,\mathrm{c})$$

und die Axe desselben oder die Normale auf der invariabelen Ebene bildet mit den Coordinaten die Cosinus

$$\frac{A}{R}, \quad \frac{B}{R}, \quad \frac{C}{R}.$$

Die constant bleibende Energie E endlich setzt sich aus der im Anfangszustand vorhandenen kinetischen und potentiellen folgendermafsen zusammen:

$$\left.\begin{aligned}
E &= \tfrac{1}{2}\,m_1\,(u_1{}^2 + v_1{}^2 + w_1{}^2) + \tfrac{1}{2}\,m_2\,(u_2{}^2 + v_2{}^2 + w_2{}^2) \\
&\quad - \frac{G\,m_1\,m_2}{\sqrt{(a_2 - a_1)^2 + (b_2 - b_1)^2 + (c_2 - c_1)^2}} + \mathrm{const.}
\end{aligned}\right\} \quad (135\,\mathrm{d})$$

Es ist also nach diesen Formeln (135) bis (135d) stets leicht, die 10 Constanten $\mathfrak{x}_0$, $\mathfrak{y}_0$, $\mathfrak{z}_0$, $\mathfrak{u}$, $\mathfrak{v}$, $\mathfrak{w}$, A, B, C, E den Anfangsbedingungen anzupassen.

Man macht nun die weiteren Rechnungen kürzer und übersichtlicher, wenn man die Bewegungen der beiden Punkte nicht, wie wir bisher thaten, durch irgend ein festes Coordinatensystem ausdrückt, sondern indem man die erkannten Gesetze über den Schwerpunkt und die invariabele Ebene direct zur Aufstellung eines speciellen Axensystems benutzt; dieses soll nämlich seinen Anfangspunkt im Schwerpunkt haben und eine der Grundebenen (wir wählen die (x, y)-Ebene) soll mit der invariabelen Ebene zusammenfallen. Bei einem aus vielen Punkten zusammengesetzten Massensystem ist es nicht nöthig, dafs die einzelnen Punkte bei ihrer Bewegung alle in der durch den Schwerpunkt gelegten invariabelen Ebene bleiben; bei nur zwei Massenpunkten ist dies aber eine nothwendige Folge

der Erhaltung des Hauptrotationsmomentes, die Bewegung, die wir
jetzt betrachten, wird also in der (x, y)-Ebene verlaufen, x bleibt zu
allen Zeiten gleich Null. Dieses besondere Coordinatensystem wird
wegen der Festheftung seines Anfangspunktes an den Schwerpunkt
im Allgemeinen kein ruhendes, sondern ein gleichförmig im Raume
fortrückendes sein, die Richtung der x-Axe ist als Axe des Hauptrotationsmomentes von unveränderlicher Richtung, dagegen ist die
Richtung des (x, y)-Kreuzes noch unbestimmt. Wir wollen auch nur
festsetzen, daſs diese beiden Richtungen unverändert bleiben, daſs
also das Axensystem keinerlei Drehung um die x-Axe ausführt, sich
vielmehr in einer einfachen Parallelverschiebung befindet. Durch
diese specielle Wahl der Coordinaten werden von selbst 8 von den
12 Constanten des Problems beseitigt, nämlich die 6, welche sich
auf den Schwerpunkt bezogen und die 2, welche sonst die Richtung
der invariabelen Ebene angaben; es bleiben nur noch R (Gröſse des
Rotationsmomentes) und E (Energie) übrig und die zwei besonderen
Constanten dieses Problems.

§ 55. Das Flächengesetz.

Wir gehen nun zur weiteren Behandlung des vereinfachten
Problems über. Nennen wir die in der invariabelen Ebene liegenden
Radii vectores, welche die Abstände der Massen m_1 und m_2 vom
Anfangs- und Schwerpunkt messen, r_1 und r_2, beide nach ihrem
absoluten Betrage. Der Schwerpunkt zweier Massenpunkte liegt
zwischen diesen auf der geraden Verbindungslinie, also müssen r_1
und r_2 stets nach diametral entgegengesetzten Richtungen zeigen,
ihre Summe miſst den jeweiligen Abstand r zwischen m_1 und m_2,
es ist also:

$$r = r_1 + r_2 \tag{136}$$

Dieses r ist eine Strecke, welche immer durch den Anfangspunkt
hindurchgehen muſs, sie kann sich also nur um diesen Punkt drehen,
wenn ihre Richtung sich während der Bewegung verändert. Auch
das Gröſsenverhältniſs zwischen r_1 und r_2 muſs stets dasselbe bleiben,
denn aus der Definition des Schwerpunktes folgt:

$$m_1 r_1 = m_2 r_2$$

oder:

$$\frac{r_1}{r_2} = \frac{m_2}{m_1} \tag{136a}$$

Aus Gleichungen (136) und (136a) folgt dann:

$$r_1 = \frac{m_2}{m_1 + m_2}\, r$$

$$r_2 = \frac{m_1}{m_1 + m_2}\, r$$

$$\left.\vphantom{\begin{array}{c}a\\b\\c\end{array}}\right\} \quad (136\,b)$$

Die Bahnen der beiden Massenpunkte müssen hiernach, wenn man sie auf das von uns festgesetzte Coordinatensystem bezieht, geometrisch ähnliche und entgegengesetzt liegende Curven sein. In Fig. 13 sind zwei gleichzeitig durchlaufene Stücke der beiden Bahnen veranschaulicht, S ist der im Anfangspunkt liegende Schwerpunkt,

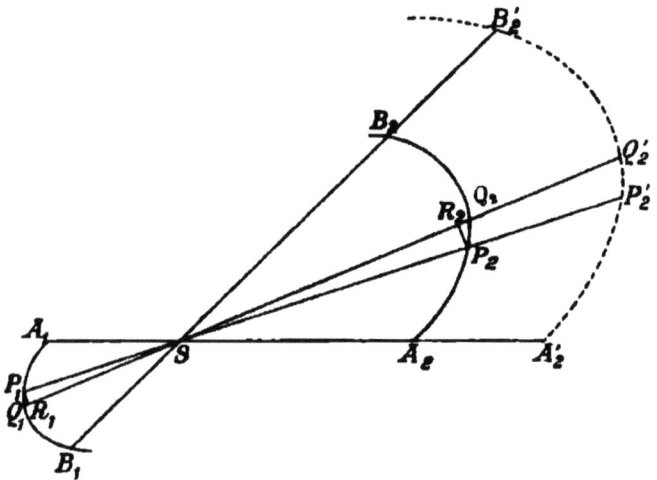

Fig. 13.

SA_2 soll die positive x-Axe darstellen. Wenn m_1 sich in A_1 befindet, so befindet sich m_2 in A_2, es werden dann gleichzeitig erreicht die Orte P_1 und P_2, Q_1 und Q_2, B_1 und B_2, lauter Punktpaare, welche den Bedingungen genügen, daſs ihre Verbindungslinie durch S geht, und daſs:

$$\frac{SA_1}{SA_2} = \frac{SP_1}{SP_2} = \frac{SQ_1}{SQ_2} = \frac{SB_1}{SB_2} = \frac{m_2}{m_1}$$

ist. (In der Figur ist das Massenverhältniſs m_2/m_1 gleich 1/2 angenommen worden.) Die Strecken $A_1 A_2$, $P_1 P_2$ etc. stellen einige Lagen und Gröſsen von r dar. Der veränderliche Winkel, welchen r, in der Richtung von m_1 nach m_2 hin, mit der positiven x-Axe bildet, soll mit ϑ bezeichnet werden, wenn also $P_1 P_2$ eine beliebige Lage von r bedeutet, so ist:

$$\vartheta = \measuredangle P_1\, SA_1 = \measuredangle P_2\, SA_2.$$

Nach Verlauf einer verschwindend kleinen Zeit dt möge r übergegangen sein in die Lage $Q_1 Q_2$, dann ist der Zuwachs von ϑ,
also $d\vartheta$, gegeben durch:

$$d\vartheta = \measuredangle\, Q_1\, S\, P_1 = \measuredangle\, Q_2\, S\, P_2,$$

während der Zuwachs von r_1

$$dr_1 = R_1\, Q_1$$

und derjenige von r_2

$$dr_2 = R_2\, Q_2$$

zu setzen ist. Die Winkelgeschwindigkeit, mit welcher r sich dreht,
ist $d\vartheta/dt$. Die Weggeschwindigkeiten der beiden Körper kann man
zerlegen in je eine radiale Componente und je eine darauf senkrechte rotatorische Componente; erstere sind proportional den Strecken
$R_1 Q_1$ und $R_2 Q_2$, letztere proportional $P_1 R_1$ und $P_2 R_2$. Die radialen
Componenten haben die Werthe dr_1/dt und dr_2/dt, die rotatorischen
sind $r_1 . d\vartheta/dt$ und $r_2 . d\vartheta/dt$. Der Richtung nach sind diejenigen
für m_1 vom entgegengesetzten Vorzeichen wie die für m_2.

Will man nun das Rotationsmoment R des Systems bilden, so
haben die radialen Componenten keinen Einfluß, es sind nur die
rotatorischen zu berücksichtigen [vergl. Gleichung (95) auf S. 161]
und man erhält:

$$R = (m_1 r_1^2 + m_2 r_2^2) \cdot \frac{d\vartheta}{dt},$$

oder wenn man nach Gleichungen (136b) r statt r_1 und r_2 einführt:

$$R = \frac{m_1 \cdot m_2}{m_1 + m_2} \cdot r^2 \frac{d\vartheta}{dt} . \tag{137}$$

Führen wir an Stelle von R eine andere Constante R' ein durch
die Gleichung:

$$R = \frac{m_1 \cdot m_2}{m_1 + m_2} R' \tag{137a}$$

so erhält die Gleichung, welche die Erhaltung des Rotationsmomentes ausspricht, die einfache Gestalt:

(I) $$r^2 . \frac{d\vartheta}{dt} = R'. \tag{137b}$$

Die Dimensionen der Constanten sind:

$$\left.\begin{array}{l} R = [M L^2 T^{-1}] \\ R' = [L^2 T^{-1}] \end{array}\right\} \tag{137c}$$

Denken wir uns unter m_1 und m_2 zwei benachbarte Weltkörper
(ein Doppelsternsystem) im übrigens weit umher leeren Raume, nur
umgeben von einem unendlich fernen Fixsternhimmel, dessen Anziehungen nicht mehr merkbar sind, der uns auch nur dazu helfen
soll, feste Anhaltspunkte für Richtungen im Raume zu gewinnen.
Dann werden weder die Bewohner von m_1 noch die von m_2 die
absolute Bewegung ihres Wohnortes im Raume spüren, ja nicht
einmal die Drehung um den gemeinsamen ruhend gedachten Schwerpunkt werden sie auffassen, es wird vielmehr beiden so erscheinen,
als ruhten sie selbst, während der Nachbarkörper allein sich bewegt.
Es werden also nur die relativen Lagenveränderungen wahrgenommen,
welche ihren mathematischen Ausdruck in der Veränderung der
Länge und Richtung von r finden. Denken wir uns auf den Körper
m_1 versetzt, so können wir die Richtungsänderung von r, d. h. den
Winkel ϑ, aus der Wanderung von m_2 am Fixsternhimmel ablesen,
die Länge von r kann gemessen werden durch die Parallaxe von
m_2, d. h. durch die perspectivische Verschiebung, welche die Ränder
von m_2 am Sternhimmel erfahren, wenn man von zwei möglichst
weit entfernten Beobachtungsorten auf der Kugel m_1 aus nach m_2
blickt. Wenn auch m_2 eine hinreichend ausgedehnte Kugel ist,
kann man die verhältnifsmäfsigen Veränderungen von r auch aus
dem Gesichtswinkel ableiten, unter welchem der Durchmesser von
m_2 jeweilig erscheint. Jedenfalls sind r und ϑ die einzigen der
Beobachtung zugänglichen Abmessungen; die invariabele Ebene tritt
dadurch in die Erscheinung, dafs, von m_1 aus gesehen, die Orte von
m_2 am Fixsternhimmel stets auf demselben gröfsten Kreise liegen.
Die scheinbare Bahn von m_2, welche wir als Bewohner des in Ruhe
gewähnten Körpers m_1 aus den soeben angeführten astronomischen
Messungen von r und ϑ entwerfen würden, kann aus den beiden in
Fig. 13 gezeichneten wahren Bahnen um den fest gedachten Schwerpunkt leicht gewonnen werden. Wir brauchen die Strecken, welche
r darstellen, also beispielsweise $A_1 A_2$, nur in ihrer eigenen Richtung
so weit zu verschieben, dafs der Punkt A_1 in S zu liegen kommt,
dann rückt der Endpunkt A_2 bis nach A'_2. In gleicher Weise sind
die Punkte P'_2, Q'_2, B'_2 gefunden, und können überhaupt alle Punkte
der scheinbaren Bahn gefunden werden, welche in Fig. 13 durch die
durchbrochene Curve angegeben ist. Dabei ist m_1 ruhend in S anzunehmen. Aus der Proportion:

$$ r : r_1 : r_2 = (m_1 + m_2) : m_2 : m_1 , $$

welche identisch ist mit den Gleichungen (136 b) und welche aussagt, daſs r stets in demselben Gröſsenverhältniſs zu r_1 und r_2 steht, folgt, daſs auch diese Curve $A'_2 B_2$ geometrisch ähnlich den beiden anderen ist und zwar die gleiche Lage hat, wie $A_2 B_2$, da die Winkel ϑ entsprechender Punkte übereinstimmen.

Die vorstehende Hauptgleichung (I), welche die Erhaltung des Rotationsmomentes ausspricht, läſst eine sehr anschauliche Deutung zu, welche man das Flächengesetz nennt. Wir könnten uns auf die bereits in den §§ 42 und 43 aufgefundenen Beziehungen der Rotationsmomente zu gewissen Flächengröſsen berufen (Gleichungen (96), S. 162), doch ist der vorliegende Fall so durchsichtig, daſs wir ihn unabhängig von früherem leicht behandeln können. Zuerst betrachten wir die scheinbare Bahn, welche in Fig. 13 durchbrochen gezeichnet ist. Die schmale Dreiecksfläche $P'_2 S Q'_2 = dF'$, welche r während der Zeit dt durchstreicht, ist gegeben durch

$$\tfrac{1}{2} r \cdot (r + dr) \cdot \sin(d\vartheta),$$

wofür man nach Unterdrückung von Gliedern, welche unendlich klein von höherer Ordnung sind, kürzer schreiben kann:

$$dF' = \tfrac{1}{2} r^2 \, d\vartheta. \tag{137d}$$

Dividiren wir diese Gleichung durch dt, bilden also gewissermaſsen die Flächengeschwindigkeit, so erhalten wir rechts bis auf den Factor $\tfrac{1}{2}$ denselben Ausdruck, welcher in der Gleichung (I) der Constante R' gleichgesetzt wird:

$$\frac{dF'}{dt} = \tfrac{1}{2} r^2 \frac{d\vartheta}{dt} = \tfrac{1}{2} R'. \tag{137e}$$

Die während eines endlichen Zeitraumes t von r durchstrichene sectorförmige Fläche F' ist hiernach:

$$F' = \tfrac{1}{2} R' \cdot t, \tag{137f}$$

also proportional der Zeit. Die Constante R' erhält dadurch eine anschauliche Bedeutung, sie miſst die doppelte Fläche, welche von r in der Zeiteinheit durchstrichen wird. Dieses Flächengesetz wurde zuerst von KEPLER aus der Bewegung der Planeten um die Sonne abgeleitet, er formulirte dasselbe in dem Satze:

„Der von der Sonne nach einem Planeten hingezogene Radius vector durchstreicht in gleichen Zeiten gleiche Flächenräume".

Dabei nahm er die Sonne als ruhenden Centralkörper an, um welchen die Planeten ihre Bahnen ausführen. Diese Annahme kommt auch der Wirklichkeit sehr nahe, denn der gemeinsame Schwerpunkt der Sonne und eines einzelnen Planeten liegt immer sehr nahe am Mittelpunkt der Sonne, da die Masse der Sonne (m_1) sehr grofs ist gegen die Masse eines Planeten (m_2). Der gröfste Planet, Jupiter, besitzt knapp $^1/_{1000}$, die Erde nur $^1/_{355\,500}$ der Sonnenmasse. Deshalb mufs die Bahn des Sonnencentrums, also die Curve $A_1 B_1$ sehr nahe an S heranrücken und fast verschwindende Ausdehnung gegen die Bahn $A_2 B_2$ des Planeten besitzen. Alsdann rückt aber auch die scheinbare (heliocentrische) Bahn $A'_2 B_2$ des Planeten in nächste Nähe der wahren Bahn $A_2 B_2$ um den gemeinsamen Schwerpunkt.

Wir können aber die KEPLER'sche Annahme des ruhenden Sonnencentrums auch fallen lassen. Die geometrische Aehnlichkeit und die winkelgleiche Lage der drei Curven in Fig. 13 erlaubt eine directe Uebertragung des Flächengesetzes auf die beiden wahren Bahnen; auch die vom Schwerpunkt nach den beiden Körpern gezogenen Radii vectores r_1 und r_2 müssen in gleichen Zeiten gleiche Flächenräume durchstreichen. Diese haben für das Zeitelement dt die Werthe:

$$P_1 S Q_1 = d F_1 = \tfrac{1}{2} r_1^2 d\vartheta$$

$$P_2 S Q_2 = d F_2 = \tfrac{1}{2} r_2^2 d\vartheta.$$

Die Verbindungslinie r durchstreicht, während sie aus der Lage $P_1 P_2$ in die Lage $Q_1 Q_2$ übergeht, die Fläche

$$d F_1 + d F_2 = d F = \tfrac{1}{2} (r_1^2 + r_2^2) d\vartheta.$$

Dividiren wir wieder durch dt, und wenden (136b) an, so finden wir:

$$\frac{dF}{dt} = \tfrac{1}{2} \frac{m_1^2 + m_2^2}{(m_1 + m_2)^2} r^2 \frac{d\vartheta}{dt}$$

und nach Benutzung der Hauptgleichung (I):

$$\frac{dF}{dt} = \tfrac{1}{2} \frac{m_1^2 + m_2^2}{(m_1 + m_2)^2} \cdot R'.$$

Daraus folgt die wahre, von r während der Zeit t bei der Drehung um S durchstrichene Flächensumme:

$$F = \tfrac{1}{2} \frac{m_1^2 + m_2^2}{(m_1 + m_2)^2} R' \cdot t. \tag{137g}$$

Diese ist also ebenfalls der verstrichenen Zeit t proportional, nur ist dieselbe kleiner als die scheinbare Fläche F', da

$$\frac{m_1{}^2 + m_2{}^2}{(m_1 + m_2)^2}$$

immer ein echter Bruch ist.

Man würde das Flächengesetz auch gewahrt finden, wenn man irgend einen anderen Punkt der Strecke r als Drehpunkt festgelegt denken wollte, die thatsächliche Drehung um den Schwerpunkt hat nur die Besonderheit, daſs ihr das Minimum des Rotationsmomentes entspricht.

§ 56. Die Gestalt der Bahnen.

Die bis jetzt gewonnenen Resultate über die Bewegung zweier benachbarter Himmelskörper wurden allein aus dem Reactionsprincip hergeleitet, wir brauchten dabei auch nicht das Gesetz der Massenanziehung. Um nun aber die Gestalt der Bahnen der beiden Körper kennen zu lernen, müssen wir das Energieprincip zu Hülfe nehmen, also zunächst den Werth der Gesammtenergie E unseres Systems für das gewählte Coordinatensystem aufstellen. Die kinetische Energie der translatorischen Bewegung des ganzen Systems, welche sich aus einem geradlinigen gleichförmigen Fortrücken des Schwerpunktes im Raume ergiebt, brauchen wir hier nicht zu berücksichtigen. Dieselbe ist eine gleichgültige additive Constante, welche wir gleich Null setzen; wir nehmen also den Schwerpunkt in Ruhe an. Die radialen und rotatorischen Geschwindigkeitscomponenten von m_1 und m_2 haben wir im vorigen Paragraphen aufgestellt. Das Geschwindigkeitsquadrat $q_1{}^2$ von m_1 ist danach:

$$q_1{}^2 = \left(\frac{d r_1}{d t}\right)^2 + \left(r_1 \cdot \frac{d \vartheta}{d t}\right)^2.$$

Ebenso das auf m_2 bezügliche:

$$q_2{}^2 = \left(\frac{d r_2}{d t}\right)^2 + \left(r_2 \cdot \frac{d \vartheta}{d t}\right)^2.$$

Die kinetische Energie L des Systems ist also:

$$L = \tfrac{1}{2} m_1 q_1{}^2 + \tfrac{1}{2} m_2 q_2{}^2$$
$$= \tfrac{1}{2} m_1 \left(\frac{d r_1}{d t}\right)^2 + \tfrac{1}{2} m_2 \left(\frac{d r_2}{d t}\right)^2 + \tfrac{1}{2}(m_1 r_1{}^2 + m_2 r_2{}^2)\left(\frac{d \vartheta}{d t}\right)^2.$$

Führen wir statt r_1 und r_2 wieder die in Gleichungen (136b) gegebenen Ausdrücke ein, welche r enthalten, so kommt:

$$L = \tfrac{1}{2} \frac{m_1 \cdot m_2}{m_1 + m_2} \cdot \left\{ \left(\frac{dr}{dt} \right)^2 + r^2 \left(\frac{d\vartheta}{dt} \right)^2 \right\} \qquad (138)$$

Die potentielle Energie der Gravitationskraft zwischen zwei Massenpunkten im Abstand r haben wir schon mehrfach angeführt (siehe S. 216 und S. 237). Dieselbe wird aus dem Kraftgesetz (Gleichung 128) durch die in Gleichung (119) (S. 199) vorgeschriebene Integration gefunden:

$$\Phi = - G \frac{m_1 m_2}{r} \qquad (138a)$$

Dabei bedeutet G die Gravitationsconstante. Die willkürliche additive Constante ist gleich Null gesetzt, dadurch ist Φ als eine wesentlich negative Größe charakterisirt, welche sich für unendlich große Entfernung der Massen dem Maximalwerth Null nähert, während sie bei größerer Annäherung, also bei kleiner werdenden r, dem absoluten Werthe nach größer wird, also wegen des Minuszeichens immer tiefer sinkt. Dieses negative Vorzeichen des mit $1/r$ proportionalen Gliedes der potentiellen Energie ist nicht etwa, wie dasjenige der Anziehungskraft K, conventionell so angenommen, es ist vielmehr geboten, denn Φ muß bei der Annäherung der sich anziehenden Massen, also bei Vergrößerung von $1/r$, notwendigerweise sinken. Sollte Jemand sich scheuen, die potentielle Energie, welche doch einen Arbeitsvorrath repräsentirt, als negative Größe einzuführen, so steht nichts im Wege, ihr eine hinreichend große positive Constante hinzuzuaddiren, so daß Φ auch beim geringsten während der Bewegung vorkommenden Abstand r noch positiv bleibt. Wir werden uns indessen nicht daran stoßen auch mit negativen Energiequantis zu rechnen.

Die Gesammtenergie $L + \Phi = E$, welche während der Bewegung erhalten bleiben muß, ist nun:

$$\tfrac{1}{2} \frac{m_1 m_2}{m_1 + m_2} \left\{ \left(\frac{dr}{dt} \right)^2 + r^2 \left(\frac{d\vartheta}{dt} \right)^2 \right\} - G \cdot \frac{m_1 m_2}{r} = E \qquad (138b)$$

Der erste Bestandtheil, L, ist immer positiv, der zweite, Φ, ist negativ. Das Vorzeichen der Constanten E ist daher noch ungewiß; doch kann man dasselbe aus dem Anfangszustande leicht ermitteln. Die Unterscheidung positiver und negativer Werthe von E wird nachher von Wichtigkeit.

Wir führen jetzt an Stelle von E eine andere Constante E' ein durch die Gleichung:

$$E = \frac{m_1 \, m_2}{m_1 + m_2} \cdot E' \qquad (138\,\mathrm{c})$$

Dann erhält die Energiegleichung die Gestalt:

$$\text{(II)} \qquad \tfrac{1}{2}\left\{\left(\frac{dr}{dt}\right)^2 + r^2\left(\frac{d\vartheta}{dt}\right)^2\right\} - G \cdot \frac{m_1 + m_2}{r} = E' \qquad (138\,\mathrm{d})$$

Die Dimensionen der Constanten sind:

$$\left. \begin{aligned} E &= [M L^2 T^{-2}] \\ E' &= [L^2 T^{-2}] \\ G &= [M^{-1} L^3 T^{-2}] \text{ vergl. Gl. (129)} \end{aligned} \right\} \qquad (138\,\mathrm{e})$$

Man kann der Constanten E' eine anschauliche Bedeutung geben. Denken wir nämlich im Anfangspunkt S (Fig. 13) die Masse beider Körper $(m_1 + m_2)$ vereinigt und festgehalten und einen Massenpunkt, welcher die Masse 1 enthält, auf der scheinbaren Bahn $A'_2 B'_2$ laufend, so ist die gesammte Energie dieses Systems E', wie man sofort einsieht, wenn man die Hauptgleichung (II) mit der Masseneinheit erweitert denkt.

Wir haben jetzt in den Hauptgleichungen (I) und (II) alle Aussagen beisammen, welche die allgemeinen Principien liefern; in beiden Gleichungen sind r, ϑ und die Urvariabele t in Verbindung mit einander gebracht. Wenn wir nun die geometrische Gestalt der Bahnen, d. h. zunächst die Gestalt der in Fig. 13 durchbrochen gezeichneten scheinbaren Bahn von m_2 bei ruhend gedachtem m_1 (aus welcher sich ja die beiden wahren Bahnen nach den Auseinandersetzungen des vorigen Paragraphen sofort ergeben) ableiten wollen, so müssen wir die Variabele t aus (I) und (II) eliminiren, um zu einer Beziehung zwischen r und ϑ allein zu kommen. Aus (I) folgt:

$$\frac{d\vartheta}{dt} = \frac{E'}{r^2} \; ;$$

dies eingesetzt in (II) giebt:

$$\tfrac{1}{2}\left\{\left(\frac{dr}{dt}\right)^2 + \frac{R'^2}{r^2}\right\} - G \frac{m_1 + m_2}{r} = E'.$$

Berechnen wir hieraus $\dfrac{dr}{dt}$, so finden wir:

$$\frac{dr}{dt} = \sqrt{2\left(E' + G\cdot\overline{\frac{m_1 + m_2}{r}}\right) - \frac{R'^2}{r^2}}\,.$$

Das Vorzeichen dieser Quadratwurzel erfordert für jede Zeit eine besondere Betrachtung, es ist positiv zu Zeiten, wo die beiden Massen sich weiter von einander entfernen, negativ, wenn sie sich nähern. Benutzen wir nochmals (I) in der ursprünglichen Form:

$$r^2 \cdot \frac{d\vartheta}{dt} = R',$$

um damit die vorstehende Gleichung zu dividiren. Dann hebt sich das Differential dt fort und man erhält als Beziehung zwischen r und ϑ die Gleichung:

$$\frac{1}{r^2}\cdot\frac{dr}{d\vartheta} = \sqrt{2\,\frac{E'}{R'^2} + 2\,\frac{G(m_1 + m_2)}{R'^2}\cdot\frac{1}{r} - \frac{1}{r^2}} \qquad (139)$$

Die linke Seite ist der negative Differentialquotient von $1/r$. Im Radicandus wollen wir die quadratische Ergänzung $-\dfrac{G^2(m_1 + m_2)^2}{R'^4}$ addiren und subtrahiren. Es kommt dann:

$$-\frac{d}{d\vartheta}\left(\frac{1}{r}\right) = \sqrt{2\,\frac{E'}{R'^2} + \frac{G^2(m_1 + m_2)^2}{R'^4} - \left\{\frac{1}{r} - \frac{G(m_1 + m_2)}{R'^2}\right\}^2}.$$

Wir führen die geschweifte Klammer im vorstehenden Radicandus als neue Variabele ϱ ein:

$$\varrho = \frac{1}{r} - \frac{G(m_1 + m_2)}{R'^2} \qquad (140)$$

Dann wird:

$$\frac{d\varrho}{d\vartheta} = \frac{d}{d\vartheta}\left(\frac{1}{r}\right).$$

Ferner setzen wir zur Abkürzung für den constanten Theil, welcher wegen der Reellität der ganzen vorhergehenden Umformung von (II) nicht nur wesentlich positiv, sondern auch gröfser als der maximale Werth von ϱ^2 sein muſs, das Zeichen p^2,

$$p^2 = 2\,\frac{E'}{R'^2} + \frac{G^2(m_1 + m_2)^2}{R'^4} \qquad (140\,\mathrm{a})$$

Dann erhält die Gleichung die Form:

$$-\frac{d\varrho}{d\vartheta} = \sqrt{p^2 - \varrho^2} \quad \text{oder} \quad -\frac{d}{d\vartheta}\left(\frac{\varrho}{p}\right) = \sqrt{1 - \left(\frac{\varrho}{p}\right)^2}$$

oder endlich:

$$d\vartheta = -\frac{d\left(\dfrac{\varrho}{p}\right)}{\sqrt{1 - \left(\dfrac{\varrho}{p}\right)^2}}.$$

Die rechte Seite hat die bekannte Form des Differentials von $\arccos\left(\dfrac{\varrho}{p}\right)$. Wir erhalten somit durch Integration:

$$\vartheta = \arccos\left(\frac{\varrho}{p}\right) + \overline{\vartheta}, \qquad (141)$$

wo $\overline{\vartheta}$ eine neue Integrationsconstante ist, die erste von den beiden früher als eigenthümlich diesem speciellen Problem charakterisirte.

In anderer Schreibweise lautet diese Gleichung:

$$\varrho = p \cdot \cos\left(\vartheta - \overline{\vartheta}\right)$$

oder nach Einsetzung des Werthes von ϱ aus Gleichung (140):

$$\frac{1}{r} - \frac{G(m_1 + m_2)}{R'^2} = p \cdot \cos\left(\vartheta - \overline{\vartheta}\right).$$

Berechnet man hieraus r als Function von ϑ, so erhält man:

$$r = \frac{1}{\dfrac{G(m_1 + m_2)}{R'^2} + p \cdot \cos\left(\vartheta - \overline{\vartheta}\right)}$$

oder auch

$$r = \frac{R'^2}{G(m_1 + m_2)} \cdot \frac{1}{1 + \dfrac{p \cdot R'^2}{G(m_1 + m_2)} \cos\left(\vartheta - \overline{\vartheta}\right)}. \qquad (141\,\text{a})$$

Dies ist nun in jedem Falle die Gleichung eines Kegelschnittes, bezogen auf Polarcoordinaten, deren Pol in einem Brennpunkt liegt. Um diese Behauptung zu beweisen, wollen wir nicht die vorstehende Gleichung weiter umformen, so dafs wir schliefslich an ihr die bekannten Eigenschaften der Kegelschnitte ablesen können, wir wollen vielmehr von letzteren ausgehend, die Gleichung ableiten, welche sich dann mit (141a) deckt.

1. Die Ellipse ist der Ort der Punkte, für welche die Summe der Abstände von zwei festen Punkten (Brennpunkten) die gleiche Länge hat. In Fig. 14 ist eine Ellipse gegeben, die Brennpunkte sind F und F', ihr Abstand von einander sei mit $2e$ bezeichnet. Die Ellipse besitzt einen Mittelpunkt M, welcher die Strecke FF' halbirt, die Curve ist symmetrisch sowohl um die durch F und F' gehende Axe, als auch um die auf dieser senkrecht in M errichtete Axe. Die Strecke AA', welche die Curve aus der ersteren Geraden herausschneidet, nennt man die große Axe, wir bezeichnen ihre

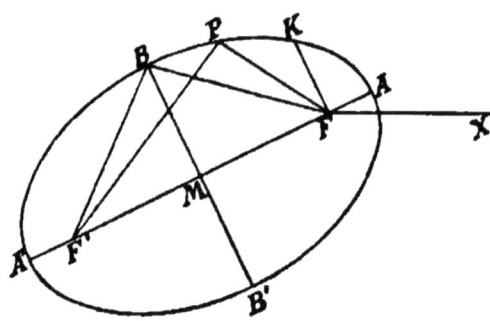

Fig. 14.

Länge mit $2a$; BB' heißt die kleine Axe, ihre Länge sei $2b$. Beide Axen werden in M halbirt. Bezeichnet P einen beliebigen Punkt der Curve, so muß $(PF + PF')$ für alle Lagen von P dieselbe Größe haben, beispielsweise auch, wenn P im Scheitel A liegt. In der Summe $(AF + AF')$ kann man aber wegen der Symmetrie der Ellipse AF durch $A'F'$ ersetzen, daraus folgt, daß die constante Summe der zwei Strecken gleich der großen Axe AA' ist:

$$PF + PF' = 2a.$$

Wenn der Punkt P die besondere Lage im Endpunkte B der kleinen Axe einnimmt, ist aus Symmetriegründen $BF = BF'$, jede der beiden Strecken hat dann die Länge a. Man kann daraus eine Beziehung zwischen a, b und e herleiten, welche aus der Betrachtung des Dreiecks BMF folgt:

$$a^2 = b^2 + e^2$$

oder

$$b = \sqrt{a^2 - e^2} = a \cdot \sqrt{1 - \left(\frac{e}{a}\right)^2} = a \cdot \sqrt{1 - \varepsilon^2} \quad \right\} \quad (142)$$

Die Verhältnißzahl $e/a = \varepsilon$ nennt man die numerische Excentricität der Ellipse. Dieselbe muß nothwendig ein echter Bruch sein; ihr

Werth bestimmt die Gestalt der Ellipse, verschiedene Ellipsen von derselben numerischen Excentricität sind einander geometrisch ähnlich.

Wir wollen nun die Ellipse analytisch darstellen durch eine Gleichung zwischen Polarcoordinaten. Der Pol sei F, die Axe, gegen welche die Neigungswinkel ϑ der Radii vectores r gemessen werden, sei FX. Der Scheitelstrahl FA habe die Neigung $\overline{\vartheta}$, es ist also $\measuredangle AFX = \overline{\vartheta}$. Für den willkürlichen Punkt P der Ellipse gelten die Coordinaten:

$$FP = r,$$
$$\measuredangle PFX = \vartheta.$$

Zuerst müssen wir die Strecke $F'P = r'$ finden. Dazu dient die Betrachtung des Dreiecks $F'FP$. Der Aufsenwinkel, welcher der Seite r' gegenüber liegt, ist $\measuredangle PFA = \vartheta - \overline{\vartheta}$, die Seite FF' hatten wir durch $2e$ bezeichnet, also ist:

$$r' = + \sqrt{r^2 + 4e^2 + 4e \cdot r \cdot \cos(\vartheta - \overline{\vartheta})}.$$

Die Definition der Ellipse verlangt:

$$r + r' = 2a,$$

also finden wir:

$$r + \sqrt{r^2 + 4e^2 + 4er \cos(\vartheta - \overline{\vartheta})} = 2a.$$

Wir bringen den Summanden r nach rechts, quadriren die Gleichung, streichen auf beiden Seiten r^2 und heben den gemeinsamen Factor 4 weg. Es bleibt dann:

$$e^2 + er \cos(\vartheta - \overline{\vartheta}) = a^2 - ar.$$

Daraus kann man r berechnen:

$$\left. \begin{array}{l} r = \dfrac{a^2 - e^2}{a + e \cos(\vartheta - \overline{\vartheta})} = \dfrac{b^2}{a + e \cos(\vartheta - \overline{\vartheta})} \\[3mm] \text{oder} \qquad r = \dfrac{b^2}{a} \cdot \dfrac{1}{1 + e \cos(\vartheta - \overline{\vartheta})} \end{array} \right\} \quad (143)$$

Dies ist die Gleichung der Ellipse in dem angegebenen Polar-coordinatensystem. Der voranstehende Factor b^2/a stellt denjenigen Werth von r dar, welcher zu dem Winkel $(\vartheta - \overline{\vartheta}) = \pi/2$ gehört, giebt also die Länge des auf der grofsen Axe senkrecht stehenden Brennstrahles FK an, die wir k nennen wollen. (Durch k und e ist also die Gestalt einer Ellipse ebenfalls festgestellt.)

2. Die Hyperbel wird definirt als der Ort derjenigen Punkte, für welche die Differenz der Abstände von zwei festen Brennpunkten die gleiche Größe hat. Nennen wir diese Differenz $2a$ und den Abstand der beiden Brennpunkte $2e$, so muß nun $2e$ nothwendig größer als $2a$ sein. In Fig. 15 ist ein Stück einer Hyperbel dargestellt. F und F' sind die Brennpunkte, M ist der Mittelpunkt. Die Bedingung, daß ein Punkt P auf dieser Curve liegt, ist $PF' - PF = 2a$. Nehmen wir wieder ein Polarcoordinatensystem

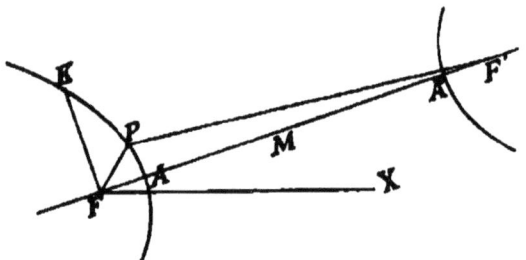

Fig. 15.

mit dem Pole F und der Axe FX an, setzen also $FP = r$ und $\sphericalangle PFX = \vartheta$. Zum Scheitel der Hyperbel A, welcher auf der geraden Linie FF' liegt, gehöre der Winkel $\sphericalangle AFX = \overline{\vartheta}$, also ist $\sphericalangle PFA = \vartheta - \overline{\vartheta}$. Die Strecke $F'P$, welche wir r' nennen wollen, findet man aus der Betrachtung des Dreiecks $F'FP$ folgendermaßen:

$$r' = \sqrt{r^2 + 4e^2 - 4er\cos(\vartheta - \overline{\vartheta})}.$$

Die Definition der Hyperbel liefert nun die Gleichung:

$$\sqrt{r^2 + 4e^2 - 4er\cos(\vartheta - \overline{\vartheta})} - r = 2a,$$

aus welcher in ganz gleicher Weise, wie vorher bei der Ellipse, r berechnet werden kann. Man erhält:

$$r = \frac{e^2 - a^2}{a + e\cos(\vartheta - \overline{\vartheta})}.$$

Setzen wir $e^2 - a^2 = b^2$; b muß immer reell sein, da $e > a$ ist. Man nennt b die Nebenaxe oder die imaginäre Axe der Hyperbel; von kleiner Axe (in Analogie der Ellipse) zu reden, hat keinen Sinn, da b nicht kleiner als a zu sein braucht. Setzen wir endlich noch die Verhältnißzahl

$$\frac{e}{a} = \varepsilon,$$

welche aber jetzt stets gröfser als 1 sein mufs, so erhalten wir:

$$r = \frac{b^2}{a} \cdot \frac{1}{1 + \varepsilon \cdot \cos(\vartheta - \overline{\vartheta})} \qquad (143\,\text{a})$$

Das ist formell genau dieselbe Gleichung, welche wir für die Ellipse fanden, nur ist hier $\varepsilon > 1$, dort $\varepsilon < 1$, hier $b^2 = \varepsilon^2 - a^2$, dort $b^2 = a^2 - \varepsilon^2$. Der Factor b^2/a giebt auch hier die Länge des zur Hauptaxe senkrechten Strahles $FK = k$. Durch k und ε ist die Hyperbel bestimmt. Zwischen Ellipse und Hyperbel besteht als Uebergangsform die Parabel; man kann diese aus beiden ersteren in gleicher Weise ableiten, wenn man den einen Brennpunkt F fest-hält, den anderen aber auf der Hauptaxe in unendliche Ferne rücken läfst. Dabei werden die Abmessungen a, b und ε, welche sonst die Form des Kegelschnittes bestimmen, sämmtlich unendlich, die numerische Excentricität ε dagegen nähert sich sowohl bei der Ellipse wie bei der Hyperbel dem gemeinsamen Grenzwerth $\varepsilon = 1$, und der Factor $b^2/a = k$ kann dabei einen beliebig vorgeschriebenen endlichen Werth bewahren, welchen man den Parameter der Parabel nennt. Die Polargleichung der Parabel folgt daraus sofort:

$$r = \frac{k}{1 + \cos(\vartheta - \overline{\vartheta})} \qquad (143\,\text{b})$$

k ist der auf der Hauptaxe senkrechte Brennstrahl, der Abstand zwischen Brennpunkt und Scheitel ist $FA = k/2$. Alle Parabeln sind einander geometrisch ähnlich, da ihre Gestalt lediglich durch die Strecke k bestimmt wird.

Wenn man nun, wie wir in Gleichung (141a), durch eine vor-gelegte Aufgabe auf eine Gleichung von einer der hier gefundenen Formen geführt wird, in der die Constanten, namentlich ε, durch die gegebenen Anfangsbedingungen bestimmt werden, so begreift man, dafs der Specialfall, in dem sich ε genau $= 1$ herausstellt, gegenüber allen anderen Möglichkeiten, in denen $\varepsilon < 1$ oder $\varepsilon > 1$ wird, unendlich selten vorkommen wird. Genau parabolische Bahnen werden also niemals zu erwarten sein.

Die formale Uebereinstimmung unserer Schlufsgleichung mit den auf den Brennpunkt als Pol bezogenen Kegelschnittgleichungen (143 und 143a) zeigt uns also an, dafs die scheinbare Bahn, welche m_2 um den ruhend gedachten Körper m_1 beschreibt (also in Fig. 13 die Bahn $A'_2 B'_2$), auf alle Fälle ein Kegelschnitt sein mufs, dessen einer Brennpunkt in S liegt. Dieses Resultat umfaßt das zweite Kepler'sche Gesetz:

„Die Planeten laufen in Ellipsen, in deren einem Brennpunkte die Sonne steht."

Aus der geometrischen Aehnlichkeit der beiden wahren Bahnen ($A_1 B_1$ und $A_2 B_2$ in Fig. 13) mit der scheinbaren Bahn folgt, daß auch diese Bahnen Kegelschnitte von der gleichen numerischen Excentricität ε sind, deren einer Brennpunkt in dem Schwerpunkt des Systems liegt, und deren große Axen in derselben durch S gehenden Geraden liegen. Die Integrationsconstante $\overline{\vartheta}$ giebt den Winkel an, welchen diese Axenrichtung mit der willkürlich festgesetzten Richtung der x-Axe bildet. Dabei ist diese Richtung der Hauptaxe vom Brennpunkt nach dem nächstgelegenen Scheitel des Kegelschnittes (Perihelium) gerechnet.

Außer diesen qualitativen Resultaten kann man aus dem Vergleich von Gleichung (141a) mit (143) resp. (143a) auch die Größen ableiten, welche die Gestalt der Kegelschnitte bestimmen. Zunächst betrachten wir wieder die scheinbare Bahn von m_2 um m_1. Man findet für die numerische Excentricität:

$$\varepsilon = \frac{p \cdot R'^2}{G(m_1 + m_2)}$$

oder nach Einsetzung des Werthes von p aus Gleichung (140a):

$$\varepsilon = \sqrt{1 + 2\,\frac{E'\,R'^2}{G^2(m_1 + m_2)^3}} \qquad (144)$$

Wir sahen, daß die Energie E, mithin auch E', je nach den Anfangsbedingungen, positiv oder negativ sein kann. Dasselbe Vorzeichen erhält auch der zweite Summand, welcher hier in dem Radicandus zu 1 hinzukommt. Man erkennt daraus sofort, daß bei positivem Betrag der Energie die numerische Excentricität > 1, die Bahn also hyperbolisch wird; in dem Specialfall $E' = 0$ wird $\varepsilon = 1$, die Bahn parabolisch, und bei negativem Betrage der Energie wird $\varepsilon < 1$, die Bahn also elliptisch. Da aber ε stets reell bleiben muß, darf der Radicandus nicht unter Null sinken. Wir erhalten daher für die Integrationsconstanten E' und R' folgende Beschränkung, welche bei allen möglichen Anfangszuständen erfüllt sein muß:

$$2\,\frac{E'\,R'^2}{G^2(m_1 + m_2)^2} \geqq -1$$

oder

$$E' \geqq -\frac{G^2(m_1 + m_2)^2}{2\,R'^2} \qquad (144a)$$

Wenn E' diesen Minimalwerth besitzt, welcher bei einem bestimmten Werthe von R' möglich ist, dann wird $\varepsilon = 0$, die Ellipse ist dann ein Kreis.

Ferner folgt aus der Vergleichung der Bahngleichung mit der Kegelschnittgleichung:

$$\frac{b^2}{a} = \frac{R'^2}{G(m_1 + m_2)} \qquad (145)$$

Bei der Ellipse ist:

$$\frac{b^2}{a} = \frac{a^2 - e^2}{a} = a \cdot (1 - \varepsilon^2).$$

Aber nach Gleichung (144) ist:

$$1 - \varepsilon^2 = - 2 \frac{E' R'^2}{G^2 (m_1 + m_2)^2}.$$

Da E' für elliptische Bahnen negativ ist, ist $(-E')$ positiv und wir schreiben anschaulicher:

$$1 - \varepsilon^2 = + 2 \frac{(-E') \cdot R'^2}{G^2 (m_1 + m_2)^2}.$$

Die Gleichung (145) ergiebt dann:

$$a \cdot 2 \frac{(-E') R'^2}{G^2 (m_1 + m_2)^2} = \frac{R'^2}{G (m_1 + m_2)}$$

oder

$$2 a = \frac{G \cdot (m_1 + m_2)}{(-E')} \qquad (145\,a)$$

Die grofse Axe der Ellipse $2a$ hängt also nur von der Energie des Systems, nicht aber von der Gröfse des Rotationsmomentes ab. Es ist dies ein wichtiges Resultat, welches in der Entwickelung der Astronomie eine grofse Rolle gespielt hat. Führen wir an Stelle von E' die wahre Energie E des Zwei-Körper-Systems ein (Gleichung 138c), so wird:

$$2 a = \frac{G \cdot m_1 \cdot m_2}{(-E)}$$

oder

$$E = - \frac{G \cdot m_1 \cdot m_2}{2 a} \qquad (145\,b)$$

Die Gesammtenergie ist also so grofs wie die potentielle Energie zwischen m_1 und m_2 sein würde, wenn diese beiden Körper in einen Abstand gleich der grofsen Axe von einander gebracht würden. Eine so grofse Entfernung erreichen sie bei ihrem Laufe um einander niemals, da der Brennstrahl r für alle Punkte einer Ellipse kleiner bleibt als die grofse Axe.

Die kleine Axe $2b$ kann man auch leicht berechnen. Nach Gleichung (145) ist:

$$b^2 = \frac{R'^2}{G(m_1 + m_2)} \cdot a = \frac{R'^2}{G(m_1 + m_2)} \cdot \frac{G(m_1 + m_2)}{2(-E')} = \frac{R'^2}{2(-E')}$$

mithin

$$2b = \frac{R' \cdot \sqrt{2}}{\sqrt{(-E')}} \qquad (145\,c)$$

Die kleine Axe hängt also, ebenso wie die Excentricität sowohl von der Energie als auch von dem Rotationsmoment ab.

Für hyperbolische Bahnen finden wir durchaus entsprechende Ausdrücke. Wir knüpfen wieder an Gleichung (145) an, welche in allen Fällen gilt. Jetzt ist:

$$\frac{b^2}{a} = \frac{e^2 - a^2}{a} = a \cdot (\varepsilon^2 - 1),$$

nach (144) ist aber:

$$\varepsilon^2 - 1 = + \frac{2E'R'^2}{G^2(m_1 + m_2)^2}, \quad (E' > 0),$$

folglich, analog wie oben:

$$2a = \frac{G(m_1 + m_2)}{E'} \qquad (145\,d)$$

$$2b = \frac{R'\sqrt{2}}{\sqrt{E'}} \qquad (145\,e)$$

Nachdem wir jetzt die bestimmenden Bahnelemente a und ε oder a und b, durch die Constanten E' und R' ausgedrückt haben, können wir auch die Integrationsconstante $\overline{\vartheta}$, welche die Lage der grofsen Axe in der Richtung vom Brennpunkt nach dem benachbarten Scheitel (dem Perihelium) hin angiebt, auf den Anfangszustand beziehen.

Der Abstand r_0 zwischen m_1 und m_2 zu Anfang der Bewegung und der Winkel ϑ_0, welcher die Richtung dieser Strecke angiebt, sind direct durch den Anfangszustand vorgeschrieben. Aus der Kegelschnittgleichung (143) folgt dann, dafs diese beiden Stücke mit $\overline{\vartheta}$ durch folgende Gleichung zusammenhängen:

$$r_0 = \frac{b^2}{a} \cdot \frac{1}{1 + \varepsilon \cos(\vartheta_0 - \overline{\vartheta})} \qquad (146)$$

Dadurch ist $\overline{\vartheta}$ auf lauter Gröfsen zurückgeführt, welche bereits durch die Daten des Anfangszustandes bestimmt sind. Da aber der Cosinus für positive und negative Argumente vom gleichen absoluten Betrage denselben Werth giebt, so erhalten wir noch keinen Aufschlufs, welches Vorzeichen für $\vartheta_0 - \overline{\vartheta}$ zu wählen ist. Diese Entscheidung hängt davon ab, ob der Anfangswerth $(dr/dt)_0$ positiv oder negativ ist; im ersten Falle verkürzt sich der Strahl r, er rückt also auf das Perihelium zu, dann liegt $\vartheta_0 - \overline{\vartheta}$ zwischen $-\pi$ und 0, im zweiten Falle ist r in der Vergröfserung begriffen, das Perihelium ist bereits passirt und $\vartheta_0 - \overline{\vartheta}$ liegt zwischen 0 und $+\pi$.

Von diesen Angaben über die Lage und die Dimensionen der scheinbaren Bahn auf die wahren Bahnen um den gemeinsamen Schwerpunkt überzugehen, ist nach den früheren Auseinandersetzungen leicht.

§ 57. Umlaufszeit. Zeitlicher Verlauf der Bewegung.

Wir haben im vorigen Paragraphen die Zeit aus den beiden Hauptgleichungen (I) und (II) eliminirt und sind dadurch zu einer endlichen Gleichung zwischen r und ϑ — der Bahngleichung (141a) geführt worden. Jetzt müssen wir die Zeit wieder in die Betrachtung hineinbringen, um zu untersuchen, zu welchen Zeiten und mit welchen Geschwindigkeiten die verschiedenen Theile der Bahn durchlaufen werden. Dazu verhilft uns am einfachsten das Flächengesetz, welches jetzt in Verbindung mit unserer Kenntnifs von der Gestalt der Bahn weitere Aufschlüsse giebt. Bei elliptischen Bahnen geschieht der volle Umlauf in endlicher Zeit, nach Vollendung desselben mufs sich der Bewegungszustand genau wiederholen, denn die gleichen Stellen der Bahn müssen mit gleichen Geschwindigkeiten durcheilt werden, sonst wäre das Flächengesetz nicht erfüllt. Auch die Zeiten eines ganzen Umlaufs, d. h. die Dauer zwischen zwei aufeinanderfolgenden gleichen Stellungen mufs immer dieselbe bleiben, da während ihrer Dauer gleiche Flächen, nämlich die ganzen Ellipsenflächen durchstrichen werden. Wir wollen zuerst diese Umlaufszeit T berechnen. Nach Gleichung (137 f) ist die während der Zeit T von dem Vector r durchstrichene Fläche der scheinbaren Bahn gegeben durch $\frac{1}{2} R' . T$. Diese Fläche ist aber der Inhalt der ganzen Ellipse, d. h. gleich $\pi . a . b$. Wir erhalten also die Gleichung:

$$\pi . a . b = \tfrac{1}{2} R' . T.$$

Setzen wir aus Gleichungen (145a und c) die Werthe von a und b ein, so kommt:

$$\pi \cdot \frac{G \cdot (m_1 + m_2)}{2(-E')} \cdot \frac{R'}{\sqrt{2(-E')}} = \tfrac{1}{2} R' T.$$

Daraus folgt:

$$T = 2\pi \cdot \frac{G \cdot (m_1 + m_2)}{\sqrt{2(-E')^3}} \qquad (147)$$

Die Umlaufszeit ist also (ebenso wie die grofse Axe der Bahn) unabhängig vom Rotationsmoment und allein bestimmt durch die Energie.

Man kann dem vorstehenden Ausdruck eine etwas andere Gestalt geben, wenn man an Stelle der Energie die grofse Axe einführt. Nach der eben benutzten Gleichung (145a) ist:

$$2(-E') = \frac{G(m_1 + m_2)}{a}.$$

Quadrirt man noch, um die Wurzel fortzuschaffen, so findet man:

$$T^2 = \frac{4\pi^2}{G(m_1 + m_2)} \cdot a^3 \qquad (147\,\text{a})$$

Diese Gleichung ist der exacte Ausdruck der Beziehung, welche KEPLER als drittes Gesetz der Planetenbewegungen herausgefunden und folgendermafsen formulirt hatte:

„Die Quadrate der Umlaufszeiten verhalten sich wie die Cuben der grofsen Bahnaxen."

Streng genommen gilt dieses Gesetz, wie man aus der Gleichung sieht, nur, wenn es sich entweder um dieselben beiden Massen handelt, welche sich in zwei Fällen zu Folge verschiedener Anfangsbedingungen in verschiedenen elliptischen Bahnen bewegen, oder es gilt auch für zwei Doppelsternsysteme, welche dieselbe Gesammtmasse $(m_1 + m_2)$ besitzen. Sonst wird im Allgemeinen die Proportionalität zwischen T^2 und a^3 durch den Factor $(m_1 + m_2)$ alterirt. In unserem Planetensystem haben wir aber wegen der im Vergleich zur Sonne sehr geringen Massen der Planeten einen Fall vor uns, in welchem diese Abweichungen unmerklich werden. Wenn wir von den Störungen der Planeten unter einander absehen, können wir jeden derselben mit der Sonne zusammen als ein besonderes Zwei-Körper-System ansehen, dessen Gesammtmasse ohne merklichen Fehler der Sonnenmasse gleichgesetzt werden darf. Deshalb ist der Factor $(m_1 + m_2)$ für alle Planeten so gut wie gleich, und die dritte KEPLER'sche Regel bildet thatsächlich eine richtige Beziehung zwischen den großen Axen der Bahnen und den Umlaufszeiten der verschiedenen Planeten, d. h. diese Regel, welche von KEPLER aus den Beobachtungsresultaten empirisch herausgefunden wurde, bestätigt die Richtigkeit des NEWTON'schen Gravitationsgesetzes, aus welchem wir die Gesetze der Bewegungen deducirt haben.

Es ist schließlich zur vollständigen Beschreibung der Bewegung noch nöthig, entweder r oder ϑ als Function der Zeit t darzustellen. Man könnte aus den beiden Hauptgleichungen (I) und (II) sehr leicht $d\vartheta/dt$ eliminiren und würde dadurch auf eine Differentialgleichung erster Ordnung für r als Function von t geführt werden, mit deren Integration dann unsere Aufgabe gelöst sein würde; auch ist ersichtlich, daß wir dabei die letzte uns noch fehlende Integrationsconstante finden würden, welche wir beispielsweise definiren können als den Zeitpunkt $\bar{t}$, zu welchem r ein Minimum wird (Zeit des Periheliums).

Wir ziehen es aber vor einen anderen Weg einzuschlagen, welcher uns zur Kenntniß des Zusammenhanges zwischen dem Winkel ϑ und der Zeit t führen wird. Der Flächensatz lehrt, daß das Wachsthum der focalen Sectorfläche ein gleichförmiges, der Zeit proportionales ist. Wenn wir also die Fläche des Focalsectors durch den Winkel zwischen den ihn begrenzenden Brennstrahlen darstellen können, so ist die Brücke zwischen dem variabelen Winkel ϑ und der Zeit t geschlagen. Diese Flächenbestimmung ist ihrem Sinne nach auch eine Integration ($\int r^2/2 . d\vartheta$, wo für r die in Gleichung (143) gegebene Function von ϑ einzusetzen ist). Wir können indessen die Rechnung durch eine geometrische Betrachtung umgehen, welche wenigstens bei den Ellipsen, auf die wir jetzt die Betrachtung beschränken wollen, sehr schnell zum Ziele führt. Die analytische Geometrie lehrt nämlich, daß man die Ellipse mit den Halbaxen a und b ansehen kann als die senkrechte Parallelprojection eines Kreises vom Radius a auf eine Ebene, gegen welche die Kreisebene einen Neigungswinkel besitzt, dessen Cosinus gleich b/a ist. Die Schnittlinie beider Ebenen verläuft parallel der großen Axe der Ellipse, alle Strecken, welche parallel zu ihr liegen, bleiben bei der Projection unverändert; diejenigen Strecken dagegen, welche (in der Kreisebene) senkrecht auf der Schnittlinie stehen, werden in der Projection in dem festen Verhältniß b/a verkürzt. In gleicher Weise werden auch alle abgegrenzten Flächenstücke der Kreisebene in der Projectionsfigur im Verhältniß b/a reducirt. Man kann hiernach die gewünschte Ellipse erzeugen, indem man einen Kreis mit dem Radius a schlägt, einen Durchmesser desselben als grofse Axe der Ellipse festsetzt und die Höhen aller Kreispunkte über dieser Axe im Verhältnifs b/a verjüngt. In Figur 16 ist ein Stück des Kreises und der Ellipse dargestellt, M ist der Mittelpunkt, R ein beliebiger Punkt des Kreises, MA ist die halbe grofse Axe $= a$, RQ ist senkrecht auf MA gefällt, der Punkt P der Ellipse ist gefunden durch die Proportion $QP:QR = b:a$,

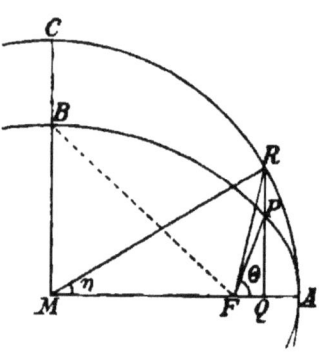

Fig. 16.

MB repräsentirt die vorgeschriebene kleine Halbaxe b, den Brennpunkt der Ellipse, welcher dem Scheitel A zunächst liegt, haben wir in F, der Abstand BF ist gleich der grofsen Halbaxe a, die Strecke

$$MF = \sqrt{a^2 - b^2} = e = a . \varepsilon$$

ist die lineare Excentricität.

Wir suchen nun die Fläche eines Focalsectors, welcher von zwei Brennstrahlen und dem Ellipsenbogen umgrenzt wird, und zwar wollen wir den einen Strahl fest in die grofse Axe legen und nach dem nächsten Scheitel A schicken. Jeden anderen Sector, bei dem diese Annahme nicht zutrifft, kann man als Summe oder Differenz zweier Sectoren dieser besonderen Art ansehen. In der Figur sei AFP die gesuchte Fläche, die wir mit S bezeichnen wollen, der Winkel AFP, welcher die Richtung des begrenzenden Strahles FP gegen die Hauptaxe FA mifst, heifse Θ. Nach den vorhergehenden Auseinandersetzungen ist $S = \dfrac{b}{a} \times$ Fläche AFR, aber diese letztere Fläche ist die Differenz des Kreissectors AMR minus dem Dreieck FMR, läfst sich also leicht durch den Centriwinkel $AMR = \eta$ ausdrücken. Des Dreiecks Grundlinie ist $MF = e = a\varepsilon$, die Höhe ist $QR = a . \sin \eta$, also ist

$$\text{Dreieck } FMR = \frac{a^2 \varepsilon}{2} \sin \eta, \qquad \text{Kreissector } AMR = \frac{a^2}{2} \eta,$$

mithin Kreisausschnitt $AFR = \dfrac{a^2}{2} (\eta - \varepsilon \sin \eta)$ und der gesuchte Focalsector der Ellipse

$$S = \frac{ab}{2} (\eta - \varepsilon \sin \eta) \qquad (148)$$

Nun wollen wir aber S nicht durch η, sondern durch Θ ausdrücken, wir müssen also η mit Θ in Verbindung bringen. Dazu hilft das rechtwinkelige Dreieck FQP, in welchem $PQ = \dfrac{b}{a} RQ = b \sin \eta$ und $FQ = MQ - MF = a \cos \eta - \varepsilon$ ist. Man findet dann:

$$\operatorname{tang} \Theta = \frac{b \sin \eta}{a \cos \eta - \varepsilon} = \sqrt{1 - \varepsilon^2} \cdot \frac{\sin \eta}{\cos \eta - \varepsilon} \tag{149}$$

Man kann diese Relation zwischen Θ und η durch Anwendung geläufiger trigonometrischer Umformungen in folgende symmetrische Gestalt bringen:

$$\sqrt{1 - \varepsilon} \cdot \operatorname{tang} \frac{\Theta}{2} = \sqrt{1 + \varepsilon} \cdot \operatorname{tang} \frac{\eta}{2} \tag{149a}$$

Diese Form gestattet in gleicher Weise die Berechnung von Θ aus η wie umgekehrt die Bestimmung von η bei gegebenem Θ. Da ferner diese Gleichung unverändert bleibt, wenn man gleichzeitig η mit Θ und $+\varepsilon$ mit $-\varepsilon$ vertauscht, so sieht man ohne weitere Rechnung, daß entsprechend der Relation (149) auch die folgende bestehen muß:

$$\operatorname{tang} \eta = \sqrt{1 - \varepsilon^2} \cdot \frac{\sin \Theta}{\cos \Theta + \varepsilon} \tag{149b}$$

Aus dieser Gleichung folgt endlich durch eine leichte trigonometrische Umrechnung noch:

$$\sin \eta = \sqrt{1 - \varepsilon^2} \cdot \frac{\sin \Theta}{1 + \varepsilon \cos \Theta} \tag{149c}$$

und der Arcus des Winkels η ist nach dem Vorhergehenden bestimmt durch jeden der folgenden Ausdrücke:

$$\left. \begin{aligned} \eta &= 2 \cdot \operatorname{arctang} \left\{ \sqrt{\frac{1 - \varepsilon}{1 + \varepsilon}} \operatorname{tg} \frac{\Theta}{2} \right\} \\ &= \operatorname{arctang} \left\{ \sqrt{1 - \varepsilon^2} \frac{\sin \Theta}{\cos \Theta + \varepsilon} \right\} \\ &= \operatorname{arcsin} \left\{ \sqrt{1 - \varepsilon^2} \frac{\sin \Theta}{1 + \varepsilon \cos \Theta} \right\} \end{aligned} \right\} \tag{149d}$$

Die Eindeutigkeit der aus den vorstehenden Gleichungen (149) bis (149d) folgenden Winkelbestimmungen kann in keinem Falle zweifelhaft werden, wenn auch die Werthe der trigonometrischen Functionen noch vielfache Werthe der Argumente zulassen; denn die Betrachtung von Fig. 16 zeigt, daſs Θ und η stets in demselben Intervall zwischen zwei aufeinander folgenden Vielfachen von π liegen müssen, also z. B. beide zwischen 0 und π, oder beide zwischen π und 2π oder zwischen $-\pi$ und 0. Der gesuchte Focalsector S ist also durch den Winkel Θ ausgedrückt, wenn man in Gleichung (148) für η und $\sin\eta$ die in (149d) und (149c) aufgestellten Ausdrücke einsetzt. Man kann somit für jeden vorgeschriebenen Winkel Θ die Fläche S berechnen. Die umgekehrte Aufgabe, zu einer gegebenen Fläche S den zugehörigen Winkel Θ zu suchen, erfordert zuerst die Aufsuchung des Winkels η aus Gleichung (148). Diese ist aber eine transcendente Gleichung für η, weil der Arcus neben dem Sinus darin vorkommt; man kann solche Gleichungen nicht in geschlossener Form lösen, sondern nur durch Annäherungsmethoden; diese werden dadurch sehr erleichtert, daſs bei allen Planeten die numerische Excentricität ε, mit welcher $\sin\eta$ multiplicirt auftritt, thatsächlich eine sehr kleine Zahl ist. Bei den Kometenbahnen trifft dies indessen nicht zu, die Berechnungen werden dadurch weitläufiger und müssen bei hyperbolischen Bahnen, die sich nicht als Projectionen eines Kreises auffassen lassen, auch auf andere Weise geführt werden, die Lösung läſst sich aber stets mit jeder geforderten Genauigkeit finden.

Wir können also jetzt S als Function von bekanntem Typus mit dem Argument Θ auffassen, und wollen dies dadurch andeuten, daſs wir S als Functionszeichen brauchen und das Argument in Klammer beifügen, also schreiben $S(\Theta)$; zu beachten ist dabei, daſs der Winkel Θ immer vom Scheitelstrahl ab gemessen sein muſs. Die inverse Function $\Theta(S)$ läſst sich zwar nicht in geschlossener Form durch die uns geläufigen Rechnungszeichen angeben, kann aber doch ebenfalls als bekannt gelten, da ihr numerischer Werth für jedes vorgeschriebene S beliebig genau ermittelt werden kann. Die Function $\Theta(S)$ ist ihrer Natur nach eindeutig, denn zu jeder geforderten Gröſse der Fläche S gehört ein ganz bestimmter Winkel Θ, um den der Radiusvector sich aus der Scheitellage FA drehen muſs, um diese Fläche zu durchstreifen; für die Function $S(\Theta)$ können wir die Eindeutigkeit dadurch wahren, daſs wir festsetzen, es soll für $\Theta = 0$ auch $S = 0$ sein. Wenn wir ferner die Flächen, welche bei einer negativen Drehung aus der Scheitellage durchstrichen werden, negativ rechnen, so werden beide Functionen $S(\Theta)$ und $\Theta(S)$ ungerade Functionen ihres Argumentes.

Kehren wir nach diesen vorbereitenden Betrachtungen zu unserem Problem zurück, d. h. zu der scheinbaren Bahn der Masse

m_2 um die ruhend gedachte Masse m_1. In dem eingeführten Polarcoordinatensystem gehört zur Anfangslage der Winkel ϑ_0. Der
Winkel, welcher zur Scheitellage gehört, ist mit $\overline{\vartheta}$ bezeichnet worden;
derselbe trat in Gleichungen (141) und (141a) als Integrationscon-
stante auf, und wurde durch die Gleichung (146) und die darauf
folgende Bemerkung auf bekannte Größen zurückgeführt. Der Focalsector, welchen der Strahl r vom Anfang der Bewegung bis zur
Scheitellage (Perihelium) durchstreicht, kann nach den vorstehenden
Angaben berechnet werden aus dem Winkel $\Theta = \overline{\vartheta} - \vartheta_0$, welcher
der Bedingung für Θ genügt, daß sein einer Schenkel durch den
Scheitelstrahl gebildet wird. Nach der eingeführten Bezeichnung
ist die Größe dieser Fläche $S(\overline{\vartheta} - \vartheta_0)$.

Wenn das Perihelium vor einer halben Umdrehung erreicht wird,
so ist $\overline{\vartheta} - \vartheta_0$ positiv und $< \pi$. Die Zeit $\overline{t}$, welche seit Anfang
der betrachteten Bewegung verstreicht, bis zur Ankunft im Peri-
helium, wird durch den Flächensatz, Gleichung (137f), gefunden:

$$S(\overline{\vartheta} - \vartheta_0) = \tfrac{1}{2} R' . \overline{t} \qquad (150)$$

Durch diese Gleichung ist auch die letzte Integrationsconstante $\overline{t}$
auf die Anfangsbedingungen zurückgeführt und ihrem Werthe nach
bestimmt. Eindeutig ist diese Bestimmung noch nicht, denn das
Perihelium wird bei jedem Umlauf einmal erreicht, man kann also
jedes gefundene $\overline{t}$ um ein beliebiges Multiplum der Umlaufszeit T
vermehren oder vermindern, ohne dessen Bedeutung als Zeit des
Periheliums dadurch aufzuheben. Wir wollen nun verlangen, daß
der absolute Betrag des Zeitraumes $\overline{t}$ der kürzeste sein soll, welcher
zu finden ist, daß also $-\dfrac{T}{2} < \overline{t} < \dfrac{T}{2}$ ist. Dann erhält man einen
eindeutigen Werth für $\overline{t}$; derselbe ist positiv, wenn das Perihelium
zur Zeit 0 innerhalb eines halben Umlaufs erwartet wird, wenn also
$(dr/dt)_0 < 0$ ist, und $0 < (\overline{\vartheta} - \vartheta_0) < \pi$ ist, er ist aber negativ, wenn
das Perihelium zu Anfang bereits passirt ist, wenn also $(dr/dt)_0 > 0$
und $-\pi < (\overline{\vartheta} - \vartheta_0) < 0$ ist.

Die nach Verlauf einer beliebigen Zeit t vom Radiusvector r
durchstrichene Fläche können wir zusammensetzen aus dem bis zum
Perihelium reichenden Sector $S(\overline{\vartheta} - \vartheta_0)$ und dem von dort an
weitergehenden Sector, welcher bis zu dem im Zeitpunkt t gerade
erreichten Winkel ϑ reicht, dessen Fläche ist $S(\vartheta - \overline{\vartheta})$. Das Argument $\vartheta - \overline{\vartheta}$ erfüllt ebenfalls die Bedingung für Θ. Die Summe

beider Flächen ist nach dem Flächensatze gleich $\frac{1}{2}.R'.t$. Wir erhalten also die Gleichung:

$$\tfrac{1}{2}R'.t = S(\overline{\vartheta} - \vartheta_0) + S(\vartheta - \overline{\vartheta}) \qquad (151)$$

Diese gilt auch für den Fall, daß das Perihelium bereits zur Zeit 0 passirt ist, denn wir hatten $S(\Theta)$ für negative Argumente als ungerade Function erkannt. Setzen wir die Angabe der Gleichung (150) hier ein, so kommt:

$$\tfrac{1}{2}R'.(t - \overline{t}) = S(\vartheta - \overline{\vartheta}) \qquad (151\,\mathrm{a})$$

Dadurch ist die Zeit t als Function des Winkels ϑ angegeben. Wir suchen aber ϑ als Function der Zeit und müssen deshalb die inverse Function bilden:

$$\vartheta - \overline{\vartheta} = \Theta\left(\tfrac{1}{2}R'(t - \overline{t})\right) \qquad (151\,\mathrm{b})$$

wo Θ das oben eingeführte Operationszeichen bedeutet.

Hiermit ist nun die Aufgabe der Beschreibung des Bewegungsvorganges vollendet. Von der scheinbaren Bahn auf die beiden wahren Bahnen um den ruhenden Schwerpunkt zurückzugehen, ist deshalb unnöthig, weil der variable Winkel ϑ in beiden Fällen dieselbe Bedeutung und dieselben zeitlichen Veränderungen zeigt, und auch die Umlaufszeit T der scheinbaren und der wahren Bahnen identisch ist.

Vierter Theil.

Zusammenfassende Principien der Dynamik.

§ 58. Ueberblick.

Dem Inhalt nach fällt dieser letzte Theil des vorliegenden Bandes unter den Titel des vorangehenden dritten Theiles: Es handelt sich auch hier um die Dynamik eines Massensystems. Bisher ist gezeigt worden, wie man auf der Grundlage der Newton'schen Axiome und unter Annahme bestimmter Elementargesetze über die Natur der wirkenden Kräfte durch mathematische Operationen, nämlich durch Integration der Differentialgleichungen der Bewegung, die aus einem gegebenen Anfangszustand folgenden Bewegungen in einem System materieller Punkte herleiten kann. Die Uebereinstimmung dieser theoretischen Folgerungen mit den Beobachtungsthatsachen lieferte dabei stets den Beweis für die Richtigkeit der aufgestellten Voraussetzungen, sowohl der allgemeinen Axiome wie auch der speciellen Kraftgesetze. Das Princip der Energieerhaltung, welches ebenfalls zur Lösung gewisser Fragen herangezogen werden mußte, ließ sich aus den Newton'schen Gleichungen ableiten — beweisen, aber nur unter Annahme einer besonderen Eigenschaft der wirkenden Kräfte. Sei es nun, daß diese Eigenschaft bereits implicite in der besonderen Form des Gesetzes der Kraft enthalten ist, wie bei den Centralkräften, sei es, daß man sie bei allgemeinen Betrachtungen als besondere Bedingung einführt, oder endlich, daß man direct das Energieprincip als neuen Grundsatz hinzunimmt: Jedenfalls hat man in dem Energieprincip eine selbständige Erfahrungsthatsache, welche zu dem Inhalt der Axiome Newton's hinzutritt. Mit diesem Material von Grundanschauungen ist es möglich, die verschiedensten dynamischen Probleme anzugreifen, indessen ist die Durchführung der Rechnung oft unüberwindlich oder wenigstens sehr umständlich, da schließlich immer auf alle einzelnen Kraftcomponenten, welche die sämmtlichen Massenpunkte angreifen, zurückgegangen werden muß.

Im Folgenden sollen zusammenfassende Principien aus den bisher behandelten abgeleitet werden, welche uns eine leichtere Uebersicht über das Verhalten des ganzen Massensystems gestatten, ohne daſs wir dabei immer die Bedingungen jedes einzelnen Massenpunktes besonders zu betrachten genöthigt werden. Wir beginnen diese Betrachtungen mit dem einfachsten Falle, in dem die wirkenden Kräfte das System in solcher Configuration angreifen, daſs keine resultirenden Beschleunigungen zu Stande kommen, daſs also die Kräfte sich aufheben und, falls Ruhe besteht, solche auch bestehen bleibt. Die Lehre von diesem Sonderfall der Kraftwirkungen nennt man Statik — Lehre vom Gleichgewicht. Nachher soll der allgemeine Fall betrachtet werden, daſs die Kräfte beschleunigte Bewegungen in dem System erzeugen. Diesem Theile wird oft als gegensätzliche Bezeichnung der Name Dynamik gegeben, den wir für das Gesammtgebiet der Kraftlehre gewählt haben. Indessen wird es nicht zu Miſsverständnissen führen, wenn wir unserer Bezeichnung treu bleiben und den sonst für das Ganze verwendeten Namen Mechanik auf die praktischen Anwendungen beschränken.

Erster Abschnitt.
Principien der Statik.

§ 59. Bedingungen des Gleichgewichts in einem conservativen Massensystem.

Die inneren Kräfte eines Massensystems halten sich im Gleichgewicht, wenn keiner seiner Punkte eine resultirende Beschleunigung erhält. Wenn daher alle Theile in Ruhe sind, so werden sie durch die inneren Kräfte auch nicht in Bewegung gesetzt. Diese Auffassung schlieſst nicht aus, daſs das Massensystem sich in einer gewissen unbeschleunigten Bewegung befinden kann, die sowohl translatorisch wie rotatorisch sein mag. Bei festen Stützen und festen Verbindungen (von denen nachher ausführlich zu sprechen sein wird) können auch gewisse Verschiebungen der relativen Lage einzelner Theile vor sich gehen, ohne daſs dadurch die inneren Kräfte in die Lage kommen, beschleunigend zu wirken. Wegen der Möglichkeit solcher Bewegungen ist diese Definition des Gleichgewichts umfassender als jene, welche das System in absoluter Ruhe fordert. Wir werden nachher bei den einfachen mechanischen Maschinen solche Fälle betrachten, in denen sehr langsame Bewegungen, denen kein merklicher Betrag an kinetischer Energie entspricht, ausgeführt werden können, ohne daſs das System die Gleichgewichtsbedingungen dabei verläſst und ohne daſs im ganzen Energie aufgenommen oder abgegeben wird.

Zunächst wollen wir ein System von lauter frei beweglichen materiellen Punkten m_a voraussetzen. Es ist klar, daſs dann Beschleunigungen nur dadurch ausgeschlossen werden können, daſs sämmtliche resultirende Kraftcomponenten X_a, Y_a, Z_a einzeln gleich Null sein müssen. Wenn nämlich irgend eine dieser Kraftcomponenten nicht dieser Bedingung folgen würde, so müſste der betreffende Punkt in der Richtung dieser Kraft sich in beschleunigte Bewegung setzen. Haben wir es mit einem conservativen System zu thun, d. h. mit einem System, dessen Kräfte conservativ sind, so können wir die potentielle Energie Φ aufstellen. Die Gleichgewichtsbedingung fordert dann, daſs die Differentialquotienten von Φ, gebildet für sämmtliche darin steckende variable Coordinaten x_a, y_a, z_a, einzeln gleich Null werden müssen. Bezeichnen wir, wie schon früher, alle vorhandenen Coordinaten ohne Unterschied ihrer Richtung durch x_a, wobei also für n Massenpunkte $3n$ Indices a existiren, so wird das Gleichgewicht bedingt durch die Erfüllung der folgenden Schaar von Bedingungen:

$$-\frac{\partial \Phi}{\partial x_a} = 0, \qquad a = 1, 2, \ldots\ldots, 3n. \tag{152}$$

Diese Gleichungen sind aber der analytische Ausdruck dafür, daſs die Function Φ für die zutreffenden Werthe der x_a ein Grenzwerth wird: ein Minimum oder ein Maximum oder endlich ein sogenannter Sattelwerth. Zunächst ist also die Forderung, daſs die potentielle Energie ein Grenzwerth sei, gleichbedeutend mit der vorhergehenden Gleichgewichtsbedingung, daſs alle Kraftcomponenten einzeln verschwinden sollen, aber es knüpft sich an die neue Form die Möglichkeit, ein wesentlich verschiedenes Verhalten des Massensystems in verschiedenen Gleichgewichts-Lagen oder -Configurationen zu erklären je nach der Natur des Grenzwerthes von Φ. Das Gesetz von der Erhaltung der Energie liefert die Gleichung

$$L + \Phi = E,$$

wo E den unveränderlichen Betrag der Gesammtenergie miſst, während L die kinetische Energie bedeutet. Herrscht für den Fall eines Grenzwerthes von Φ vollkommene Ruhe, so bleibt diese auch gewahrt: L ist und bleibt dann gleich Null. Ertheilt man aber dem System durch eine geringe Erschütterung einen beliebig kleinen

Betrag an lebendiger Kraft, so vermehrt man dadurch die Energie des Systems, diese ist und bleibt dann um den geringen aber unveränderlichen Betrag gröfser als der Grenzwerth von Φ. Die Massenpunkte erhalten dabei kleine Geschwindigkeiten, welche sie aus der Gleichgewichtslage entfernen müssen.

Nehmen wir nun als erste Möglichkeit an, dafs Φ in der Ruhelage ein Minimum ist. Die Function mufs dann bei jeder kleinen Verschiebung — erfolge diese wie sie wolle — zunehmen; da aber E constant bleibt, mufs L dabei um ebensoviel abnehmen. Nun sollte aber L nur einen sehr geringen Betrag besitzen; es wird also Φ kein merkliches Wachsthum zeigen können, ohne dafs die lebendige Kraft erlischt. Negativ kann dieselbe als Summe von Quadraten nicht werden, es mufs also in sehr geringer Abweichung aus der Gleichgewichtslage Ruhe eintreten, welche aber nicht von Dauer sein kann, weil Φ in dieser veränderten Lage nicht mehr Grenzwerth ist. Die auftretenden Kräfte werden vielmehr das System nach diesem Stillstand wieder in Bewegung setzen, es tritt wieder Bewegung und damit lebendige Kraft auf, Φ mufs also sinken, d. h. die Richtung der Bewegung führt das System wieder der Lage entgegen, für welche Φ Minimum ist. Es können also nach einer Erschütterung nur Schwankungen um diese Gleichgewichtslage entstehen. Unterliegt die Bewegung etwa noch kleinen Reibungskräften, wie dies bei irdischen Systemen immer der Fall ist, so wird der kleine von dem Anstofs herrührende Ueberschufs an Energie bald verzehrt und das System kommt in der Gleichgewichtslage wieder zur Ruhe. Diesen Ruhezustand, welcher durch kleine Erschütterungen nicht dauernd gestört wird und sich nach Vernichtung des kleinen Betrages an kinetischer Energie immer wieder herstellt, nennt man stabiles Gleichgewicht.

Ganz anders verhält sich ein Massensystem, dessen Gleichgewicht durch ein Maximum der potentiellen Energie bedingt ist. In einem solchen mufs bei jeder kleinen Bewegung die Function Φ abnehmen; daraus folgt, dafs die kinetische Energie, welche in der Ruhelage nur den minimalen von der Erschütterung herrührenden Betrag besafs, zunehmen mufs, dafs sich also die Massenpunkte in beschleunigter Bewegung aus jener Lage entfernen. Diese Art des Ruhezustandes, welcher durch den geringsten Anstofs gestört wird und der sich auch im Laufe der folgenden Bewegungen niemals wieder herstellt, nennt man labiles Gleichgewicht. Von gleicher Unbeständigkeit ist das Gleichgewicht auch, wenn Φ einen Sattelwerth besitzt. Es giebt dann zwar gewisse Verrückungen der Punkte, bei denen Φ wächst, sich also verhält wie ein Minimum, in anderen Richtungen zeigen sich aber dieselben Erscheinungen wie bei einem Maximum; so lange also in einem solchen Falle die Verrückungen beliebig bleiben, wird das Gleichgewicht ebenfalls labil sein.

Man kann sich den charakteristischen Unterschied beider Gleichgewichtsformen auch klar machen, wenn man statt der vorher gedachten Erschütterung, also statt der Mittheilung einer kleinen lebendigen Kraft in der Ruhelage, annimmt, daß das System in irgend einer von der Gleichgewichtsstellung sehr wenig abweichenden Lage oder Configuration zunächst durch äußeren Zwang in Ruhe gehalten werde und dann plötzlich sich selbst überlassen werde. Die gesammte Energie besteht alsdann nur in der potentiellen Energie der festgehaltenen Stellung, die kinetische Energie ist ja wegen der erzwungenen Ruhe zu Anfang gleich Null. Die inneren Kräfte, welche sich wegen der Verrückung aus der Gleichgewichtsstellung nicht vollständig aufheben, werden dann die Punkte des frei gewordenen Systems in Bewegung setzen, es wird lebendige Kraft auftreten, welche nach dem Gesetz der Energieerhaltung den Anfangswerth der potentiellen Energie in jedem Falle vermindern muß. Bei einer nahe einem Minimum von Φ gelegenen Anfangsstellung werden also die Bewegungen der natürlichen Ruhelage zustreben, es wird eine oscillirende Bewegung um diese Stellung eintreten (stabiles Gleichgewicht); in der Nachbarschaft eines Maximums von Φ wird aber die Abnahme von Φ zu einer wachsenden Entfernung des Systems aus der Gleichgewichtsstellung führen, denn eine Annäherung an diese Stellung müßte eine Zunahme von Φ, also eine Abnahme von L bewirken, was nicht möglich ist, da L bereits im Anfangszustand seinen kleinsten Werth Null besitzt.

Es kann endlich auch der Fall vorkommen, daß bei gewissen Verrückungen die potentielle Energie überhaupt nicht geändert wird, sie besitzt dann zwar keinen Grenzwerth, zeigt aber auch in der Umgebung dieser Lage kein Gefälle; dies ist immer der Fall, wenn Coordinaten vorhanden sind, von denen Φ nicht abhängt. Wenn dann für die übrigen Coordinaten Gleichgewicht besteht, so wird dieses nicht gestört, wenn man Verschiebungen der letzteren Art vornimmt. Man sagt dann, das System befindet sich diesen Verschiebungen gegenüber im indifferenten Gleichgewicht. So kann man z. B. ein freies Massensystem, dessen innere (elastische) Kräfte dasselbe in einer bestimmten Configuration erhalten, als ganzes verschieben oder drehen, ohne daß dabei Φ verändert wird.

Eine Function vieler variabler Gröfsen, wie die potentielle
Energie eines Massensystems, wird im Allgemeinen mehrere Minima
besitzen, d. h. ein solches System wird mehrere Lagen oder Configurationen stabilen Gleichgewichts besitzen. Der Grad der Beständigkeit dieser Gleichgewichtszustände wird aber meist ein verschiedener sein, das soll heifsen, die Grenze, welche die Erschütterungen
oder die Verrückungen erreichen dürfen, ohne dafs dabei die Annahmen der vorangehenden Betrachtung ungültig werden, ist verschieden weit. Denken wir uns einen starren homogenen Körper
von der Gestalt eines rechtwinkligen Parallelepipeds, welcher von
der Schwerkraft angegriffen wird. Sobald dieser mit einer seiner
sechs Flächen auf einer horizontalen festen Grundlage ruht, ist er
in stabilem Gleichgewicht. Die potentielle Energie der Schwerkraft
ist nämlich, wie wir schon in § 18 sahen, für einen einzelnen Massenpunkt m gleich $g.m.z$, wo z die verticale Erhebung des Punktes
über irgend einer festen Horizontalebene angiebt. Für einen aus
vielen Massenpunkten bestehenden schweren Körper ist dieselbe:

$$\Phi = \sum g.m_i.z_i = g.\mathfrak{z}.\sum m_i,$$

wo $\mathfrak{z}$ die Höhe des Schwerpunktes über der Grundebene bezeichnet
[vergl. Gleichungen (88), S. 144], als welche wir die feste Unterlage
hier ansehen können. Die möglichen Verrückungen des Körpers
sind erstens horizontale Verschiebungen auf seiner Unterlage; dabei
wird die Höhe $\mathfrak{z}$, mithin auch Φ nicht verändert, das Gleichgewicht
ist für diese Verrückungen indifferent. Bei vollständigem Abheben
von der Unterlage wächst $\mathfrak{z}$ und Φ, während eine Senkung wegen
der festen Unterlage ausgeschlossen ist. Solchen Verrückungen
gegenüber ist also das Gleichgewicht stabil. Als letzte Möglichkeit
bleibt noch das Kippen des Körpers, wobei eine der vier die Grundebene begrenzenden Kanten als Drehungsaxe dient. Der Schwerpunkt bewegt sich dabei auf einem schräg ansteigenden Kreisbogen,
die Höhe $\mathfrak{z}$ wird dadurch vergröfsert, die potentielle Energie nimmt
in jedem Falle zu, also ist in der Lage auf einer der sechs Flächen Φ
absolutes Minimum, das Gleichgewicht ist stabil. Beim Kippen
dauert das Aufsteigen des Schwerpunktes so lange an, bis er vertical
über der als Drehungsaxe dienenden Kante liegt. Diese Stellung
bildet für die gedachte Art der Verrückung ein Maximum von $\mathfrak{z}$,
mithin auch von Φ. Für eine andere Art von Verrückung aber
verhält sich Φ in dieser Stellung noch wie ein Minimum; man kann
nämlich den auf der Kante ruhenden Körper noch auf eine der
beiden Ecken stellen, welche diese Kante begrenzen. Dabei hebt

sich die Kante von der Unterlage, der Schwerpunkt wird abermals gehoben und erreicht seine höchste Lage erst, wenn er vertical über dem unterstützten Eckpunkte des Körpers liegt. Bei Unterstützung einer Kante bildet Φ einen Sattelwerth, bei Unterstützung einer Ecke haben wir ein absolutes Maximum, und zwar für alle acht Ecken dasselbe. Allen diesen letzteren Grenzwerthen der potentiellen Energie entspricht labiles Gleichgewicht des Körpers. Die sechs Lagen stabilen Gleichgewichtes sind paarweise gleich wegen der regelmäßigen Gestalt des Parallelepipeds. Dagegen ist im Allgemeinen die Höhe des Schwerpunkts eine verschiedene, wenn der Körper nach einander auf die drei verschiedenen Flächen gelegt wird. Die niedrigste Lage, also auch das tiefste Minimum, tritt ein, wenn die größte Fläche unterstützt ist; diese Stellung erlaubt auch die größte Kippung, ohne daß Φ einen Sattelwerth oder ein Maximum erreicht, diese Stellung besitzt daher die größte Stabilität. Das flachste Minimum tritt ein, wenn der Körper auf der kleinsten Fläche ruht, während zu der Lage auf der mittleren Fläche auch ein Minimum von mittlerer Tiefe gehört. Bei Unterstützung der kleinsten Fläche genügt auch die verhältnißmäßig kleinste Kippung, um den Körper aus dem Gebiete dieses flachen Minimums herauszubringen, so daß er dann, sich selbst überlassen, umfällt und einer stabileren Lage zueilt. Dieses Gleichgewicht kann bei sehr kleiner Basis einem labilen Zustande sehr nahe kommen, indem schon eine sehr geringe Kippung hinreicht, um den Schwerpunkt in die kritische Lage über der Kante zu bringen. Das Parallelepiped besitzt in diesem Falle die Gestalt eines langen dünnen Stabes. Ist das untere Ende desselben überdies noch zugespitzt, so wird das Gleichgewicht in verticaler Stellung völlig labil. Man kann den Stab allerdings in dieser Stellung erhalten, wenn man sein oberes Ende nur leise mit dem Finger berührt; man spürt dabei auch keine von dem Stabe ausgehenden seitlichen Kräfte, welche das Streben desselben verriethen, sich nach irgend einer Richtung hin in Bewegung zu setzen. Die leise Berührung verhindert vielmehr nur die störende Wirkung kleinster Erschütterungen, durch die der Stab umgeworfen wird, so bald man ihn freiläßt. Durch Geschicklichkeit und Uebung kann man es auch dahin bringen, einen Stab einige Zeit lang auf der Hand als Unterlage zu „balanciren". Man muß dabei fortwährend gespannt auf die Richtungen achten, nach denen das obere Ende des Stabes sich zu neigen beginnt, und dann sofort die Hand in derselben Richtung verschieben, damit die untere Spitze des Stabes, welche an der Hand haftet, wieder vertical unter den bereits

etwas verschobenen Schwerpunkt zu liegen kommt. Ein solcher
Zustand des Stabes ist aber kein Gleichgewicht, vielmehr das fortwährend Spiel zweier kleiner Kräfte, die sich zu vernichten streben,
von denen aber die von unserer Hand ausgeübte nothwendig etwas
später wirkt, da die Richtung und Stärke der die Ruhe störenden
Einflüsse erst an ihren Wirkungen auf den Stab mit den Augen
beobachtet werden müssen.

Eine andere Gestalt des auf horizontaler Unterlage liegenden
schweren Körpers, an welcher man die Unterschiede der Gleich-
gewichtstypen leicht anschaulich machen kann, ist das dreiaxige
Ellipsoid. Grenzwerthe der Höhe des im Mittelpunkt liegenden
Schwerpunktes, mithin auch der potentiellen Energie, treten ein,
sobald das Ellipsoid mit einem Endpunkt einer der drei Hauptaxen
aufliegt. Ist dies die kürzeste Axe, so hat der Schwerpunkt die
tiefste Lage, Φ ist Minimum und das Gleichgewicht ist stabil. Nach
einem geringen Anstofs beobachtet man Schwankungen um die
Ruhelage, welche mit der Zeit durch Reibung vernichtet werden.
Steht die mittlere Axe vertical, so besitzt Φ einen Sattelwerth.
Wälzt man nämlich jetzt in der Weise, dafs die kürzeste Axe als
Drehungsaxe dient, so wird der Schwerpunkt gehoben, Φ scheint
Minimum, wälzt man aber um die gröfste Axe, so sinkt der Schwerpunkt, Φ scheint Maximum. Wenn endlich der Endpunkt der
gröfsten Axe auf der Unterlage steht, so hat der Schwerpunkt seine
höchste Lage, Φ ist Maximum. Beide Lagen zeigen labiles Gleichgewicht.

Die Fassung der allgemeinen Gleichgewichtsbedingung eines
conservativen Systems in der vorher entwickelten Form, dafs sie
gegeben ist durch einen Grenzwerth der potentiellen Energie, hat
aufser der leichten Unterscheidung stabiler und labiler Zustände
noch den grofsen Vortheil, dafs sie unabhängig von Wahl der
Coordinaten erscheint. Denn Φ ist, abgesehen von der beliebigen
additiven Constante, vollkommen bestimmt durch die Lage oder
Configuration des Massensystems und weist bei bestimmten kleinen
Verrückungen immer dieselben Variationen auf, gleichgültig, wie
man die Abmessungen gewählt hat, welche die Lage der Punkte
bestimmen. Während nun bei einem durch die mathematische Betrachtung nöthig erscheinenden Wechsel des Coordinatensystems oft
umständliche Rechnungen nothwendig werden, um die alten Coordinaten und deren Functionen und auch die vorkommenden Differentialquotienten derselben zu transformiren, so bleibt die Forderung
des Minimums der Function Φ unberührt durch die Wahl, die man

für das Coordinatensystem treffen möge. Sind also p_a die neuen Abmessungen irgend welcher Art, und hat man Φ als Function dieser Variabelen dargestellt, so sind die Bedingungen des Gleichgewichts direct gegeben durch die Gleichungen

$$\frac{\partial \Phi}{\partial p_a} = 0, \qquad a = 1, 2, \ldots, 3\,n. \tag{152a}$$

Dieser Umstand ist für die Einfachheit der Betrachtung in vielen Fällen sehr wesentlich.

§ 60. Princip der virtuellen Verschiebungen.

Man kann die Schaar der Bedingungsgleichungen (152) in eine einzige Gleichung zusammenfassen, indem man jede derselben mit einem unserer Willkür überlassenen Factor erweitert, und dann die ganze Schaar addirt. Die Reihe der willkürlichen Coefficienten wollen wir im Hinblick auf eine später für dieselben einzusetzende besondere Bedeutung durch das Zeichen δx_a ausdrücken. Man kommt so zu der einen Bedingung

$$\sum_a \left(-\frac{\partial \Phi}{\partial x_a} \right) . \, \delta x_a = 0. \tag{153}$$

Die Hinzufügung der unbestimmten Coefficienten ist bei diesem Schritt nothwendig. Wenn man einfach die Summe sämmtlicher Differentialquotienten von Φ gebildet hätte, so würde man zwar auch von dieser aussagen müssen, daß sie beim Gleichgewicht eines conservativen Systems gleich Null ist, diese eine Aussage würde aber nicht die Schaar von Bedingungen, aus denen sie entstanden ist, ersetzen, denn das Verschwinden der Summe könnte ebensowohl dadurch zu Stande kommen, daß die einzelnen Glieder, theils positiv, theils negativ, sich gegenseitig vernichten. Bei der Gleichung (153) kann man aber diese Erklärung nicht zulassen, denn wir können den willkürlichen δx_a immer die gleichen Vorzeichen geben, welche die zugehörigen Differentialquotienten von Φ besitzen. Dadurch würden wir erreichen, daß jeder einzelne Summand aus zwei gleichstimmigen Factoren zusammengesetzt, also nothwendig positiv ist. Die vorstehende Gleichung würde dann fordern, daß die Summe von lauter positiven Gliedern gleich Null sein soll. Das ist aber nicht möglich, mithin stellt sich die Annahme, daß die einzelnen Differentialquotienten von Φ nur durch ihr verschiedenes Vorzeichen die Summe zum Verschwinden bringen, als unzulässig heraus. Es muß vielmehr jeder Summand einzeln verschwinden, d. h. es müssen die sämmtlichen Bedingungen (152) einzeln erfüllt sein.

Wir wollen nun den Factoren δx_a die besondere Bedeutung geben, daſs sie die Componenten von sehr kleinen Verschiebungen sein sollen, welchen die Massenpunkte des Systems unterliegen. Im Gleichgewichtszustand werden solche Verschiebungen durch die wirkenden Kräfte nicht erzeugt, sie sind also unwirkliche, nur vorgestellte oder nach dem Sprachgebrauche der älteren Physiker „virtuelle Verschiebungen". Man findet dafür auch die Bezeichnung „virtuelle Geschwindigkeiten", welche aber den Sinn nicht trifft, da von einer Zeitgröſse, in welcher diese Verschiebungen erfolgen, gar keine Rede sein kann. Die δx_a sind nur gedachte Variationen der Coordinaten des Systems und die linke Seite der Gleichung (153) ist die dazu gehörige Variation von Φ, also wegen der vollkommenen Freiheit, die wir annehmen, jede Variation von Φ. Bezeichnen wir diese allgemein durch $\delta\Phi$, so erhalten wir die Gleichgewichtsbedingung:

$$\delta\Phi = 0, \qquad (153\,a)$$

welche wiederum nur ein anderer mathematischer Ausdruck dafür ist, daſs Φ ein Grenzwerth sein soll.

Man kann dieselbe Ueberführung der ganzen Schaar von $3n$ Gleichungen in eine einzige Gleichung mit $3n$ unbestimmten Coefficienten auch vornehmen, ohne dabei auf den Begriff der potentiellen Energie einzugehen. Die Aussage, daſs sämmtliche Kraftcomponenten verschwinden, also die Gleichungsschaar

$$X_a = 0, \qquad a = 1, 2, \ldots, 3n$$

geht über in

$$\sum X_a \cdot \delta x_a = 0, \qquad (153\,b)$$

welche ebenfalls die gesammte vorstehende Schaar von Bedingungen ersetzt. Die einzelnen Glieder der gleich Null gesetzten Summe sind nun ihrem Sinne nach Arbeitsgröſsen, welche die Kraftcomponenten X_a beim Eintreten der Verschiebungen δx_a leisten. Solche Arbeiten werden aber im Gleichgewichtszustande von den Kräften nicht geleistet, ebenso wenig, wie sie die gedachten Verschiebungen erzeugen, es sind dies also „virtuelle Arbeiten" oder im Sprachgebrauche der Begründer dieser Lehren „virtuelle Momente". Die Gleichgewichtsbedingung eines Massensystems läſst sich also nach dieser letzten Formulirung in dem Satze zusammenfassen:

Ein Massensystem befindet sich im Gleichgewicht, wenn für alle virtuellen Verschiebungen desselben die Summe der virtuellen Momente gleich Null ist. Diesen Satz nennt man das Princip der virtuellen Verschiebungen.

Das Verschwinden der Momentsumme kommt dadurch zu Stande, dafs jede Kraftcomponente X_a einzeln gleich Null ist. Diese X_a sind nun die nach den drei Axenrichtungen genommenen Componenten der Resultante aller den Punkt m_a angreifenden Kräfte. Nehmen wir an, dafs die einzelnen Kräfte durch die Anwesenheit der übrigen Massenpunkte m_b verursacht werden, dafs also zu setzen ist:

$$X_a = \sum_b X_{a,\,b}$$

so brauchen die einzelnen $X_{a,\,b}$ nicht gleich Null zu sein, diese Summe verschwindet vielmehr durch gegenseitige Vernichtung ihrer Theile. Die Summe der virtuellen Momente erhält nach Einführung der Elementarkräfte die Gestalt:

$$\sum_a \sum_b (X_{a,\,b} \cdot \delta x_a) = 0 \qquad \begin{array}{l} a = 1, 2, \ldots, 3n \\ b \text{ nicht } = a. \end{array}$$

Die einzelnen Glieder dieser im Gleichgewichtszustand verschwindenden Doppelsumme brauchen nicht einzeln gleich Null zu sein. Wenn nun die virtuellen Verschiebungen wirklich ausgeführt würden, so würden sich dabei die Kräfte $X_{a,\,b}$ verändern, ja sie könnten sich bei sehr kleinen Verschiebungen schon sehr stark und in unbekannter Weise verändern, so dafs die Berechnung der Arbeitsgröfsen, welche die Kräfte bei diesen Verschiebungen leisten, sehr erschwert oder ganz vereitelt wird. Für den Gleichgewichtszustand ist es nun aber offenbar ganz gleichgültig, wie die Kräfte sich verändern würden, wenn eine Bewegung einträte; von Wichtigkeit sind für die Beurtheilung nur die Werthe, welche in der Ruhelage gelten. Wir können also in obiger Doppelsumme die $X_{a,\,b}$ als constante Gröfsen ansehen, welche während der virtuellen Verschiebungen ihre Werthe bewahren. Dadurch unterscheiden sich begrifflich die virtuellen Momente von den bei realen Verschiebungen geleisteten Arbeiten.

Die Beziehung auf ein bestimmtes Coordinatensystem kann man hier beseitigen, wenn man die je drei zu demselben Punktpaar gehörigen Kraftcomponenten zur Resultante vereinigt und ebenso die drei auf einander senkrechten Verschiebungen jedes Punktes zur geometrischen Summe zusammenfasst. Unterscheiden wir dabei wieder die Zeichen X, Y, Z und x, y, z, so bedeutet jetzt a die einfache Ordnungszahl des Massenpunktes m_a, man hat also n Ordnungszahlen. Die Resultante von $X_{a,\,b}$, $Y_{a,\,b}$, $Z_{a,\,b}$ sei $K_{a,\,b}$, die Resultante der Verschiebungscomponenten δx_a, δy_a, δz_a sei

δs_a, dann ist die Summe eines solchen Tripels von virtuellen Momenten, ähnlich wie früher (Gleichungen 126 a und b, Seite 212),

$$X_{a,\,b} \cdot \delta x_a + Y_{a,\,b} \cdot \delta y_a + Z_{a,\,b} \cdot \delta z_a = K_{a,\,b} \cos(K_{a,\,b},\, s_a) \cdot \delta s_a$$

und die Gleichgewichtsbedingung fordert:

$$\sum_a \sum_b K_{a,\,b} \cdot \cos(K_{a,\,b},\, s_a) \cdot \delta s_a = 0, \qquad \begin{array}{l} a = 1,\, 2,\, \ldots,\, n \\ b \text{ nicht } = a \end{array} \qquad (153\,\mathrm{c})$$

Diese Form ist ebenfalls unabhängig von der Wahl der Coordinaten.

Es ist endlich bei der Herleitung gar nicht wesentlich geworden, mithin auch nicht nothwendig anzunehmen, daß die $K_{a,\,b}$ sämmtlich innere Kräfte des Massensystems seien müssen, dieselben können zum Theil von außen auf die Massenpunkte des Systems einwirken. Dann bedeuten freilich die betreffenden Indices b nicht Ordnungszahlen gewisser von m_a verschiedener Punkte des Systems, sondern sie bedeuten äußere Herkunft der Kraft.

Es soll als Erläuterung hierzu die Form des Princips der virtuellen Verschiebungen aufgestellt werden, wie sie gilt für ein Massensystem, dessen innere Kräfte eine potentielle Energie besitzen, und auf dessen Punkte noch äußere Kräfte beliebiger Art wirken. Die $3\,n$ Coordinaten der n Massenpunkte seien wieder ohne Unterschied ihrer Richtung durch x_a bezeichnet, die potentielle Energie sei Φ, die äußeren Kräfte seien bereits so zusammengefaßt, daß man die jeden einzelnen Punkt angreifende äußere Resultante K'_a kennt. Die Componenten dieser Kraft in Richtung der Coordinataxen seien bezeichnet durch X'_a. Die ursprüngliche Gleichgewichtsbedingung ist dann gegeben durch die Schaar von Gleichungen

$$-\frac{\partial \Phi}{\partial x_a} + X'_a = 0 \quad \text{für } a = 1,\, 2,\, \ldots,\, 3\,n \qquad (154)$$

oder durch

$$\sum_a \left(-\frac{\partial \Phi}{\partial x_a} + X'_a\right) \cdot \delta x_a = 0. \qquad (154\,\mathrm{a})$$

Für die X'_a gilt bei Vornahme der virtuellen Verschiebungen wieder die Bemerkung, daß es für das Gleichgewicht ohne Einfluß ist, wie die äußeren Kräfte sich etwa verändern würden, wenn die Verschiebungen thatsächliche wären, daß mithin die X'_a nicht als Coordinatenfunctionen, sondern einfach als Constanten angesehen werden dürfen, die an den Variationen nicht theilnehmen. Man kann dann die Gleichgewichtsbedingung der oben für ein freies conservatives System gefundenen Form $\delta \Phi = 0$ entsprechend gestalten, wenn man zu Φ hinzufügt die Summe aller Producte von der Form $- X'_a . x_a$, und verlangt, dafs

$$(\Phi - \sum_a X'_a x_a)$$

ein Minimum werden solle, d. h. dafs

$$\delta(- \Phi + \sum_a X'_a x_a) = 0 \qquad (154\,b)$$

sein solle. Führt man diese Variation in allgemeinster Weise aus, indem man alle x_a variirt, so findet man

$$\sum_a - \frac{\partial \Phi}{\partial x_a} \delta x_a + \sum_a X'_a \delta x_a = 0,$$

das ist die vorher aufgestellte Form der Gleichgewichtsbedingungen. Diese Form genügt in allen Fällen, eine vorliegende Stellung und Configuration darauf hin zu prüfen, ob sie ein Gleichgewichtszustand ist oder nicht; umgekehrt ist aber diese Form in manchen Fällen nicht ausreichend. Man kann zwar die innere Configuration und Orientirung des Massensystems daraus ableiten, nicht aber die absolute Lage im Raume, denn da wir die X'_a als unveränderlich betrachtet haben, wird eine Parallelverschiebung des ganzen Systems nichts an dieser Bedingungsgleichung ändern, das Gleichgewicht ist dagegen indifferent. Wenn aber thatsächlich die äufseren Kräfte vom Ort abhängen, so wird eine besondere Betrachtung nöthig sein, in welcher Stellung die angenommenen X'_a zutreffen, ja man wird im Allgemeinen deren zutreffende Werthe erst finden können, nachdem man die Gleichgewichtsposition gefunden hat. Völlig erschöpfend ist die Bedingung nur in dem Falle, dafs die äufseren Kräfte in Wahrheit unveränderlich in Gröfse und Richtung sind, wenn man Verschiebungen vornimmt, wie dies z. B. bei der Schwerkraft für die meisten Untersuchungen mit ausreichender Genauigkeit zutrifft.

§ 61. Beschränkte Bewegungsfreiheit.

Die im vorangehenden Paragraphen entwickelten Formen der Gleichgewichtsbedingungen, Gleichungen (153), (153b und c) und (154a), fallen bei der Betrachtung frei beweglicher Massensysteme immer wieder auseinander in die ursprüngliche Forderung, dafs jede der $3n$ Kraftcomponenten einzeln verschwinden mufs; die durch Einführung der unbestimmten Coefficienten δx_a ermöglichte Zusammenfassung führt deshalb schliefslich doch zu derselben Behandlung des Gleichgewichtsproblems, die man auch unmittelbar auf Grundlage der Bedingungen $X_a = 0$ durchführen kann. Die daraus hergeleiteten Sätze vom Minimum der potentiellen Energie oder

vom Verschwinden der Summe der virtuellen Momente entfalten
ihren wesentlichen Nutzen und ihre Ueberlegenheit erst, wenn noch
Bedingungen vorgeschrieben sind, welche die nach allen Richtungen
freie und unabhängige Verschiebbarkeit der Massenpunkte beschränken, wenn z. B. der Abstand gewisser Massen von einander
oder von festen Punkten unveränderlich sein soll, oder wenn Massenpunkte gezwungen sind, bei ihren Bewegungen auf vorgeschriebenen
Flächen oder Curven zu bleiben, an denen sie übrigens noch frei
gleiten können.

Derartige Beschränkungen kann man in der praktischen Mechanik
durch Verwendung sogenannter starrer Verbindungen wie Schnüre,
Ketten, Stangen, Schienen, Lager u. s. w. herstellen. Wir haben derartige Einrichtungen im Verlauf früherer Betrachtungen bereits angenommen, so beim mathematischen Pendel und bei der Rotationsbewegung eines starren Körpers um eine festgelegte Axe. Es
existiren thatsächlich viele mechanische Einrichtungen, durch die
man praktisch mit großer Annäherung gewisse geometrische Größen,
welche die Lage des Systems mitbestimmen, unveränderlich machen
kann. Doch widerspricht die Vorstellung, daß gewisse das System
angreifende Kräfte völlig unwirksam sein sollen und deshalb unberücksichtigt bleiben können, unseren Grundanschauungen der
Dynamik, nach denen eine Kraft nur aufgehoben werden kann durch
eine ihr entgegengesetzt gleiche. Diese Gegenkraft muß aber eine
Ursache haben, und der Widerspruch wird nicht dadurch gehoben,
daß man kurz sagt, sie rühre von der starren Verbindung her, denn
eine starre Verbindung muß man sich als unveränderlich vorstellen.
Dieselbe bleibt auch bestehen, wenn die von außen angreifende
Kraft entfernt oder verändert wird, und man wäre zu der Vorstellung genöthigt, daß von dieser starren Verbindung je nach Bedarf beliebige Gegenkräfte ausgehen, ohne daß irgend eine andere
Veränderung damit verbunden ist. Dies widerstrebt unserer Grund-
anschauung von der objectiven Gesetzmäßigkeit der Kraftwirkungen.
Zur Erklärung der Gegenkräfte, welche bei sogenannten starren Bindungen die angreifenden Kräfte aufheben, müssen daher Veränderungen im Zustand der Verbindungsstücke nothwendig herangezogen
werden, Deformationen d. h. Abweichungen von dem Verhalten der
idealen starren Körper. Es läßt sich auch durch genügend feine
Beobachtungsmittel stets nachweisen, und wurde in diesem Buche
bei früheren Gelegenheiten stets betont, daß es absolut starre Bindungen nicht giebt, sondern nur solche, die bereits bei sehr geringen
Deformationen, die gegenüber den sonst zu betrachtenden Ab-

messungen des Massensystems und seiner freien Verschiebungen
völlig verschwinden, Kräfte erzeugen, welche jeden erforderlichen
Betrag erreichen. Alle Probleme, in denen solche starre Bindungen
vorgeschrieben sind, bilden daher nur ideale Fälle, die sich allerdings den thatsächlichen Verhältnissen stark nähern können, ohne
dass sie indess der entsprechenden Wirklichkeit gleichkommen.

Wir wollen daher vor allem eine mit unseren dynamischen
Principien verträgliche Darstellung der Gleichgewichtsbedingungen
bei Anwesenheit sogenannter starrer Verbindungen suchen.

Wir betrachten zu diesem Zwecke ein Massensystem auf dessen
Punkte conservative Kräfte wirken, theils innere, welche dem Reactionsprincip folgen, theils auch äussere. Diese alle werden für jede
Configuration und Lage des Systems einen Ausdruck für die potentielle Energie Φ ergeben, welche im Allgemeinen eine differenzirbare Function sämmtlicher Coordinaten $x_1, x_2 \ldots, x_a \ldots, x_{3n}$ ist,
aus der die Kraftcomponenten als die negativen Differentialquotienten
gefunden werden. Ausserdem nehmen wir an, dass noch eine und zunächst nur eine vorgeschriebene Beziehung zwischen den Coordinaten
durch sogenannt starre Verbindungen aufrecht erhalten werde. Diese
sei gegeben durch die Gleichung:

$$G(x_1, x_2 \ldots, x_a \ldots, x_{3n}) = 0. \qquad (155)$$

Wir nehmen der Allgemeinheit wegen an, dass G eine Function
sämmtlicher Coordinaten sei, es können aber auch nur einige Abmessungen durch diese Gleichung in Verbindung gebracht werden,
während die übrigen nicht davon berührt werden. Rein geometrisch
betrachtet, sagt die Gleichung $G = 0$ aus, dass die darin vorkommenden Coordinaten nicht mehr unabhängig von einander veränderlich
sind, dass vielmehr, wenn man virtuelle Verschiebungen anwendet,
eine derselben nicht mehr willkürlich ist, sondern durch die übrigen
bestimmt wird. Bestehen mehrere solche Bedingungsgleichungen, so
werden auch mehrere Verschiebungen unfrei. Dadurch wird aber dem
Princip der virtuellen Verschiebungen die Grundlage entzogen, auf
welcher wir dasselbe errichtet haben, nämlich die freie Verfügbar-
keit über sämmtliche δx_a. Man kann allerdings auch jetzt noch
erkennen, dass in gewissen Configurationen die Summe der virtuellen
Momente verschwindet für die mit den Bedingungen verträglichen
beschränkten Verschiebungen, dass dies indessen eine hinreichende
Gewähr für das Gleichgewicht ist, folgt nicht ohne Weiteres daraus,
denn man kann gar nichts aussagen darüber, was eintreten würde bei
Verschiebungen, welche jenen Bedingungsgleichungen zuwiderlaufen.

Im physikalischen Sinne bedeutet nun die Bedingung $G = 0$, nicht, daſs gewisse Verschiebungen unmöglich sind, denn es giebt keine absolut starren Bindungen; sie bedeutet vielmehr nur, daſs bereits bei sehr kleinen, jene Gleichung störenden Verschiebungen bedeutende Kräfte auftreten, welche die Punkte zurückziehen in Lagen, wo diese Gleichung wieder zutrifft. Diese Kräfte sind nicht inbegriffen unter jenen, für welche die potentielle Energie Φ aufgestellt wurde. Es ist nun statthaft, auch diese Kräfte als conservativ anzusehen und ihnen eine potentielle Energie zuzuschreiben, die wir Ψ nennen wollen. Diese tritt dann als Summand neben Φ in der Beurtheilung der Gleichgewichtslage auf. Wir wollen jetzt die potentielle Energie Ψ gesondert betrachten. Sie ist als differenzirbare Coordinatenfunction anzusehen. Die Kraftcomponenten, welche von den Bindungen ausgehen, werden durch $- \partial \Psi / \partial x_a$ dargestellt, sie treten nur auf, wenn G von Null verschieden ist, nicht aber, wenn $G = 0$ ist. Man muſs deshalb annehmen, daſs Ψ nur in der Weise von den Coordinaten abhängt, daſs es eine differenzirbare Function der Coordinatenfunction G ist mit der Besonderheit, daſs sie für $G = 0$ ein Minimum bildet, dagegen bereits für geringe positiv oder negativ von Null abweichende Beträge des G ein sehr steiles Wachsthum besitzt. Diese Annahme läſst die Form von Ψ noch sehr unbestimmt; bereits für die Function G kann man ja, um eine bestimmte Art der Gebundenheit auszudrücken, mannigfaltige Ausdrücke aufstellen. (Soll beispielsweise der Punkt m_a gezwungen sein auf einer mit dem Radius a um den Anfangspunkt gelegten Kugel zu bleiben, so ist dies eine ganz bestimmte Gebundenheit, welche ihren einfachsten mathematischen Ausdruck findet in der Gleichung

$$G = x_a^2 + y_a^2 + z_a^2 - a^2 = 0.$$

Ebenso gut kann man statt dessen auch fordern

$$G = \sqrt{x_a^2 + y_a^2 + z_a^2} - a = 0$$

oder

$$G = \frac{x_a^2 + y_a^2}{a^2 z_a^2} + \frac{1}{a^2} - \frac{1}{z_a^2} = 0$$

oder noch andere Formen.)

Es ist nur nöthig anzunehmen, daſs G in der Nähe des Werthes 0 einen regulären Verlauf hat; daſs G selbst an dieser Stelle einen Grenzwerth bilde, ist durchaus nicht zu fordern, wir werden daher endliche Differentialquotienten erster und zweiter Ordnung voraussetzen.

Der Minimalwerth, welchen Ψ bei Erfüllung der Bedingungsgleichung zeigt, ist wegen des jeder potentiellen Energie anhaftenden unbestimmten aber constanten Addendus willkürlich zu wählen. Wir setzen

$$\Psi_{G=0} = 0, \tag{156}$$

messen also nur die Erhebungen von Ψ über den Minimalwerth. Die Bedingung des Minimums fordert ferner

$$\left(\frac{d\Psi}{dG}\right)_{G=0} = 0. \tag{156a}$$

Das sehr steile Wachsthum von Ψ bei solchen Verschiebungen, welche der Gleichung $G = 0$ widersprechen, erklärt sich am einfachsten durch die bedeutende Gröfse des zweiten Differentialquotienten

$$\left(\frac{d^2\Psi}{dG^2}\right)_{G=0} = C. \tag{156b}$$

Entwickelt man nach diesen Angaben die Function Ψ in eine Potenzreihe von G, so beginnt dieselbe erst mit dem quadratischen Gliede, höhere Potenzen in der Nähe von $G = 0$ zu berücksichtigen, ist jedenfalls unnöthig, man erhält also:

$$\Psi = \tfrac{1}{2} C . G^2.$$

Nun wollen wir aber Ψ als Function der in G steckenden Coordinaten ansehen. Wir gehen aus von einer Werthgruppe $(\overline{x_1}, \overline{x_2} \dots, \overline{x_p} \dots, \overline{x_{3n}})$, welche $G = 0$ macht und entwickeln Ψ nach Potenzen der Abweichungen von dieser Configuration. Diese Abweichungen seien durch $\xi_1, \xi_2 \dots, \xi_p \dots, \xi_{3n}$ bezeichnet. Es ist dann:

$$\Psi = \Psi_{G=0} + \sum_p{}' \left(\frac{\partial\Psi}{\partial x_p}\right)_{G=0} \xi_p + \tfrac{1}{2} \sum_p \sum_q \left(\frac{\partial^2\Psi}{\partial x_p \partial x_q}\right)_{G=0} \xi_p \xi_q + \cdots \tag{157}$$

Allgemein gilt dabei

$$\frac{\partial\Psi}{\partial x_p} = \frac{d\Psi}{dG} \cdot \frac{\partial G}{\partial x_p}$$

und

$$\frac{\partial^2\Psi}{\partial x_p \partial x_q} = \frac{\partial}{\partial x_q}\left(\frac{d\Psi}{dG} \cdot \frac{\partial G}{\partial x_p}\right) = \frac{d^2\Psi}{dG^2} \cdot \frac{\partial G}{\partial x_p} \cdot \frac{\partial G}{\partial x_q} + \frac{d\Psi}{dG} \cdot \frac{\partial^2 G}{\partial x_p \partial x_q}.$$

In der Reihenentwickelung sind nur diejenigen Werthe dieser Differentialquotienten einzusetzen, welche für $G = 0$ gelten, dann erhalten wir aber wegen der Gleichungen (156a und b)

$$\left(\frac{\partial\Psi}{\partial x_p}\right)_{G=0} = 0$$

und

$$\left(\frac{\partial^2\Psi}{\partial x_p \partial x_q}\right)_{G=0} = C \cdot \frac{\partial G}{\partial x_p} \cdot \frac{\partial G}{\partial x_q}$$

folglich

$$\Psi = \frac{C}{2} \sum_p \sum_q \frac{\partial G}{\partial x_p} \frac{\partial G}{\partial x_q} \xi_p \xi_q. \qquad (157\,a)$$

Die gesammte potentielle Energie setzt sich aus Φ und Ψ zusammen; die Gleichgewichtsbedingung fordert, dafs für jedes a

$$\frac{\partial (\Phi + \Psi)}{\partial x_a} = 0$$

sei, also

$$\frac{\partial \Phi}{\partial x_a} + \frac{C}{2} \cdot \frac{\partial}{\partial x_a} \sum_p \sum_q \frac{\partial G}{\partial x_p} \frac{\partial G}{\partial x_q} \xi_p \xi_q = 0. \qquad (158)$$

Die Differentiation der vollständigen Doppelsumme liefert:

$$\left. \begin{array}{l} \dfrac{\partial}{\partial x_a} \sum_p \sum_q \dfrac{\partial G}{\partial x_p} \cdot \dfrac{\partial G}{\partial x_q} \xi_p \cdot \xi_q \\[3mm] = \dfrac{\partial G}{\partial x_a} \cdot 2 \sum_p \dfrac{\partial G}{\partial x_p} \xi_p \\[3mm] + \sum_p \sum_q \left(\dfrac{\partial G}{\partial x_p} \cdot \dfrac{\partial^2 G}{\partial x_q . \partial x_a} + \dfrac{\partial^2 G}{\partial x_p . \partial x_a} \cdot \dfrac{\partial G}{\partial x_q} \right) \xi_p \cdot \xi_q. \end{array} \right\} \qquad (158\,a)$$

Da nun die durch $\partial \Phi / \partial x_a$ dargestellten Kräfte in jeder vorkommenden Configuration endliche Werthe haben, dagegen C über alle Grenzen wachsen soll, so ist die Gleichung (158) nur erfüllbar, wenn der mit C multiplicirte Differentialquotient der Doppelsumme verschwindend klein wird, und sich für den Grenzfall der Null nähert. Dieses Verschwinden könnte erklärt werden dadurch, dafs alle ersten Differentialquotienten von G nach den Coordinaten gleich Null werden, das würde aber aussagen, dafs G von den Verschiebungen der Coordinaten nicht beeinflufst wird, dies können wir nach unseren Voraussetzungen nicht annehmen, da doch G Function der Coordinaten sein sollte. Einige Differentialquotienten können allerdings gleich Null sein, d. h. die Coordinaten fehlen in der Bedingungsgleichung. Für diese behalten wir dann auch eine freie Verschiebbarkeit. Für alle Coordinaten, die in der Function G vorkommen, müssen wir dagegen, um die Gleichung (158) erfüllen zu können, annehmen, dafs die Verschiebungen ξ selbst unmerklich bleiben und im Grenzfall in Null übergehen. Unter dieser Bedingung wird aber in Gleichung (158a) die Doppelsumme, welche die Producte je zweier ξ als Factoren der einzelnen Glieder enthält, verschwinden gegen die einfache Summe, welche wir dann allein beibehalten dürfen. Die Gleichgewichtsbedingung wird dann

$$\frac{\partial \Phi}{\partial x_a} + C \cdot \frac{\partial G}{\partial x_a} \sum_p \frac{\partial G}{\partial x_p} \xi_p = 0 \text{ für jedes einzelne } a. \quad (158\,b)$$

Die in dieser Gleichung vorkommenden ξ_p kann man eliminiren. Denkt man nämlich jede Coordinate einzeln aus der Lage $G = 0$ verschoben, während alle übrigen ungeändert bleiben, so erhält man eine Reihe von Specialwerthen der potentiellen Energie Ψ, die wir mit Ψ_p bezeichnen, und die nach Gleichung (157a) dargestellt werden durch:

$$\Psi_p = \frac{C}{2} \cdot \left(\frac{\partial G}{\partial x_p} \cdot \xi_p \right)^2 . \qquad (159)$$

Jene Doppelsumme reducirt sich dabei auf ein einziges Diagonalglied, da nur ein einziges ξ_p von Null verschieden ist. Dieses kann man dann durch Ψ_p ausdrücken

$$\xi_p = \frac{1}{\dfrac{\partial G}{\partial x_p}} \cdot \sqrt{\frac{2\,\Psi_p}{C}} . \qquad (159\,\mathrm{a})$$

Setzt man diese Form statt ξ_p in unsere Gleichgewichtsbedingung ein, so findet man:

$$\frac{\partial \Phi}{\partial x_a} + \frac{\partial G}{\partial x_a} \cdot \left\{ \sqrt{C} \cdot \sum_p \sqrt{2\,\Psi_p} \right\} = 0 \text{ für jedes } a. \qquad (159\,\mathrm{b})$$

Die geschweifte Klammer in dieser Gleichung muß nothwendig einen endlichen Werth besitzen, dessen Betrag sich auch bei genauer Kenntniß der Function Ψ angeben lassen würde. Wenn wir aber zur Bedingung der absoluten Starrheit übergehen, können wir nur sagen, daß $\sqrt{C}$ unendlich und $\sum_p \sqrt{2\,\Psi_p}$ verschwindend klein wird. Wir können daher für den ganzen Complex nur einen unbestimmten endlichen Werth fordern, den wir mit γ bezeichnen wollen. Derselbe hängt nicht ab von der Ordnungszahl a, ist vielmehr für alle a derselbe. Die Gleichgewichtsbedingung lautet nun:

$$\frac{\partial \Phi}{\partial x_a} + \gamma \frac{\partial G}{\partial x_a} = 0 \text{ für jedes } a. \qquad (159\,\mathrm{c})$$

Dies sind $3\,n$ Gleichungen. Wir haben aber außer den $3\,n$ aufzufindenden Coordinaten x_a darin noch eine überzählige Unbekannte γ, welche daraus nicht gefunden werden kann, und als Coefficient die ganze Lösung unbestimmt macht. Nun haben wir auch im Falle der idealen Starrheit noch eine $(3\,n+1)$ste Gleichung, welche erfüllt sein muß, nämlich $G(x_1, x_2, \ldots, x_{3\,n}) = 0$. Die Schaar der vorhandenen Gleichungen genügt also zur vollständigen Lösung der Aufgabe.

In gleicher Weise kann man das Problem behandeln, wenn
statt der einen Bedingungsgleichung (155) eine ganze Reihe solcher
Gleichungen für die Coordinaten als Beschränkungen der Bewegungsfreiheit vorgeschrieben sind. Die Anzahl dieser Gleichungen
sei m, diese Zahl m muß nothwendig kleiner als die Anzahl der
Coordinaten sein, also $m < 3n$, wenn nämlich $m = 3n$ wäre, so
würde man aus diesen Bedingungen allein feste Werthe der Coordinaten berechnen können, eine Bewegung wäre dann nicht mehr
möglich. Ferner aber müssen wir voraussetzen, daß die vorgeschriebenen Bedingungen unter einander verträglich sind. Fordert
beispielsweise eine der Gleichungen, daß der Massenpunkt m_1 auf
einer fest vorgeschriebenen Fläche bleiben soll, so darf eine andere
Gleichung nicht etwa fordern, daß m_1 auf einer anderen Fläche
bleibe, welche mit jener ersten keine gemeinsamen Punkte hat,
wohl aber ist die zweite Bedingung verträglich, wenn die beiden
Flächen sich durchsetzen. Dann drücken beide Forderungen
zusammen aus, daß der Massenpunkt auf der Schnittlinie der beiden
Flächen bleiben muß. Endlich wollen wir voraussetzen, daß die
Bedingungsgleichungen von einander unabhängig sind, daß also
nicht etwa mehrere dieselbe Gebundenheit ausdrücken und sich
deshalb durch Transformation identisch machen lassen. Die Schaar
dieser Bedingungen sei dargestellt durch die Gleichungen:

$$G_1 = 0, \quad G_2 = 0, \ldots, \quad G_b = 0, \ldots, \quad G_m = 0, \quad (160)$$

in denen die G_b vorgeschriebene Functionen der Coordinaten sind.
Ueber den geometrischen und den physikalischen Sinn dieser Gleichungen gelten die gleichen Anschauungen, die oben an das Bestehen einer einzigen Gleichung $G = 0$ geknüpft wurden. Für die
Kräfte, welche bei kleinen den Bedingungsgleichungen widersprechen-
den Verschiebungen auftreten, setzen wir wieder eine potentielle
Energie Ψ, welche ihren Minimalwerth 0 besitzt, sobald die Configuration den Gleichungen folgt, welche aber sofort steil ansteigt,
wenn eine oder mehrere der Gleichungen nur wenig verletzt werden.
Die einfachste Vorstellung ist, Ψ als eine Summe zu betrachten,
deren Glieder von je einer einzelnen Function G_b abhängen, und
zwar in derselben Weise, wie dies oben angenommen wurde. Wir
setzen also:

$$\Psi = \sum_b \Psi_b(G_b) \quad (161)$$

und benutzen für jedes Ψ_b die in den Formeln (156 bis 157a) aufgestellten Eigenschaften. Dann ist

$$\left(\frac{\partial \Psi}{\partial G_{\mathfrak{b}}}\right)_0 = \left(\frac{d \Psi_{\mathfrak{b}}}{d G_{\mathfrak{b}}}\right)_0 = 0 \quad \text{für jedes } \mathfrak{b}. \tag{161a}$$

Der Index 0 bedeutet, daß der Differentialquotient in einer mit den Gleichungen (160) übereinstimmenden Configuration gebildet ist. Ferner ist

$$\left(\frac{\partial^2 \Psi}{\partial G_{\mathfrak{b}}^2}\right)_0 = \left(\frac{d^2 \Psi_{\mathfrak{b}}}{d G_{\mathfrak{b}}^2}\right)_0 = C_{\mathfrak{b}} \quad \text{für jedes } \mathfrak{b}. \tag{161b}$$

Dabei bedeutet $C_{\mathfrak{b}}$ für jedes $\mathfrak{b}$ eine besondere, große positive Constante; nachher werden wir alle $C_{\mathfrak{b}}$ ins Unendliche wachsen lassen. Die Entwickelung von Ψ nach Potenzen der Coordinaten in der Nähe einer Nulllage läßt sich nach dem Vorbilde von Gleichung (157) durchführen, man erhält entsprechend (157a)

$$\Psi = \tfrac{1}{2} \sum_{\mathfrak{b}} C_{\mathfrak{b}} \sum_{p} \sum_{q} \left(\frac{\partial G_{\mathfrak{b}}}{\partial x_p}\right)_0 \cdot \left(\frac{\partial G_{\mathfrak{b}}}{\partial x_q}\right)_0 \xi_p \xi_q. \tag{162}$$

Auch die Bildung der Differentialquotienten $\partial \Psi / \partial x_a$ erfolgt in gleicher Weise, sowie die Schlußfolgerung, daß für alle in den Bedingungsgleichungen vorkommenden Coordinaten die Verschiebungen ξ verschwindend werden müssen, sobald die C sehr groß werden. Entsprechend (158b) findet man die Gleichgewichtsbedingung

$$\frac{\partial \Phi}{\partial x_a} + \sum_{\mathfrak{b}} C_{\mathfrak{b}} \frac{\partial G_{\mathfrak{b}}}{\partial x_a} \sum_{p} \frac{\partial G_{\mathfrak{b}}}{\partial x_p} \cdot \xi_p = 0 \quad \text{für jedes einzelne } a. \tag{163}$$

Die Elimination der ξ_p durch Einführung von Specialwerthen der potentiellen Energie Ψ geschieht folgendermaßen: Läßt man nur eine einzige Coordinatenverschiebung ξ_p eintreten, während alle übrigen in den durch die Gleichungen (160) vorgeschriebenen Lagen bleiben, so wird die potentielle Energie den Specialwerth Ψ_p annehmen, welcher aus Gleichung (162) folgt:

$$\Psi_p = \tfrac{1}{2} \xi_p^2 \cdot \sum_{\mathfrak{b}} C_{\mathfrak{b}} \left(\frac{\partial G_{\mathfrak{b}}}{\partial x_p}\right)_0^2, \tag{164}$$

mithin:

$$\xi_p = \sqrt{\frac{2 \Psi_p}{\sum_{\mathfrak{b}} C_{\mathfrak{b}} \left(\frac{\partial G_{\mathfrak{b}}}{\partial x_p}\right)_0^2}}. \tag{164a}$$

Die Gleichgewichtsbedingung wird nach Einsetzung dieses Ausdrucks für ξ_b:

$$\frac{\partial \Phi}{\partial x_a} + \sum_b \left[C_b \frac{\partial G_b}{\partial x_a} \sum_p \frac{\partial G_b}{\partial x_p} \sqrt{\frac{2 \Psi_p}{\sum_b C_b \left(\frac{\partial G_b}{\partial x_p}\right)^2}} \right] = 0$$

oder anders angeordnet

$$\frac{\partial \Phi}{\partial x_a} + \sum_b \left[\frac{\partial G_b}{\partial x_a} \cdot \left\{ \sqrt{C_b} \cdot \sum_p \sqrt{2 \Psi_p \cdot \left(\frac{C_b \left(\frac{\partial G_b}{\partial x_p}\right)^2}{\sum_b C_b \left(\frac{\partial G_b}{\partial x_p}\right)^2} \right)} \right\} \right] = 0. \quad (164\,\text{b})$$

Die runde Klammer in vorstehendem Ausdruck ist ein echter Bruch, denn der Nenner besteht aus einer Summe von positiven Gliedern, während im Zähler nur eines dieser Glieder steht. Dieser Bruch als Factor verkleinert also noch die einzelnen Ψ_p, welche sich bei stark wachsenden Werthen der C_b der Null so nähern müssen, dafs der ganze Inhalt der geschweiften Klammer für jedes b einem gewissen endlichen, aber zunächst unbestimmten Grenzwerth γ_b zustrebt. Die Endlichkeit dieser Grenzwerthe γ_b ist für die letzte Gleichung durchaus erforderlich, da sowohl $\partial \Phi / \partial x_a$ wie auch die sämmtlichen $\partial G / \partial x_a$ endlich vorausgesetzt sind. Im idealen Falle vollkommener Starrheit werden die Gleichgewichtsbedingungen entsprechend (159 c)

$$\frac{\partial \Phi}{\partial x_a} + \sum_b \gamma_b \cdot \frac{\partial G_b}{\partial x_a} = 0 \quad \text{für jedes } a. \quad (164\,\text{c})$$

Dies sind wiederum $3n$ Bestimmungsgleichungen für die $3n$ zu suchenden Unbekannten. Darin stecken noch m überzählige Unbekannte γ_b; wir haben aber bei vollkommener Starrheit auch noch die m Gleichungen (160) als erfüllt anzusehen und zur Lösung der Aufgabe heranzuziehen, wodurch das Problem vollständig bestimmt ist. Die Bedeutung der Coefficienten γ_b ergiebt sich leicht aus der vorstehenden Gleichung, die einzelnen $\gamma_b \cdot \partial G_b / \partial x_a$ sind Componenten der von den starren Verbindungen ausgeübten Kräfte, die γ_b bestimmen also die Intensitäten dieser Kräfte. Die Erscheinung, dafs die starren Verbindungen jede erforderliche Gröfse der Kräfte hervorzubringen im Stande sind, findet ihren Ausdruck in der ursprünglichen Unbestimmtheit der Coefficienten γ_b.

Wir wollen nun untersuchen, welche Form das Princip der virtuellen Verschiebungen für den Fall beschränkter Bewegungsfreiheit annimmt. Die virtuellen Verschiebungen bezeichnen wir, wie früher, mit δx_a, multipliciren jede Gleichung mit dem zugehörigen δx_a und addiren die ganze Schaar, bilden also die im Gleichgewichtsfalle verschwindende Summe der virtuellen Momente

$$\sum_{a=1}^{3n}\left\{\frac{\partial\,\Phi}{\partial\,x_a}+\sum_{b=1}^{m}\gamma_b\,\frac{\partial\,G_b}{\partial\,x_a}\right\}\delta x_a = 0. \tag{165}$$

Diese Summe kann man folgendermaßen zerlegen:

$$\left.\begin{aligned}\sum_a\frac{\partial\,\Phi}{\partial\,x_a}\,\delta x_a+\gamma_1\sum_a\frac{\partial\,G_1}{\partial\,x_a}\,\delta x_a+\gamma_2\sum_a\frac{\partial\,G_2}{\partial\,x_a}\,\delta x_a+\dots\\[2mm]\dots+\gamma_b\sum_a\frac{\partial\,G_b}{\partial\,x_a}\,\delta x_a+\dots\gamma_m\sum_a\frac{\partial\,G_m}{\partial\,x_a}\,\partial x_a = 0.\end{aligned}\right\} \tag{165a}$$

Wegen der Unbestimmtheit der Coefficienten γ kann diese Forderung nur erfüllt werden, wenn jedes Glied einzeln gleich Null wird. Wir finden also die Gleichgewichtsbedingungen

$$\sum_a\frac{\partial\,\Phi}{\partial\,x_a}\,\delta x_a = 0. \tag{166}$$

$$\left.\begin{aligned}\sum_a\frac{\partial\,G_1}{\partial\,x_a}\,\delta x_a&=0,\\[1mm]&\vdots\\\sum_a\frac{\partial\,G_b}{\partial\,x_a}\,\delta x_a&=0,\\[1mm]&\vdots\\\sum_a\frac{\partial\,G_m}{\partial\,x_a}\,\delta x_a&=0.\end{aligned}\right\} \tag{167}$$

Die erste dieser Gleichungen, (166), ist scheinbar identisch mit der für ein ungebundenes System geltenden Bedingung, Gleichung (153), den Unterschied ihrer Bedeutung erkennt man aber aus dem Hinzutreten der nachfolgenden m Gleichungen (167). Diese fordern, daß die durch die virtuellen Verschiebungen verursachten Variationen der m Functionen G_b gleich Null bleiben müssen, daß also die Functionen G_b selbst dabei ihren vorgeschriebenen Werth Null bewahren müssen. Man könnte diese m homogenen linearen Gleichungen der $3n$ Größen δx_a dazu benutzen um m derselben durch die übrigen auszudrücken. Es bleiben alsdann nur $(3n-m)$ willkürliche virtuelle Verschiebungen übrig, die anderen m Verschiebungen sind dadurch bereits bestimmt und zwar als vorgeschriebene homogene lineare Functionen der willkürlich gebliebenen. Die hierdurch gefundene Beschränkung der δx_a überträgt sich nun auch auf die

erste Gleichung (166). Man könnte die Ausdrücke für die m unfrei
gewordenen δx_a in diese Gleichung einsetzen, und das Polynom
ordnen nach den frei gebliebenen. Die Summe fällt dann nicht
mehr, wie beim unbeschränkten System, in $3n$ einzeln gleich Null
zu setzende Theile, aus denen sie entstanden ist, auseinander, sondern
nur in $(3n - m)$ solche Theile. Wir erhalten deshalb aus dieser
Zerfällung auch nur $(3n - m)$ Bestimmungsgleichungen für Coordinaten, die zur Lösung fehlenden m Gleichungen sind dann die vorgeschriebenen Bindungen $G_b = 0$ für b von 1 bis m.

Das Princip der virtuellen Verschiebungen behält also auch im
Falle beschränkter Bewegungsfreiheit seine Gültigkeit, und zwar
sind nur solche Verschiebungen zu berücksichtigen, welche mit den
vorgeschriebenen Gleichungen (160) verträglich sind. Sobald die
Summe der virtuellen Momente für jede durch die starren Verbindungen noch offen gelassene Verschiebung des Systems gleich Null
wird, befindet sich das System in einer Gleichgewichtslage. Charakteristisch für diese erlaubten Verschiebungen ist dabei der Umstand,
daſs sie die von den festen Verbindungen ausgeübten Kräfte zu
keiner Arbeitsleistung veranlassen, daſs daher unter den virtuellen
Momenten solche nicht vorkommen, welche von den Kräften der
starren Verbindungen herrühren, sondern nur diejenigen, deren Ursprung in den durch die potentielle Energie $\varPhi$ bedingten Kräften
liegt. Hierin liegt der Grund, daſs diejenigen Theoretiker, welche
an der physikalischen Unmöglichkeit starrer Verbindungen keinen
Anstoſs genommen haben und jene Widerstandskräfte aus der Betrachtung einfach weglassen haben, zu richtigen Resultaten gekommen sind. Der Gang ihrer Ueberlegung war ungefähr der umgekehrte als der hier gegebene, nämlich: Wenn die Bindungen
(160) vorgeschrieben sind, bestehen für die virtuellen Verschiebungen δx_a gewisse nothwendige Beschränkungen, welche ihren
Ausdruck in Gleichungen (167) finden. Daſs nun das Princip der
virtuellen Verschiebungen für diese beschränkte Freiheit eine hinreichende Bedingung des Gleichgewichts liefert, wird vorausgesetzt,
demnach Gleichung (166) als Gleichgewichtsbedingung eingeführt.
Mit diesem Material von Gleichungen kann man dann die Aufgabe
lösen. Entweder bestimmt man aus den Gleichungen (167) m Verschiebungen durch die übrigen und setzt die gefundenen Ausdrücke
in (166) ein, spaltet dann diese Gleichung nach den übrig gebliebenen
willkürlichen Verschiebungen in $(3n - m)$ einzelne Nullforderungen,
und nimmt die m Gleichungen (160) hinzu; so findet man die erforderlichen $3n$ Gleichungen zur Berechnung der Gleichgewichts-

lage, oder man wendet, um die Unsymmetrie der Betrachtung zu
vermeiden, die LAGRANGE'sche Methode der Multiplicatoren an: Man
vereinigt die Bedingungen (167) dadurch mit der Hauptgleichung
(166), dafs man jede der ersteren, mit einem unbestimmten Factor
multiplicirt zur letzteren addirt. Bezeichnet man diese Multiplica-
toren durch $\gamma_1, \gamma_2, \ldots, \gamma_k, \ldots, \gamma_m$, so kommt man auf Gleichung
(165a) oder nach Vertauschung der Reihenfolge der Summationen
auf Gleichung (165). Diese kann man dann nach sämmtlichen einzelnen Verschiebungscomponenten zerspalten und findet so die $3n$
Gleichungen (164c). Da diese Gleichungen aufser den $3n$ Coordinaten noch die überschüssigen Variabeln $\gamma_1, \ldots, \gamma_m$ enthalten, so
müssen auch hier natürlicher Weise noch die vorgeschriebenen m
Gleichungen (160) zur Lösung der Aufgabe herangezogen werden.
Eine Elimination der Gröfsen $\gamma_1, \ldots, \gamma_m$ ist nicht erforderlich, vielmehr liefert die Behandlung der Gleichungen als Nebenresultat bestimmte Werthe für diese vorher als unbestimmt eingeführten Coefficienten, d. h. die von den starren Verbindungen ausgeübten Kräfte
werden durch die Methode der Multiplicatoren doch in die Betrachtung hineingebracht.

Wie weit man von den vereinfachenden Annahmen der Starrheit — und in dieselbe Begriffsgattung gehört auch die Incom-
pressibilität der Flüssigkeiten — Gebrauch machen darf, hängt durchaus von Natur des Problems und von der erforderlichen Genauigkeit
der Angaben ab. Es kommen Fälle genug vor, in denen man zu
den vollständigeren Bedingungen der elastischen Körper übergehen
mufs, sowohl bei Gleichgewichts- wie auch bei Bewegungserscheinungen. Namentlich ist dies erforderlich, wenn sehr grofse Kräfte
auftreten. Wenn z. B. ein bewegter Körper gegen ein sogenannt
starres Widerlager stöfst, so wird die Geschwindigkeit in der aufserordentlich kurzen Zeit des Stofses entweder vernichtet, oder sogar
in eine entgegengesetzt gerichtete verwandelt. Diese sehr schnelle
Veränderung der Geschwindigkeit deutet auf eine aufserordentlich
grofse Beschleunigung, d. h. auf eine eben solche Kraft, welche von
dem Widerlager ausgeht. Die Annahme der absoluten Starrheit
führt dann zu Resultaten, welche mit der Wirklichkeit nicht übereinstimmen. Es pflanzt sich nämlich die beim Stofs erlittene Deformation in dem ausgedehnten Körper des Widerlagers als Schallwelle
fort, welche ein bestimmtes Energiequantum enthält, und die Betrachtung dieser Bewegung, welche zu dem ganzen Vorgang mit
dazu gehört, erfordert, dafs man den Körper, welcher das Widerlager bildet, als deformirbar ansieht.

Ein einfaches statisches Beispiel, welches ebenfalls diesen Unterschied in der Betrachtung klarstellt, wollen wir noch hinzufügen. Ein schwerer Körper, den wir hier als einen einzelnen Massenpunkt (Schwerpunkt) von der Größe m ansehen können, soll in einem vorgeschriebenen Abstand l von einem Aufhängungspunkte bleiben. Man erreicht dies nahezu, wenn man ihn an einem sogenannt undehnsamen Faden, etwa einem Stahldraht von der gewünschten Länge aufhängt. Als Ruhelage findet man den im Abstand l vertical unter dem Aufhängungspunkt gelegenen Ort der Masse m, denn diese Lage entspricht der starren Bindung und die noch freien virtuellen Verschiebungen liegen alle horizontal, liefern also unter der Wirkung der Schwerkraft stets virtuelle Momente gleich Null. Die potentielle Energie der Schwere Φ ist ein Minimum, dem wir den Werth Null geben können. Wenn man nun genau beobachtet, findet man, daß unsere Betrachtung ungenau ist. Die Ruhelage liegt thatsächlich ein wenig tiefer, denn der Draht ist elastisch dehnbar. Sobald aber Verschiebungen, die der Bindung zuwiderlaufen, also in unserem Falle verticale, zugelassen werden, ist $\Phi = 0$ kein Minimum mehr, bei einer Senkung des Punktes m um die Strecke ξ würde $\Phi = -g\,m\,\xi$ also kleiner als Null werden; außerdem würde dann Φ nicht mehr die gesammte potentielle Energie darstellen. Es kommt vielmehr von der elastischen Deformation des Drahtes ein Antheil hinzu:

$$\Psi = \tfrac{1}{2}\, C \xi^2,$$

wo C eine sehr große Constante ist.

Die Gleichgewichtsbedingung wird dann:

$$\Phi + \Psi = -g\,m\,\xi + \tfrac{1}{2}\, C \xi^2 = \text{Minimum}.$$

Daraus berechnet man $\xi = g\,m/C$, eine Dehnung des Drahtes, die zwar bei unendlich groß gesetztem C verschwindet, welche aber thatsächlich besteht und welche mit hinreichend feinen Hülfsmitteln auch gemessen wird, um daraus einen Schluß zu ziehen auf die Größe der elastischen Constanten C.

Wir haben in diesem Paragraphen die Functionen Φ und Ψ wie auch die Bedingungsgleichungen $G = 0$ in cartesischen Coordinaten ausgedrückt gedacht, indessen lassen sich auch im Falle beschränkter Bewegungsfreiheit die mathematischen Schlußfolgerungen für jedes andere Coordinatensystem in gleicher Weise durchführen. Die Gleichungen verändern ihre Gestalt dabei durchaus nicht, da wir gar keine bestimmten Functionsformen betrachtet haben. Wenn daher $3\,n$ irgendwie gewählte Abmessungen p_1, p_2,..., p_a,..., p_{3n} die Lage des Massensystems bestimmen, in welchem eine Reihe von Bedingungen

$$G_1\,(p_1,\ p_2\ldots) = 0,\ \ldots,\qquad G_b\,(p_1,\ p_2\ldots) = 0\ldots$$

zu erfüllen sind, so würde die Gleichgewichtsbedingung entsprechend Gleichung (165) lauten:

$$\sum_{a=1}^{3n}\left\{\frac{\partial\,\Psi}{\partial\,p_a} + \sum_{b=1}^{n}\gamma_b\,\frac{\partial\,G_b}{\partial\,p_a}\right\}\delta\,p_a = 0. \tag{168}$$

Die allgemeinen Coordinaten brauchen nicht Längenabmessungen zu sein, häufig kann man unbenannte Zahlen als Coordinaten brauchen, wie z. B. die Winkel im Polarcoordinatensystem oder die elliptischen Coordinaten. Dann stellen die $\delta\,p_a$ nicht direct die vorher betrachteten virtuellen Verschiebungen dar, indessen sind die einzelnen Summanden der vorstehenden Gleichung doch stets wahre virtuelle Momente von der Dimension der Arbeit. Die Wahl eines geeigneten Coordinatensystems kann in vielen Fällen die Berechnung wesentlich erleichtern, namentlich wenn es gelingt, solche Coordinaten zu finden, in denen die Bedingungsgleichungen eine besonders einfache Form annehmen. Kann man z. B. eine Bedingung darauf zurückführen, daſs eine einzelne Coordinate p_a unverändert bleiben soll, während die übrigen frei bleiben, so braucht man sich um diese Bedingungsgleichung nicht weiter zu bekümmern. Man setzt vielmehr für dieses p_a den constanten Werth ein und läſst das mit dem entsprechenden $\delta\,p_a$ behaftete Glied in der Summe der virtuellen Momente fort, da es ja doch wegen $\delta\,p_a = 0$ verschwindet. Man hat dann überhaupt nur noch $(3n-1)$ Variabele in dem Problem. Lassen sich mehrere Bedingungen auf diese einfachste Form bringen, so kann man dadurch eben so viele Coordinaten aus dem Problem eliminiren. Ist z. B. ein Massenpunkt gezwungen sich auf einer vorgeschriebenen geraden Linie im Raume zu bewegen, so thut man gut ein cartesisches Coordinatensystem zu Grunde zu legen, dessen x-Axe mit dieser Geraden zusammenfällt, dann werden die y- und z-Abmessung dieses Punktes stets gleich Null bleiben, und wir behalten statt dreier Variabeler x, y, z nur die eine x. Ist ein Punkt gezwungen, auf einem festen Ellipsoide zu bleiben, so wähle man ein elliptisches Coordinatensystem, welchem dieses Ellipsoid angehört. Man kann dann die eine der drei elliptischen Coordinaten constant setzen und hat nur noch die beiden anderen als Variabele zu betrachten.

§ 62. Ein Grad von Freiheit. Einfache mechanische Maschinen.

Die Anzahl der in einem Massensystem mit beschränkter Bewegungsfreiheit noch übrig bleibenden unabhängigen Variationen der Coordinaten nennt man „die Anzahl der Grade von Freiheit". Ein Massensystem von n Punkten, in welchem keine Bindungen vorgeschrieben sind, besitzt also $3n$ Grade von Freiheit. Bestehen m Bedingungsgleichungen zwischen den Coordinaten, so bleiben nur $3n - m$ Grade. Damit nur ein Grad von Freiheit übrig bleibe, die Lage des Systems also durch Angabe eines einzigen Coordinatenwerthes bestimmt sei, sind also $3n - 1$ Bedingungen vorzuschreiben, welche natürlicher Weise mit einander verträglich und von einander unabhängig sein müssen.

Zunächst wollen wir die Frage erörtern, wieviel Grade von Freiheit ein ideal-starrer Körper besitzt. Wir betrachten einen solchen Körper als ein Massensystem von sehr vielen (n) materiellen Punkten, in welchem die Bedingungen erfüllt sind, daß die Abstände aller Punkte von einander unveränderlich bleiben. Würden wir zwischen jedem Punktepaar m_a und m_b die entsprechende Bedingungsgleichung einführen

$$(x_a - x_b)^2 + (y_a - y_b)^2 + (z_a - z_b)^2 - r_{a,b}^2 = 0,$$

wo $r_{a,b}$ für jedes Paar eine vorgeschriebene Constante ist, so würden wir zu viele Bedingungen fordern; die sämmtlichen $r_{a,b}$ sind nicht unabhängig von einander. Zu einer gerade ausreichenden Schaar von Bedingungen kommt man auf folgende Weise: Man wählt drei nicht in einer geraden Linie liegende Massenpunkte m_1, m_2, m_3 aus, und stellt die drei Gleichungen auf, welche aussagen, daß $r_{1.2}$, $r_{2.3}$, $r_{3.1}$ constant bleiben.

Jeder weitere Massenpunkt m_4, m_5,... bildet mit dem ausgewählten Dreieck ein Tetraeder, die relative Lage eines Massenpunktes m_4 gegen das Dreieck wird fest bestimmt durch Angabe der drei Kantenlängen $r_{1.4}$, $r_{2.4}$, $r_{3.4}$ und ebenso für jeden weiteren Punkt. Sind nun die Lagen gegen das Dreieck unverrückbar, so sind auch die Lagen der übrigen Punkte gegen einander fest bestimmt, d. h. die Bedingungen des starren Körpers sind hiermit erschöpft. Die ersten drei Punkte erforderten zu ihrer relativen Festlegung 3 Gleichungen, die übrigen ($n - 3$) Punkte erforderten jeder 3 Gleichungen, wir haben also im Ganzen $3 + 3(n - 3) = 3n - 6$ Bedingungen für $3n$ Coordinaten. Der starre Körper besitzt also, so lange er in keiner Weise gehalten wird, 6 Grade von Freiheit. Um ihn auf einen Grad von Freiheit zu beschränken, braucht man 5 Bedingungen. Man kann zum Beispiel einen Grad von Freiheit herstellen, wenn man zwei Punkte des Körpers unverrückbar festhält. Man giebt dem Körper zu dem Zwecke zwei nach entgegengesetzten Richtungen hervorragende harte Spitzen, diese bilden dann die festgehaltenen Punkte, sobald man sie zwischen zwei unbeweglich festzustellenden conisch ausgehöhlten Lagern einklemmt. Die einzigen Bewegungen, welche der starre Körper dann noch ausführen kann, sind Rotationen um die Axe, welche die beiden festen Punkte verbindet. Mathematisch wird diese Gebundenheit scheinbar durch 6 Gleichungen ausgedrückt, denn der feste Ort jedes der beiden Punkte erfordert die Angabe von je drei Coordinaten, indessen sind diese 6 Angaben nicht unabhängig von einander, da ja der Abstand der beiden Punkte bereits durch eine Bedingung des starren Körpers vorgeschrieben ist. Man kann diese dazu benutzen, aus 5 Coordinaten zweier Punkte die sechste zu berechnen. Thatsächlich sind nur 5 Bedingungen in der Festlegung einer Rotationsaxe enthalten. Es genügt nun in der That eine einzige Angabe, um die Lage des ganzen Körpers zu fixiren. Man kann einen beliebigen geeigneten Punkt als Zeiger benutzen. Sobald man dem Kreise, den der Zeiger durchläuft, eine Theilung und einen Nullpunkt gegeben hat, bestimmt diese eine Coordinate eindeutig die Lage.

Eine andere wichtige Form eines Grades von Freiheit besitzt ein starrer Körper, der durch eine sogenannte Schlittenführung oder durch Räder, welche nicht von festen Schienen loskommen können, oder durch noch andere Einrichtungen beschränkt wird, auf Parallelverschiebungen. Sobald auf der Schiene, welche die Bahn vorschreibt, eine Längentheilung und ein Nullpunkt markirt ist, und man irgend einen Punkt des starren Körpers, der die Schiene berührt, zum Zeiger gemacht hat, ist ebenfalls durch diese eine Coordinate die Lage des ganzen Körpers angegeben.

Bei der Beurtheilung des Gleichgewichts eines starren Körpers oder eines Systems solcher Körper, die durch undehnsame Stangen oder Seile mit einander verbunden sind, nimmt das Princp der virtuellen Verschiebungen, sobald nur ein Grad von Freiheit gelassen ist, eine besonders einfache Gestalt an. Nach den Auseinandersetzungen des vorigen Paragraphen ist dieses Princip nur auf die mit den Bindungen verträglichen Verschiebungen auszudehnen. Diese lassen sich aber jetzt herleiten aus der Verschiebung eines einzigen Punktes, etwa des als Zeiger dienenden Punktes. Diese Verschiebung

tritt dann als gemeinsamer Factor aller virtuellen Momente vor die
gleich Null zu setzende Summe. Man erhält dadurch stets eine
einzige Gleichung zwischen den wirksamen Kraftcomponenten und
den Coordinaten der angegriffenen Punkte. Da aber alle Coordinaten
durch Angabe einer einzigen bestimmt sind, kann man daraus eine
Gleichung bilden zwischen der einen Zeigercoordinate und den
Kräften, d. h. man kann den Werth dieser Coordinate und somit
die Gleichgewichtslage finden.

In der angewandten Mechanik und in der Maschinentechnik
geht man immer darauf aus, den starren Maschinentheilen nur einen
Grad von Freiheit zu lassen, damit die Maschine sich nur in einer
vorgeschriebenen Richtung vorwärts oder rückwärts bewegen könne
und keine willkürlichen seitlichen Ausweichungen mehr möglich
seien. Deshalb haben die Gleichgewichtsbedingungen bei einem
Grade von Freiheit besonderes praktisches Interesse.

Wir wollen hier nur die einfachsten mechanischen Maschinen
betrachten und deren Gleichgewichtsbedingungen aus dem Princip
der virtuellen Verschiebungen ableiten.

Ein Hebel ist ein starrer Körper, welcher um eine feste Axe
drehbar ist. Geht diese Axe durch seinen Schwerpunkt, so ist er der
Schwerkraft gegenüber im indifferenten Gleichgewicht, die auf die
Hebelmasse selbst wirkenden Schwerkräfte heben sich in jeder Lage
derselben auf und fallen deshalb aus der Betrachtung heraus.

Greifen nun in verschiedenen Punkten äußere Kräfte an, so wird
der Hebel im Gleichgewicht sein, wenn die Summe der virtuellen
Momente gleich Null ist. Die virtuellen Verschiebungen sind die
von den Angriffspunkten beschriebenen kleinen Kreisbögen, welche
entstehen, wenn man dem Hebel eine virtuelle Drehung um einen
kleinen Winkel ertheilt denkt, wenn also die Zeigercoordinate,
Winkel ϑ, einen Zuwachs $\delta\vartheta$ erfährt. Sind die Abstände der Angriffspunkte von der Drehungsaxe $r_1, r_2, \ldots r_8$, so werden die virtuellen Verschiebungen:

$$\delta s_1 = r_1 . \delta\vartheta, \quad \delta s_2 = r_2 . \delta\vartheta, \ldots, \quad \delta s_8 = r_8 . \delta\vartheta.$$

Diese sind als gerade Strecken anzusehen, welche senkrecht auf den
Radien r stehen. Von den Kräften sind nur die in Richtung der
δs fallenden Componenten zu berücksichtigen; man findet diese,
wenn man die Kräfte als gerichtete Strecken in den Angriffspunkten
ansetzt und auf die Richtungen der Verschiebungen projicirt. Fallen
diese Projectionen in die Richtung der δs, so rechnen wir sie positiv,
fallen sie in entgegengesetzte Richtung, so rechnen wir sie negativ.

Bezeichnen wir diese wirksamen Kraftcomponenten mit S_1, S_2, ... S_b, so wird die Summe der virtuellen Momente

$$S_1 . \delta s_1 + ... + S_b . \delta s_b = (S_1 r_1 + ... S_b r_b) . \delta \vartheta.$$

Da diese Summe verschwinden muss und $\delta \vartheta$ von Null verschieden ist, erhalten wir die Gleichgewichtsbedingung

$$S_1 r_1 + S_2 r_2 + ... + S_b . r_b = 0.$$

Diese Gleichung stimmt übrigens überein mit der Forderung, dafs die Rotationsmomente der Kräfte für die feste Axe sich vernichten müssen (vergl. § 45).

Wenn die Drehungsaxe des Hebels nicht durch den Schwerpunkt geht, so kommt zu der linken Seite der vorstehenden Gleichung noch ein Glied $+ \mathfrak{S} . \mathfrak{r}$ hinzu, in welchem $\mathfrak{r}$ den Abstand des Schwerpunktes von der Axe und $\mathfrak{S}$ diejenige Componente des vertical abwärts gerichteten Gewichts des Hebels bezeichnet, welche in Richtung der virtuellen Verschiebung des Schwerpunktes fällt.

Ein besonders einfaches und oft vorkommendes Beispiel des Hebelgleichgewichtes beobachtet man an einem linearen Hebel, d. h. an einem hauptsächlich in Richtung einer geraden Linie ausgedehnten balkenförmigen Körper von geringem Querschnitt, der um eine horizontale Axe senkrecht zu seiner Längsrichtung drehbar ist und der durch zwei auf den beiden Seiten angehängte oder aufgelegte Gewichte belastet wird. Einen solchen Hebel kann man als eine starre Linie ansehen. Die beiden Angriffspunkte werden bestimmt durch die Länge der beiden Hebelarme, welche eine gerade Linie bilden. Die Winkel, welche die verticalen Schwerkräfte der beiden angehängten Gewichte mit den virtuellen Verschiebungen bilden, sind Supplementwinkel, ihre Cosinus, mit denen die Schwerkräfte multiplicirt werden müssen, sind entgegengesetzt gleich, heben sich also, bis auf das Vorzeichen, nebst der Intensität der Schwere g aus der Nullsetzung der Momentsumme heraus. Man erhält als Gleichgewichtsbedingung des Hebels die einfache Beziehung:

$$m_1 . r_1 = m_2 . r_2,$$

wo m_1 und m_2 die links und rechts von der Drehungsaxe angebrachten beiden Massen, und r_1 und r_2 deren Hebelarme bedeuten. Man schreibt diese Gleichung oft als Proportion

$$m_1 : m_2 = r_2 : r_1,$$

in Worten: Der Hebel ist im Gleichgewicht, wenn die Hebelarme sich umgekehrt wie die aufgelegten Gewichte verhalten. Sobald diese Bedingung nicht erfüllt ist, setzt sich der Hebel nach der einen oder der anderen Richtung in beschleunigte Bewegung. Ist aber die Vorschrift erfüllt, so bleibt der Hebel in jeder Stellung in einem indifferenten Gleichgewicht; man kann ihn dann ohne äußere Arbeitsleistung durch den geringsten Anstoß nach jeder von beiden Richtungen in eine langsame unbeschleunigte Bewegung versetzen, man kann z. B. das schwere Gewicht aufsteigen lassen, während das leichtere herabsinkt: Die auf der einen Seite gewonnene Arbeit ist dabei immer gleich der auf der anderen Seite verbrauchten.   Der Nutzen des Hebels zum Heben schwerer Lasten beruht darin, daß man mit Hülfe einer geringeren Kraft eine größere überwinden kann. Freilich muß die schwächere Kraft einen entsprechend längeren Weg hindurch wirken, als der Weg ist, um den die schwere Last gehoben wird.

Eine andere Form der einfachen Maschinen finden wir in den „schiefen Ebenen". Wenn wir uns auf die Wirkungen der Schwerkraft beschränken, können wir diese Maschinen definiren als Einrichtungen, durch welche schwere Massen gezwungen werden auf einer von der Verticalen abweichenden schrägen Bahn aufwärts oder abwärts zu laufen.   Alle solche Einrichtungen verursachen bei der Bewegung viel bedeutendere Reibungskräfte, als beim Hebel zu befürchten sind; doch wollen wir hier diese energieverzehrenden Einflüsse aus der Betrachtung ausschließen, etwa ganz glatte Schienen und Räder und reibungslose Axenlager voraussetzen.   Der schwere Körper, welcher auf der schrägen Bahn bewegt werden soll, sei an ein biegsames Seil geknüpft, welches über eine am oberen Ende der schiefen Ebene befestigte Rolle läuft und auf der anderen Seite durch frei herabhängende Gewichte gespannt wird.   Eine Rolle verändert nur die Richtung des über sie gelegten Seiles ohne indessen die Spannung zu beeinflussen.   Freilich erfährt die Axe der Rolle von den beiden verschieden gerichteten Zugkräften der beiden Seilhälften einen resultirenden Druck, dieser wird aber bei hinreichender Starrheit ohne merkliche Deformation ausgeglichen.   Das frei herabhängende Gewicht $g.m$ kann man so wählen, daß die Last auf der schiefen Ebene gerade im Gleichgewicht gehalten wird. Das ganze System besitzt einen Grad von Freiheit, die virtuellen Verschiebungen sind wegen der Seilübertragung für alle Massenpunkte des Systems von gleicher absoluter Länge, aber auf der schiefen Ebene von anderer Richtung als bei dem frei hängenden Gewicht. Wir wollen uns eine Verschiebung δs vorstellen, welche die Last von der Masse M auf der schiefen Ebene aufwärts und die Masse m

vertical abwärts rückt. Um die virtuellen Momente zu bilden, müssen wir die in Richtung der Verschiebungen fallenden Kraft-componenten suchen. Das Gewicht der Last ist die vertical abwärts gerichtete Kraft $g.M$, die in Richtung der Bahn fallende Componente derselben ist $- g.M.\sin \alpha$, wo α den Steigungswinkel der Bahn bedeutet. Das negative Vorzeichen tritt hinzu, weil die Componente der von uns gewählten Richtung der Verschiebung entgegengesetzt ist. Die Kraft $g.m$ wirkt mit ihrem vollen Betrage in Richtung der verticalen Verschiebung der Masse m. Das Verschwinden der virtuellen Momente liefert daher die Bedingungsgleichung:

$$- g.M.\sin \alpha.\delta s + g.m.\delta s = 0$$

oder:

$$m = M \sin \alpha.$$

Sobald m diesen Werth besitzt, kann man das System ohne Arbeits-leistung in langsamer unbeschleunigter Bewegung erhalten, ohne dabei die statischen Bedingungen zu verlassen. Letzteres gilt wenig-stens so lange man das Gewicht des Seiles vernachlässigen darf. (Ist das Seil dagegen selbst von bedeutendem Gewicht, so erhält man nur eine einzige Ruhelage, in welcher M und m gleiche Höhen-lage haben, und zwar entspricht diese Lage einem labilen Gleich-gewicht. Wir wollen indessen hier das Gewicht des Seiles vernach-lässigen.) Die fallende Masse m leistet die Arbeit, welche durch die Aufwärtsbewegung von M wiedergewonnen wird. Der Nutzen der schiefen Ebene besteht, wie der des Hebels, darin, daſs man groſse Kräfte mit Hülfe geringerer Kräfte überwinden kann: Ein Pferd kann auf einer mäſsig ansteigenden Fahrstraſse Lasten bergauf befördern, die es auſser Stande wäre direct vertical zu heben, etwa mittelst eines über Rollen gelegten Seiles, an dessen Ende die Last hängt.

Eine dritte Grundform mechanischer Maschinen bilden die Flaschenzüge, deren allereinfachsten Typus wir hier betrachten wollen. An der Unterseite eines festen Balkens B (Fig. 17) sei bei A ein langes Seil angeknüpft und daneben eine Rolle mit der Axe C befestigt. Das Seilende sei über diese Rolle geführt und in der dadurch gebildeten Schlinge hänge eine Rolle, deren Axe nicht fest-gehalten ist, sondern in einem frei beweglichen Axenlager R läuft. An dieses Axenlager können Gewichte angehängt werden, ebenso an das frei herabhängende Seilende. Wie müssen diese Gewichte gewählt werden, damit das System im Gleichgewicht ist? Man kann nicht behaupten, daſs ein solcher Flaschenzug nur einen Grad von

Freiheit besitze, die beweglichen Massen können vielmehr mancherlei
Pendelbewegungen ausführen, auch kann die bifilar aufgehängte
Rolle mit ihrer Belastung um eine verticale Axe schwingen, gleich
als hinge sie an einem tordirbaren Drahte. Alle diese Verschiebungen schließen wir aus, ihnen kommt eine selbstverständliche

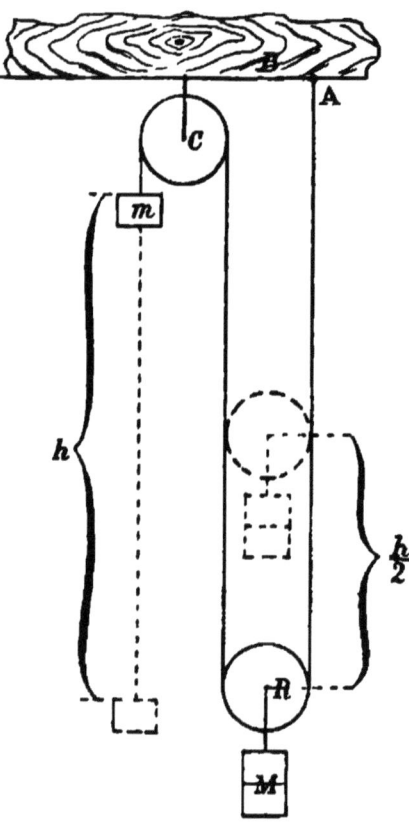

Fig. 17.

Ruhelage zu, um welche jene
Bewegungen herum pendeln.
Uns interessirt nur diejenige
Verschiebung, bei welcher die
am freien Seilende aufgehängte
Masse m vertical abwärts geführt wird, bei welcher also
ein dieser Verschiebung gleiches
Stück des Seiles über die feste
Rolle gezogen wird; diese Bewegung hat nur einen Frei-
heitsgrad, und man kann die
virtuelle Verschiebung der
losen Rolle nebst der daran
hängenden Masse M aus derjenigen der Masse m berechnen. Sinkt nämlich m um die
Höhe h, so wird die Seil-
schleife um die Länge h, jede
ihrer Hälften um $h/2$ verkürzt,
mithin steigt die lose Rolle
um $h/2$ aufwärts. Das ist also
die virtuelle Verschiebung. Die
Schwerkräfte wirken mit ihrem
ganzen Betrage in Richtung
der Verschiebungen, und zwar
ist die Kraft $g.m$ positiv zu
setzen, liefert also das virtuelle Moment $g.m.h$, während $g.M$ als
entgegengesetzt der Verschiebung negativ zu rechnen ist und das
Moment $-gM.h/2$ liefert. Das Gleichgewicht fordert nun

$$g\,m\,h - g\,M\cdot\frac{h}{2} = 0,$$

d. h.

$$m = \frac{M}{2}.$$

In der Masse M ist dabei die Masse der losen Rolle selbst mit einbegriffen zu denken.

Stehen die Massen in diesem Verhältnifs, so ist der Flaschenzug im Gleichgewicht, man kann ihn mühelos in langsame Bewegung setzen, ohne dafs er dabei die statischen Bedingungen verläfst (das Seil selbst nehmen wir dabei wieder gewichtlos an). Im Ganzen wird auch hierbei Arbeit weder gewonnen noch verloren. Der Nutzen der Einrichtung besteht darin, dafs man die Schwerkraft $g.M$ durch eine halb so grofse Kraft überwinden kann. In gleicher Weise findet man auch die statischen Bedingungen der zusammengesetzteren Flaschenzüge mit mehreren beweglichen Rollen, bei denen das Verhältnifs der arbeitenden Kraft zu der gehobenen Last ein noch günstigeres ist als 1/2.

Die Einrichtungen der einfachen Maschinen sind sehr mannigfaltig, lassen sich aber im Princip auf die hier besprochenen Grundformen zurückführen. So kann man die in einander greifenden Zahnräder als Zusammenstellungen einer ganzen Reihe von Hebeln ansehen, welche beim Laufe des Räderwerkes abwechselnd zur Anwendung kommen. Dasselbe gilt von den durch Treibriemen gekoppelten Riemenscheiben von verschiedenem Durchmesser. Die Keile, durch welche man Körper spaltet, die einer Trennung ihrer Theile grofse Kräfte entgegensetzen, sind anzusehen als Verbindungen zweier schiefer Ebenen, die unter hinreichend spitzem Winkel zusammentreffen. Einige dieser Einrichtungen sind bereits im Alterthume erfunden und benutzt worden, die Gesetze des Gleichgewichts am Hebel und an den Flaschenzügen waren bereits dem Archimedes bekannt.

Zweiter Abschnitt.

Principien der Bewegung.

§ 63. Das d'Alembert'sche Princip.

Unsere weitere Aufgabe ist nun, die Gesetze, nach denen die Bewegungen in der Natur vor sich gehen, in eine allgemeine Aussage zusammenzufassen, ähnlich, wie wir dies im vorigen Abschnitt für den besonderen Fall des Gleichgewichts gethan haben. Wir betrachten also wieder ein System von beliebig vielen materiellen Punkten, welche unter der Wirkung beliebiger innerer und äufserer

Kräfte stehen, doch wollen wir jetzt nicht annehmen, daſs diese
Kräfte sich gegenseitig vernichten oder durch feste Verbindungen
unwirksam werden, vielmehr sollen beschleunigte Bewegungen auftreten. Je nach der Natur der Kräfte, je nach der Art der etwa
bestehenden Beschränkungen der Bewegungsfreiheit und je nach dem
Anfangszustand (Configuration und Geschwindigkeit) werden die eintretenden Bewegungen sehr verschiedenartig ausfallen; das durch-
gehend Gesetzmäſsige haben wir bisher nur ausdrücken können in
den NEWTON'schen Differentialgleichungen der Bewegung (siehe z. B.
Gleichung (113) auf Seite 194), deren es ebensoviele als Coordinaten
in dem System giebt. Feste Verbindungen müssen dabei ihrem
wahren physikalischen Sinne nach als Kraftwirkungen in Folge
kleiner Deformationen angesehen werden, wenn es nicht gerade gelingt durch geschickte Wahl der Coordinaten die Bedingungsgleichungen in solche Form zu bringen, daſs einige Variabele ganz
eliminirt, d. h. constanten Gröſsen gleichgesetzt werden, die übrig-
bleibenden aber frei sind.

Das Princip, welches der berühmte französische Mathematiker
D'ALEMBERT um die Mitte des 18. Jahrhunderts aufgestellt hat, faſst
nun die ganze Schaar von Gesetzen, nach denen sich die einzelnen
Coordinaten aller Punkte verändern, in eine einzige Forderung zusammen, welche sich in ihrer Form direct anschlieſst an das Princip
der virtuellen Verschiebungen, und aus welcher man alle Bewegungserscheinungen so herauslesen kann, wie sie in der That beobachtet
werden. Die Ueberlegung, durch welche D'ALEMBERT zu seinem
zusammenfassenden Princip der Dynamik gelangte, war folgende:
Die Bewegungen der Massenpunkte werden nicht geändert, wenn
man für jeden Punkt zwei Kräfte hinzufügt, welche sich jederzeit
und allerorten aufheben, welche also stets gleiche Intensität und
entgegengesetzte Richtung haben. Solche Kräfte kann man in jeder
beliebigen Intensität und Richtung zu dem System zugesetzt denken,
ohne daſs an den Bedingungen etwas geändert würde; D'ALEMBERT
nahm nun solche Zusatzkräfte von ganz bestimmter Art an: Die
einen sollten so beschaffen sein, daſs sie allein den angegriffenen
Massenpunkten, wenn diese frei beweglich wären und von keinen
anderen Kräften angegriffen würden, dieselben Bewegungen ertheilen,
welche thatsächlich in dem Systeme vorkommen. Die anderen Zusatzkräfte muſsten dann, der Abmachung zu Folge, den ersteren entgegengesetzt gleich angenommen werden für alle Punkte. Die ersteren
Kräfte ertheilen dann den Punkten ihre wirklichen Bewegungen, sie
sind ja so gewählt, daſs ihre Intensitäten und Richtungen gerade

die thatsächlichen Beschleunigungen hervorrufen. Es wird also in der Bewegungserscheinung nichts geändert, wenn man alle außerdem noch wirkenden Kräfte unterdrückt; damit ist aber gesagt, daß alle diese Kräfte sich im Gleichgewicht halten müssen, denn sie erzeugen keinerlei resultirende Beschleunigungen mehr. Sie bestehen erstens in den negativen Zusatzkräften D'ALEMBERT's, ferner in den inneren und äußeren Kräften, welche die Punkte des Massensystems angreifen und endlich in den möglicherweise vorhandenen Widerstandskräften der vorgeschriebenen sogenannt festen Verbindungen. Das Problem ist dadurch auf eine Gleichgewichtsfrage zurückgeführt, zu deren Lösung man das Princip der virtuellen Verschiebungen benutzen kann, als diejenige Form der statischen Bedingung, welche beim Bestehen von festen Verbindungen die einfachste Darstellung erlaubt, indem nur diejenigen virtuellen Verschiebungen zu betrachten sind, welche mit den Bedingungsgleichungen $G_i = 0$ verträglich sind. Es mag noch erwähnt werden, daß solche Bedingungsgleichungen jetzt auch die Zeit explicite enthalten können, daß dann aber die virtuellen Verschiebungen, welche man zum Erkennen eines Gleichgewichtszustandes ausgeführt denkt, verschieden sind von den bei der wirklichen Bewegung in dem Zeitelement dt durchlaufenen Wegen. Zur Auffindung der mit den Bedingungsgleichungen verträglichen virtuellen Verschiebungen hat man vielmehr der Zeit einen constanten Werth zu ertheilen, nämlich denjenigen, für welchen man die Bedingungen aufstellt. Dies ist nun im Allgemeinen jeder Zeitpunkt, wir werden deshalb auch die virtuellen Verschiebungen als Functionen der Zeit ansehen und im Folgenden von dieser Auffassung Gebrauch machen.

Die einfachste mathematische Darstellung des Princips erhalten wir unter Zugrundelegung eines rechtwinkligen cartesischen Coordinatensystems, welches auch D'ALEMBERT benutzte. In diesem System haben wir bereits die NEWTON'schen Bewegungsgleichungen dargestellt und können deshalb die Zusatzkräfte direct durch die thatsächlichen Beschleunigungen ausdrücken. Wir müssen uns dabei alle Kräfte in Componenten nach den drei Axenrichtungen zerlegt denken. Die Axenrichtungen brauchen wir auch hier nicht durch verschiedene Buchstaben zu unterscheiden, sondern können kurz von $3n$ Coordinaten x_a sprechen, welche die n Punkte in ihrer Lage bestimmen. Die inneren und äußeren Kräfte, welche das System regieren, ergeben, jeder Coordinate entsprechend, eine Kraftcomponente X_a, und die D'ALEMBERT'schen Zusatzkräfte geben ein erstes System von Componenten, welches wir mit $+ X'_a$ bezeichnen, und ein entgegengesetzt gleiches $-X'_a$. Da nun die Kräfte X'_a allein die thatsächlichen Beschleunigungen der Punkte m_a erzeugen sollen, so haben wir einfach nach der Newton'schen Definition zu setzen:

$$X'_a = m_a \cdot \frac{d^2 x_a}{d t^2} \, .$$

Die sich im Gleichgewicht haltenden Kräfte sind dann die X_a und die $- X'_a$, welche sich als gleichgerichtete Gröfsen für gleiches a algebraisch addiren zu

$$X_a - X'_a = X_a - m_a \frac{d^2 x_a}{d t^2} \, .$$

Das Princip der virtuellen Verschiebungen drückt dieses Gleichgewicht aus in der Forderung:

$$\sum_{a=1}^{3n} \left(X_a - m_a \frac{d^2 x_a}{d t^2} \right) \delta x_a = 0 \, . \tag{169}$$

Dies ist der mathematische Ausdruck des zusammenfassenden Princips der Bewegung in der von d'Alembert gegebenen Form, bezogen auf rechtwinklige Coordinaten.

Auf andere Coordinaten kann man diese Form nicht so direct übertragen, wie dies beim Gleichgewicht möglich war [vergl. Gleichung (152a) und (168)], denn die zweiten zeitlichen Differentialquotienten beliebiger Abmessungen bedeuten nicht in der Regel die Beschleunigungen, welche in der Newton'schen Kraftdefinition gemeint sind; im allgemeinen erfordert vielmehr der Uebergang zu einem anderen Coordinatensystem eine mehr oder weniger umständliche Transformation der Gleichung.

Wenn nun in dem System den Massenpunkten keine bestimmten Bahnen oder sonstige Bindungen vorgeschrieben sind, sondern die von den Kräften hervorgebrachten Beschleunigungen voll zur Erscheinung kommen, so lehrt uns die symbolische Formel des d'Alembert'schen Princips nichts Neues; das Verschwinden der Summe liefert dann sofort die $3n$ einzelnen Gleichungen

$$X_a - m_a \cdot \frac{d^2 x_a}{d t^2} = 0 \, ,$$

das sind aber die Newton'schen Grundgleichungen. Der strenge Beweis dieser Behauptung läfst sich ebenso führen, wie wir ihn früher schon für die Statik angegeben haben: Wäre die Kraftsumme $\left(X_a - m_a \frac{d^2 x_a}{d t^2} \right)$ nicht jederzeit gleich Null, sondern eine

Function der Zeit, welche bald positiv, bald negativ sein kann, so könnten wir die Verschiebungen δx_a, welche ebenfalls Functionen der Zeit sind, und zwar bei Abwesenheit von festen Bindungen jede eine unabhängige selbstständige Function, so wählen, dafs sie jederzeit dasselbe Vorzeichen haben wie die Kraft, mit welcher sie multiplicirt sind, dafs also das Product beider stets positiv ist. Eine Summe von lauter positiven Gliedern kann aber nimmermehr Null geben. Die vorstehenden Gleichungen müssen also für jedes einzelne a zu allen Zeiten erfüllt sein.

Wenn ferner Beschränkungen der Bewegungsfreiheit vorhanden sind, und wir diesen auf den Grund gehen, dieselben also als elastische Kräfte erkennen, welche bereits bei sehr kleinen Verstöfsen gegen die festen Bindungen sehr grofse Intensitäten erreichen, so ist das Massensystem auch dann als ein ungebundenes anzusehen: Man mufs ein gliedweises Verschwinden der Summe in Gleichung (169) verlangen, nur sind dann in die X_a auch jene elastischen Kräfte mit einzuschliefsen. Der Inhalt der Bewegungsgleichungen wird dadurch ein anderer, dem entsprechen dann auch die veränderten Bewegungen des gebundenen Systems gegenüber dem freien. Da nun aber die Annahme absolut starrer Bindungen, als eine in vielen wichtigen Fällen ausreichende Annäherung an die Wirklichkeit, die Betrachtungen wesentlich vereinfacht, so wollen wir diese Annahme, deren Folgerungen für die Statik wir bereits ausführlich besprochen haben, auch auf das D'ALEMBERT'sche Princip übertragen, welches in diesem Falle wirklich einen praktischen Nutzen bietet. Die vorgeschriebenen Bedingungen werden ganz allgemein ausgedrückt durch m Gleichungen zwischen den Coordinaten und der Zeit; es ist nicht nöthig, dafs die Zeit in diesen Gleichungen vorkommt, gleichwie auch einige Coordinaten fehlen können. Diese Gleichungen schreiben wir in der Form:

$$G_1(x_1, x_2, \ldots x_a, \ldots x_{3n}, t) = 0, \quad \left.\begin{array}{l}\\ \\\end{array}\right\} (170)$$
$$\text{ebenso}\quad G_2 = 0, \ldots \ G_b = 0, \ldots \ G_m = 0.$$

Man kann in diesen Gleichungen die Coordinaten variiren und erhält dadurch m lineare homogene Gleichungen für die virtuellen Verschiebungen. Diese lauten:

$$\sum_a \frac{\partial G_1}{\partial x_a} \delta x_a = 0, \ldots \quad \sum_a \frac{\partial G_b}{\partial x_a} \delta x_a = 0 \ldots \quad (170a)$$

Es können also m von diesen Gröfsen als abhängig von den übrigen ausgedrückt werden, und in die Summe des D'ALEMBERT'schen Prin-

cips eingesetzt werden. Die Summe kann man dann nach den
übrig bleibenden $3n - m$ Verschiebungen ordnen; der Coefficient
jeder einzelnen dieser willkürlich gebliebenen Variationen muſs einzeln gleich Null sein (Beweis wie oben); man erhält also $3n - m$
Differentialgleichungen, welche zusammen mit den m Gleichungen (170)
das Problem vollständig bestimmen. Der Nutzen des D'ALEMBERT'-
schen Princips liegt also darin, daſs es jetzt so viele Differentialgleichungen liefert, als Freiheitsgrade in dem System bestehen.

Die Elimination von m Variationen macht die Rechnung unsymmetrisch. Falls nicht etwa durch besonders einfache Form der
Bedingungsgleichungen die Elimination einiger δx_a nahe gelegt
wird, ist es übersichtlicher, sämmtliche Verschiebungen beizubehalten,
was durch die LAGRANGE'sche Methode der unbestimmten Coefficienten erreicht wird. Man erweitert jede der Variationsgleichungen
(170a) mit einem unbestimmten Factor; die Reihe dieser Factoren,
welche als Functionen der Zeit anzusehen sind, bezeichnen wir
durch $\gamma_1, \gamma_2, \ldots, \gamma_b, \ldots, \gamma_m$; dann addirt man die so erweiterten
Gleichungen zu der allgemeinen Form des D'ALEMBERT'schen Prin-
cips und faſst die entstehende Summe nach den einzelnen Variationen δx_a zusammen. Man erhält dann die Forderung:

$$\sum_a \left(X_a - m_a \frac{d^2 x_a}{d t^2} + \sum_b \gamma_b \frac{\partial G_b}{\partial x_a} \right) \delta x_a = 0.$$

Die vorgeschriebenen Verbindungen zwischen den Punkten sind
jetzt in die Gleichung des Princips mit aufgenommen, wir müssen
also jetzt die Coefficienten sämmtlicher δx_a einzeln gleich Null
setzen; dies liefert folgende $3n$ Differentialgleichungen:

$$X_a - m_a \frac{d^2 x_a}{d t^2} + \sum_{b=1}^{m} \gamma_b \cdot \frac{\partial G_b}{\partial x_a} = 0,$$

welche man auch schreiben kann:

$$m_a \cdot \frac{d^2 x_a}{d t^2} = X_a + \sum_{b=1}^{m} \gamma_b \cdot \frac{\partial G_b}{\partial x_a}, \qquad (171)$$

Dieses System von Differentialgleichungen wurde von LAGRANGE für
die Bewegungen eines Systems mit den durch die Gleichungen (170)
vorgeschriebenen Bedingungen aufgestellt und ist eine directe Fol-
gerung des D'ALEMBERT'schen Princips. Die Gleichungen enthalten
auſser den $3n$ unbekannten Zeitfunctionen x_a noch die m unbekannten
Gröſsen γ_b. Zur Lösung sind auch noch die m Gleichungen (170)

heranzuziehen. Ferner bringt die Integration der zweiten Differentialquotienten für jede Coordinate zwei Integrationsconstanten mit sich. Diese müssen bestimmt werden aus dem Anfangszustand, welcher für die Zeit $t = 0$ jedem x_a und jedem $d\,x_a/d\,t$ einen gegebenen Werth vorschreibt.

Die LAGRANGE'schen Bewegungsgleichungen unterscheiden sich von den für die Statik beim Bestehen fester Bindungen gefundenen Gleichungen (164c) wesentlich nur dadurch, daß die Kraftsummen, welche damals gleich Null waren, hier gleich den positiven Zusatzkräften gesetzt werden, welche die thatsächlichen Beschleunigungen der Massenpunkte erzeugen. Jene Gleichgewichtsbedingungen stellen also nur denjenigen Specialfall der LAGRANGE'schen Differentialgleichungen dar, in welchem keine Beschleunigungen auftreten, sondern entweder Ruhe herrscht, oder höchstens unbeschleunigte Bewegungen vorkommen, bei denen das System die statischen Bedingungen nicht verläßt.

§ 64. Das Hamilton'sche Princip.

Eine noch einfachere Gestalt kann man dem durch das D'ALEMBERT'sche Princip gefundenen Grundgesetz der Dynamik geben, wenn man die wirkenden Kräfte als conservativ erkannt hat, wenn man also einen Ausdruck der potentiellen Energie Φ gefunden hat, aus welchem sich die Kräfte herleiten als die negativen Differentialquotienten nach den Coordinaten. Wir können die D'ALEMBERT'sche Summe wegen der Gleichgültigkeit der Reihenfolge ihrer einzelnen Bestandtheile in folgender Weise spalten:

$$\sum_a X_a \cdot \delta x_a = \sum_a m_a \cdot \frac{d^2 x_a}{d\,t^2} \cdot \delta x_a. \qquad (172)$$

Gelten nun für die X_a die Bedingungen der conservativen Kräfte:

$$X_a = -\frac{\partial \Phi}{\partial x_a},$$

so stellt die linke Seite der vorstehenden Gleichung, wie wir bereits bei Betrachtung des Gleichgewichts, Gleichungen (153) und (153a), sahen, die Variation von $-\Phi$ dar, welche durch die virtuellen Verschiebungen erzeugt wird:

$$\sum X_a \,\delta x_a = \sum -\frac{\partial \Phi}{\partial x_a}\,\delta x_a = -\,\delta \Phi.$$

Der zweite Theil der D'ALEMBERT'schen Summe, welchen wir auf
die rechte Seite der Gleichung (172) gestellt haben, läſst eine Umformung jedes einzelnen Gliedes zu, welches sich als Theil eines
vollständigen Differentialquotienten ansehen läſst. Es ist nämlich:

$$\frac{d}{dt}\left(m_a\,\frac{dx_a}{dt}\,\delta x_a\right) = m_a\cdot\frac{d^2x_a}{dt^2}\,\delta x_a + m_a\cdot\frac{dx_a}{dt}\cdot\frac{d\,\delta x_a}{dt},$$

folglich:

$$m_a\,\frac{d^2x_a}{dt^2}\,\delta x_a = \frac{d}{dt}\left(m_a\,\frac{dx_a}{dt}\,\delta x_a\right) - m_a\,\frac{dx_a}{dt}\cdot\frac{d\,\delta x_a}{dt}. \qquad (172\,a)$$

Diese Umformung ist nicht bloſs eine formale Aenderung der Ausdrucksweise, sie enthält auch eine Forderung. Wir hatten schon
früher eingesehen, daſs im Bewegungsprincip die virtuellen Verschiebungen als Zeitfunctionen aufzufassen sind; im letzten Glied
der vorstehenden Gleichung kommt nun der Differentialquotient von
δx_a nach der Zeit vor, wenn wir also diese Umformung brauchen
wollen, werden wir genöthigt, die δx_a als differenzirbare Functionen
der Zeit einzuführen. Durch diese Forderung wird die Willkürlichkeit ihrer Wahl noch nicht beeinträchtigt. Wenn wir beispielsweise zum Beweise des nothwendig-gliedweisen Verschwindens der
D'ALEMBERT'schen Summe vorschrieben, daſs die δx_a jederzeit dasselbe Vorzeichen haben sollten, wie die mit ihnen vereinigten Kraftsummen, so kann man einen solchen Zeichenwechsel mit der Stetigkeit und Differenzirbarkeit doch vereinen. Die δx_a sind eben kleine
Gröſsen, welche sehr nahe bei Null bleiben und ohne Sprünge durch
Null hindurch von positiven zu negativen Werthen und umgekehrt
übergehen können, wie man es braucht. Die Forderung der Differenzirbarkeit sagt nur aus, daſs durch die virtuellen Verschiebungen,
die einem Punkte des Massensystems zu jeder Zeit ertheilt werden,
eine von der wirklichen Bewegung abweichende variirte Bewegung
vorgestellt wird, welche stetig und mit einer stets angebbaren Geschwindigkeit ausgeführt wird. Diese Geschwindigkeit wird sich im
Allgemeinen unterscheiden von derjenigen, welche der Punkt im
gleichen Zeitelement in seiner wirklichen Bahn besitzt. Die Aenderungsgeschwindigkeit der Coordinate x_a ist dx_a/dt, die der variirten
Coordinate ist

$$\frac{d}{dt}(x_a + \delta x_a) = \frac{dx_a}{dt} + \frac{d\,\delta x_a}{dt},$$

das zweite Glied giebt also die durch die Variation der Bewegung
verursachte Aenderung der Geschwindigkeit, welche man in der

Schreibweise der Variationsrechnung ausdrückt durch $\delta(d\,x_a/d\,t)$, es ist also:

$$\frac{d\,\delta\,x_a}{d\,t} = \delta\,\frac{d\,x_a}{d\,t}.$$

Diese Gleichung spricht die Regel von der Vertauschbarkeit der Reihenfolge von Variation und Differentiation aus. Vorausgesetzt muſs dabei nur werden, daſs die Variabele, nach welcher differenzirt wird, also hier die Zeit, nicht von der Variation betroffen wird. Dieser Voraussetzung entspricht unsere Annahme, daſs die variirten Lagen der Punkte zu denselben Zeiten durchschritten gedacht werden, wie die wirklichen Lagen. (Man kann auch andere Variationsbedingungen aufstellen und durchführen, bei denen die Zeit selbst auch variirt wird; davon wollen wir hier aber absehen.) Das letzte Glied der Gleichung (172 a) erhält durch die Vertauschung der Zeichen $d/d\,t$ und δ die Form:

$$m_a\,\frac{d\,x_a}{d\,t}\cdot\delta\,\frac{d\,x_a}{d\,t} = \delta\left\{\frac{m_a}{2}\left(\frac{d\,x_a}{d\,t}\right)^2\right\},$$

stellt sich also heraus als die Variation des a-ten Summanden der kinetischen Energie L des Systems. Die rechte Seite der Gleichung (172) ist daher:

$$\sum m_a\,\frac{d^2\,x_a}{d\,t^2}\,\delta\,x_a = \frac{d}{d\,t}\sum m_a\,\frac{d\,x_a}{d\,t}\,\delta\,x_a - \delta\,L$$

und das D'ALEMBERT'sche Princip geht über in die Form:

$$\delta\,\Phi - \delta\,L = \delta\,(\Phi - L) = -\frac{d}{d\,t}\sum m_a\,\frac{d\,x_a}{d\,t}\,\delta\,x_a.$$

Verfolgt man nun die Bewegung des Massensystems von einer Anfangszeit t_0 bis zu einem Ziel t_1, so liegt der Gedanke nahe, den totalen Differentialquotienten, welcher die rechte Seite der vorstehenden Gleichung bildet, für den betrachteten Zeitraum zu integriren. Man erhält dann:

$$\int_{t_0}^{t_1}\delta(\Phi - L)\,.\,d\,t = \overline{-\sum m_a\,\frac{d\,x_a}{d\,t}\,\delta\,x_a}\;\Big|_{t_0}^{t_1}$$

Auf der rechten Seite steht die Differenz zwischen dem Anfangswerthe der Summe und dem Endwerthe derselben. Diese beiden Grenzwerthe hängen davon ab, wie man die virtuellen Verschie-

bungen zu den Zeiten t_0 und t_1 wählt. Setzt man fest, daſs für
beide Grenzen die sämmtlichen $\delta x_a = 0$ werden sollen, daſs also die
variirten Bahnen der Massenpunkte alle von der wahren Anfangslage auslaufen und zur wahren Endlage führen, so wird die rechte
Seite der vorstehenden Integralgleichung gleich Null. Auf der linken
Seite kann man noch die Reihenfolge von Integration und Variation
vertauschen, denn das Integral ist nur eine Summe von Variationen,
während das Zeitdifferential dt sowohl wie die Zeitgrenzen t_0 und t_1
nach unserer Voraussetzung von der Variirung nicht betroffen
werden. Man findet dann als Schluſsresultat die merkwürdig einfache Forderung:

$$\delta \int_{t_0}^{t_1} (\varPhi - L)\, dt = 0. \tag{173}$$

Dies ist das HAMILTON'sche Princip der Dynamik, welches in
einer einzigen symbolischen Gleichung alle Gesetzmäſsigkeiten der
Kraftwirkung auf träge Massen zusammenfaſst. Freilich haben wir
conservative Kräfte vorausgesetzt, als wir die potentielle Energie
einführten, doch scheint es, daſs das Princip allgemeiner ist, als die
Bedingungen, unter denen wir es abgeleitet haben (daſs beispielsweise die Function $\varPhi$, von welcher die Kräfte in bekannter Weise
abgeleitet werden, die Zeit als explicite Variabele neben den Coordinaten enthalten kann, wie JACOBI nachgewiesen hat. Davon im
letzten Abschnitt).

Das Integral, dessen Variation bei der wirklichen Bewegung
verschwinden soll, würde, dividirt durch den festgesetzten Zeitraum
$t_1 - t_0$, als Mittelwerth der Gröſse $(\varPhi - L)$ für das betrachtete Zeitintervall anzusehen sein. Man kann deshalb das HAMILTON'sche
Princip folgendermaſsen in Worte kleiden: Unter allen Bewegungsarten, welche ein Massensystem aus einer gegebenen Anfangsposition
in einer vorgeschriebenen Zeit zu einer gegebenen Endposition führen,
ist diejenige die wirkliche (oder sind diejenigen wirkliche), für welche
der Mittelwerth der Function $(\varPhi - L)$ ein Grenzwerth wird.

Wir wollen jetzt zeigen, daſs die eine Formel des HAMILTON'-
schen Princips die ganze Schaar der NEWTON'schen Bewegungsgleichungen ersetzt, daſs man also letztere aus dem Princip ableiten
kann. Wir brauchen dabei im Wesentlichen nur den Entwickelungs-
gang der zur Gleichung (173) führte, rückwärts zu verfolgen. Es ist:

$$\delta \int (\varPhi - L)\, dt = \delta \int \varPhi\, dt - \delta \int L\, dt.$$

Die unveränderlichen Integrationsgrenzen t_0 und t_1 sind hier und im Folgenden immer hinzuzudenken. Diese Trennung kann man immer dann vornehmen, wenn Φ und L einzeln als endliche Gröfsen anzusehen sind, also nicht etwa dadurch eine endliche Differenz bilden, dafs sie in der unbestimmten Form $\infty - \infty$ zusammentreten. Dies können wir aber stets voraussetzen. Dann ist weiter

$$\delta \int \Phi \, dt = \int \delta \Phi \, dt = \int \sum \left(\frac{\partial \Phi}{\partial x_a} \delta x_a \right) dt = - \int dt \sum X_a \delta x_a$$

und

$$\delta \int L \, dt = \int \delta L \, dt = \int dt . \delta \sum \frac{m_a}{2} \left(\frac{dx_a}{dt} \right)^2 = \int \sum \left\{ m_a \frac{dx_a}{dt} . \delta \frac{dx_a}{dt} \, dt \right\}.$$

Da nun die Zeit von der Variation nicht betroffen werden sollte, kann man setzen:

$$\delta \frac{dx_a}{dt} . dt = \frac{d\delta x_a}{dt} . dt = d \delta x_a.$$

Ferner kann man Integration und Summation vertauschen, und findet dann:

$$\delta \int L \, dt = \sum m_a \int \frac{dx_a}{dt} . d \delta x_a.$$

Die partielle Integration liefert:

$$\delta \int L \, dt = \sum m_a . \overline{\frac{dx_a}{dt} . \delta x_a} \Big|_{t_0}^{t_1} - \sum m_a \int dt . \frac{d^2 x_a}{dt^2} . \delta x_a.$$

Der integrirte Theil liefert aber, zwischen den Grenzen genommen, Null, weil die δx_a sowohl für t_0 wie für t_1 verschwinden sollten. Man erhält also nach abermaliger Vertauschung von Summation und Integration im letzten Gliede:

$$\delta \int L \, dt = - \int dt \sum m_a \frac{d^2 x_a}{dt^2} \delta x_a.$$

Deshalb ist

$$\delta \int (\Phi - L) \, dt = - \int dt \sum X_a \delta x_a + \int dt \sum m_a \frac{d^2 x_a}{dt^2} \delta x_a$$

oder nach Vereinigung der beiden Integrale rechts und Nullsetzung der linken Seite (HAMILTON's Princip):

$$0 = \int_{t_0}^{t_1} dt \sum \left(X_a - m_a \frac{d^2 x_a}{dt^2} \right) \delta x_a.$$

Man kann nun wieder die Variationen δx_a jederzeit so wählen, dafs sie das gleiche Vorzeichen haben, wie die mit ihnen multiplicirten Kräfte. Deshalb darf man nicht annehmen, das Integral verschwinde, weil der Integrand im Laufe des Zeitintervalls bald positive, bald negative Beiträge liefert, die sich schliefslich vernichten. Es folgt daraus vielmehr als Forderung, dafs der Integrand jederzeit gleich Null sei; das liefert aber das D'ALEMBERT'sche Princip, aus welchem bei einem ungebundenen System die NEWTON'schen Bewegungsgleichungen direct abzulesen sind, und aus dem bei beschränkter Freiheit die LAGRANGE'schen Differentialgleichungen in der ersten Form vorher abgeleitet wurden.

§ 65. Zweite Form der Lagrange'schen Bewegungs-gleichungen.

Was haben wir nun gewonnen durch die Umformung des D'ALEMBERT'schen Princips in das HAMILTON'sche? Es wurde schon darauf aufmerksam gemacht, dafs durch die Zusammenfassung D'ALEMBERT's der Sinn der Bewegungsgleichungen nicht verändert wird, dafs dasselbe vielmehr immer wieder in jene NEWTON'schen Gleichungen auseinanderfällt, wenn keine festen Verbindungen vorgeschrieben sind durch Bedingungsgleichungen zwischen den Coordinaten. Ist letzteres aber der Fall, so geht man möglichst darauf aus, die Zahl der Coordinaten durch Elimination zu verringern, was am einfachsten geschieht durch Einführung passender Coordinaten, welche durch die vorgeschriebenen Bedingungen zum Theil constant gesetzt werden, während die übrigen unbeschränkt frei bleiben. Um die constant gesetzten hat man sich dann nicht weiter zu kümmern. In Beziehung auf solche Coordinatentransformationen ist nun gerade die HAMILTON'sche Gleichung von grofsem Nutzen. Denn die Transformation des D'ALEMBERT'schen Princips in allgemeine Coordinaten erfordert die Umrechnung der zweiten Differentialquotienten $d^2 x_a / d t^2$ auf das neue System von Abmessungen, was meist zu unbequemen und weitläufigen Ausdrücken führt, während im HAMILTON'schen Princip die Beziehung auf ein bestimmtes Coordinatensystem gar nicht vorkommt. Ersetzen wir also die cartesischen Coordinaten x_a durch irgend welche andere Abmessungen, die wir allgemein mit p_a bezeichnen wollen und von denen sich weiter nichts Gemeinsames aussagen läfst, als dafs sie geometrische Gröfsen im Raume sind, welche die Lage eines jeden Punktes bestimmt definiren können, so läfst sich die potentielle Energie, welche nur von der jeweiligen

Lage oder Configuration des Massensystems abhängt, eben so gut, mitunter noch einfacher, als Function der p_a angeben, wie als Function der x_a. Für die kinetische Energie haben wir allerdings einen sehr einfachen Ausdruck in cartesischen Coordinaten, nämlich $\sum_a \dfrac{m_a}{2} \cdot \left(\dfrac{d\,x_a}{d\,t} \right)^2$. Die Transformation verlangt aber hier nur die Umrechnung erster Differentialquotienten. Wir müssen im Allgemeinen bei der Transformation jedes x_a als Function aller p_a ansehen. Die ersten zeitlichen Differentialquotienten der x_a werden dann nach den Regeln der Differentialrechnung folgendermaßen zu bilden sein:

$$\frac{d\,x_a}{d\,t} = \sum_b \frac{\partial\,x_a}{\partial\,p_b} \cdot \frac{d\,p_b}{d\,t}. \tag{174}$$

Die hier auftretenden Aenderungsgeschwindigkeiten der p_b (welche ihrer Dimension nach nicht Weggeschwindigkeiten zu sein brauchen) bezeichnen wir im Folgenden kurz durch:

$$\frac{d\,p_b}{d\,t} = q_b. \tag{174a}$$

Die cartesischen Geschwindigkeitscomponenten stellen sich also dar als lineare homogene Functionen der q. Die Coefficienten $\partial\,x_a / \partial\,p_b$ sind bedingt durch den geometrischen Zusammenhang der beiden Coordinatensysteme; man kann sie sowohl durch die x wie die p darstellen. Da wir aber zu dem System der p übergehen wollen, denken wir die Coefficienten als Functionen der neuen Coordinaten p.

Erheben wir nun, um auf die kinetische Energie zu kommen, die Gleichung (174) ins Quadrat, multipliciren mit $m_a/2$ und summiren über alle Massenpunkte, so erhalten wir für L eine homogene Function zweiten Grades der q, deren Coefficienten von den p abhängen.

Man kann nun unter Zugrundelegung der allgemeinen Coordinaten die Variation des HAMILTON'schen Integrales so ausführen, daß die einzelnen δp_a als virtuelle Verschiebungen heraustreten. Da Φ nur von den p_a abhängt, ist:

$$\delta\,\Phi = \sum_a \frac{\partial\,\Phi}{\partial\,p_a}\,\delta\,p_a.$$

Dagegen hat man wegen der Abhängigkeit des L von den p_a und q_a zu setzen:

$$\delta\,L = \sum_a \frac{\partial\,L}{\partial\,p_a}\,\delta\,p_a + \sum_a \frac{\partial\,L}{\partial\,q_a}\,\delta\,q_a.$$

Die Variation δq_a läfst sich durch partielle Integration auf δp_a zurückführen, denn δL wird im HAMILTON'schen Princip mit dt multiplicirt und zwischen den Grenzen integrirt. Zunächst ist, weil die Zeit nicht variirt wird, $\delta q_a = \delta \dfrac{dp_a}{dt} = \dfrac{d\delta p_a}{dt}$, durch das Hinzutreten des Differentials dt wird $\delta q_a . dt = d\delta p_a$ und die partielle Integration des zweiten Theils von δL liefert:

$$\int dt \sum \frac{\partial L}{\partial q_a} \delta q_a = \int \sum \frac{\partial L}{\partial q_a} d\delta p_a = \overline{\sum \frac{\partial L}{\partial q_a} \delta p_a} - \int dt \sum \frac{d}{dt}\left(\frac{\partial L}{\partial q_a}\right)\delta p_a.$$

Der integrirte Theil verschwindet aber, da an beiden Grenzen die δp_a Null sein sollten. Es bleibt also übrig:

$$\delta \int (\Phi - L)\,dt = \int dt \sum \frac{\partial \Phi}{\partial p_a}\delta p_a - \int dt \sum \frac{\partial L}{\partial p_a}\delta p_a$$

$$+ \int dt \sum \frac{d}{dt}\left(\frac{\partial L}{\partial q_a}\right)\delta p_a.$$

Die linke Seite ist nach dem Princip gleich Null, die rechte Seite kann man in das Integral einer Summe zusammenfassen und erhält:

$$\int_{t_0}^{t_1} dt \cdot \sum_a \left\{\frac{\partial \Phi}{\partial p_a} - \frac{\partial L}{\partial p_a} + \frac{d}{dt}\left(\frac{\partial L}{\partial q_a}\right)\right\}\delta p_a = 0.$$

Durch dieselbe Schlussweise, die wir bei frei verfügbaren Variationen δp_a schon mehrfach gebraucht haben, folgt hieraus, dafs für jede Coordinate p_a einzeln und zu jeder Zeit die Gleichung erfüllt sein mufs:

$$\frac{\partial \Phi}{\partial p_a} - \frac{\partial L}{\partial p_a} + \frac{d}{dt}\left(\frac{\partial L}{\partial q_a}\right) = 0, \qquad (175)$$

Dies sind die von LAGRANGE aufgestellten Differentialgleichungen der Bewegung; wir wollen sie im Gegensatz zu den früheren Gleichungen (171), welche häufig auch mit diesem Namen bezeichnet werden, die zweite Form der LAGRANGE'schen Differentialgleichungen nennen. Dieselben beziehen sich in unserer Ableitung zunächst auf conservative Kräfte, welche in allgemeinen Coordinaten durch $-\partial \Phi/\partial p_a$ dargestellt werden. (Dabei ist zu bemerken, dafs diese negativen Differentialquotienten von Φ nach den Coordinaten nur dann die Dimension der NEWTON'schen Kräfte besitzen, wenn die

p_a lineare Abmessungen sind; ganz allgemein gilt aber, daſs die virtuellen Momente $- \partial \Phi / \partial p_a . \delta p_a$ von der Dimension der Energie sind.) Die Verallgemeinerung sowohl des HAMILTON'schen Princips wie auch der LAGRANGE'schen Differentialgleichungen in der zweiten Form für den Fall, daſs das System äuſseren Kräften gegenüber, welche nicht conservativ zu sein brauchen, Reactionen äuſsert, werden wir im letzten Abschnitt dieses Bandes behandeln.

Die Bedeutung der auf der rechten Seite der LAGRANGE'schen Gleichungen vorkommenden Differentialquotienten der lebendigen Kraft nach den Coordinaten und nach den Geschwindigkeiten kann man sich an einem einfachen Beispiel veranschaulichen. Denken wir uns einmal die Bewegung eines Massenpunktes m dargestellt durch ein Polarcoordinatensystem in derjenigen Ebene, in welcher die Bahn des Punktes augenblicklich verläuft; r sei der Radiusvector, ϑ der Richtungswinkel von r. Die beiden Componenten der Geschwindigkeit sind dann dr/dt und $r . d\vartheta/dt$, erstere liegt in Richtung des Radiusvector, letztere steht senkrecht darauf. Die lebendige Kraft des Massenpunktes ist dann dargestellt durch:

$$L = \frac{m}{2} \left\{ \left(\frac{dr}{dt} \right)^2 + r^2 \left(\frac{d\vartheta}{dt} \right)^2 \right\},$$

bildet also eine homogene quadratische Function der beiden Differentialquotienten dr/dt und $d\vartheta/dt$, als Coefficient kommt darin die Coordinate r vor, während ϑ fehlt. Von Differentialquotienten nach den Coordinaten kommt also nur in Betracht:

$$\frac{\partial L}{\partial r} = m . r . \left(\frac{d\vartheta}{dt} \right)^2.$$

Dieser Ausdruck besitzt eine der Centrifugalkraft analoge Bildung; jene wurde durch das Product aus Masse, Krümmungsradius und Winkelgeschwindigkeitsquadrat gemessen, der vorstehende Ausdruck fällt also mit jener Kraft zusammen, sobald der Pol des Coordinatensystems in den Krümmungsmittelpunkt der Bahn gelegt wird. Die beiden $\partial L / \partial q_a$ unseres Beispiels sind:

$$\frac{\partial L}{\partial \left(\frac{dr}{dt} \right)} = m \frac{dr}{dt}$$

$$\frac{\partial L}{\partial \left(\frac{d\vartheta}{dt} \right)} = m r^2 \frac{d\vartheta}{dt}$$

und stellen Momente der Bewegung (Bewegungsgröfsen, siehe § 10)
dar. Der erste giebt direct das Product der bewegten Masse und
der Radialgeschwindigkeit, der zweite ist das Product des Trägheitsmomentes ($m r^2$) mit der Winkelgeschwindigkeit, würde sich aber
durch Division mit r, welches ja bei dieser partiellen Differentiation
constant zu setzen ist, auch auf die Dimension des Bewegungs-
momentes bringen lassen. Wir erkennen aus diesem Beispiel, dafs
wir in den LAGRANGE'schen Differentialgleichungen die $\partial L/\partial p_a$ als
Analoga der Centrifugalkraft anzusehen haben, während die $\partial L/\partial q_a$
Bewegungsmomente repräsentiren, deren zeitliche Aenderung eben
auf das Wirken von Kräften hinweist.

Dritter Abschnitt.

Anwendung. Rotationen starrer Körper.
Theorie des Kreisels.

§ 66. Allgemeinste Bewegung eines starren Körpers.

Der Hauptzweck der Einschaltung dieses Abschnittes ist, an
einem Beispiele zu zeigen, welchen Nutzen das HAMILTON'sche
Princip oder die daraus herzuleitenden LAGRANGE'schen Gleichungen
in der zweiten Form bei der Behandlung dynamischer Probleme
dadurch bieten, dafs sie gestatten, die für das Problem geltenden
Differentialgleichungen direct in solchen allgemeinen Coordinaten
aufzustellen, welche für die mathematische Darstellung der Bewegung am geeignetsten erscheinen. Nebenbei wird die Behandlung
des gewählten Beispiels unsere bereits in den §§ 42 bis 46 be-
gonnenen Betrachtungen über die Rotation starrer Körper erweitern
und uns bekannt machen mit den interessanten Wirkungen äufserer
Kräfte auf schnell rotirende Massen. Bevor wir den zu Anfang genannten Hauptzweck erfüllen, wollen wir in den ersten drei Paragraphen einigen vorbereitenden Betrachtungen Raum geben.

Die allgemeinste Bewegung, welche ein starrer Körper ausführen kann, läfst sich in jedem hinreichend kurzen Zeitelement
auffassen als die Superposition einer Parallelverschiebung und einer
Drehung um eine bestimmte durch den Körper gelegte Axe. Wirken
beliebige äufsere Kräfte auf den Körper, welche erstens eine auf

den Schwerpunkt zu übertragende Resultante, zweitens auch ein
resultirendes Kräftepaar liefern, welch' letzteres den Körper zu
drehen strebt, so wird im Allgemeinen weder die Bewegung des
Schwerpunktes eine gleichförmige sein, noch wird die Drehung um
eine festgerichtete Axe und mit constanter Winkelgeschwindigkeit
erfolgen, vielmehr werden die bestimmenden Größen unter Wirkung
endlicher Kräfte differenzirbare Functionen der Zeit sein. Es soll
nur gesagt werden, daß zu jeder Zeit eine bestimmte translatorische
Geschwindigkeit des Schwerpunktes und eine bestimmte rotatorische
Geschwindigkeit um eine bestimmte Axenrichtung die wirkliche Bewegung vollständig darstellt. Diese Aussage stimmt auch überein
mit unserer früher (§ 62) gewonnenen Erkenntniss, daß ein freier
starrer Körper 6 Grade von Freiheit besitzt: Die Bewegung des
Schwerpunktes wird bestimmt durch drei Angaben, etwa durch die
drei Geschwindigkeitscomponenten parallel den Coordinatenaxen
oder durch zwei Winkel, welche die Richtung der Bewegung im
Raume festlegen und die Größe der Geschwindigkeit selbst; ebenso
erfordert die Angabe der Rotation drei Stücke; man wählt etwa
zwei Winkel, welche die Richtung der Drehungsaxe festlegen, und
die Winkelgeschwindigkeit um diese Axe, oder man zerlegt die
wirkliche Rotation geometrisch in drei Componenten, deren Axen
den Coordinataxen parallel laufen, dann hat man drei Winkelgeschwindigkeiten anzugeben.

§ 67. Erscheinungen am Kreisel.

Wir wollen im Folgenden den allgemeinsten Fall der Bewegung
eines starren Körpers nicht weiter verfolgen, obwohl sich die
Differentialgleichungen dafür aufstellen und unter Annahme bestimmter Kräfte auch bisweilen vollständig integriren lassen. Die
translatorischen Bewegungen sollen von vornherein aus dem Spiel
bleiben, man kann diese meist ohne Schwierigkeit und ohne Störung
der übrigen Rechnung hinzusetzen, wo es nöthig erscheint. Es soll
jetzt angenommen werden, daß ein bestimmter Punkt des Körpers
durch irgend einen Mechanismus festgehalten werde, doch so, daß
der Körper sich noch in jeder Richtung ungestört um diesen festen
Punkt drehen kann. Das vollkommenste Mittel, um diese Gebundenheit herzustellen, ist die sogenannte Cardanische Aufhängung, welche
wir nachher näher erläutern werden, indessen genügen bisweilen in
den wichtigsten Beziehungen auch viel einfachere Einrichtungen für
diesen Zweck.

Wir sahen bereits am Schlusse von § 46, dafs ein Körper, welcher um die durch den Schwerpunkt gelegte Axe des gröfsten Trägheitsmomentes in Rotation versetzt ist, die Richtung dieser Axe zu erhalten strebt, auch wenn sie nicht durch äufsere Mittel festgelegt ist. Endet diese Hauptaxe unten in einer Spitze, mit welcher man sie senkrecht auf eine horizontale Unterlage, etwa eine Tischplatte aufsetzt, so wird der Körper nicht umfallen, obwohl er ohne Rotation im labilen Gleichgewicht sein würde, sondern er wird mit stillstehender Axe gleichmäfsig weiter rotiren, wie man dies ja auch an den als Spielzeug bekannten Kreiseln beobachten kann. Wenn man die langsamen Ortsveränderungen des Kreisels unbeachtet läfst, so kann man auch bei diesem einfachen Instrument irgend einen Punkt der Drehungsaxe, entweder den unteren Endpunkt oder den Schwerpunkt, als unbeweglich ansehen. Die eben beschriebene einfachste Rotationsart wird beim Kreisel nur dann vorkommen, wenn die Wirkung der Schwerkraft aufgehoben ist, also bei genau verticaler Stellung der Axe. Nämlich den Schwerpunkt greift die abwärts gerichtete Schwerkraft an, der Unterstützungspunkt erfährt von der Tischplatte einen entgegengesetzt gleichen Auftrieb; beide vernichten sich nur bei verticaler Axenstellung, bilden aber sonst immer ein Kräftepaar, welches die Kreiselaxe in der Weise zu drehen strebt, wie dies beim Umfallen des nicht rotirenden Körpers eintritt, sobald man ihn auf die untere Spitze der Axe stellen will. Es kommt bei schräger Stellung des rotirenden Kreisels unter der Wirkung dieses Kräftepaares in der That eine Bewegung der Axe zu Stande, diese erfolgt aber bei schneller Drehung fast genau senkrecht zu der Verticalebene des Kräftepaares, also in wesentlich horizontaler Richtung, die Kreiselaxe beschreibt einen Kegelmantel, dessen Axe vertical steht. Als fester Punkt, also als Spitze des Kegels tritt dabei ein bestimmter Punkt der Drehungsaxe auf. Ist die unterstützte Spitze sehr scharf, so dafs sie sich in der Tischplatte eine kleine Vertiefung bohrt, aus welcher sie nicht herauskommen kann, so bildet diese den festen Punkt, ist dagegen das untere Axenende abgerundet und glatt oder die Unterlage sehr hart, so dafs dies Ende leicht gleiten kann, so bildet der Schwerpunkt des Kreisels den festen Punkt.

Es ist dies auf den ersten Anblick eine sehr paradox scheinende Wirkung der Kräfte, deren Nothwendigkeit man sich aber ohne analytische Rechnung auf folgende Weise klar machen kann. In Fig. 18 ist ein Kreisel veranschaulicht als eine massive Kreisscheibe, durch deren Mittelpunkt eine Nadel als Rotationsaxe

senkrecht hindurchgestochen ist. Die Nadel bildet die Axe des
gröfsten Trägheitsmomentes, der Kreisel kann also dauernd um
diese Axe rotiren, sobald deren Richtung vertical ist. Diese
Stellung des Kreisels ist in Fig. 18 a in Seitenansicht wieder-
gegeben; die Drehungsrichtung ist durch den in den vorderen sichtbaren Scheibenrand eingezeichneten Pfeil angedeutet, die Drehung
erfolgt mithin, von oben betrachtet, in Richtung des Uhrzeigers.
Fragen wir nun, was für Kräfte man auf die Nadel wirken lassen
mufs, um ihr oberes Ende aus der Ebene der Zeichnung heraus
nach vorn um einen kleinen Winkel
zu drehen, um also eine Stellung
des rotirenden Kreisels hervorzubringen, wie sie in Fig. 18 b in
Seitenansicht dargestellt ist? Man
kann nach früheren Auseinandersetzungen die Drehung um die
(oben) nach vorn geneigte Axe zerlegen in zwei Drehungen, von denen
die erste um die unverschobene
Axenrichtung vor sich geht, zu der
nun noch eine zweite hinzutritt,
deren horizontale Axe senkrecht
auf dem Papier stehend zu denken
ist. Die Richtung dieser zweiten
Drehung kann man in Fig. 18 b
ablesen aus den beiden Pfeilen
am Vorderrand und am Hinterrand

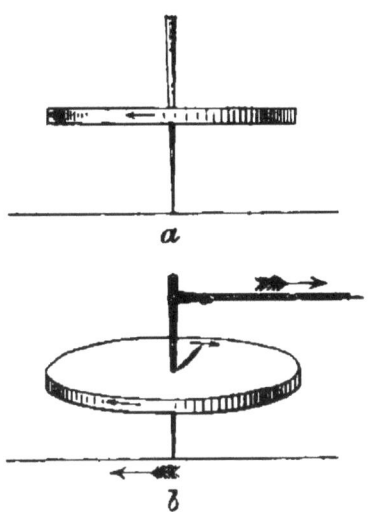

Fig. 18 a und b.

der jetzt in der perspectivischen Darstellung elliptisch erscheinenden
Kreisscheibe, denn die Ränder der Scheibe geben zugleich die Bahnen
der Randpunkte an. Die zweite Drehung erfolgt also, vom Beschauer aus gesehen, im Sinne des Uhrzeigers und in der Ebene
des Papiers. Nach den Gesetzen der geometrischen Addition, welche
für gleichzeitige Rotationen um verschiedene Axen gelten, ist die
erste Componente gleich der resultirenden Rotation multiplicirt mit
dem Cosinus des kleinen Ablenkungswinkels, den wir der Kreiselaxe
ertheilt denken: Dieser Cosinus unterscheidet sich nicht merklich
von 1, also ist die erste Componente wesentlich identisch mit der
ursprünglichen Rotation in Fig. 18 a. Die Wirkung der gesuchten
Kräfte mufs also darin bestehen, dafs sie ein Rotationsmoment der
Bewegungen, welches ursprünglich nicht vorhanden war, entstehen
und anwachsen läfst bis zu einem Werth, welcher gleich dem ur-

sprünglich vorhandenen Hauptrotationsmoment mal dem Sinus des kleinen Ablenkungswinkels ist. Dies Anwachsen eines Rotationsmomentes, also das Existiren eines zeitlichen Differentialquotienten erfordert nach Gleichungen (91) (Seite 151) ein Rotationsmoment von Kräften um die Axe der entstehenden Bewegung, d. h. ein Kräftepaar in der Ebene des Papiers, und zwar muſs dieses Kräftepaar die oberen Theile der Nadel in der Richtung nach rechts angreifen, die unteren nach links. Wenn die untere Spitze der Axe sich in einer kleinen Vertiefung der Tischplatte festgesetzt hat, so genügt eine einzelne am oberen Axenende angreifende Kraft, der Widerstand des Lagers liefert dann von selbst die entgegengesetzt gleiche Kraft am unteren Ende, welche das Kräftepaar vervollständigt. Legt man also um das obere Ende der Axe vorsichtig eine leichte Fadenschleife und spannt den Faden durch einen leisen Zug der Hand in der Richtung nach rechts, wie dies in Fig. 18b angedeutet ist, so neigt sich die Axe nach vorn aus der Ebene des Papiers heraus, also quer gegen die Richtung der Kraft. In ganz ähnlicher Weise wirkt nun auf einen Kreisel mit bereits schiefstehender Axe das Kräftepaar, welches die Schwerkraft dann auf diese Axe ausübt. Nehmen wir an, die Axe sei in der Ebene der Zeichnung nach rechts geneigt; die Schwere strebt dann die Axe im Sinne des Uhrzeigers weiter abwärts zu drehen. Es ist dies derselbe Drehungssinn, den auch der nach rechts gespannte Faden hervorbrachte, die Axe wird sich also unter diesen Umständen ebenfalls nach vorn aus der Ebene des Papiers herausdrehen.

So gut wie rein treten diese merkwürdigen Erscheinungen nur bei sehr schneller Rotation, beträchtlichem Trägheitsmoment und verhältniſsmäſsig schwachen äuſseren Kräften ein, sonst ist die Wirkung eine gemischte, indem die gewöhnlichen Bewegungserscheinungen, welche an rotationslosen Massen durch Kräftepaare hervorgebracht werden, sich auch bemerklich machen; streng genommen fehlen letztere Wirkungen niemals ganz. Wird die Rotation durch Reibung allmählich verlangsamt, so hat dies zur Folge, daſs der Oeffnungswinkel des Kegels, welchen die Drehungsaxe um die Verticale beschreibt, allmählich zunimmt, daſs also die obere Spitze des Kreisels nicht genau einen festen horizontalen Kreis durchläuft, sondern eine auf einer Kugeloberfläche gezeichnete Spirale, welche in zahlreichen, engen, fast horizontalen Windungen abwärts führt. Es tritt also dann mit der Zeit eine zunehmende Neigung der Axe ein.

§ 68. Folgerungen aus der Constanz
der kinetischen Energie und des Hauptrotationsmomentes
bei Abwesenheit äufserer Kräfte.

Wir wollen uns jetzt orientiren über die Bewegungen, die ein starrer Körper ausführen wird, wenn man ihm um eine beliebige durch den festen Schwerpunkt gelegte Axe eine bestimmte Winkelgeschwindigkeit ertheilt hat, und ihn dann ohne Wirkung äufserer Kräfte sich selbst überläfst. Wir wissen schon, dafs die anfängliche Axe nur dann beibehalten wird, wenn sie entweder dem gröfsten oder dem kleinsten Hauptträgheitsmoment entspricht, der mittleren Hauptträgheitsaxe entspricht nur eine labile Ruhelage, allen anderen Axen überhaupt keine Beständigkeit. Der vorgeschriebene Anfangszustand giebt dem Körper einen bestimmten Betrag an kinetischer Energie L, welcher während der Bewegung gewahrt bleiben mufs, da wir äufsere Kräfte, mithin auch Arbeitsleistungen bei der Bewegung ausgeschlossen haben. Aus denselben Gründen mufs auch das Hauptrotationsmoment B und die Richtung seiner Axe (oder die invariable Ebene) gewahrt bleiben. Diese beiden Erhaltungsgesetze werden uns einigen Aufschlufs über den Verlauf der Bewegungen geben.

Man kann in Folge der Additionsregeln gerichteter Gröfsen die herrschende Winkelgeschwindigkeit zu jeder Zeit in drei auf einander senkrechte Componenten zerlegen. Am einfachsten wird die Betrachtung, wenn man die Zerlegung vornimmt nach den drei Hauptträgheitsaxen des Körpers. Die Winkelgeschwindigkeit um die Axe des gröfsten Trägheitsmomentes $\mathfrak{A}$ sei bezeichnet durch $d\alpha/dt = \alpha'$, wo α eine Winkelabmessung ist; in gleicher Weise gehöre zur Axe des mittleren Hauptträgheitsmomentes $\mathfrak{B}$ die Geschwindigkeit $d\beta/dt = \beta'$ und zum kleinsten Trägheitsmoment $\mathfrak{C}$ gehöre $d\gamma/dt = \gamma'$. Wir wollen nun zunächst nachweisen, dafs die gesammte kinetische Energie gefunden wird als Summe der kinetischen Energien dieser drei Rotationscomponenten. Für eine einfache Rotation haben wir den Betrag von L in Gleichung (98) (Seite 172) aufgestellt gleich dem halben Product aus dem zur Axe gehörigen Trägheitsmoment und dem Quadrate der Winkelgeschwindigkeit. Für unsere drei Bewegungscomponenten, einzeln genommen, würden wir also die Beträge $\frac{1}{2}\mathfrak{A}\cdot\alpha'^2$, $\frac{1}{2}\mathfrak{B}\cdot\beta'^2$, $\frac{1}{2}\mathfrak{C}\cdot\gamma'^2$ finden. Um das L der resultirenden Bewegung zu finden, müssen wir zunächst die aus den Drehbewegungen $\alpha'\,\beta'\,\gamma'$ sich zusammensetzende Drehung σ' bilden. Diese wird:

$$\sigma' = \sqrt{\alpha'^2 + \beta'^2 + \gamma'^2}.$$

Die Axe, um welche diese Drehung erfolgt, bildet mit den im Körper festen Hauptträgheitsaxen Winkel, deren Cosinus sind:

$$\frac{\alpha'}{\sigma'}, \qquad \frac{\beta'}{\sigma'}, \qquad \frac{\gamma'}{\sigma'}.$$

Das sind die allgemeinen Regeln für die Composition dreier auf einander senkrechter Vectoren. Das Trägheitsmoment $\mathfrak{S}$ um die resultirende Drehungsaxe findet man nach Gleichung (107b) (Seite 178) aus den Hauptmomenten und den Richtungscosinus folgendermaßen:

$$\mathfrak{S} = \mathfrak{A}\left(\frac{\alpha'}{\sigma'}\right)^2 + \mathfrak{B}\left(\frac{\beta'}{\sigma'}\right)^2 + \mathfrak{C}\left(\frac{\gamma'}{\sigma'}\right)^2.$$

Die lebendige Kraft L ist nun gleich $\frac{1}{2}\mathfrak{S}.\sigma'^2$, d. h. es ist:

$$2L = \mathfrak{A}.\alpha'^2 + \mathfrak{B}.\beta'^2 + \mathfrak{C}.\gamma'^2. \tag{176}$$

Also, wie sich auch in der Zeit die Winkelgeschwindigkeiten verändern, dieser gleich $2L$ gesetzte Complex muß seinen Werth bewahren. Das Hauptrotationsmoment R setzen wir nun ebenfalls geometrisch zusammen aus den drei auf einander senkrechten Componenten. Jedes Rotationsmoment eines starren Körpers kann definirt werden als das Product aus Trägheitsmoment und Winkelgeschwindigkeit um eine bestimmte Axe; unsere Componenten in Richtung der Hauptaxen sind demnach gleich $\mathfrak{A}.\alpha'$, $\mathfrak{B}.\beta'$, $\mathfrak{C}.\gamma'$ und vereinigen sich nach dem pythagoräischen Satze zur Resultante. Man hat also:

$$R^2 = \mathfrak{A}^2.\alpha'^2 + \mathfrak{B}^2.\beta'^2 + \mathfrak{C}^2.\gamma'^2. \tag{177}$$

Dieser gleich R^2 gesetzte Complex muß ebenfalls constant bleiben.

Die Forderungen dieser beiden Gleichungen kann man sich durch ein geometrisches Bild veranschaulichen, indem man die Variabelen $\alpha'\,\beta'\,\gamma'$ als die rechtwinkeligen Coordinaten eines Punktes im Raume ansieht. Der Umstand, daß die Winkelgeschwindigkeiten ihrer Dimension nach keine Strecken sind, hindert diese Auffassung nicht; über die Möglichkeit, beliebige gerichtete Größen durch Strecken zu versinnlichen, haben wir uns schon früher (Seite 154) versichert. Die beiden Gleichungen (176) und (177) definiren in diesem Bilde die Oberflächen zweier concentrischer und coaxialer

Ellipsoide, deren größte und kleinste Axen gleiche Lage haben. Die Haupthalbaxen des ersten Ellipsoides sind, nach zunehmender Größe geordnet:

$$\sqrt{\frac{2L}{\mathfrak{A}}} < \sqrt{\frac{2L}{\mathfrak{B}}} < \sqrt{\frac{2L}{\mathfrak{C}}}, \qquad (178)$$

die des zweiten sind in derselben Reihenfolge:

$$\frac{R}{\mathfrak{A}} < \frac{R}{\mathfrak{B}} < \frac{R}{\mathfrak{C}}, \qquad (179)$$

das zweite Ellipsoid ist von gestreckterer Gestalt als das erste, denn das Verhältniss der größten Axe zur kleinsten ist im ersten Falle $\sqrt{\mathfrak{A}/\mathfrak{C}}$, im zweiten aber $\mathfrak{A}/\mathfrak{C}$ und die Quadratwurzel einer über 1 liegenden Zahl ist immer kleiner als diese Zahl selbst. Die Gestalt oder das Aussehen beider Ellipsoide wird allein bestimmt durch die Größenverhältnisse der Haupträgheitsmomente $\mathfrak{A}$, $\mathfrak{B}$, $\mathfrak{C}$, ihre absolute Größe wird festgelegt durch die Constanten L und R. Da nun der vorgeschriebene Anfangszustand, also die Anfangswerthe von $\alpha' \beta' \gamma'$, in unserem Bilde einen Punkt darstellen, welcher auf beiden Ellipsoidoberflächen liegen muß, so müssen sich beide Flächen nothwendigerweise durchschneiden; es ist ausgeschlossen, daß die eine Fläche die andere ohne Berührung umschließt, höchstens können unter singulären Bedingungen die Grenzfälle vorkommen, daß die beiden Ellipsoide sich in den Endpunkten der größten oder der kleinsten Axen berühren. Diese Fälle treten ein, wenn die ertheilte Anfangsrotation genau um die Axe des kleinsten oder des größten Trägheitsmomentes erfolgt. · In allen anderen Fällen durchschneiden sich die beiden Oberflächen längs zweier symmetrischer geschlossener Raumcurven, von deren verschiedenen möglichen Lagen und Formen die Figuren 19 a, b, c einige Anschauung bieten sollen. Die Conturen der beiden Ellipsoide sind in den Figuren zu erkennen; so weit dieselben von der anderen Fläche verdeckt werden, sind sie durch gestrichelte Linien angedeutet. Die Richtung der α' ist vertical, die der γ' horizontal und die der β' senkrecht auf dem Papier angenommen. Für das L-Ellipsoid ist in allen drei Zeichnungen die gleiche Größe gewählt, das gestreckte R-Ellipsoid dagegen ist, unter Bewahrung der Aehnlichkeit, anschwellend gedacht. Das kleinste Format, welches für dies zweite Ellipsoid möglich ist, berührt sich mit dem L-Ellipsoid in den spitzen Polen. Lassen wir nun R wachsen, so treten zunächst die beiden Spitzen der längsten Axe heraus (Fig. 19 a). Die Schnittcurve umgiebt dann in beiden Ober-

flächen den Pol der zu den Abmessungen γ', also zum kleinsten
Trägheitsmoment $\mathfrak{C}$ gehörigen Axe. Dies gilt, bis das R-Ellipsoid
so grofs geworden ist, dafs dessen mittlere β'-Axe gleich der mittleren Axe des L-Ellipsoides ist. Dann hat die Schnittcurve eine
besondere Gestalt, die in Fig. 19b angegeben ist, die beiden Aeste

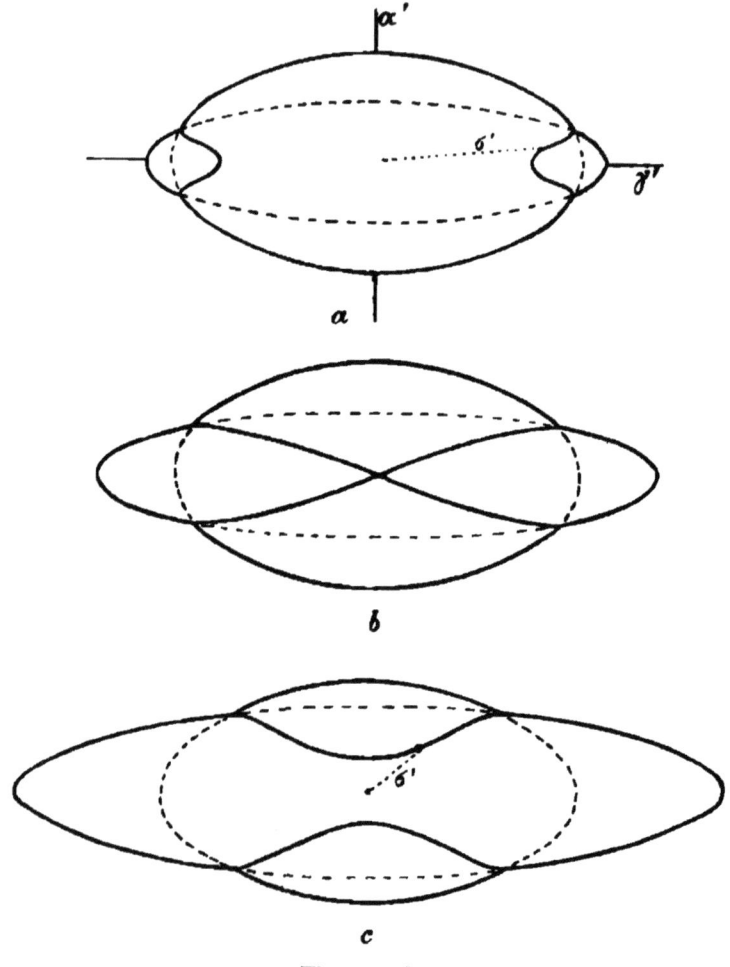

Fig. 19a, b, c.

des Schnittes treffen im gemeinsamen Pol der β'-Axe beider Ellipsoide
zusammen, so dafs es unsicher wird, wie man die Fortsetzung zu
machen hat, wenn man die Schnittcurve durchläuft und in diesen
Doppelpunkt kommt. Lassen wir nun die veränderliche Fläche
weiter anschwellen, so verschlingt sie immer mehr das L-Ellipsoid,

von welchem jetzt nur die Umgebungen der flachen Pole der α'-Axe noch herausragen (Fig. 19c). Die Schnittcurven umschliefsen also jetzt in beiden Ellipsoiden die Pole der kürzesten Axe, und zwar werden diese Umschliefsungen bei weiter wachsendem R immer enger, bis endlich der letzte Grenzfall eintritt, welcher dem gröfstmöglichen Werthe von R entspricht, nämlich der Fall, dafs die platten Pole beider Oberflächen sich berühren, dafs also das L-Ellipsoid ganz von dem R-Ellipsoid umschlossen ist.

Das geometrische Bild dieser beiden einander durchdringenden Ellipsoide soll uns nun über die Art der eintretenden Bewegung aufklären; das ganze Gebilde, folglich auch die Lage und Gestalt der Schnittlinien ist fest bestimmt durch den vorgeschriebenen Anfangszustand, der ja die Werthe von L und R bereits festlegt. Die Winkelgeschwindigkeiten $\alpha' \beta' \gamma'$, welche jederzeit den beiden Gleichungen (176) und (177) genügen, deren Repräsentanten im Bilde also Punkte sein müssen, die beiden Ellipsoidflächen zugleich angehören, werden nur auf den Schnittcurven zu suchen sein, und die resultirende Winkelgeschwindigkeit σ' wird dargestellt durch den vom gemeinsamen Mittelpunkt beider Oberflächen nach irgend einem Punkte der Schnittlinie gelegten Radiusvector. Ein solcher Vector ist in Fig. 19a und c durch je eine punktirte Linie mit der Bezeichnung σ' angedeutet. Da nun von vornherein nicht anzunehmen ist, dafs bei einer Anfangsdrehung um eine beliebig im Körper gelegene Axe die Bewegung in der Weise einer unveränderten Rotation um diese Axe weiter geht, so ist klar, dafs der Vector σ' zu verschiedenen Zeiten nach verschiedenen Punkten der Schnittlinie hinzeigen mufs und da die Veränderungen der Geschwindigkeit stetige sein werden, so kommen wir zu der Vorstellung, dafs der Leitpunkt des Vectors σ' die Schnittcurve durchläuft. Andererseits folgt aber aus der Erhaltung des Hauptrotationsmomentes, dafs die absolute Richtung der resultirenden Drehungsaxe im Raume, also die Richtung des Vectors σ', eine unverrückbare sein mufs. Das Wandern der verschiedenen Punkte der Schnittcurve durch die feste Richtung σ' kann also nur in der Weise vor sich gehen, dafs die beiden fest verwachsenen Ellipsoide sich um ihren festen Mittelpunkt so drehen, dafs dabei die zwischen ihnen bestehende Schnittcurve durch den festen Strahl σ' geleitet wird. Die Hauptaxen der beiden Ellipsoide, denen in der wirklichen Bewegung des Körpers die drei Hauptträgheitsaxen entsprechen, werden also bei der Bewegung ihre Lage im Raume immerfort wechseln, die resultirende Drehungsaxe, um welche der Körper mit schwankender

Winkelgeschwindigkeit, entsprechend der verschiedenen Länge des Vectors σ' an verschiedenen Stellen der Schnittcurve, rotirt, steht zwar im Raume fest, nicht aber im Körper, die Drehungspole wechseln vielmehr fortwährend, indem immer andere und andere Punkte des Körpers diesen augenblicklich geschwindigkeitslosen Zustand annehmen. Der Bewegungszustand kann sich aber nach Durchlaufen des ganzen Umfanges der Schnittcurve periodisch wiederholen.

Dadurch ist der allgemeine Charakter dieser complicirten Bewegungen angegeben; vollständig ist die Beschreibung nicht, über den zeitlichen Verlauf des Umlaufes der Schnittcurve ist daraus noch nichts zu schließen. Unsere Betrachtung ist dadurch unvollständig, daß wir nicht die den drei Graden von Freiheit entsprechenden drei Differentialgleichungen der Bewegung aufgestellt und integrirt haben, sondern uns hier auf nur zwei fertige Integralgleichungen beschränkt haben, deren man stets sicher ist, wenn keine äußeren Kräfte mitspielen. Die vollständige Lösung des Problems, die wir hier nicht behandeln wollen, führt auf elliptische Functionen der Zeit für die Winkelgeschwindigkeiten α', β', γ'.

Zum Beschluß dieser Betrachtungen wollen wir noch auf die drei möglichen singulären Fälle eingehen, daß die längsten Hauptaxen oder die mittleren oder endlich die kürzesten Hauptaxen der beiden durch L und R charakterisirten Ellipsoide gleiche Größe besitzen. Man kann diese singulären Fälle dadurch im Anfangszustande herstellen, daß man dem Körper eine reine Rotation um die Axe des kleinsten oder des mittleren oder des größten Hauptträgheitsmomentes ertheilt. Die Richtigkeit dieser Behauptung kann man aus der Betrachtung der Ausdrücke für die Hauptaxen (178) und (179) direct erkennen. Besteht z. B. zu Anfang nur eine Winkelgeschwindigkeit α', so ist $2L = \mathfrak{A} \cdot \alpha'^2$ und $R = \mathfrak{A} \cdot \alpha'$, es ist also dann

$$\sqrt{\frac{2L}{\mathfrak{A}}} = \frac{R}{\mathfrak{A}} = \alpha',$$ also sind die beiden kürzesten Axen gleich. Besteht zu Anfang nur β', so sind die mittleren Hauptaxen der beiden Ellipsoide gleich lang, haben wir endlich zu Anfang nur die Rotation γ', so stimmen die längsten Axen überein. Im ersten und dritten Falle degenerirt die Schnittlinie in den Berührungspunkt der platten resp. der spitzen Pole, im zweiten Falle besitzt sie die in Fig. 19b dargestellte Form. Ohne jede äußere Störung kann in allen drei Fällen die Rotation um die anfänglich bestehenden Axen im Körper fortbestehen.

Erfolgt aber irgend ein Stoß, so wird dadurch sowohl L wie R verändert, beide Ellipsoide ändern ein wenig ihre Größe (nicht ihre Gestalt), im ersten und dritten Fall kann die zu einem Punkte degenerirte Schnittlinie dadurch nur zu einer kleinen, den betreffenden Pol eng umschliefsenden Curve werden, welche während der folgenden Bewegung in der oben beschriebenen Weise durchlaufen wird, dabei bleibt also die ursprünglich als Drehungsaxe dienende Haupträgheitsaxe immer in nächster Nähe der jetzt herrschenden Axe, das Gleichgewicht dieser Axen ist also ein stabiles.

Verändern sich aber in Fig. 19*b* die Gröfsen der beiden Ellipsoide nur um ein geringes, so fällt die sich kreuzende Schnittcurve sofort auseinander in zwei getrennte Zweige, welche je nach der Art des Stofses den Figuren 19*a* oder 19*c* ähneln, eine dieser Curven giebt dann den Weg für die Weiterbewegung an, welche sich ganz anders gestaltet als vor dem Anstofs. Das Gleichgewicht bei einer reinen Drehung um die mittlere Haupträgheitsaxe ist also ein labiles.

§ 69. Coordinatenwahl. Cardanische Aufhängung.

Nach diesen vorbereitenden Betrachtungen wollen wir nun die Theorie der Bewegung eines starren Körpers um einen festen Punkt für gewisse, besonders wichtige Fälle in exacter Form durchführen, und müssen uns zu diesem Zwecke zunächst nach geeigneten Coordinaten umsehen, welche jede mögliche Stellung des Körpers vollständig anzugeben geeignet sind. Es werden auf jeden Fall dazu drei Angaben, entsprechend der Anzahl der Freiheitsgrade, erforderlich und ausreichend sein, welche man noch in verschiedener Weise wählen kann. Legt man z. B. durch den festen Drehpunkt drei auf einander senkrechte, im Raume festliegende Coordinatebenen, so kann man jede Lage des Körpers dadurch fixiren, dafs man die Orte zweier im Körper bezeichneter Punkte angiebt, welche nicht mit dem Drehpunkt in einer geraden Linie liegen. Das erfordert für jeden Punkt drei, zusammen also sechs Coordinatenbestimmungen, welche aber nicht unabhängig von einander sind, sondern verbunden durch die drei Relationen, welche aussagen, dafs die Abstände der beiden bezeichneten Punkte sowohl von einander, als auch vom Drehpunkt unveränderlich vorgeschrieben sind; thatsächlich bleiben also nur drei unabhängige Variabele. Eine andere häufiger gebrauchte Art von Bestimmungsstücken findet man dadurch, dafs man aufser dem im Raume festliegenden cartesischen Coordinatensystem auch noch ein in dem Körper befestigtes System von drei auf einander senkrechten Axen sich vorstellt. Sehr geeignet sind dazu die Axen der drei Haupträgheitsmomente. Jede dieser Hauptaxen bildet bei beliebiger Stellung des Körpers mit den drei Coordinatrichtungen drei Winkel. Die Lage des Körpers ist bestimmt durch die neun Winkel, welche die drei Hauptträgheitsaxen mit den Coordinatenaxen bilden. Zwischen den Cosinus dieser neun Winkel bestehen aber sechs bekannte Relationen; unabhängig bleiben auch bei dieser Art von Coordinaten nur drei Stücke. Es wird häufig unbequem, mit einer gröfseren Zahl von Variabeln zu rechnen, als bei der Gebundenheit des Systems erforderlich sind, weil man dabei immer nebenbei die festen Relationen beachten mufs; wenn man anderseits nach Willkür einige dieser ganz gleichberechtigten Abmessungen mit Hülfe der Relationen eliminirt, so werden die mathematischen Ausdrücke dadurch unsymmetrisch und weniger übersichtlich. Das sind Uebelstände solcher zum Theil von einander abhängiger Coordinaten.

Wir wollen hier für unseren drehbaren Körper drei besonders geeignete unabhängige Coordinaten einführen, deren Bedeutung man sich am leichtesten veranschaulichen kann bei der Betrachtung der sogenannten cardanischen Aufhängung, der vollkommensten Einrichtung, um in irdischen Verhältnissen einen Körper frei drehbar um einen festen Punkt in seinem Innern zu machen. In Fig. 20 ist die Construction der Aufhängung schematisch dargestellt. Der Körper ist dort als abgeplattetes Rotationsellipsoid gezeichnet, doch ist diese Besonderheit zunächst bei der Aufstellung der Coordinaten nicht wesentlich. Die Axe des gröfsten Trägheitsmomentes, AA, ist als Drehungsaxe mit zwei spitzen Enden versehen und läuft reibungslos in zwei conischen Axenlagern, welche einander diametral gegenüber in einem starren Ringe I eingesetzt sind. (Alle rein technischen Einzelheiten, wie Stellschrauben, Axenlager u. s. w. sind in der Figur weggelassen.) Der Ring I selbst, mit dem von ihm gehaltenen Körper, ist wiederum drehbar um eine Axe BB, welche senkrecht zur Axe AA in der Ringebene festgelegt ist. Der Ring I besitzt zu diesem Zwecke an der Aussenseite seiner Peripherie zwei Spitzen, deren Lager in einem zweiten etwas weiteren Ringe II einander gegenüberstehen. Dieser Ring II ist endlich mittelst Spitzen drehbar um eine absolut festliegende Axe FF, welche in der Ebene II senkrecht auf der Axe BB steht. Der dritte Ring III, welcher die Axenlager der Axe FF tragen soll, ist unbeweglich und bestimmt dadurch eine feste Ebene, welche in der Figur als Ebene des Papiers gedacht ist. Folglich liegt auch FF in der Papierebene und zwar ist diese Axe vertical angenommen. Die Axe BB mufs daher stets horizontal liegen und wird im Allgemeinen aus der Ebene des Papieres heraustreten.

Bei dieser Art der Befestigung des Körpers wird der gemeinsame Durchschnittspunkt O der drei Axen A, B und F, welcher ein
bestimmter Punkt des Körpers (bei richtiger Justirung des Apparates
der Schwerpunkt) ist, unverschiebbar festgelegt; im Uebrigen ist aber
der Körper, wie man leicht durchschaut, noch um jede beliebig
gerichtete Axe drehbar und in jede gewünschte Stellung zu
bringen. Eine Stellung des Körpers ist nun fest definirt, wenn
erstens die Lage des Körpers im Ringe I, zweitens die Lage des

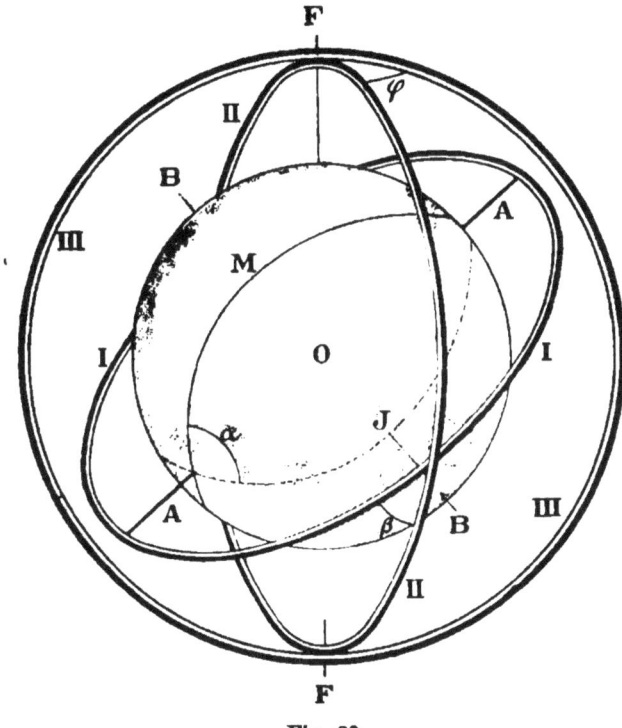

Fig. 20.

Ringes I im Ringe II, und endlich die Lage des Ringes II im feststehenden Ringe III angegeben ist. Wir denken nun auf der Oberfläche des Körpers einen bestimmten Meridian bezeichnet, welcher
eine besondere durch die Axe AA gelegte Schnittebene in dem
Körper festlegt; in Fig. 20 soll AMA diesen Meridian vorstellen.
Die Ebene des Ringes I schneidet den Körper in einem anderen
Meridian von veränderlicher Lage im Körper, dieser sei durch die
gestrichelte Linie AJA angedeutet. Sobald man den Längenwinkel α
zwischen diesen beiden Meridianen kennt, ist die Lage des Körpers

gegen den Ring I bestimmt. Der Winkel zwischen den Ebenen I und II, die sich längs der BB-Axe durchschneiden, ist durch β bezeichnet, er bestimmt die Lage des ersten Kreises im zweiten. Der Ebenenwinkel, unter welchem sich die Ebenen II und III längs der FF-Axe durchschneiden, soll φ heifsen, er bestimmt die Lage des Ringes II gegen den im Raume festen Ring III. Also sind die drei Winkel α, β, φ unabhängige und ausreichende Coordinaten des um den Punkt 0 drehbaren Körpers. Selbstverständlich mufs man die Nullstellungen und den Drehungssinn, in welchem die Winkel positiv gerechnet werden sollen, im Voraus festsetzen, um Zweideutigkeiten zu vermeiden.

§ 70. Ausdruck der lebendigen Kraft für einen Körper mit zwei gleichen Hauptträgheitsmomenten.

Es soll nun die vereinfachende Annahme gemacht werden, dafs der Körper senkrecht zur Axe AA, also zum Hauptträgheitsmoment $\mathfrak{A}$ zwei gleiche Hauptträgheitsmomente besitze, dafs also $\mathfrak{C} = \mathfrak{B}$ sei. Das schon in § 46 betrachtete Trägheitsellipsoid ist dann ein Rotationsellipsoid, daraus folgt, dafs die Trägheitsmomente um alle zur Polaraxe AA senkrechten, äquatorealen Axen die gleiche Gröfse $\mathfrak{B}$ besitzen. Der Körper selbst braucht deshalb nicht nothwendig ein drehrunder zu sein, die gleiche Eigenschaft kommt noch mannigfachen anderen Körperformen zu, z. B. auch jeder geraden Säule, deren Querschnitt ein reguläres Polygon, etwa ein Quadrat ist. Indessen wird es die allgemeinere Gültigkeit der folgenden Betrachtungen nicht beeinträchtigen, wenn wir uns von nun an den Körper als ein abgeplattetes Rotationsellipsoid vorstellen, wie dies bereits in Fig. 20 geschehen ist.

Da die drei Winkel α, β, φ die Lage des Körpers vollständig bestimmen, so mufs der Bewegungszustand zu jeder Zeit angegeben werden durch die Aenderungsgeschwindigkeiten dieser Coordinaten, d. h. durch die drei Winkelgeschwindigkeits-Componenten:

$$\frac{d\alpha}{dt} = \alpha', \qquad \frac{d\beta}{dt} = \beta', \qquad \frac{d\varphi}{dt} = \varphi'.$$

Die Axen der Drehungen α' und β' stehen immer senkrecht auf einander, ebenso die Axen von β' und φ', dagegen bilden die Axen von α' und φ' den veränderlichen Winkel β mit einander; dies kann man direct aus Fig. 20 ablesen. Wir können also jetzt die gesammte lebendige Kraft der resultirenden Drehung nicht so

einfach zusammensetzen, wie dies in Gleichung (176) für die drei
auf einander senkrechten Componenten α', β', γ' möglich war. Zur
Auffindung des Ausdruckes der lebendigen Kraft kann man zwei
äufserlich etwas verschiedene Wege einschlagen. Der erste Weg
bedient sich der fertigen Formel (176), verlangt also, dafs wir drei
auf einander senkrechte Drehungscomponenten auffinden. Dies geschieht dadurch, dafs man die Drehung φ' zerlegt in eine Componente um die Axe AA und eine zweite darauf senkrechte um
diejenige äquatoreale Axe, welche in der durch AA und FF fixirten
Verticalebene liegt. Erstere giebt die Winkelgeschwindigkeit $\varphi' \cdot \cos \beta$,
welche sich algebraisch mit α' zu der Summe $(\alpha' + \varphi' \cdot \cos \beta)$ vereinigt, letztere giebt $\varphi' \cdot \sin \beta$, in der dritten Richtung bleibt β'
bestehen; zu beiden letzteren Drehungen gehören Trägheitsmomente
von der Gröfse $\mathfrak{B}$, zur ersteren gehört $\mathfrak{A}$. Der doppelte Werth der
lebendigen Kraft setzt sich daraus nach Gleichung (176) folgender-
mafsen zusammen:

$$2L = \mathfrak{A} \cdot (\alpha' + \varphi' \cos \beta)^2 + \mathfrak{B} \cdot \beta'^2 + \mathfrak{B} \cdot \varphi'^2 \sin^2 \beta . \tag{181}$$

Der andere Weg folgt demselben Gedankengang, welcher uns
zur Aufstellung von Gleichung (176) führte; man hat danach erstens
aus α', β' und φ' die resultirende Drehung zu bestimmen, und dann
das Trägheitsmoment für diese schräg gelegene resultirende Drehungsaxe zu bilden. Zunächst bilden wir die geometrische Summe ψ'
der beiden Vectoren α' und φ', welche den Winkel β einschliefsen.
Diese ist nach einem bekannten trigonometrischen Satze direct aus
Fig. 21a (a. folg. S.) abzulesen; man findet:

$$\psi'^2 = \alpha'^2 + \varphi'^2 + 2\alpha' \varphi' \cos \beta .$$

Der Winkel ε, welchen die Axe der Drehung ψ' mit der Axe
von α' einschliefst, wird bestimmt durch

$$\sin \varepsilon = \frac{\varphi'}{\psi'} \sin \beta ,$$

woraus unter Benutzung des vorstehenden Ausdrucks für ψ'^2 folgt:

$$\cos \varepsilon = \frac{\alpha' + \varphi' \cdot \cos \beta}{\psi'} .$$

Zu ψ' tritt nun noch die darauf senkrechte Componente β' hinzu.
Die Gesammtresultante σ' ist also gegeben durch die Gleichung:

$$\sigma'^2 = \psi'^2 + \beta'^2 = \alpha'^2 + \beta'^2 + \varphi'^2 + 2\alpha' \varphi' \cdot \cos \beta .$$

Der Winkel η zwischen den Axen von ψ' und σ' wird bestimmt durch

$$\cos \eta = \frac{\psi'}{\sigma'}.$$

Aus ε und η läfst sich nun der Winkel ϑ berechnen, um welchen die zu σ' gehörende resultirende Drehungsaxe von der

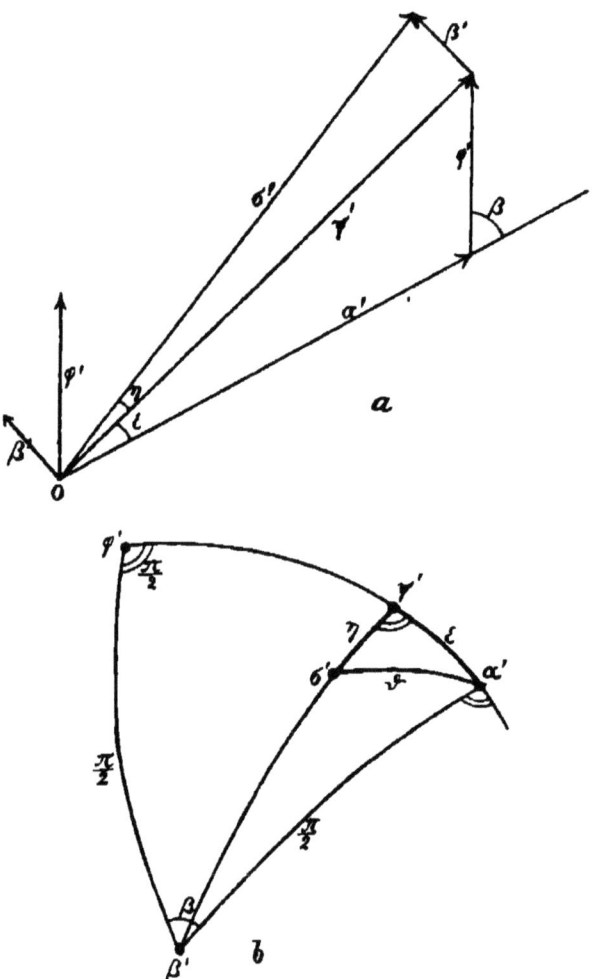

Fig. 21 a und b.

Polaraxe der Drehung α' abweicht. Nämlich die drei Bögen ε, η und ϑ bilden auf einer um den festen Drehpunkt geschlagenen Kugelfläche die Seiten eines rechtwinkeligen sphärischen Dreieckes, welches in Fig. 21b nebst anderen die Figur bestimmenden Elementen gezeichnet und durch stärkere Umrandung hervorgehoben ist; der rechte Winkel liegt zwischen den Seiten s und η am Durchstich der Axe von ψ'. Nach einer bekannten sphärischen Formel ist dann:

$$\cos \vartheta = \cos s \cdot \cos \eta ,$$

also nach den beiden vorstehenden Ausdrücken für $\cos s$ und $\cos \eta$:

$$\cos \vartheta = \frac{\alpha' + \varphi' \cdot \cos \beta}{\sigma'} .$$

Hieraus folgt noch unter Benutzung des Werthes für σ'^2

$$\sin^2 \vartheta = \frac{\beta'^2 + \varphi'^2 \sin^2 \beta}{\sigma'^2} .$$

Das Trägheitsmoment $\mathfrak{S}$ um die resultirende Drehungsaxe findet man nun nach der schon in Gleichung (107b) (Seite 178) gegebenen Regel, welche sich für $\mathfrak{C} = \mathfrak{B}$ noch vereinfacht:

$$\mathfrak{S} = \mathfrak{A} \cos^2 \vartheta + \mathfrak{B} \sin^2 \vartheta ,$$

also nach den eben entwickelten Ausdrücken für $\cos \vartheta$ und $\sin \vartheta$:

$$\mathfrak{S} = \mathfrak{A} \frac{(\alpha' + \varphi' \cdot \cos \beta)^2}{\sigma'^2} + \mathfrak{B} \frac{\beta'^2 + \varphi'^2 \sin^2 \beta}{\sigma'^2} .$$

Die doppelte lebendige Kraft der Rotation ist nun

$$2 L = \mathfrak{S} \cdot \sigma'^2 ,$$

das heißt:

$$2 L = \mathfrak{A} \cdot (\alpha' + \varphi' \cdot \cos \beta)^2 + \mathfrak{B} \cdot (\beta'^2 + \varphi'^2 \sin^2 \beta). \qquad (181)^*$$

Dieser Ausdruck stimmt mit dem auf die andere Art gefundenen, Gleichung (181) überein; die Berechnung wurde auch in der zweiten Weise durchgeführt, weil sie ein gutes Beispiel für die geometrische Addition auch schief zu einander stehender Rotationen bildet.

Es ist bei den Betrachtungen dieses Paragraphen stillschweigend die Voraussetzung gemacht, daß den beweglichen Ringen der cardanischen Aufhängung keine merkliche Trägheit, also bei ihrer Drehung auch keine lebendige Kraft zukommt. Wenn der rotirende Körper ein verhältnismäßig großes Trägheitsmoment besitzt und die Ringe so leicht wie möglich gearbeitet sind, kann man sich diese

Vereinfachung auch meistens gestatten, namentlich in solchen Fällen, wo die Rotation α' die schnellste ist, während die Ringe nur langsame Drehungen ausführen. Wir wollen uns hier und im Folgenden um die Massen der Ringe nicht weiter bekümmern.

§ 71. Ableitung der Differentialgleichungen für den Fall, dafs keine äufseren Kräfte auf den Körper wirken.

Wenn der durch die cardanische Aufhängung festgelegte Drehpunkt der Schwerpunkt des Körpers ist, so mufs dieser bei allen möglichen Drehbewegungen die gleiche Höhenlage behalten; die potentielle Energie der Schwerkraft, welche gleich dem Product aus dem Gewicht des Körpers und der Höhe seines Schwerpunktes ist, bleibt daher bei jeder Bewegung constant, die Schwere kann also bei diesen Bewegungen keine Arbeit leisten, es ist ihr jeder Einflufs auf den Körper entzogen, die statischen Momente, welche von der Schwere der einzelnen Massentheilchen des Körpers herrühren, vernichten sich in ihrer Summe für jede Stellung, der Körper ist der Schwerkraft gegenüber im indifferenten Gleichgewicht, er bewegt sich, als ob die Schwerkraft gar nicht vorhanden wäre. Wir wollen nun diese Bedingung als erfüllt ansehen und ferner annehmen, dafs auch keine anderen äufseren Kräfte wirken, die potentielle Energie Φ ist dann als eine Constante zu behandeln, ihre partiellen Differentialquotienten nach den unabhängigen Coordinaten sind einzeln gleich Null zu setzen, gleichwie auch für jede mögliche virtuelle Verschiebung die Variation $\delta\,\Phi = 0$ sein mufs. Das HAMILTON'sche Princip nimmt für diesen Fall die Gestalt an:

$$\delta \int_{t_0}^{t_1} L\,.\,d\,t = 0. \tag{182}$$

Die lebendige Kraft L haben wir im vorigen Paragraphen als homogene quadratische Function der Geschwindigkeiten $\alpha'\,\beta'\,\varphi'$ mit Coefficienten, die von α, β, φ abhängen, aufgestellt. Wir könnten also aus der vorstehenden Form des Princips die Differentialgleichungen der Bewegungen herauslesen, indem wir erst α allein, dann β allein und endlich φ allein variiren, dabei würden die Variationen der Geschwindigkeiten $\delta\,\alpha'$, $\delta\,\beta'$, $\delta\,\varphi'$ gleich den Differentialquotienten der Variationen der Coordinaten zu setzen, und diese Differentialquotienten durch partielle Integration in $\delta\,\alpha$, $\delta\,\beta$, $\delta\,\varphi$ zu verwandeln sein. Indessen haben wir diese Umformungen des HAMILTON'schen

Integrals bereits für den ganz allgemeinen Fall durchgeführt in § 65; wir können uns deshalb hier direct der dort abgeleiteten Resultate bedienen, nämlich der in Gleichung (175) aufgestellten LAGRANGE'schen Differentialgleichungen. Diese Gleichungen nehmen für constantes Φ die einfachere Form an

$$- \frac{\partial L}{\partial p_a} + \frac{d}{dt} \left(\frac{\partial L}{\partial q_a} \right) = 0. \tag{182a}$$

Die p_a sind in unserem Falle die drei Winkel α, β, φ, die q_a sind die Winkelgeschwindigkeiten α', β', φ'. Von den Coordinaten selbst kommt in dem gefundenen Ausdruck für L (Gleichung 181 oder 181*) nur β vor, α und φ fehlen. Man findet nach den Regeln der Differentialrechnung die drei $- \partial L / \partial p_a$:

$$- \frac{\partial L}{\partial \alpha} = 0$$

$$- \frac{\partial L}{\partial \varphi} = 0$$

$$- \frac{\partial L}{\partial \beta} = \mathfrak{A} . (\alpha' + \varphi' \cos \beta) . \varphi' \sin \beta - \mathfrak{B} . \varphi'^2 \sin \beta \cos \beta.$$

Die drei $\partial L / \partial q_a$ werden:

$$\frac{\partial L}{\partial \alpha'} = \mathfrak{A} . (\alpha' + \varphi' \cos \beta)$$

$$\frac{\partial L}{\partial \varphi'} = \mathfrak{A} . (\alpha' + \varphi' \cos \beta) . \cos \beta + \mathfrak{B} . \varphi' . \sin^2 \beta$$

$$\frac{\partial L}{\partial \beta'} = \mathfrak{B} . \beta'.$$

Aus diesen Daten setzen sich nun nach Gleichung (182a) die für das Problem geltenden Differentialgleichungen der Bewegung folgendermaßen zusammen:

$$\frac{d}{dt} \left\{ \mathfrak{A} . (\alpha' + \varphi' \cos \beta) \right\} = 0 \tag{183α}$$

$$\frac{d}{dt} \left\{ \mathfrak{A} . (\alpha' + \varphi' \cos \beta) . \cos \beta + \mathfrak{B} . \varphi' . \sin^2 \beta \right\} = 0 \tag{183φ}$$

$$\mathfrak{A} . (\alpha' + \varphi' \cos \beta) . \varphi' . \sin \beta - \mathfrak{B} . \varphi'^2 \sin \beta \cos \beta + \frac{d}{dt} \left\{ \mathfrak{B} . \beta' \right\} = 0. \tag{183β}$$

Die kurze und mühelose Rechnung, welche uns von dem Ausdruck der lebendigen Kraft zu diesen Differentialgleichungen geführt hat, zeigt deutlich den grofsen Nutzen, welchen die Lagrange'schen Gleichungen oder das im Wesentlichen damit identische Hamilton'sche Princip in solchen Fällen gewähren, wo in Folge von inneren Bindungen im System die cartesischen Coordinaten nicht unabhängig von einander bleiben, und deshalb die Einführung anderer Abmessungen, welche durch die Bindungen nicht unfrei werden, zu einfacheren Darstellungen führt. Hätten wir das d'Alembert'sche Princip oder die erste Form der Lagrange'schen Differentialgleichungen angewendet, so hätten wir eine weit umständlichere Reihe von Umformungen unter steter Berücksichtigung der Schaar von Bedingungsgleichungen durchführen müssen, um schliefslich zu denselben Differentialgleichungen zu kommen.

§ 72. Eine besonders einfache Form der Bewegung.

Die soeben abgeleiteten drei Differentialgleichungen (183) bilden die vollständige Grundlage für die Berechnung der möglichen Bewegungen eines um seinen Schwerpunkt frei beweglichen Körpers mit zwei gleichen Hauptträgheitsmomenten $\mathfrak{B}$ bei Abwesenheit äufserer Kräfte. Der Anfangszustand, aus welchem sich die nachfolgende Bewegung auf Grund jener Differentialgleichungen entwickelt, wird definirt durch die Angabe einer bestimmten Rotation. Dazu gehört erstens die Angabe der Lage der Rotationsaxe sowohl im Körper wie im Raume und zweitens die Angabe der Rotationsgeschwindigkeit um diese Axe. Diese Anfangsdaten werden geliefert, wenn man für die Zeit $t = 0$ die Werthe von α, β, φ und von α', β', φ' feststellt. Die Integration läfst sich in jedem Falle durch goniometrische Functionen ausführen und liefert im Ganzen sechs Integrationsconstanten, welche man dem Anfangszustand anzupassen hat. Hier soll der allgemeine Fall nicht durchgeführt werden, es mögen nur einige Bemerkungen über denselben Platz finden.

Zwei Integrationsconstanten kann man unmittelbar ablesen; da nämlich in den ersten beiden Differentialgleichungen je ein zeitlicher Differentialquotient gleich Null gesetzt wird, so müssen die beiden in geschweifte Klammern eingeschlossenen Ausdrücke constante Werthe bewahren:

$$\left.\begin{array}{l} \mathfrak{A} \cdot (\alpha' + \varphi' \cos \beta) = R_1 \\ \mathfrak{A} \cdot (\alpha' + \varphi' \cos \beta) \cos \beta + \mathfrak{B} \cdot \varphi' \sin^2 \beta = R_2. \end{array}\right\} \quad (184)$$

Aus diesen beiden Gleichungen folgt noch

$$R_1 \cos \beta + \mathfrak{B} \cdot \varphi' \cdot \sin^2 \beta = R_2. \tag{184a}$$

Die Constanten R_1 und R_2 werden bestimmt, indem man in den linken Seiten die Anfangswerthe von α', φ' und β einsetzt. Mit Hülfe dieser beiden Integrale kann man α' und φ' durch β und constante Gröfsen ausdrücken und diese Ausdrücke in die dritte Differentialgleichung (183 β) einsetzen, welche dadurch zu einer reinen Differentialgleichung zweiter Ordnung für β wird. Eine erste Integration dieser Gleichung kann man durch Erweiterung mit dem integrirenden Factor $\beta' = d\beta / dt$ ermöglichen (es ist das derselbe Kunstgriff, den wir bereits auf Seite 60 bei der Lösung eines einfacheren Problems anwendeten). Das Resultat ist die Darstellung von β'^2 als Function von β, additiv behaftet mit einer dritten Integrationsconstante, welche durch die Anfangswerthe von β' und β einen festen Betrag erhält. Die zweite Integration ist dann eine einfache Quadratur, welche zunächst die Zeit als eine Arcusfunction von $\cos \beta$ liefert, dann aber umgekehrt auch β als Function der Zeit erkennen läfst. Nachdem diese gefunden ist, kann man mit Hülfe der Gleichungen (184) auch α' und φ' durch die Zeit darstellen. Das Interesse an der Frage ist damit oft befriedigt, da die Winkel α und φ selbst von geringer Bedeutung sind. Man kann aber auch, wo es gefordert wird, diese letzten Integrale aufsuchen.

In dieser Weise liefse sich also der allgemeine Fall behandeln. Wir wollen uns hier nur die besondere Frage vorlegen, welche Bewegungen möglich sind bei constantem Winkel β. Solche Bewegungen würden darin bestehen, dafs der Körper, welcher in Fig. 20 dargestellt war, um seine Axe AA rotirt, während vielleicht diese Axe noch den Mantel eines Kreiskegels um die Axe FF beschreibt, während aber die Ringe I und II ihre gegenseitige Stellung dabei nicht ändern. Es ist klar, dafs eine solche besonders einfache Form der Bewegung bestimmte Beschränkungen in der Wahl des Anfangszustandes erfordert; wir wollen jetzt voraussetzen, dafs eine derartige Bewegung eingeleitet worden sei. In der dritten Differentialgleichung (183 β) mufs dann der an letzter Stelle stehende Term $d\{\mathfrak{B} \cdot \beta'\}/dt$ zu allen Zeiten verschwinden, diese Gleichung gewinnt dadurch, etwas anders angeordnet, folgende Gestalt:

$$\mathfrak{A} \cdot \alpha' \cdot \varphi' \cdot \sin \beta + (\mathfrak{A} - \mathfrak{B}) \cdot \varphi'^2 \cdot \sin \beta \cdot \cos \beta = 0. \tag{185}$$

Wenn wir nun, um φ'^2 zu isoliren, diese Gleichung durch $(\mathfrak{A} - \mathfrak{B}) \cdot \sin \beta \cdot \cos \beta$ dividiren und die rechte Seite dann wieder

gleich Null setzen, so liegen darin die drei Voraussetzungen, daſs
weder ($\mathfrak{A} - \mathfrak{B}$) noch $\sin \beta$ noch $\cos \beta$ gleich Null sind, anderenfalls
wäre dieser Schritt nicht zulässig. Wir müssen also annehmen, daſs
erstens das polare Trägheitsmoment $\mathfrak{A}$ verschieden ist von den
äquatorealen Trägheitsmomenten $\mathfrak{B}$, und daſs zweitens β weder 0
noch $\pi/2$, noch π, noch $3\pi/2$ etc., sondern ein wesentlich spitzer
oder stumpfer Winkel ist. Wir wollen diese Beschränkungen als
erfüllt ansehen; die dadurch ausgeschlossenen Verhältnisse bilden
singuläre Fälle von groſser Einfachheit der Erscheinungen, die uns
hier nicht interessiren. Nach Ausführung der bezeichneten Division
und Absonderung des einen Factors φ' erhält man:

$$\varphi' \cdot \left(\varphi' + \frac{\mathfrak{A} \cdot \alpha'}{(\mathfrak{A} - \mathfrak{B}) \cos \beta} \right) = 0. \tag{186}$$

Diese Gleichung wird erfüllt, wenn zu allen Zeiten

$$\varphi' = 0 \tag{186a}$$

oder

$$\varphi' = - \frac{\mathfrak{A} \alpha'}{(\mathfrak{A} - \mathfrak{B}) \cos \beta} \tag{186b}$$

ist. Der erste Fall $\varphi' = 0$ stellt die gleichförmige Rotation des
Körpers um die feststehende Polaraxe AA dar; die Gelenkigkeit der
cardanischen Aufhängung wird dabei gar nicht beansprucht, beide
bewegliche Ringe stehen dabei still in der Lage, welche der Anfangsstellung der Rotationsaxe AA entsprechen. Daſs die Winkelgeschwindigkeit α' in diesem Falle constant sein muſs, bedarf kaum
eines besonderen Nachweises, da die Erhaltung der lebendigen Kraft
sowohl wie des Hauptrotationsmomentes diese Constanz fordern,
ausdrücklich folgt sie aus der ersten der Gleichungen (184), welche
für $\varphi' = 0$ übergeht in $\mathfrak{A} \alpha' = R_1$.

Es war von vornherein zu erwarten, daſs dieser Fall in der
Lösung der Aufgabe enthalten sein würde, denn $\mathfrak{A}$ ist entweder das
gröſste oder auch das kleinste Trägheitsmoment des Körpers; die
Stabilität der Rotation um die unveränderte Axenrichtung eines
dieser beiden Momente hatten wir bereits früher eingesehen.
Weniger selbstverständlich erscheint der zweite Fall, in welchem
eine ganz bestimmte Drehungsgeschwindigkeit φ' als Bedingung
dafür auftritt, daſs der Winkel β unverändert bleibe. In dem Ausdruck (186b) bedeutet das negative Vorzeichen, daſs die Drehung φ'
im entgegengesetzten Sinne stattfindet, wie die Drehung α', dabei
muſs man aber beide Drehungen von derselben Seite aus betrachten,

das Auge also nach einander in die beiden Verlängerungen derjenigen beiden Axenrichtungen halten, welche den Winkel β einschliefsen. Dreht sich z. B. der Körper in Fig. 20, von rechts oben
betrachtet, im Sinne des Uhrzeigers um die Axe AA, so mufs
sich der Ring II, vertical von oben betrachtet, entgegengesetzt dem
Uhrzeiger um die Axe FF drehen. Ferner erkennt man, dafs die
Geschwindigkeit φ' direct proportional der Geschwindigkeit α' ist
und zwar ist der Proportionalitätsfactor $\mathfrak{A}/(\mathfrak{A}-\mathfrak{B})\cos\beta$ stets gröfser
als 1, die Drehung φ' ist also eine schnellere als die Drehung α'.
Wenn der Winkel β klein ist, so wird $\cos\beta$ nahezu gleich 1, die
Geschwindigkeit φ' wird dann unabhängig von dem kleinen Winkel β.
Man kann derartige Bewegungen häufig beobachten bei Kreiseln,
welche auf einer horizontalen Unterlage schnell umlaufen. Steht die
Kreiselaxe vertical, so bleibt sie feststehend; führt man dann einen
leisen Schlag von der Seite her gegen das obere Ende, so kann
man hinterher beobachten, wie das obere Axenende sehr schnell
einen kleinen Kreis, die ganze Axe also einen sehr spitzen Kreiskegel durchläuft. Wenn die Drehungsgeschwindigkeit des Kreisels
um die stillstehende verticale Haupträgheitsaxe vor dem Stofse
gleich α'_1 war, so tritt nach dem Stofse an deren Stelle erstens
eine Drehung

$$\varphi'_2 = \frac{\mathfrak{A}}{\mathfrak{B}} \cdot \alpha'_1, \tag{187}$$

welche die Symmetrieaxe des Kreisels den spitzen Kegel um die
verticale Richtung beschreiben läfst, und zweitens eine rückläufige
Drehung

$$\alpha'_2 = - \frac{\mathfrak{A} - \mathfrak{B}}{\mathfrak{B}} \alpha'_1, \tag{187a}$$

welche der Kreisel um seine Symmetrieaxe ausführt. Die angeführten
Werthe sind nur dann als richtig anzunehmen, wenn der Stofs so
gering war, dafs weder die lebendige Kraft noch das Rotationsmoment merklich dadurch verändert wurde, wenn also auch der
Ablenkungswinkel β der Symmetrieaxe aus der Verticalen so klein
geblieben ist, dafs höhere Potenzen von β vernachlässigt werden
dürfen. Man überzeugt sich leicht, dafs sowohl die Bedingung
(186b) zwischen φ'_2 und α'_2 erfüllt ist, so lange man $\cos\beta=1$ setzen
darf, als auch davon, dafs unter der gleichen Beschränkung die
kinetische Energie und das Hauptrotationsmoment vor und nach dem
Stofse bis auf unendlich kleine Gröfsen dieselben geblieben sind.

Das Phänomen einer Kreiselbewegung mit sehr schnell vibrirender Symmetrieaxe steht also mit unserer Theorie im Einklang.

Man kann auch bei beliebiger Größe des Winkels β derartige Bewegungen hervorrufen, wenn man dem Körper nur den geeigneten Anfangszustand zu ertheilen vermag, was experimentell nicht leicht ist. Man muß zu dem Zwecke dem in cardanischer Befestigung aufgehängten Körper einerseits eine bestimmte Rotationsgeschwindigkeit um seine Hauptaxe AA beibringen, die wir α'_0 nennen wollen und gleichzeitig noch eine schnellere rückläufige Drehung um die Axe FF, deren Geschwindigkeit φ'_0 in ganz bestimmter Weise dem Anfangswinkel β_0, unter welchem man die Hauptaxe A gegen die feste Axe F eingestellt hat, angepasst werden muß. Es muß nämlich gewählt werden

$$\varphi'_0 = -\frac{\mathfrak{A}\,\alpha'_0}{(\mathfrak{A} - \mathfrak{B})\cos\beta_0}. \tag{188}$$

Dagegen darf man dem inneren Ringe keine Drehung gegen den äußeren geben, also

$$\beta'_0 = 0. \tag{188a}$$

Setzt man diese Anfangswerthe α'_0, φ'_0 und β_0 in die dritte Differentialgleichung (183β) ein, so überzeugt man sich leicht, daß auf der linken Seite alle Glieder bis auf den Differentialquotient von $\mathfrak{B}.\beta'$ fortfallen; da die rechte Seite gleich Null ist, muß also die aus dem vorgeschriebenen Anfangszustand folgende Bewegung in der Weise beginnen, daß sich dabei β' nicht verändert. Zu Anfang war aber $\beta'_0 = 0$. Die Bewegung wird also zunächst bei ungeändertem Winkel $\beta = \beta_0$ ablaufen. Deshalb werden auch (nach Gleichungen 184 und 184a) α' und φ' unverändert ihre Anfangswerthe bewahren, es werden sich in der dritten Differentialgleichung auch fernerhin alle Glieder bis auf das letzte vernichten, so daß immer $d\beta'/dt = 0$ bleibt. Wir erhalten also aus dem gewählten Anfangszustande thatsächlich eine solche Bewegung, bei welcher die Axe AA fortdauernd mit großer rückläufiger Geschwindigkeit einen festen Kreiskegel um die Axe FF durchläuft.

§ 73. Wirkung conservativer Kräfte.

Es sollen nun die Differentialgleichungen des Kreiselproblems in der Weise erweitert werden, daß sie auch solche Fälle umfassen, in denen äußere Kräfte auf den rotirenden Körper ausgeübt werden. Das HAMILTON'sche Princip oder die LAGRANGE'schen Bewegungs-

gleichungen führen auch hier sofort zum Ziele, sobald es gelungen
ist, die den Kräften zugehörende potentielle Energie Φ des Körpers
als Function der Coordinaten α, φ, β aufzustellen. Man braucht
dann zu den bereits gebildeten drei Differentialgleichungen (183),
welche aus dem Schema (182a) hervorgingen, nur die entsprechenden
Terme $\partial \Phi / \partial p_a$ auf den linken Seiten hinzuzufügen, also zur ersten
$\partial \Phi / \partial \alpha$, zur zweiten $\partial \Phi / \partial \varphi$ und zur letzten $\partial \Phi / \partial \beta$, und man
hat den gewünschten Ansatz für die Rechnung.

Als erstes Beispiel wollen wir die Wirkung der Schwere auf
eine schrägstehende Drehungsaxe untersuchen. Unser Körper ist in
der cardanischen Aufhängung den Einflüssen der Schwere völlig entzogen, wie wir bereits früher erkannt haben; man kann aber einen
solchen Einfluß wiederherstellen, indem man den Ring I an irgend
einer Stelle belastet. Wir wollen annehmen, es sei bei dem in
Fig. 20 nach rechts oben gewendeten Ende der Axe $A A$ auf dem
Ring I eine kleine Masse m befestigt worden, welche das Gleichgewicht des sonst sorgfältig justirten Apparates stört. Besitzt der
Körper keine Rotationsgeschwindigkeit, so wird eine Bewegung des
Systems eintreten, bei welcher die Masse m auf einem verticalen
Kreisbogen ihre tiefste Lage aufsucht und um diese Lage Pendelschwingungen ausführt. Das davon völlig abweichende Verhalten
des Körpers, im Falle er in schneller Rotation begriffen ist, wollen
wir nun aufsuchen. Die potentielle Energie der Schwerkraft setzt sich
zusammen aus einem unveränderlichen Theile, der sich auf den Dreh-
körper inclusive Ringsystem bezieht, und einem variabelen Theile,
der in bekannter Weise von der Höhenlage der Masse m abhängt.
Da wir nur die Differentialquotienten von Φ brauchen, interessirt
uns allein der letztere Theil. Die Höhenlage der in ihrem Schwerpunkt concentrirt gedachten Masse m werde von der durch den
festen Drehpunkt gelegten Horizontalebene aus gemessen. Bezeichnen
wir den Radius des Ringes (oder genauer den Abstand des Massenpunktes m vom Drehpunkt) mit a, so ist bei einer Neigung der
Axe um den Winkel β die Höhe über (resp. unter) der Mittelebene
$a \cdot \cos \beta$, mithin die potentielle Energie

$$\Phi = m \cdot g \cdot a \cdot \cos \beta = C \cos \beta, \qquad (189)$$

dabei bedeutet g das Maß der Schwere, das constante Product
$m \cdot g \cdot a$ werde der Kürze halber durch C bezeichnet.

Da die potentielle Energie in diesem Beispiel nur von der einen
der drei Coordinaten, nämlich β, abhängt, bleiben die beiden ersten

Differentialgleichungen (188 α und φ) unverändert, nur zur letzten ist auf der linken Seite hinzuzufügen:

$$\frac{\partial \Phi}{\partial \beta} = - C \sin \beta . \qquad (189\,\text{a})$$

Die drei Differentialgleichungen, welche die Bewegungen beherrschen, sind daher:

$$\frac{d}{dt} \left\{ \mathfrak{A}(\alpha' + \varphi' \cos \beta) \right\} = 0 \qquad (190\,\alpha)$$

$$\frac{d}{dt} \left\{ \mathfrak{A}(\alpha' + \varphi' \cos \beta) \cos \beta + \mathfrak{B}\, \varphi' \sin^2 \beta \right\} = 0 \qquad (190\,\varphi)$$

$$- C \sin\beta + \mathfrak{A}(\alpha' + \varphi' \cos\beta)\varphi' \sin\beta - \mathfrak{B}\, \varphi'^{\,2} \sin\beta \cos\beta + \mathfrak{B} . \beta'' = 0. \qquad (190\,\beta)$$

In der letzten Gleichung ist dabei $\frac{d}{dt} \left\{ \mathfrak{B}\, \beta' \right\} = \mathfrak{B} . \beta''$ gesetzt, β'' bedeutet den zweiten Differentialquotienten des Winkels β nach der Zeit. Die Form der Lösung wird abhängen von dem Anfangswinkel β_0 und von den anfänglichen Winkelgeschwindigkeiten α_0', φ_0', β_0'.

Wir wollen nun auch hier die einfachen Fälle aufsuchen, in denen die Bewegung bei unveränderlichem Winkel β verläuft; dafs sich stets ein geeigneter Anfangszustand finden läfst, welcher eine solche Bewegung einleitet, werden wir nachher zeigen. Es ist also jetzt immer $\beta'' = 0$ zu setzen; die dritte Gleichung $(190\,\beta)$ verlangt dann:

$$- C \sin \beta + \mathfrak{A}\, \alpha'\, \varphi' \sin \beta + (\mathfrak{A} - \mathfrak{B})\varphi'^{\,2} \cos \beta \sin \beta = 0. \qquad (191)$$

Diese Relation kann dazu benutzt werden, um φ' durch α' und β auszudrücken. Wir dividiren zu dem Zwecke durch $(\mathfrak{A} - \mathfrak{B}) \cos \beta . \sin \beta$, machen also zunächst wieder dieselben Ausschliefsungen von Sonderfällen, welche wir im Texte zwischen den Gleichungen (185) und (186) bezeichnet hatten. Dann erhalten wir die Normalform einer quadratischen Gleichung für φ'

$$\varphi'^{\,2} + \frac{\mathfrak{A}\, \alpha'}{(\mathfrak{A} - \mathfrak{B}) \cos \beta} \cdot \varphi' - \frac{C}{(\mathfrak{A} - \mathfrak{B}) \cos \beta} = 0, \qquad (191\,\text{a})$$

deren Lösung man durch ein bekanntes Verfahren findet:

$$\varphi' = - \tfrac{1}{2} \frac{\mathfrak{A}\, \alpha'}{(\mathfrak{A} - \mathfrak{B}) \cos \beta} \pm \sqrt{ \tfrac{1}{4} \frac{\mathfrak{A}^2\, \alpha'^2}{(\mathfrak{A} - \mathfrak{B})^2 \cos^2 \beta} + \frac{C}{(\mathfrak{A} - \mathfrak{B}) \cos \beta} }$$

oder nach einer einfachen Umformung:

$$\varphi' = \tfrac{1}{2} \frac{\mathfrak{A}\, \alpha'}{(\mathfrak{A} - \mathfrak{B}) \cos \beta} \cdot \left\{ -1 \pm \sqrt{ 1 + \frac{4\, C\, (\mathfrak{A} - \mathfrak{B}) \cos \beta}{\mathfrak{A}^2\, \alpha'^{\,2}} } \right\}. \qquad (191\,\text{b})$$

Man erhält also zwei verschiedene reelle Werthe für die Geschwindigkeit φ'.

Wir wollen nun die Beschränkung einführen, dafs der in letzter Gleichung unter dem Wurzelzeichen zu 1 hinzuaddirte Bruch eine sehr kleine Zahl ist. Man übersieht leicht, welche Bedingung dadurch in das Problem hineingebracht wird, wenn man den Bruch folgendermafsen spaltet:

$$ \varepsilon = \frac{2\,C}{\frac{1}{2}\,\mathfrak{A}\,\alpha'^{\,2}} \cdot \frac{(\mathfrak{A} - \mathfrak{B})\cos\beta}{\mathfrak{A}}. \qquad (191\,c) $$

Der zweite Factor dieses Ausdruckes ist im Allgemeinen ein echter Bruch von endlicher Gröfse, folglich mufs der erste Theil des Productes sehr klein sein und $\varepsilon < \dfrac{2\,C}{\frac{1}{2}\,\mathfrak{A}\,\alpha'^{\,2}}$. Der Zähler, $2\,C = m\,.\,g\,.\,(2\,a)$, giebt den erlaubten Spielraum der potentiellen Energie zwischen der höchsten und tiefsten Stellung des den Ring beschwerenden Gewichtes m an, der Nenner $\frac{1}{2}\,.\,\mathfrak{A}\,\alpha'^{\,2}$ mifst die kinetische Energie des um seine Hauptaxe rotirenden Körpers. Letztere kann man verhältnifsmäfsig grofs machen, indem man einen Körper von bedeutendem Trägheitsmoment wählt und diesem eine schnelle Axendrehung ertheilt. Man kann also bei hinreichender Kleinheit des Zulagegewichts m immer bewirken, dafs jener Bruch sehr klein wird. Dafs man dabei gar nicht zu extremen Verhältnissen zu greifen braucht, möge folgende Ueberschlagsrechnung zeigen. Der Körper sei einem Schwungrade ähnlich, dessen Masse M zum gröfsten Theile im Rande zusammengedrängt ist, sein Radius sei nahezu gleich a gemacht worden, so dafs $\mathfrak{A} = M a^2$ ist. Macht das Rad in einer Secunde n Umdrehungen, so ist $\alpha' = 2\,\pi\,n$, mithin die kinetische Energie $\frac{1}{2}\,\mathfrak{A}\,\alpha'^{\,2} = 2\,M a^2\,\pi^2\,n^2$ und der in Rede stehende Bruch

$$ \varepsilon < \frac{m\,.\,g\,.}{M a\,\pi^2\,n^2}. $$

Messen wir alle Gröfsen im C.G.S.-System, so kann für diese Schätzung hinreichend genau die Mafszahl von g gleich $100\,\pi^2$ (d. i. 986) gesetzt werden, dann wird

$$ \varepsilon < \frac{100}{n^2} \cdot \frac{m}{M a}. $$

Läfst man nun den Körper etwa 10 Touren in der Secunde ausführen, was einer durchaus mäfsigen Rotationsgeschwindigkeit entspricht, die man durch kräftiges Abziehen einer um den dünnen

Axenstiel gewickelten Schnur bei weitem übertreffen kann, so wird $\varepsilon < m/Ma$.

Denken wir uns, um einen handlichen gyroskopischen Apparat anzunehmen, den Radius des Schwungrades etwa 5 cm groſs und dessen Masse gleich etwa 400 g, so wird $\varepsilon < m/2000$; das aufgesetzte Gewicht kann also immerhin mehrere Gramm schwer sein, ohne daſs dadurch ε die Gröſsenordnung von 1/1000 übersteigt.

Bei schnelleren Rotationsgeschwindigkeiten wird der Bruch wegen des im Nenner stehenden Quadrates der Tourenzahl, resp. der Winkelgeschwindigkeit α', noch bedeutend kleiner.

Diese experimentell sehr gut herstellbaren Bedingungen wollen wir jetzt als erfüllt annehmen, und zusehen, welche Vereinfachungen dadurch in dem Ausdruck für φ' in Gleichung (191 b) eintreten. Bei kleinem ε wird es hinreichen, in der Reihenentwickelung der Quadratwurzel das lineare Glied allein beizubehalten, also zu setzen:

$$\sqrt{1+\varepsilon} = 1 + \tfrac{1}{2}\varepsilon,$$

die genannte Gleichung geht dann über in:

$$\varphi' = \tfrac{1}{2} \frac{\mathfrak{A}\,\alpha'}{(\mathfrak{A}-\mathfrak{B})\cos\beta}\left\{-1 \pm (1 + \tfrac{1}{2}\varepsilon)\right\}.$$

Setzt man den Werth von ε aus Gleichung (191 c) ein, so erhält man, wenn das positive Vorzeichen der Wurzel gilt:

$$\varphi'_+ = \frac{C}{\mathfrak{A}.\alpha'}, \tag{191 d}$$

wenn das negative Vorzeichen gilt:

$$\varphi'_- = -\frac{\mathfrak{A}\,\alpha'}{(\mathfrak{A}-\mathfrak{B})\cos\beta} - \frac{C}{\mathfrak{A}\,\alpha'} \tag{191 e}$$

Vergleichen wir diese beiden Lösungen mit den beiden Lösungen der anlogen quadratischen Gleichung (186) bei Abwesenheit äuſserer Kräfte. Die Wurzel φ'_+ entspricht der damaligen Lösung $\varphi' = 0$, während φ'_- nahezu übereinstimmt mit der anderen Lösung (186 b), welche die Bewegung mit schnell vibrirender Axe darstellte. Der erste Theil von φ'_- stellt nämlich ganz wie in jenem anderen Falle eine rückläufige Rotation um die feste Axe FF dar, deren Winkelgeschwindigkeit gröſser als α' ist, der zweite hinzukommende Antheil ist verschwindend klein dagegen, wie man sich überzeugen kann, wenn man bedenkt, daſs

$$\frac{C}{\mathfrak{A}\,\alpha'} = \frac{C}{\mathfrak{A}\,\alpha'^{2}}\cdot\alpha'$$

ist. Dieser Antheil kann also vernachlässigt werden. Die zweite
Lösung lehrt uns nichts wesentlich Neues, sagt nur aus, daß auch
unter der Wirkung einer äußeren Kraft solche Bewegungen mit
schnell vibrirender Symmetrieaxe möglich sind. Von besonderem
Interesse ist dagegen die erste Lösung (191d), welche eine, gegen
α' verglichen, außerordentlich langsame rechtläufige Drehung des
rotirenden Körpers um die feste Verticalaxe FF anzeigt, bei welcher
also die Symmetrieaxe AA nicht feststeht, sondern allmählich herum-
geführt durch den Mantel eines Kreiskegels vom Oeffnungswinkel β.
Diese Drehungsgeschwindigkeit φ'_+ zeigt sich unabhängig von β und
umgekehrt proportional dem Rotationsmoment $\mathfrak{A}\,\alpha'$. Je größer letzteres also ist, um so langsamer wird das Vorrücken der Axe in
dem Kegelmantel erfolgen, um so deutlicher wird sich also das
Streben des rotirenden Körpers offenbaren, im Widerstand gegen die
äußere Kraft die Richtung seiner Axe im Raume zu bewahren;
aber eine allmähliche Drehung um die Verticalaxe wird immer eintreten, wie dies auch experimentell stets zu beobachten ist, sowohl
an den Apparaten mit cardanischer Aufhängung des Körpers nach
Befestigung eines kleinen Uebergewichts am Ende der Axe als
auch an den gewöhnlichen Kreiseln, deren Axen doch niemals genau
vertical gestellt werden können.

Es sei noch bemerkt, daß bei dieser Art der Bewegung die
Specialfälle $(\mathfrak{A} - \mathfrak{B}) = 0$ und $\cos\beta = 0$, welche bei der Ableitung
der Wurzeln der quadratischen Gleichung ausgeschlossen wurden,
keine wirklichen Ausnahmen bilden, sondern zu demselben Resultate
führen. Man kann dies schon daraus schließen, daß die im Nenner
des Ausdruckes φ' in Gleichung (191b) auftretenden Factoren
$(\mathfrak{A} - \mathfrak{B}) \cos\beta$ sich bei der Bildung von φ'_+ in Gleichung (191d) wegheben, anderseits kann man in diesen Specialfällen auch direct auf
die Gleichung (191) zurückgehen, welche dann ihr letztes, φ'^2 ent-
haltendes Glied verliert und zu einer linearen Gleichung für φ' wird,
aus welcher die eine Wurzel φ'_+ sofort folgt, sobald der Fall
$\sin\beta = 0$ ausgeschlossen bleibt.

Wir wollen nun zum Schlusse dieser Betrachtung noch zeigen,
daß es stets möglich ist, einen Anfangszustand so zu wählen, daß
die Theorie daraus eine Bewegung mit constantem Winkel β, welche
wir ja vorausgesetzt haben, berechnen muß. Der gesuchte Anfangszustand wird darin bestehen, daß man dem Körper eine bedeutende
Rotationsgeschwindigkeit α_0' ertheilt um seine Axe AA, welche einen
bestimmten Winkel β_0 mit der Verticalen bildet, und in deren
oberem Endpunkt das kleine Uebergewicht m angebracht ist, daß

ferner $\beta_0' = 0$ ist, und daſs schlieſslich dem Körper um die Axe FF die kleine Drehungsgeschwindigkeit $\varphi_0' = C/\mathfrak{A}\,\alpha_0'$ ertheilt ist. Setzt man diese Anfangsdaten in die Differentialgleichungen (190 β) ein, so ergiebt sich der Anfangswerth $\beta_0'' = 0$. (Exact mathematisch ergiebt sich zwar nicht 0, sondern ein Betrag, welcher von höherer Ordnung verschwindend klein ist, das kommt aber nur daher, daſs die Lösung φ'_+ in Gleichung (191 d) durch eine abgekürzte Reihenentwickelung der Quadratwurzel der genauen Lösung (191 b) erhalten ist.) Wegen $\beta_0'' = 0$ und $\beta_0' = 0$ wird also die Bewegung zunächst anlaufen bei constantem Winkel β_0, dann folgt aber aus den Gleichungen (184) und (184 a), welche auch in diesem Falle, wo die äuſsere Kraft nur von der Coordinate β abhängt, ihre Gültigkeit bewahren, daſs φ' und α' zunächst ihre festen Anfangswerthe bei der Bewegung beibehalten müssen, d. h. daſs auch später noch diese Anfangsdaten in der dritten Differentialgleichung (190 β) herrschen müssen, daſs also β'' dauernd gleich Null bleibt, mithin auch kein β' entstehen kann, daſs also aus diesem Anfangszustand thatsächlich eine Bewegung folgt, bei welcher die Symmetrieaxe AA einen festen Kreiskegel durchläuft. Wenn man in den Anfangsbedingungen die sehr langsame Drehung φ'_0 nicht mit aufnimmt, sondern $\varphi'_0 = 0$ setzt, so mögen wohl die Bewegungen ein wenig anders verlaufen, der Winkel β wird kleine Schwankungen aufweisen, doch bleibt der Typus dieser merkwürdigen Erscheinungen wesentlich derselbe. Es mischen sich in der praktischen Ausführung der Versuche ohnehin noch mancherlei Einflüsse ein, die hier unbeachtet geblieben sind, namentlich Luftwiderstand und Reibung in den Axenlagern, die mit der Zeit den Verlauf in der Weise beeinflussen, daſs die Gesammtenergie sich allmählich verringert; α' nimmt dabei ab, φ' muſs zunächst wachsen und der Winkel β wird sich vergröſsern.

§ 74. Präcessionsbewegung der Erde.

Das zweite Beispiel, welches wir jetzt betrachten wollen, soll uns über die sogenannte Präcessionsbewegung der Erdaxe eine allgemeine Aufklärung geben. Die vollständige, allen thatsächlichen Verhältnissen entsprechende Theorie dieser Erscheinung ist ein sehr complicirtes Problem, man kann sich indessen durch Annahme gewisser der wahren Natur nahekommender Vereinfachungen bereits einen Ueberblick verschaffen, mit dem wir uns hier begnügen wollen. Die Erde läuft in einer nahezu kreisförmigen Bahn um die Sonne,

wir wollen hier eine ideal kreisförmige Bahn annehmen, dann wird
die dabei auftretende Centrifugalkraft jederzeit im Gleichgewicht gehalten durch die Anziehungskraft der Sonne. Diese beiden Kräfte
muſs man sich als Resultanten im Mittelpunkt der Erde angreifend
denken; es ist indessen zu beachten, daſs die der Sonne zugekehrten
Theile des ausgedehnten Erdkörpers wegen ihres geringeren Abstandes eine stärkere, die der Sonne abgekehrten Theile wegen ihres
gröſseren Abstandes eine schwächere Attraction erfahren, als das
Centrum der Erde, während die Centrifugalbeschleunigung der Revo-
lutionsbewegung in allen Theilen die gleiche Gröſse hat. (Die Rotation der Erde hat hierauf keinen Einfluſs, da deren Centrifugalkräfte mit der irdischen Schwere zusammen einen constanten
Gleichgewichtszustand in der abgeplatteten Gestalt der Erde bilden.)
Es bleibt also auf der Tagseite der Erde ein gewisser Ueberschuſs der
Anziehung, auf der Nachtseite ein eben so groſser Ueberschuſs der
Centrifugalkraft übrig; diese beiden Kraftreste werden aber keine
anziehende oder abstoſsende Resultante auf den Erdkörper als
Ganzes ausüben, nur die beweglichen Wassermassen an der Oberfläche werden davon betroffen und erzeugen die Erscheinung der
Ebbe und Fluth, welche wir hier gleichfalls aus dem Spiele lassen
wollen. Wenn die starre Erde eine vollkommene Kugel wäre und
in concentrischen Schichten gleiche Dichtigkeit besäſse, so würden
diese beiden Kräfte auch kein Drehungsmoment auf die Erde ausüben; da indessen in Folge seiner Rotation der Erdkörper am
Aequator angetrieben ist, und die Erdaxe eine schiefe Stellung gegen
die Ebene ihrer Bahn um die Sonne (d. i. die Ekliptik) zeigt, so
kommt in der That ein Drehungsmoment zu Stande, welches den
Aequatorwulst und folglich den ganzen fest mit ihm verbundenen
Erdball angreift und zwar strebt dieses Kräftepaar in allen Stellungen
der Erde zur Sonne den Aequator in die Ebene der Ekliptik hinein-
zuziehen, also die Polaraxe senkrecht zu ihr zu stellen. Die Ten-
denz dieser angestrebten Drehung ist immer dieselbe, die Intensität
ist aber verschieden: Am gröſsten im Sommer und im Winter, zur
Zeit der Tag- und Nachtgleichen aber den Werth Null berührend.
Auch die jährlichen Schwankungen dieses Drehungsmomentes wollen
wir nicht berücksichtigen, da sie sich in der sehr langsamen Präcessionsbewegung, welche wir hier erklären wollen, vollkommen ausgleichen.

Wir denken uns also die Erde als ein abgeplattetes Rotationsellipsoid, welchem eine gewisse Winkelgeschwindigkeit α' um die
Axe des gröſsten Trägheitsmomentes $\mathfrak{A}$ ertheilt worden ist, und auf

dessen Axe ein Kräftepaar wirkt, welches dieselbe senkrecht zu der festen Ebene der Ekliptik zu stellen strebt. Von dieser erstrebten Stellung weiche die Axe um den Winkel β ab; bei der Erde ist ungefähr $\beta = 23,5^{\circ}$. Das statische Moment dieses Kräftepaares kann von dem Winkel β abhängen, soll aber sonst von der Zeit unabhängig sein. Dadurch sind dieselben Bedingungen hergestellt, denen der rotirende Körper in der cardanischen Befestigung (Fig. 20) unterliegt; wir können den Ausdruck der lebendigen Kraft in Gleichung (181) verwenden, es handelt sich nur noch um den zutreffenden Ausdruck der potentiellen Energie, welcher jenes Kräftepaar zu erklären geeignet ist.

Um die für dieses Beispiel passende Form der Function Φ zu finden, genügt es, den Aequatorwulst als einen massiven Gürtel aufzufassen, welcher fest um die übrigens kugelförmig gedachte Erde gelegt ist, und die potentielle Energie der Sonnenanziehung auf diesen Gürtel zu berechnen für eine Stellung, welche die geringsten analytischen Schwierigkeiten verursacht. Wir wählen die Stellung zur Zeit des Sommer- oder Wintersolstitiums. Die Sonnenmasse sei $\mathfrak{M}$, die Längendichtigkeit des Massengürtels λ, der Radius desselben a, der Längenwinkel α werde gezählt von derjenigen Stelle des Aequators, welche Mittag hat. Die potentielle Energie eines Massenelementes $\lambda \cdot a \cdot d\alpha$ ist dann nach dem Gravitationsgesetz (vgl. z. B. Gleichung (183a) Seite 250):

$$d\Phi = - G \cdot \frac{\mathfrak{M} \cdot (\lambda\, a\, d\alpha)}{r} + \text{const.}$$

Dabei bedeutet r den Abstand des Massenelementes vom Sonnencentrum. Die Strahlen r können wegen der grofsen Entfernung der Sonne für alle Theile des Aequatorgürtels parallel angenommen werden dem Strahle, welcher die Centra beider Himmelskörper verbindet. Die Länge dieses Centralabstandes sei l. Wir müssen nun die Länge r ausdrücken durch l, a, α und den Neigungswinkel β der Aequatorebene gegen die Ekliptik. Zu diesem Zwecke denken wir uns den in der Ekliptik liegenden Aequatorealdurchmesser gezogen, welcher zur Zeit des Solstitiums senkrecht auf dem Strahle l steht. Der senkrechte Abstand des durch den Winkel α bezeichneten Massenelementes von diesem Durchmesser ist $a \cdot \cos\alpha$, die Projection dieser Strecke auf die Ebene der Ekliptik ist dann $a \cdot \cos\alpha \cdot \cos\beta$, diesen Betrag haben wir von l abzuziehen, um r zu finden:

$$r = l - a \cos\alpha \cos\beta.$$

Da nun a verschwindend klein gegen l ist, können wir für $1/r$ eine abgekürzte Reihenentwickelung bis zum quadratischen Gliede setzen:

$$\frac{1}{r} = \frac{1}{l\left(1 - \frac{a}{l}\cos\alpha.\cos\beta\right)} = \frac{1}{l} + \frac{a}{l^2}\cos\alpha.\cos\beta + \frac{a^2}{l^3}\cos^2\alpha.\cos^2\beta.$$

Die potentielle Energie des ganzen Gürtels findet man durch Integration von $d\Phi$ nach α zwischen den Grenzen 0 und 2π, das giebt unter Verwendung vorstehender Reihe:

$$\Phi = -G\frac{\mathfrak{M}\lambda a}{l}\int_0^{2\pi} d\alpha - G\frac{\mathfrak{M}\lambda a^2}{l^2}\cos\beta\int_0^{2\pi}\cos\alpha\, d\alpha$$

$$- G\frac{\mathfrak{M}\lambda a^3}{l^3}\cos^2\beta\int_0^{2\pi}\cos^2\alpha\, d\alpha + \text{const.}$$

Nun ist:

$$\int_0^{2\pi} d\alpha = 2\pi, \quad \int_0^{2\pi}\cos\alpha\, d\alpha = 0, \quad \int_0^{2\pi}\cos^2\alpha\, d\alpha = \pi,$$

ferner ist die Gesammtmasse des Gürtels:

$$M = 2\pi a\lambda,$$

man findet also:

$$\Phi = -G\frac{\mathfrak{M} M}{l} - G\frac{\mathfrak{M} M a^2}{2 l^3}\cos^2\beta + \text{const.}$$

Der erste Summand giebt den Werth, den man allein erhalten würde, wenn die Masse M gleich wie die übrige Erdmasse im Erdmittelpunkt concentrirt gedacht wird. Dieser Antheil ist nach unseren Annahmen unveränderlich, gesellt sich also zu der unbestimmten Constanten, mit welcher jedes Φ behaftet ist; der zweite Summand ist die gesuchte Function von β, aus welcher man auch noch einen constanten Theil absondern kann, indem man $\cos^2\beta = 1 - \sin^2\beta$ setzt, der variable Theil von Φ ist dann

$$\Phi = +C\sin^2\beta \qquad (192)$$

Die Constante $C = G\dfrac{\mathfrak{M} M}{2 l}\cdot\dfrac{a^2}{l^2}$ ist eine aufserordentlich kleine Energiegröfse im Vergleich zur potentiellen Energie zwischen Erde und Sonne im Ganzen; es läfst sich schätzen, dafs sie auch verschwindend klein ist gegen die kinetische Energie der Rotationsbewegung der Erde um ihre Axe, welche in unserer Bezeichnung durch $\frac{1}{2} \cdot \mathfrak{A} \cdot \alpha'^2$ gegeben ist.

Nachdem wir nun in Gleichung (192) den gesuchten Ausdruck für Φ gefunden haben, können wir, wie früher, aus den LAGRANGE'schen Grundgleichungen die Differentialgleichungen unseres Problems herleiten. Die beiden auf α und φ bezüglichen Gleichungen behalten dieselben Formen, die wir schon in (188 α und φ) und in (190 α und φ) angeführt haben. Zur Bildung der dritten Differentialgleichung müssen wir zu (188 β) hinzufügen:

$$\frac{\partial \Phi}{\partial \beta} = 2\,C \sin \beta \cdot \cos \beta,$$

erhalten also:

$$\left.\begin{aligned} 2\,C \sin \beta \cos \beta + \mathfrak{A}\,(\alpha' + \varphi' \cos \beta)\,\varphi' \sin \beta \\ - \mathfrak{B}\,\varphi'^2 \sin \beta \cos \beta + \mathfrak{B}\,\beta'' = 0. \end{aligned}\right\} \quad (192\,\beta)$$

Wir suchen wieder nach Bewegungen, welche bei constantem Winkel β möglich sind, setzen also $\beta'' = 0$ und erhalten nach Division mit $(\mathfrak{A} - \mathfrak{B}) \sin \beta \cos \beta$ die quadratische Gleichung:

$$\varphi'^2 + \frac{\mathfrak{A}\,\alpha'}{(\mathfrak{A} - \mathfrak{B}) \cos \beta}\,\varphi' + \frac{2\,C}{\mathfrak{A} - \mathfrak{B}} = 0,$$

deren Lösung ist:

$$\varphi' = \frac{1}{2} \frac{\mathfrak{A}\,\alpha'}{(\mathfrak{A} - \mathfrak{B}) \cos \beta} \cdot \left\{ -1 \pm \sqrt{1 - \frac{8\,C(\mathfrak{A} - \mathfrak{B}) \cos^2 \beta}{\mathfrak{A}^2\,\alpha'^2}} \right\}.$$

Die Quadratwurzel können wir wegen der Kleinheit des im Radicandus zu 1 tretenden Gliedes durch die beiden ersten Glieder ihrer Reihenentwickelung ersetzen. Je nachdem man das positive oder negative Vorzeichen gelten läfst, erhält man dann die Werthe:

$$\varphi'_+ = -\frac{2\,C \cos \beta}{\mathfrak{A}\,\alpha'} \qquad\qquad (193)$$

oder

$$\varphi'_- = -\frac{\mathfrak{A}\,\alpha'}{(\mathfrak{A} - \mathfrak{B}) \cos \beta} + \frac{2\,C \cos \beta}{\mathfrak{A}\,\alpha'}. \qquad (193\,\mathrm{a})$$

Die zweite Lösung stellt wiederum eine Bewegung mit schnell vibrirender Axe dar, welche an der Erde nicht beobachtet wird, und deshalb hier nicht interessirt. Die erste Lösung φ'_+ liefert die sogenannte Präcessionsbewegung, welche die Erdaxe ausführt. Diese

Bewegung, bei welcher also die Polaraxe einen Kegelmantel um die Axe der Ekliptik beschreibt, geht so aufserordentlich langsam vor sich, dafs sie nach Verlauf eines einzelnen Jahres eine nur durch feine Messungen erkennbare Verschiebung von 50,24 Bogensecunden hervorbringt; der ganze Umlauf vollzieht sich in einem Zeitraum von etwa 25 800 Jahren. Für kürzere Zeitläufte kann man daher die Richtung der Erdaxe als unveränderlich ansehen, dem entsprechen auch die alljährlich periodisch wiederkehrenden gleichen Stellungen der Fixsterne am Himmel.

Ganz langsam vollzieht sich indessen die fortschreitende Veränderung, welche in dem beträchtlichen Zeitraum von etwa 2000 Jahren, auf den die wissenschaftliche Beobachtung der Sternorte seit HIPPARCH bis auf die Gegenwart zurückblicken kann, bereits fast den zwölften Theil des ganzen Umganges durchlaufen hat. Welcher Art ist nun diese Veränderung? Da die Ekliptik dabei als feste Ebene stehen bleibt, so wird die Sonne ihren jährlichen Lauf stets durch denselben gröfsten Kreis am Fixsternhimmel nehmen; es ist dies derjenige Kreis, welchen bereits die antiken Astronomen durch Gruppirung von zwölf etwa gleich weit ausgedehnten, immer wieder zu erkennenden Sternbildern bezeichnet und mit dem Namen Thierkreis — Zodiakos — belegt haben. Wegen der kegelförmigen Drehung der Polaraxe bleibt auch die Neigung, d. h. der Winkel zwischen diesem Kreis und dem Himmeläquator immer derselbe, aber der Durchschnittspunkt beider gröfster Kreise ändert seinen Ort im Thierkreise. Zur Zeit der Tag- und Nachtgleiche im Frühling unserer nördlichen Halbkugel, nahe am 21. März, durchschreitet die Sonne den Himmelsäquator in aufsteigender Richtung und tritt auf die nördliche Himmelshälfte herüber; diesen Durchschnitt nennt man kurz den Frühlingspunkt. Zu HIPPARCH's Zeiten (etwa 150 J. v. Chr. Geb.) lag dieser Punkt des Thierkreises im Sternbilde des Widders, nahe der Grenze zum Sternbild der Fische, welches die Sonne im vorhergehenden Monat durchlaufen hatte. Heutzutage liegt der Frühlingspunkt im Sternbilde der Fische näher der Grenze des vorhergehenden Sternbildes Wassermann. Der Frühlingspunkt rückt also sehr langsam in den Sternbildern des Thierkreises rückwärts, d. h. entgegengesetzt der Richtung, in welcher die Sonne alljährlich den Thierkreis durchläuft. Diese Richtung entspricht auch dem negativen Vorzeichen der Wurzel φ'_{+} in Gleichung (198). Betrachten wir nämlich die Erde von derjenigen Seite, von welcher aus wir ihren Nordpol sehen können, so findet die Rotation α' sowohl wie der Umlauf um die Sonne entgegengesetzt dem Uhr-

zeiger statt. Da nun die Drehung φ' das entgegengesetzte Vorzeichen
hat, so findet diese im Sinne des Uhrzeigers statt; in diesem Sinne
muſs also auch der Schnitt der Ekliptik und der Aequatorebene,
d. h. am Himmel der Frühlingspunkt im Thierkreise fortschreiten.
Diese Richtung ist mithin dem jährlichen Sonnenlauf entgegengesetzt. Das Wort Präcession, welches ein Vorwärtsrücken bezeichnet,
entspricht diesem Sinne der Drehung nicht, doch ist dasselbe als
Terminus technicus für diese Bewegung allgemein angenommen; es
ist wohl dadurch entstanden, daſs man den Frühlingspunkt der
Ekliptik als festen Punkt angenommen hat und nun beobachtete,
daſs die Fixsterne im Laufe der Zeiten langsam vorwärts rückten,
in demselben Sinne, in welchem die Sonne selbst ihren jährlichen
Lauf durch den Sternenhimmel ausführt, daſs beispielsweise das
Sternbild des Widders, welches früher beim Frühlingspunkte lag,
jetzt bedeutend auf die nördliche Halbkugel herübergerückt ist.
Dieses Vorwärtsrücken der Fixsterne beschränkt sich selbstverständlich nicht auf die Sternbilder des Thierkreises, sondern wird am
gesammten Sternhimmel wahrgenommen als eine langsame positive
Drehung um den Himmelspol der Ekliptik.

Die wesentlichen Merkmale der Präcessionsbewegung lassen sich
also mit der Erfahrung übereinstimmend aus den vereinfachten Annahmen unserer Theorie herleiten. Die kleinen Abweichungen,
welche sorgfältige astronomische Messungen ergeben haben, sind
übrigens nicht nur auf die in der vorhergehenden Auseinandersetzung ausführlich bezeichneten Vernachlässigungen zu schieben,
sondern rühren wesentlich von einem Umstand her, den wir gar
nicht erwähnt haben: Nämlich der Trabant unserer Erde, der Mond,
welcher zwar nur einen auſserordentlich kleinen Theil der Sonnenmasse enthält, übt vermöge seines geringen Abstandes von der Erde
eine Anziehung auf diese aus, welche doch knapp $1/_{100}$ der Sonnenanziehung beträgt. Diese Anziehung liefert für den Aequatorgürtel
ebenfalls ein Drehungsmoment, dessen Wirkung sich mit dem von
der Sonne herrührenden vollkommen vermischen würde, wenn die
Ebene der Mondbahn, in welche der Aequatorgürtel hineingezogen
wird, mit der Ekliptik zusammenfiele. Nun aber besitzt die Mondbahn eine, wenn auch kleine, so doch merkliche Neigung von etwa
$5°$ gegen die Ekliptik, und die Knoten, in welchen diese beiden
gröſsten Kreise am Himmel sich durchschneiden, rücken in etwa
18,6 Jahren durch den ganzen Umkreis der Ekliptik. Deshalb erzeugt der Mond noch eine zweite langsame Schwankung der Erdaxe,
welche sich theils im periodisch langsameren oder schnelleren Wachs-

thum des Winkels φ, theils in einem periodischen Schwanken der
Gröfse des Winkels β anzeigt. Diese sehr unbedeutenden Richtungsänderungen der Axe, welche sich der Präcessionsbewegung superponiren, nennt man die Nutation der Erdaxe.

Die Betrachtung der beiden Beispiele: des Kreisels unter Wirkung der Schwerkraft und der abgeplatteten Erde unter Wirkung
der Sonnenanziehung ergaben sehr ähnliche Resultate, nur war beim
Kreisel die Kegelbewegung der Axe im gleichen, bei der Erde im
entgegengesetzten Drehungssinne wie die Rotation α'. Man würde
gleichartige Bewegungsformen überall da aus der Theorie folgern,
wo für die äufseren Kräfte eine potentielle Energie existirt, welche
nur von der einen Coordinate β abhängt, wie das ja in diesen beiden
Fällen zutraf (vgl. Gleichungen (189) und (192)). Man hat dann
immer die beiden unveränderten Differentialgleichungen (190 α und φ)
oder (183 α und φ) nebst deren Integralgleichungen (184 und
184 a), nur die auf β bezügliche Differentialgleichung hängt ab von
der besonderen Form der potentiellen Energie, deren Differentialquotient nach β im Allgemeinen auch eine Function von β ist, die
mit $F(\beta)$ bezeichnet werde. Die Rechnung läfst sich dann stets in
derselben Weise durchführen, und wenn man die äufsere Kraftwirkung sehr klein annimmt und Bewegungen sucht, welche bei
constantem Winkel β vor sich gehen sollen, erhält man immer eine
sehr langsame Präcessionsbewegung, welche durch

$$\varphi'_+ = -\frac{F(\beta)}{\mathfrak{A}\,\alpha'\sin\beta} \tag{194}$$

definirt ist. Es ist auch stets möglich, einen Anfangszustand anzugeben, aus welchem sich diese Bewegungsart entwickelt, dieser
wird durch die Daten $\beta = \beta_0$, $\alpha' = \alpha_0'$, $\beta_0' = 0$, $\varphi_0' = -\dfrac{F(\beta_0)}{\mathfrak{A}\,\alpha_0'\sin\beta_0}$
geliefert. Der Beweis dieser letzten Behauptung wird in derselben
Weise geführt wie am Schlusse von § 72.

Vierter Abschnitt.

Ausdehnung des Geltungsbereiches der dynamischen Principien.

— · · —

§ 75.   Zusatz beliebiger äufserer Kräfte.

Im zweiten Abschnitt dieses vierten Theiles wurden als zusammenfassendes Princip für die Wirkungsweise der reinen Bewegungskräfte das HAMILTON'sche Princip gefunden

$$\delta \int_{t_0}^{t_1} (\Phi - L)\, dt = 0, \qquad (173)$$

aus welchem sich durch Ausführung der darin vorgeschriebenen Art der Variation des Zeitintegrales die LAGRANGE'schen Bewegungsgleichungen für beliebige Coordinaten in der dort angegebenen Form

$$\frac{\partial \Phi}{\partial p_a} - \frac{\partial L}{\partial p_a} + \frac{d}{dt}\left(\frac{\partial L}{\partial q_a}\right) = 0 \qquad (175)$$

herleiteten. In diesen beiden nur formell verschiedenen Ausdrucksweisen treten als Functionen des Zustandes die bekannten beiden Formen der Energie, die potentielle Φ und die kinetische L auf; die Anwendbarkeit dieser ·Principien wird dadurch beschränkt auf conservative Massensysteme, deren wirkende Kräfte entweder ausschliefslich innere sind (freie Systeme), oder doch solche äufsere Kräfte, für welche man den Ausdruck der potentiellen Energie kennt, z. B. die Schwerkraft oder die Sonnenanziehung in den' Beispielen der §§ 73 und 74. Nun kommt man häufig in die Lage, die Wirkung äufserer Kräfte berücksichtigen zu müssen, deren Gröfse und Richtung in jedem Zeitpunkt man zwar kennt, um deren Conservativität man sich aber nicht bekümmern mag oder kann; dies gilt von allen jenen unvollständigen Betrachtungen, in denen man mit Kräften rechnet, welche als vorgeschriebene Zeitfunctionen eingeführt werden (vergl. S. 120). Man kann nun die vorstehenden Principien so erweitern, dafs sie auch für Probleme der eben erwähnten Art die richtige Grundlage der Rechnung liefern, indem man nämlich zu der potentiellen Energie bestimmte Zusatzglieder fügt, welche bei der Differentiation nach den Coordinaten die äufseren Kräfte neben den conservativen inneren Kräften liefern. Diese äufseren

Kräfte kann man sich in Componenten zerlegt denken, deren jede nur eine Coordinate des Systems beschleunigt; die zur Abmessung p_a gehörige Componente bezeichnen wir durch $(-P_a)$. Das gewählte negative Vorzeichen enthält keine sachliche Beschränkung für den Richtungssinn, da P_a selbst noch als algebraische Gröfse anzusehen ist. Tritt bei der Bewegung des Systems eine Veränderung der Coordinate von der Gröfse $+ dp_a$ ein, so wird die äufsere Kraft dabei Arbeit leisten, wenn $(-P_a)$ einen positiven Werth hat, die Energie des Systems wird also vermehrt, dagegen wird bei dieser Veränderung das System selbst auf Kosten seines Energievorrathes Arbeit leisten, wenn $(-P_a)$ negativ ist, also wenn P_a selbst einen positiven Werth hat. Der Betrag dieser nach aufsen abgegebenen Energie ist nach der Definition des Arbeitsbegriffes gleich $+ P_a \cdot dp_a$, die positive Form dieser vom System geleisteten Arbeit wurde bei Einführung des negativen Vorzeichens der äufseren Kraft beabsichtigt; man kann sagen, dafs P_a diejenige Kraft ist, mit welcher das System gegen die äufseren Einflüsse auf Vergröfserung der Coordinate p_a hinwirkt. Sobald man die Bedingung einführt, dafs die P_a vom inneren Zustande des Systems unabhängig, vorgeschriebene Functionen der Zeit, oder im einfachsten Falle überhaupt constante Gröfsen sind, kann man die gesuchten Zusatzglieder leicht finden in der Form einer Summe, welche jede der Kräfte P_a multiplicirt mit der zugehörigen Coordinate p_a enthält. (Einen eben solchen Zusatz haben wir bereits am Schlusse von § 60 in den Gleichgewichtsbedingungen gemacht, Gleichung (154b), nur war dort das Vorzeichen desselben entgegengesetzt, weil die äufseren Kräfte positiv eingeführt worden waren.) Das HAMILTON'sche Princip erhält dann die erweiterte Form:

$$\delta \int_{t_0}^{t_1} \left(\Phi - L + \sum_a P_a\, p_a \right) dt = 0. \tag{195}$$

Die Variation des Integrals läfst sich auch jetzt noch in derselben Weise durch Variation der p_a durchführen wie in § 65, wobei festzuhalten ist, dafs die durch virtuelle Verschiebungen entstehenden Lagen gleichzeitig mit den wirklichen Lagen durchschritten werden und dafs die P_a als reine Zeitfunctionen nicht an der Variation theilnehmen. Man erhält dann die Forderung:

$$\int_{t_0}^{t_1} dt \cdot \sum_a \left\{ P_a + \frac{\partial \Phi}{\partial p_a} - \frac{\partial L}{\partial p_a} + \frac{d}{dt} \left(\frac{\partial L}{\partial q_a} \right) \right\} \delta p_a = 0,$$

welche bei der Willkürlichkeit der Zeitfunctionen δp_a nur erfüllt werden kann, wenn zu allen Zeiten der Inhalt der geschweiften Klammer für jedes a einzeln gleich Null ist. Man erhält also folgendes Gleichungssystem:

$$P_a = -\frac{\partial \Phi}{\partial p_a} + \frac{\partial L}{\partial p_a} - \frac{d}{dt}\left(\frac{\partial L}{\partial q_a}\right), \tag{196}$$

welches die gewünschte Erweiterung der LAGRANGE'schen Differentialgleichungen bildet. Die Reaction des bewegten Systems gegen die äußeren Kräfte — denn das ist der Sinn der Größen P_a — setzt sich hiernach zusammen aus den inneren Kräften $(-\partial \Phi/\partial p_a)$ und den Analogen der Centrifugalkraft $(+\partial L/\partial p_a)$, von welchen die Aenderungsgeschwindigkeiten der Bewegungsgrößen abzuziehen sind, die mutationes motus des zweiten NEWTON'schen Axioms, welche nach Ausführung der mit L vorzunehmenden Differentiationen sich als lineare homogene Functionen der Beschleunigungen darstellen. Sind die p_a etwa gar im Raume feste cartesische Coordinaten, so ist

$$L = \tfrac{1}{2}\sum m_a \left(\frac{d x_a}{d t}\right)^2,$$

folglich sind die

$$\frac{\partial L}{\partial q_a} = m_a \frac{d x_a}{d t}$$

und die

$$\frac{d}{d t}\left(\frac{\partial L}{\partial q_a}\right) = m_a \frac{d^2 x_a}{d t^2},$$

also nach der NEWTON'schen Definition diejenigen Kräfte, welche den angegriffenen Punkten, wenn sie frei wären, gerade ihre thatsächlichen Beschleunigungen ertheilen würden. Mit dem negativen Vorzeichen, welches diese Glieder in Gleichungen (196) führen, entsprechen diese Antheile der Reaction durchaus den negativen D'ALEMBERT'schen Zusatzkräften, welche die angreifenden Kräfte im Gleichgewicht zu halten vermögen, während dann die positiven D'ALEMBERT'schen Zusatzkräfte allein die Bewegung regieren. Man könnte übrigens auch die Gleichungen (196) in der Weise umstellen, daß man die Differentialquotienten der Bewegungsmomente mit positivem Vorzeichen nach links, dagegen die P_a mit negativem Vorzeichen nach rechts bringt, dann haben wir es nicht mit den Reactionen zu thun, sondern wir haben Gleichungen, welche die Beschleunigungen als Wirkungen der inneren und äußeren Kräfte hinstellen.

§ 76. Das kinetische Potential.

Im HAMILTON'schen Princip kommen die beiden Energiearten nur zusammengefaßt zur Differenz $(\Phi - L)$ vor, bei der Ausführung der Variation wurden beide aus einander gerissen. Es ist indessen leicht, die LAGRANGE'schen Differentialgleichungen (sowohl die ursprünglichen (175) als die erweiterten (196)) so zu schreiben, daß die beiden Energien auch darin nur verbunden zur Differenz auftreten. Da nämlich die potentielle Energie nur von den Coordinaten, nicht aber von den Geschwindigkeiten abhängig ist, sind alle $\dfrac{\partial \Phi}{\partial q_a}$ und folglich auch alle $\dfrac{d}{dt}\left(\dfrac{\partial \Phi}{\partial q_a}\right)$ gleich Null. Addiren wir also letztere Ausdrücke zu den Gleichungen (196), so werden diese dadurch nicht gestört, man kann sie dann aber folgendermaßen schreiben:

$$P_a = -\frac{\partial (\Phi - L)}{\partial p_a} + \frac{d}{dt}\left(\frac{\partial (\Phi - L)}{\partial q_a}\right), \qquad (196\,\mathrm{a})$$

so daß auch hier nur die Differenz $(\Phi - L)$ vorkommt, deren Zeitintegral nach dem HAMILTON'schen Integral ein Grenzwerth sein soll. Wir wollen nun diese Function, auf welche es hiernach bei der Darstellung der dynamischen Principien allein ankommt, durch ein einheitliches Zeichen H ausdrücken:

$$\Phi - L = H \qquad (197)$$

und sie als das „kinetische Potential" des Systems bezeichnen. Das kinetische Potential ist von der Dimension der Energie und wegen des Bestandtheiles Φ behaftet mit einer unbestimmten additiven Constante. In den statischen Problemen, wo die lebendige Kraft entweder Null ist, oder einen von gleichförmiger Bewegung des ganzen Systems herrührenden constanten Werth L besitzt, welcher sich mit der unbestimmten Constante vermischt, deckt sich begrifflich das kinetische Potential mit der potentiellen Energie, die Gleichgewichtsbedingung (153a) (Seite 278) kann auch geschrieben werden:

$$\delta H = 0.$$

Direct ausgeführt fordert dies zwar nur: $\delta \Phi - \delta L = 0$, aber die Annahme, diese Gleichung könnte dadurch befriedigt werden, daß $\delta \Phi = \delta L$ und dabei beide einzeln von Null verschieden sind, verstößt gegen das Energieprincip, welches nicht zuläßt, daß bei irgend einer Variation Φ und L gleichzeitig wachsen, es bleibt also nur

$\delta \Phi = 0$ und $\delta L = 0$ übrig; das sind die früher aufgestellten statischen Bedingungen.

Für bewegte Systeme unterliegt die Function H jetzt noch den Beschränkungen, welche aus ihrer Definition abzulesen sind: Sie muſs bestehen aus einer reinen Function der Coordinaten p_a, von welcher subtrahirt wird eine wesentlich positive, homogene quadratische Function der Geschwindigkeiten q_a, deren Coefficienten ebenfalls nur von den p_a abhängen können. Die Einführung des Zeichens H ist zunächst nur eine formale Vereinfachung, ebenso fördert die Einführung des Namens „kinetisches Potential" nicht unsere Erkenntniſs, kann vielmehr nur einer kürzeren Ausdrucksweise dienen, wenn wir das HAMILTON'sche Princip in Worte kleiden wollen. Die weittragende Bedeutung dieser Function kann man erst daraus erkennen, daſs es möglich geworden ist, über die Grenzen der offenbaren Bewegungsvorgänge hinaus, Gesetze der Thermodynamik und Elektrodynamik in dieselben Formen zu zwingen, welche das HAMILTON'sche Princip für die Dynamik ponderabler Massen bildet, wobei freilich H nicht mehr den eben angeführten beschränkenden Bedingungen unterliegt, sondern als eine in jedem Gebiet besonders aufzusuchende Function der den Zustand bestimmenden Gröſsen p_a und q_a erscheint, zweier Reihen von Parametern, welche nicht einmal vollständig correspondiren müssen, in denen vielmehr gewisse q vorkommen können, deren zugehörige p fehlen und umgekehrt.

Derartige allgemeine Principien, in denen verlangt wird, daſs das Integral einer gewissen Function des Zustandes, ausgedehnt über den ganzen Verlauf einer Zustandsänderung, ein Grenzwerth, mitunter nothwendig ein Minimum wird, sind mehrfach aufgestellt worden unter verschiedenen Formen, welche verschiedenen Bedingungen bei der Variation entsprechen, welche aber bei richtiger Ausführung der geforderten Variationen zu denselben Differentialgleichungen für den Verlauf der Processe führen. Das älteste dieser Integralprincipien war das von MAUPERTUIS aufgestellte Princip der kleinsten Action, welches aussagte, daſs bei allen in der Natur vorgehenden Processen der Mittelwerth der lebendigen Kraft ein Minimum sei. Die für mechanische Probleme dabei gültigen Variationsbedingungen sind erst von LAGRANGE gefunden worden, und dadurch ist dieses Princip erst streng wissenschaftlich begründet worden. Wir können vom modernen Standpunkt aus diese Bedingungen dadurch definiren, daſs wir fordern, die Gesammtenergie der variirten Bewegung solle gleich der der wirklichen bleiben. Uebrigens leistet dieselben Dienste das HAMILTON'sche

Princip, bei welchem eine andere Bedingung besteht, daſs nämlich die Zeit nicht von der Variation betroffen wird. Letzteres bietet überdies noch den Vortheil, daſs wir die auf äuſsere Kräfte bezüglichen Zusatzglieder zu H hinzufügen können. Wir wollen deshalb bei der HAMILTON'schen Form bleiben, welche jetzt unter Wahrung derselben Variationsbedingung lautet:

$$\delta \int_{t_0}^{t_1} H\,dt = 0 \qquad (198)$$

und in erweiterter Form:

$$\delta \int_{t_0}^{t_1} \left(H + \sum P_a\, p_a\right) d t = 0. \qquad (198\,\mathrm{a})$$

Die erweiterten LAGRANGE'schen Gleichungen erhalten die Form:

$$P_a = -\frac{\partial H}{\partial p_a} + \frac{d}{dt}\left(\frac{\partial H}{\partial q_a}\right). \qquad (198\,\mathrm{b})$$

§ 77. Eliminationen von Variabelen im kinetischen Potential.

Es sollen in diesem Bande nicht die verschiedenen Formen des kinetischen Potentials für die einzelnen Gebiete nicht reiner Bewegungsvorgänge aufgestellt werden, es soll aber jetzt gezeigt werden, daſs man auch, ohne über die Grenzen der Betrachtung der Ponderabilia hinauszugehen, Erscheinungen findet, deren Verlauf sich aus unseren zusammenfassenden Principien herleiten läſst, in denen jedoch das kinetische Potential nicht an die Beschränkungen gebunden bleibt, welche aus seiner Definition herstammen. Solche freiere Formen können aus dem ursprünglichen H in Gleichung (197) entstehen, wenn es in der Natur des betrachteten Problems begründet liegt, daſs man einen Theil der Geschwindigkeiten oder der Coordinaten eliminiren kann.

Derartige Fälle sind uns schon früher begegnet, als wir die Beschränkungen der Bewegungsfreiheit durch starre Bindungen betrachteten. Dabei hatten wir eine Reihe vorgeschriebener Bedingungsgleichungen zwischen den Coordinaten zu erfüllen, was wenigstens in der Idee immer dadurch geschehen konnte, dass man diese Gleichungen zur Wegschaffung ebenso vieler Variabelen benutzte. Diese am häufigsten betrachtete Art von Elimination führt uns hier zu nichts Neuem, da Φ und L, mithin auch H dabei dieselben charakteristischen Formen behalten, nur beschränkt auf eine geringere Zahl von Variabelen. Anders ist es bei einem Massensystem, in welchem cyklische Bewegungen erregt sind, welche ungestört durch sonstige Veränderungen gleichmäfsig fortlaufen. Denken wir uns eine ununterbrochene Reihe von gleichartigen Partikelchen, welche in einem bestimmten geschlossenen Wege dicht hinter einander laufen, so dafs sie die ganze in sich zurücklaufende Bahn überall gleich dicht und ohne merkliche Lücke mit Masse füllen. Ist diese Kette von Massentheilchen, welche durch starre Verbindungen an einander und an die vorgeschriebene Bahn geknüpft sein mögen, einmal in eine bestimmte Bewegung gesetzt, so wird sie vermöge ihres Beharrungsvermögens unverändert umlaufen, wenn keine beschleunigenden oder verzögernden Kräfte auf die Theilchen eine resultirende Wirkung üben. Eine in dieser Weise bewegte Kette liefert ein Beispiel für eine cyklische Bewegung. Ferner gehört dahin die Drehung eines Kreisels oder eines anderen Rotationskörpers, z. B. eines Schwungrades. Die Weggeschwindigkeiten der Kettenglieder und die Winkelgeschwindigkeiten der einzelnen Massenpunkte der Rotationskörper erscheinen dabei an allen Stellen des Umlaufs nothwendig als die gleichen. Dies liegt übrigens nicht im Wesen der cyklischen Bewegungen als solcher, sondern nur in der Natur der gewählten Beispiele begründet; eine Wassermasse, welche in einem ringförmig geschlossenen Rohre in Circulation versetzt ist, besitzt ebenfalls eine cyklische Bewegung, zeigt aber die bezeichnete Eigenthümlichkeit nur, wenn das Rohr überall gleichen Querschnitt besitzt. Ist dies nicht der Fall, so strömt das Wasser an den engeren Stellen schneller, an den weiteren langsamer; constant bleibt in dem Falle die Wassermenge, welche in gleicher Zeit durch sämmtliche Querschnitte strömt. Die wesentliche Forderung an die cyklischen Bewegungen besteht nur darin, dafs sie in sich zurücklaufen und an allen Stellen einen stationären Zustand zeigen. Es treten in einen bestimmten Ort des Umkreises immer andere Theilchen ein, zeigen aber dann immer denselben Bewegungszustand, so dafs die Verfolgung einzelner Massen entbehrlich wird, und eine vollständige Beschreibung gegeben ist, wenn man für alle Orte des Umlaufs den Zustand der Bewegung kennt.

Ein Massensystem, in welchem eine einzige solche cyklische Bewegung erregt ist, nennt man ein monocyklisches System, dazu gehören auch noch solche Systeme, in welchen mehrere cyklische Bewegungen gekoppelt sind, so dafs durch die Bewegung eines einzelnen alle übrigen zugleich bestimmt sind, wie dies z. B.

bei einer Combination mehrerer Zahnräder oder bei Verwendung von Treibriemen und noch anderen mechanischen Hülfsmitteln eintritt. Finden dagegen mehrere von einander unabhängige cyklische Bewegungen statt, so nennt man das System ein polycyklisches.

Einer cyklischen Bewegung gehört ein ganz bestimmter Inhalt an lebendiger Kraft, welcher sich zusammensetzt aus den lebendigen Kräften aller in dem Cyklus laufender Massenpunkte. Da nun die Verfolgung der einzelnen Punkte bei der stationären Bewegung nicht nöthig ist, da immer neue gleichartige an die Stelle der weitergerückten treten, so wird durch die jeweilige Lage der Massen in der geschlossenen Bahn die lebendige Kraft L nicht beeinflusst. Ebenso wenig kann die potentielle Energie Φ von der Stellung der circulirenden Masse abhängen, das kinetische Potential H kann also die Coordinaten der einzelnen in cyklischer Bewegung befindlichen Massenpunkte nicht als Variabele enthalten. Wir wollen diese Coordinaten, welche in H fehlen, zum Unterschiede von den übrigen p_a bezeichnen durch p_b, der Index b bezeichnet also nicht eine einzelne Ordnungszahl, sondern eine ganze Gruppe. Wenn die cyklische Bewegung gleichmäfsig fortlaufen soll, dürfen sie keine Kräfte von aufsen beschleunigen oder hemmen, also:

$$P_b = 0. \tag{199}$$

Wohl können auf den ganzen Cyklus verändernde Kräfte vom übrigen System oder von aufsen her einwirken, das sind aber keine P_b, sondern P_a, Kräfte, welche auf diejenigen Coordinaten p_a wirken, welche die Lage und Gestalt der Bahn der cyklischen Bewegung angeben, nicht aber einzelner Massenpunkte in ihr. Bei dem in Fig. 20 gegebenen, um die Axe $A A$ rotirenden Körper z. B. wird die Lage einzelner Massenpunkte angegeben durch den Winkel α, dieser ist solch' eine Coordinate p_b, und spielt gar keine Rolle. Die Lage des Cyklus wird bestimmt durch die Winkel β und φ, welche den p_a entsprechen, und auch von äufseren Kräften verändert werden können.

Die LAGRANGE'schen Gleichungen nehmen für die Indices b eine sehr einfache Form an, denn erstens sind die $P_b = 0$, ferner auch die $\partial H / \partial p_b = 0$, es bleibt also nur:

$$\frac{d}{dt}\left(\frac{\partial H}{\partial q_b}\right) = 0, \tag{199a}$$

woraus direct folgt:

$$\frac{\partial H}{\partial q_b} = c_b. \tag{199b}$$

Dabei bedeutet c_b eine Reihe von Constanten, die ihrem Sinne nach die unveränderlichen Bewegungsmomente der cyklischen Bewegungen darstellen. In monocyklischen Systemen wird sich die Zahl derselben auf eine reduciren lassen, doch können wir hier die Rechnung auch für polycyklische Systeme verfolgen. Da nun nach der ursprünglichen Definition H die sämmtlichen q_a und q_b in Form einer homogenen quadratischen Function enthält, so werden die Differentialquotienten $\partial H / \partial q_b$ homogene lineare Functionen aller q sein, deren Coefficienten von den p_a allein abhängen, da ja die p_b nicht vorkommen. Man erhält also aus (199b) ein System von b linearen Gleichungen, aus denen man die q_b als lineare Functionen der q_a ausdrücken kann. Durch Einsetzung in den Ausdruck H werden dann die q_b eliminirt, es kommen nun nur die p_a und q_a und die Constanten c_b vor. Den durch diese Eliminationen veränderten Ausdruck H wollen wir mit $\mathfrak{H}$ bezeichnen. Die Differentialquotienten $\partial \mathfrak{H} / \partial p_a$ und $\partial \mathfrak{H} / \partial q_a$ werden verschieden sein von den entsprechenden Differentialquotienten der ursprünglichen Function H, denn $\mathfrak{H}$ enthält die p_a und q_a erstens an denselben Stellen, wo sie auch in H zu finden waren, ferner aber auch an denjenigen Stellen, wo in H die q_b standen, welche jetzt ebenfalls mit Hülfe der p_a und q_a ausgedrückt sind. Nach den Regeln für die Differentiation von theilweise impliciten Functionen wird:

$$\frac{\partial \mathfrak{H}}{\partial p_a} = \frac{\partial H}{\partial p_a} + \sum_b \frac{\partial H}{\partial q_b} \cdot \frac{\partial q_b}{\partial p_a}$$

und ebenso:

$$\frac{\partial \mathfrak{H}}{\partial q_a} = \frac{\partial H}{\partial q_a} + \sum_b \frac{\partial H}{\partial q_b} \cdot \frac{\partial q_b}{\partial q_a}.$$

In den Summen kann man nach Gleichung (199b) die c_b einsetzen und findet dann:

$$\sum_b c_b \frac{\partial q_b}{\partial p_a} = \frac{\partial}{\partial p_a} \sum_b c_b\, q_b$$

$$\sum_b c_b \frac{\partial q_b}{\partial q_a} = \frac{\partial}{\partial q_a} \sum_b c_b\, q_b.$$

Es ist demnach:

$$\frac{\partial H}{\partial p_a} = \frac{\partial}{\partial p_a} \left\{ \mathfrak{H} - \sum_b c_b\, q_b \right\}$$

$$\frac{\partial H}{\partial q_a} = \frac{\partial}{\partial q_a} \left\{ \mathfrak{H} - \sum_b c_b\, q_b \right\}. \qquad \left. \right\} \quad (200)$$

Diese beiden Gleichungen drücken die auf die Indices a bezüglichen Differentialquotienten von H durch die gleichartig gebildeten Differentialquotienten einer anderen Function aus, in welcher nur die p_a und q_a vorkommen, denn an Stelle der q_b hat man sich die Lösungen der linearen Gleichungen (199 b) gesetzt zu denken. Diese neue Function vertritt also die Stelle von H, die LAGRANGE'schen Gleichungen erhalten durch sie die Gestalt:

$$ P_a = - \frac{\partial}{\partial p_a} \left(\mathfrak{H} - \sum c_b\, q_b \right) + \frac{d}{dt} \left[\frac{\partial}{\partial q_a} \left(\mathfrak{H} - \sum c_b\, q_b \right) \right]. \quad (200\,\mathrm{a}) $$

Das neue kinetische Potential:

$$ \left\{ \mathfrak{H} - \sum_b c_b\, q_b \right\}, $$

welches durch die Elimination der q_b entstanden ist, hat eine wesentlich andere Zusammensetzung als das ursprüngliche; zwar gelten für $\mathfrak{H}$ noch dieselben Bedingungen, dafs es besteht aus einem nur von den p_a abhängigen Theile und einem zweiten Theile, welcher eine homogene quadratische Function der q_a ist; dazu treten aber die Glieder $- \sum c_b\, q_b$, welche nach Einsetzung der Lösungen q_b die Geschwindigkeiten q_a in erster Potenz enthalten. Solche Glieder waren in dem ursprünglichen Ausdruck H unmöglich; man sieht also, dafs hier bereits die Regel durchbrochen ist und dafs das kinetische Potential jetzt freier in seiner Zusammensetzung ist. Das Auftreten dieser linearen Glieder erklärt eine wichtige Besonderheit der polycyklischen Systeme. Will man nämlich eine Reihe von Zustandsänderungen des Systems — einen Procefs — nach seiner Beendigung rückgängig machen, so dafs der Anfangszustand wieder hergestellt wird, und man kehrt zu diesem Zwecke die Vorzeichen aller Geschwindigkeiten q_a um, so bleibt die rein quadratische Function der Geschwindigkeiten dabei ungeändert, die linearen Glieder wechseln aber ihr Vorzeichen, man erhält für den Rückgang ein anderes kinetisches Potential, mithin auch andere Differentialgleichungen, die Bewegung kann dann nicht in gleicher Weise rückwärts wie vorwärts durchlaufen werden: Der Procefs ist nicht umkehrbar. Die Umkehrbarkeit könnte nur hergestellt werden durch gleichzeitige Umkehrung der hier eliminirten cyklischen Geschwindigkeiten q_b; dann würden nämlich beim Rückgang auch alle Constanten c_b die entgegengesetzt gleichen Werthe annehmen, es würde $(-c_b) \cdot (-q_b) = + c_b \cdot q_b$ bleiben.

Man kann sich aber Fälle vorstellen, in welchen die cyklischen Bewegungen gar nicht entdeckt werden. Denkt man sich beispiels-

weise den circulirenden Theil des Systems von einem undurch-
dringlichen Mantel umgeben, also etwa eine schnell rotirende Kugel
eingeschlossen in eine Hülse, welche an ihrer Innenseite zugleich
die festen Lager der Drehungsaxe trägt, so wird man aufsen nichts
von der lebhaften Bewegung im Inneren wahrnehmen, so lange der
Körper ruht. Wenn man ihn aber bewegt, so bemerkt man, dafs
man ihn nicht unter Wirkung derselben Kräfte durch blofse Umkehrung der sichtbaren Endgeschwindigkeit wieder zurückbewegen
kann. Dieser mechanischen Analogie gemäfs kann man physikalische
Vorgänge, welche sich durch ein mit linearen Geschwindigkeits-
gliedern behaftetes kinetisches Potential darstellen lassen, allgemein
als Fälle mit verborgenen Bewegungen bezeichnen, ohne dafs damit
gesagt werden soll, dafs wir irgend eine Kenntnifs von der Natur
solcher Bewegungen hätten. Es ist auch nicht nöthig, dafs diese
verborgenen Bewegungen gerade den regelmäfsig geordneten Charakter der cyklischen Bewegungen zeigen. Die Hypothese der
kinetischen Gastheorie z. B. nimmt eine völlig ungeordnete Bewegung der Molekeln an, welche mit den cyklischen Bewegungen
nur gemeinsam hat, dafs ihr eine bedeutende lebendige Kraft entspricht, welche nicht abhängt von den Coordinaten der einzelnen
bewegten Theile, und dafs in jedem gegen den Molekularabstand
grofsen Volumen der Bewegungszustand trotz seiner Regellosigkeit
im Einzelnen ein stationärer ist und dafs dieser endlich bei der
Umkehrung eines Processes nicht mit umgekehrt werden kann.
Also die kinetische Gastheorie erklärt die thermischen Eigenschaften
und Gesetze durch Aufstellung einer Hypothese, während die Betrachtung der cyklischen Systeme bei bekannten Bewegungsvorgängen
stehen bleibt, und aus diesem Gesetze herausliest, welche weit-
gehende Analogie mit den Hauptsätzen der Thermodynamik zeigen.

Unter gewissen besonderen Voraussetzungen über die Art der
Bewegungen und der äufseren Kräfte lassen sich noch andere Co-
ordinaten-Eliminationen ausführen, welche viel eingreifendere Veränderungen in der Gestalt des kinetischen Potentials herbeiführen.
Setzen wir nämlich die cyklischen Coordinaten p_b, welche in H
fehlen, als schnell veränderlich, die q_b also als grofs voraus, während
alle anderen Coordinaten p_a, welche als Parameter der Lage und
Configuration des Systems noch auftreten, sich nur sehr langsam
verändern sollen, so werden die q_a gegen die q_b verschwindend klein
sein. Ebenso werden die Beschleunigungen dq_a/dt sehr kleine
Gröfsen sein müssen, die Zustände werden also immer in nächster
Nachbarschaft der statischen Bedingungen bleiben, ähnlich wie auch

bei den einfachen mechanischen Maschinen (Hebel, schiefe Ebene, Flaschenzug) durch die langsamen Bewegungen, welche bei ihrer Benutzung ausgeführt werden, die Gleichgewichtsbedingungen nicht merklich verletzt werden. Das kinetische Potential wird dann bis auf verschwindende Beiträge allein bestimmt durch die p_a und die q_b; die p_b fehlen von vornherein, die q_a bleiben ohne merklichen Einfluß, ihnen entspricht ein verschwindender Beitrag zur lebendigen Kraft des Systems. Wir wollen jetzt nicht nothwendig ausschließen, daß die cyklischen Geschwindigkeiten durch Kräfte P_b beschleunigt werden, doch sollen diese Veränderungen so langsame sein, daß auch die Beschleunigungen dq_b/dt in die Klasse der verschwindenden Größen gehören. Die LAGRANGE'schen Gleichungen vereinfachen sich unter diesen Voraussetzungen. Zunächst lauten dieselben:

$$\left. \begin{aligned} P_b &= \quad\quad + \frac{d}{dt}\left(\frac{\partial H}{\partial q_b}\right) \\ P_a &= -\frac{\partial H}{\partial p_a} + \frac{d}{dt}\left(\frac{\partial H}{\partial q_a}\right). \end{aligned} \right\} \quad (201)$$

Die nach der Zeit differenzirten Glieder bilden in beiden Gleichungen verschwindend kleine Größen; denn jedes $\partial H/\partial q_b$ und $\partial H/\partial q_a$ ist eine lineare Function aller q_b und q_a, deren Coefficienten nur von den p_a abhängen, in den zeitlichen Differentialquotienten erhält man also eine erste Reihe von Gliedern, welche die dq_b/dt oder dq_a/dt als Factoren zeigen, und deshalb sehr klein sind, dazu tritt eine zweite Reihe, in welcher die Differentiation der Coefficienten ausgeführt ist, also die q_a und die großen q_b unversehrt stehen bleiben, in diesen treten aber stets Factoren dp_a/dt auf, welche nach Voraussetzung verschwindend sind. So sieht man also erstens, daß die Kräfte P_b verschwindend klein bleiben müssen, und zweitens, daß die Kräfte P_a bis auf verschwindend kleine Antheile dargestellt werden durch Differentialquotienten des kinetischen Potentials nach den Coordinaten allein. Vernachlässigen wir nun die verschwindenden Antheile, so erhalten die auf a bezüglichen Gleichungen die Form:

$$P_a = -\frac{\partial H}{\partial p_a}, \quad\quad (201\,\text{a})$$

ihrem Sinne nach sind dies statische Bedingungen, in denen äußere und innere Kräfte sich das Gleichgewicht halten, ohne beschleunigend zu wirken; dies entspricht ganz den gemachten Voraussetzungen. Wir wollen nun eine letzte besondere Annahme ein-

führen: Für eine gewisse Gruppe von Parametern, die wir, zum
Unterschiede von den übrigen p_a, mit p_c bezeichnen wollen, sollen
die äußeren Kräfte fehlen, d. h.:

$$P_c = 0,$$

folglich erhält man eine Gruppe von Gleichungen:

$$\frac{\partial H}{\partial p_c} = 0. \tag{202b}$$

Da nun H in Bezug auf die p_c eine ganz willkürlich gebaute
Function sein kann, so gilt dies auch von den Ableitungen
$\partial H/\partial p_c$, die vorstehenden Gleichungen werden die p_c in recht verwickelten Verbindungen mit den übrigen p_a und q_b enthalten können.
Gelingt es indessen einige oder alle p_c aus diesen Gleichungen als
Unbekannte zu berechnen, so kann man die für sie gefundenen Ausdrücke in H einsetzen, und dadurch die p_c eliminiren. Bei dieser
Elimination verändert sich aber die Zusammensetzung der Function
aus den übrig gebliebenen Variabelen in ganz unbestimmbarer Art.
Denn die Lösungen p_c der Gleichungen (202b) können die p_a und
auch die q_b in jedem Grade analytischer Complication enthalten.
Die durch Elimination entstandene Function sei bezeichnet mit H',
daß man dieselbe noch als kinetisches Potential in den LAGRANGE'-
schen Gleichungen brauchen kann, erkennt man, sobald man die
dabei erforderten Differentialquotienten bildet. Man findet:

$$\left. \begin{array}{l} \dfrac{\partial H'}{\partial p_a} = \dfrac{\partial H}{\partial p_a} + \sum_c \dfrac{\partial H}{\partial p_c} \cdot \dfrac{\partial p_c}{\partial p_a} \qquad a \text{ nicht} = c \\[3mm] \dfrac{\partial H'}{\partial q_b} = \dfrac{\partial H}{\partial q_b} + \sum_c \dfrac{\partial H}{\partial p_c} \cdot \dfrac{\partial p_c}{\partial q_b}. \end{array} \right\} \tag{202c}$$

Die hier über die c erstreckten Summen sind aber wegen der Factoren $\partial H/\partial p_c$ gliedweise gleich Null, die Differentialquotienten von
H' sind gleich den entsprechenden von H, mithin kann H' als kinetisches Potential betrachtet werden, so weit man nur nach den
Parametern p_a fragt; in Bezug auf die p_c ist die Betrachtung unvollständig.

Derartige dynamische Probleme, wie wir in diesem Paragraphen
bezeichnet haben, bieten mannigfache Analogien mit anderen physikalischen Erscheinungen, welche sich nicht auf bekannte Bewegungen
ponderabler Massen zurückführen lassen — thermodynamischen und
elektrodynamischen. Es besteht deshalb das Bestreben in der modernen theoretischen Physik die verschiedenen beobachteten Gesetz-

mäfsigkeiten herzuleiten aus einem solchen zusammenfassenden Princip, welches der äufseren Form nach übereinstimmt mit dem verallgemeinerten HAMILTON'schen Princip (198) resp. (198 a) und den daraus
folgenden verallgemeinerten LAGRANGE'schen Gleichungen (198 b), in
welchen aber das kinetische Potential nicht mehr den ursprünglich
dafür geltenden Formbeschränkungen unterliegt, sondern als -eine
gewisse, für jedes Gebiet zu suchende Function allgemeiner Art von
zwei Reihen von Variabelen p und q erscheint, welche einander
nicht paarweise entsprechen müssen. Unter den p werden dabei
immer die Parameter zu finden sein, welche die Lage der als Träger
dienenden Massen bestimmen, deren beschleunigte Bewegung auf
ponderomotorische Kräfte hinweist, die q brauchen dabei aber nicht
als Geschwindigkeiten ponderabler Massen erkannt zu sein, können
vielmehr als mefsbare Gröfsen anderer Art, als Functionen der Temperatur oder als Intensitäten elektrischer Ströme, als Zunahmen
dielektrischer oder magnetischer Polarisation eingeführt werden. Das
kinetische Potential H wird dabei stets von der Dimension einer
Energie sein, welche ja auch in allen Gebieten der Physik sich in
bestimmter Weise aus der Variabelen des Zustandes zusammensetzt,
indessen wird von einzelnen Theilen der Function H nicht gesagt
werden können, ob sie Φ oder L repräsentiren.

§ 78. Das Energieprincip bleibt gewahrt.

Wir wollen annehmen, wir hätten für ein abgeschlossenes Gebiet von physikalischen Erscheinungen das kinetische Potential H
als eine ganz beliebige differenzirbare Function der zwei Reihen
von Variabelen p_a und q_a gefunden. So weit die q durch dieselben
Indices correspondiren mit bestimmten p, sei:

$$q_a = \frac{d p_a}{d t}.$$

Die $(-P_a)$ seien beliebige äufsere Kräfte, bei deren positiver oder
negativer Arbeitsleistung wir Veränderungen aufserhalb des betrachteten Systems vorhandener Energiequanta nicht verfolgen. Es läfst
sich dann beweisen, dafs in der Gültigkeit unseres zusammenfassenden dynamischen Princips die Erhaltung der Energie ebenfalls gewahrt bleibt.

Wir schreiben unser Princip wiederum in Form der Gleichungen:

$$P_a = -\frac{\partial H}{\partial p_a} + \frac{d}{d t}\left(\frac{\partial H}{\partial q_a}\right),$$

welche ja direct durch Ausführung der Variation des Hamilton'schen Integrales ohne Einschränkungen gefunden werden. Jede Gleichung erweitern wir mit dem zugehörigen q_a, und summiren die ganze Schaar. (Dies ist dieselbe Operation, welche in § 48 mit den Newton'schen Gleichungen (113) vorgenommen wurde.) Es folgt dann:

$$\sum_a P_a\, q_a = -\sum_a \frac{\partial H}{\partial q_a} q_a + \sum_a \frac{d}{dt}\left(\frac{\partial H}{\partial q_a}\right) \cdot q_a.$$

Die zweite Summe rechts ist Theil eines vollständigen zeitlichen Differentialquotienten, es ist nämlich:

$$\frac{d}{dt}\sum \frac{\partial H}{\partial q_a} \cdot q_a = \sum \frac{d}{dt}\left(\frac{\partial H}{\partial q_a}\right)\cdot q_a + \sum \frac{\partial H}{\partial q_a}\cdot \frac{dq_a}{dt};$$

in den beiden anderen Summen können wir q_a durch dp_a/dt ersetzen. Dann erhält man:

$$\frac{\sum P_a\, dp_a}{dt} = \left\{-\sum \frac{\partial H}{\partial p_a}\cdot \frac{dp_a}{dt} - \sum \frac{\partial H}{\partial q_a}\cdot \frac{dq_a}{dt}\right\} + \frac{d}{dt}\sum \frac{\partial H}{\partial q_a} q_a.$$

Da H nur von den p_a und q_a abhängt, bilden die beiden in geschweifte Klammer eingeschlossenen Summen zusammen den vollständigen zeitlichen Differentialquotienten von $-H$, es ist also:

$$\frac{\sum P_a\, dp_a}{dt} = -\frac{dH}{dt} + \frac{d}{dt}\sum \frac{\partial H}{\partial q_a} q_a,$$

oder nach Weglassung des gemeinsamen Nenners dt:

$$\sum P_a\, dp_a = -d\left(H - \sum \frac{\partial H}{\partial q_a} q_a\right). \qquad (203)$$

Die linke Seite dieser Gleichung bezeichnet die bei der Vergröfserung der Coordinaten p_a um die Differentiale dp_a nach aufsen geleistete Arbeit. Diese Arbeit wird gleichgesetzt der Abnahme einer Function:

$$E = H - \sum_a \frac{\partial H}{\partial q_a}\cdot q_a, \qquad (203\,\text{a})$$

welche nur von den p_a und q_a, also vom Zustand des Systems abhängt. Diese Function wird fortdauernd in demselben Mafse abnehmen oder wachsen, wie das System Arbeit ausgiebt oder aufnimmt, E bezeichnet den Energievorrath des Systems. Unser Princip schliefst also das Princip der Erhaltung der Energie ein, und zwar in seiner allgemeinsten Form, denn wir können weder sagen, in welchen Formen die Energie vor der Aufnahme und nach der Abgabe seitens des Systems bestanden hat, noch können wir im vorstehenden Ausdruck für E die bekannten Formen Φ und L wieder erkennen.

Angesichts dieser ungewohnten Form, in welcher die Energie in Gleichung (203a) durch das kinetische Potential ausgedrückt ist, mag hier noch gezeigt werden, daß in den Fällen, wo das kinetische Potential die ursprüngliche Form

$$H = \Phi - L,$$

zeigt, die Energie E, welche durch die soeben gefundene Gleichung definirt wird, übereinstimmt mit dem früher bezeichneten Begriff. Die Variabelen q_a kommen nur in L vor, also ist:

$$-\frac{\partial H}{\partial q_a} = \frac{\partial L}{\partial q_a}.$$

L ist eine homogene quadratische Function aller q_a, eine solche kann man allgemein ausdrücken durch

$$L = \tfrac{1}{2}\sum_p \sum_q A_{p,q} \cdot q_p \cdot q_q. \tag{204}$$

Die Indices p und q sollen in der Summe alle Ordnungszahlen des Systems durchlaufen, für die Coefficienten gilt die Bedingung:

$$A_{p,q} = A_{q,p}.$$

Will man dieses L nach einer bestimmten Variabelen q_a differenziren, so hat man zuerst aus der Doppelsumme alle Glieder abzusondern, welche q_a als Factor enthalten, die übrig bleibenden Summen, in denen die Ordnungszahl a dann ausgelassen werden muß, sollen mit einem Häkchen (') bezeichnet werden, es ist dann:

$$L = \tfrac{1}{2} A_{a,a} \cdot q_a^2 + q_a \sum_p{}' A_{p,a} \cdot q_p + \tfrac{1}{2} \sum_p{}' \sum_q{}' A_{p,q} \cdot q_p \cdot q_q,$$

folglich:

$$\frac{\partial L}{\partial q_a} = -\frac{\partial H}{\partial q_a} = A_{a,a} \cdot q_a + \sum_p{}' A_{p,a} \cdot q_p,$$

d. h.:

$$-\frac{\partial H}{\partial q_a} = \sum_p A_{p,a} \cdot q_p, \qquad (p \text{ auch} = a)$$

und die in dem vorstehenden Ausdruck E (Gleichung (203a)) auftretende Summe wird:

$$-\sum_a \frac{\partial H}{\partial q_a} q_a = \sum_a \sum_p A_{p,a} \cdot q_p \cdot q_a.$$

Die rechte Seite dieser Gleichung ist aber nach Gleichung (204) nichts anderes als 2 L, mithin ist:

$$E = H + 2L$$

und schließlich, wegen $H = \Phi - L$

$$E = \Phi + L.$$

Dies ist der bekannte Ausdruck für die gesammte Energie in einem conservativen Massensystem.

Bei dieser Beweisführung wurde nur von einer allgemeinen Eigenschaft der homogenen quadratischen Functionen Gebrauch gemacht; man kann nämlich jede homogene quadratische Function L eine Schaar von Variabelen q_a darstellen in der Form:

$$L = \tfrac{1}{2} \sum_a \frac{\partial L}{\partial q_a} \cdot q_a. \qquad (204\,\text{a})$$

Es wurde in diesem Paragraphen nachgewiesen, daß die Gleichungen (198 b), mithin auch deren Quelle, das HAMILTON'sche Princip in der Form Gleichung (198 a) das Gesetz von der Energieerhaltung immer einschließen. Umgekehrt ist aber dieses Princip nicht immer erfüllt, wenn sich aus den Differentialgleichungen die Erhaltung der Energie nachweisen läßt. Diese Behauptung brauchen wir nur durch ein Beispiel zu stützen. Nehmen wir an, daß zwei der LAGRANGE'schen Differentialgleichungen, welche sich auf die bestimmten Ordnungszahlen i und ł beziehen, nicht die bisher angenommene Form haben, sondern daß zur rechten Seite der i-ten Gleichung noch ein Glied $+ \varphi \cdot q_ł$, zu der ł-ten Gleichung noch ein Glied $- \varphi \cdot q_i$ hinzutrete, wo φ irgend eine Function der Coordinaten p vorstellen soll. Die beiden Gleichungen lauten dann:

$$\left. \begin{aligned} P_i &= -\frac{\partial H}{\partial p_i} + \frac{d}{dt}\left(\frac{\partial H}{\partial q_i}\right) + \varphi \cdot q_ł \\ P_ł &= -\frac{\partial H}{\partial p_ł} + \frac{d}{dt}\left(\frac{\partial H}{\partial q_ł}\right) - \varphi \cdot q_i \end{aligned} \right\} \qquad (205)$$

Macht man nun die vorgeschriebene Operation, erweitert also die erste Gleichung mit q_i, die zweite mit $q_ł$ und addirt dann die ganze Schaar, so heben sich die zugesetzten Glieder fort, das Resultat, welches die Erhaltung der Energie lehrt, bleibt also trotz dieser Zusätze gültig. Dagegen wird man sich vergeblich bemühen, im

Integrandus des HAMILTON'schen Integrals einen Zusatz derart zu finden, dafs daraus bei Ausführung der Variation gerade diese beiden und nur diese beiden Zusatzglieder zu der i-ten und l-ten Differentialgleichung hinzutreten; man könnte dies nur erreichen, wenn man ganz bestimmte Forderungen an die Function φ stellt. Der Zusatz dieser Glieder widerspricht also nicht dem Energieprincip, wohl aber dem HAMILTON'schen Princip. Letzteres sagt also mehr und Bestimmteres aus über den besonderen Charakter der Naturkräfte, als was in ihrer Bezeichnung als conservative Kräfte bereits ausgedrückt ist. Wollte man daraus den Schlufs ziehen, dafs das HAMILTON'sche Princip eine zu enge Grenze ziehe, so könnte dies nur nachgewiesen werden durch Naturerscheinungen, welche sich demselben nicht fügen, solche sind aber, soweit überhaupt eine Fühlung der Naturgesetze mit diesem Princip gelungen — und das ist bereits in vielen wichtigen Fällen gelungen — noch nicht gefunden worden. Man ist daher zu der Annahme berechtigt, dafs dieses Princip eine universelle Gültigkeit hat, so dafs man es in Gebieten, wo die Beweise für seine Richtigkeit noch fehlen, doch mit Nutzen als Leitfaden für die Auffindung der Gesetze benutzen kann, deren Bestätigung oder Widerlegung dann Aufgabe der experimentellen Forschung ist. Es ergeben sich aus dem Princip nothwendige Beziehungen zwischen dem Verhalten eines Systems gegenüber gewissen Veränderungen der Kräfte, reciproke Beziehungen, welche bisher immer bestätigt gefunden wurden. Die Grundlagen dieser Folgerungen sollen im folgenden letzten Paragraphen dieses Bandes angegeben werden.

§ 79. Reciprocitätsgesetze.

Wenn man die in den LAGRANGE'schen Differentialgleichungen vorkommenden Differentialquotienten $\frac{d}{dt}\left(\frac{\partial H}{\partial q_a}\right)$ ausrechnen will, so mufs man beachten, dafs die $\partial H/\partial q_a$ die Zeit nicht explicite enthalten, sondern, gleichwie H selbst, differenzirbare Functionen der p_a und q_a sind. Man findet dann:

$$\frac{d}{dt}\left(\frac{\partial H}{\partial q_a}\right) = \sum_b \frac{\partial^2 H}{\partial q_a . \partial p_b} \cdot \frac{dp_b}{dt} + \sum_b \frac{\partial^2 H}{\partial q_a . \partial q_b} \cdot \frac{dq_b}{dt}.$$

In der ersten Summe treten die Geschwindigkeiten $dp_b/dt = q_b$ als Factoren auf, deshalb brauchen aber die Ausdrücke nicht linear nach den q_b zu sein, denn die zweiten Differentialquotienten von H können ja die q_b auch noch enthalten. In der zweiten Summe treten die Beschleunigungen

$$\frac{d\,q_b}{d\,t} = q_b'$$

als Factoren auf, und bilden dadurch nothwendig eine lineare Function, weil an anderer Stelle die q_b' nicht vorkommen. Die Kräfte P_a werden also dargestellt als lineare Functionen der sämmtlichen Beschleunigungen, denn man hat:

$$P_a = -\frac{\partial H}{\partial p_a} + \sum_b \frac{\partial^2 H}{\partial q_a . \partial p_b} q_b + \sum_b \frac{\partial^2 H}{\partial q_a . \partial q_b} q_b'. \qquad (206)$$

(Bei cartesischen Coordinaten ist man gewöhnt die Kraft P_a nur durch die ihr gleichgerichtete Beschleunigung q_a' linear ausgedrückt zu finden, im Allgemeinen können aber auch, wie man sieht, die anderen Einfluß haben.)

Differenzirt man P_a nach einer bestimmten Beschleunigung q_c' so bleibt nur der eine Coefficient aus der linearen Function übrig, es ist:

$$\frac{\partial P_a}{\partial q_c'} = \frac{\partial^2 H}{\partial q_a . \partial q_c}.$$

Die rechte Seite ist in Bezug auf die beiden Indices a und c symmetrisch; man würde deshalb denselben Ausdruck gefunden haben, wenn man P_c nach q_a' differenzirt hätte, es muß also sein:

$$\frac{\partial P_a}{\partial q_c'} = \frac{\partial P_c}{\partial q_a'} \qquad (207)$$

Dies ist eine reciproke Beziehung zwischen Kräften und Beschleunigungen, in Worte gekleidet: Wenn ein bestimmter Zuwachs der Beschleunigung q_c' die Kraft P_a vergrößert, so muß der gleiche Zuwachs, wenn man ihn der Beschleunigung q_a' ertheilt, die Kraft P_c vergrößern und zwar um denselben Betrag.

Ein Beispiel für dieses Gesetz finden wir in den Differentialgleichungen der Kreiselbewegung. Diese Gleichungen (183 α, φ, β) (S. 337) sind aufgestellt für den Fall, daß keine äußeren Kräfte angreifen, wir können aber sehr leicht solche Kräfte hinzufügen, wenn wir die rechten Seiten, statt Null, gleichsetzen $-P_\alpha$, $-P_\varphi$, $-P_\beta$. Führt man außerdem die links vorgeschriebenen Differentiationen aus und bezeichnet die Winkelbeschleunigungen mit α'', φ'', β'', so lauten jene beiden ersten Gleichungen (183 α und φ):

$$\mathfrak{A} . \alpha'' + \mathfrak{A} . \varphi'' . \cos\beta - \mathfrak{A} \varphi' . \beta' \sin\beta = - P_a$$

$$\mathfrak{A} . \alpha'' . \cos\beta - \mathfrak{A} . \alpha' . \beta' \sin\beta + \frac{d}{dt}\left\{\mathfrak{A}\varphi' \cos^2\beta + \mathfrak{B}\varphi' \sin^2\beta\right\} = - P_\varphi.$$

Man sieht, daß in der ersten Gleichung φ'' und in der zweiten α'' mit dem gleichen Coefficienten behaftet auftreten, es ist daher:

$$\frac{\partial P_a}{\partial \varphi''} = \frac{\partial P_\varphi}{\partial \alpha''} = - \mathfrak{A}\cos\beta,$$

wie das Reciprocitätsgesetz verlangte.

Auch zwischen den Veränderungen der Geschwindigkeiten und der Kräfte bestehen reciproke Beziehungen. Differenziren wir die Gleichung (206) nach einer bestimmten Geschwindigkeit q_c. Das eine Glied der ersten Summe, für welches $b = c$ ist, liefert dann zwei Glieder zu den Differentialquotienten, denn es ist:

$$\frac{\partial}{\partial q_c}\left(\frac{\partial^2 H}{\partial q_a . \partial p_c} q_c\right) = \frac{\partial^2 H}{\partial q_a . \partial p_c} + \frac{\partial^3 H}{\partial q_a . \partial p_c . \partial q_c} q_c.$$

Alle übrigen Glieder des Ausdruckes P_a liefern nur ein Glied, welches sich auf die Differentialquotienten von H bezieht. Mit diesen kann man den zweiten Summanden der rechten Seite der vorstehenden Gleichung vereinigen; und man findet dann:

$$\frac{\partial P_a}{\partial q_c} = - \frac{\partial^2 H}{\partial p_a . \partial q_c} + \frac{\partial^3 H}{\partial q_a . \partial p_c}$$
$$+ \sum_b \frac{\partial}{\partial p_b}\left(\frac{\partial^2 H}{\partial q_a . \partial q_c}\right) . \frac{dp_b}{dt} + \sum_b \frac{\partial}{\partial q_b}\left(\frac{\partial^2 H}{\partial q_a . \partial q_c}\right) . \frac{dq_b}{dt}.$$

Die beiden Summen dieser Gleichung bilden zusammen den vollständigen zeitlichen Differentialquotient von $\dfrac{\partial^2 H}{\partial q_a . \partial q_c}$, es ist also:

$$\frac{\partial P_a}{\partial q_c} = - \frac{\partial^2 H}{\partial p_a . \partial q_c} + \frac{\partial^2 H}{\partial p_c . \partial q_a} + \frac{d}{dt}\left(\frac{\partial^2 H}{\partial q_a . \partial q_c}\right). \quad (208)$$

Durch Vertauschung der Indices a und c, welche willkürlich ausgewählt waren, findet man entsprechend:

$$\frac{\partial P_c}{\partial q_a} = - \frac{\partial^2 H}{\partial p_c . \partial q_a} + \frac{\partial^2 H}{\partial p_a . \partial q_c} + \frac{d}{dt}\left(\frac{\partial^2 H}{\partial q_a . \partial q_c}\right). \quad (208a)$$

Die Addition beider Gleichungen liefert:

$$\frac{\partial P_a}{\partial q_c} + \frac{\partial P_c}{\partial q_a} = 2 \cdot \frac{d}{dt}\left(\frac{\partial^2 H}{\partial q_a \cdot \partial q_c}\right), \qquad (208\,\mathrm{b})$$

die Subtraction der zweiten von der ersten liefert:

$$\frac{\partial P_a}{\partial q_c} - \frac{\partial P_c}{\partial q_a} = 2 \cdot \left(\frac{\partial^2 H}{\partial q_a \cdot \partial p_c} - \frac{\partial^2 H}{\partial q_c \cdot \partial p_a}\right). \qquad (208\,\mathrm{c})$$

Zunächst beschäftigen wir uns mit der Gleichung (208 b). In sehr zahlreichen Fällen sind die Gröfsen $\dfrac{\partial^2 H}{\partial q_a \cdot \partial q_c}$ Constanten oder sogar gleich Null. Dies gilt immer, wenn H die Geschwindigkeiten nur in algebraischen Functionen ersten und zweiten Grades enthält, also vor allem in der ursprünglichen Form $H = \varPhi - L$ und auch noch nach Elimination der cyklischen Geschwindigkeiten q_ε. In diesen Fällen verschwindet die rechte Seite von (208 b) und man erhält die reciproke Beziehung:

$$\frac{\partial P_a}{\partial q_c} = - \frac{\partial P_c}{\partial q_a}, \qquad (208\,\mathrm{d})$$

welche man in folgendem Satz aussprechen kann: Wenn Steigerung der Geschwindigkeit q_c die Kraft P_a vergröfsert, so wird die gleiche Steigerung von q_a die Kraft P_c um ebenso viel verkleinern. Man mufs indessen vor Anwendung dieses, eine ausgedehnte Bedeutung besitzenden Satzes immer erst die Erfüllung der erwähnten Vorbedingung controliren, ehe man an Stelle der allgemein richtigen Gleichung (208 b) die einfachere (208 d) anwendet.

Auch für dieses Reciprocitätsgesetz können wir den Kreisel in cardanischer Aufhängung als Beispiel benutzen. Nach Einsetzung der äufseren Kräfte $- P_\varphi$ und $- P_\beta$ und nach Ausführung der Differentiationen nach der Zeit auf der linken Seite der Gleichungen (183 φ und β) erhält man die Gleichungen:

$$\mathfrak{A} \cdot \alpha' \cdot \varphi' \cdot \sin\beta + \tfrac{1}{2}(\mathfrak{A} - \mathfrak{B}) \cdot \varphi'^2 \cdot \sin 2\beta + \mathfrak{B} \cdot \beta'' = - P_\beta,$$

$$\mathfrak{A} \cdot \alpha'' \cdot \cos\beta - \mathfrak{A} \cdot \alpha' \cdot \beta' \cdot \sin\beta - (\mathfrak{A} - \mathfrak{B}) \cdot \beta' \cdot \varphi' \cdot \sin 2\beta$$
$$+ (\mathfrak{A} \cos^2\beta + \mathfrak{B} \sin^2\beta) \cdot \varphi'' = - P_\varphi.$$

Das kinetische Potential H enthält in diesem Problem die Geschwindigkeiten nur in der ursprünglichen durch die lebendige Kraft bedingten Form einer homogenen quadratischen Function, die Vorbedingung $\dfrac{\partial^2 H}{\partial q_a . \partial q_c} =$ constans ist erfüllt, wir dürfen daher die

einfache Form des Gesetzes (208 d) erwarten. In der That findet man aus den beiden vorstehenden Gleichungen, daß für den Kreisel die Bedingung gilt:

$$\frac{\partial(-P_\beta)}{\partial \varphi'} = -\frac{\partial(-P_\varphi)}{\partial \beta'} = \mathfrak{A}\,\alpha' \sin \beta + (\mathfrak{A} - \mathfrak{B}) . \varphi' . \sin 2\beta,$$

welche man in folgende Worte kleiden kann: Wenn die Steigerung einer Kraft $(-P_\beta)$, die den Kreisel aus der verticalen Stellung weiter abzulenken strebt, den Erfolg hat, daß die Geschwindigkeit der Präcessionsbewegung φ' dadurch vergrößert wird, so wird eine Kraft $(-P_\varphi)$, durch welche man versucht die Präcessionsbewegung direct zu beschleunigen, statt dessen die Kreiselaxe der Verticalen zutreiben. Diese Verhältnisse werden durch unsere früheren Betrachtungen bestätigt. Wir hatten § 78 eine Kraft, welche den Ablenkungswinkel β zu vergrößern strebte, und es ergab sich eine mit α' gleichgerichtete Präcessionsgeschwindigkeit, Gleichung (191 d), S. 346, in deren Zähler C der Maßstab der äußeren Kraft auftrat, welche also schneller werden mußte, wenn die Kraft zunahm. Die Kraft $(-P_\varphi)$, durch welche man direct versuchen würde, die Präcession zu beschleunigen, würde den Ring II der cardanischen Aufhängung gegen den festen Ring III um die Axe FF zu drehen streben, das paradoxe Resultat dieser Bemühung ist dann, wie schon in § 67 aus einander gesetzt wurde, eine Verschiebung der Kreiselaxe quer gegen die beabsichtigte Richtung, und zwar erkennt man aus der Weisung, welche Fig. 18b giebt, daß die Axe sich der Verticalen nähern muß. Bei der Präcessionsbewegung der Erde hat man im Wesentlichen dieselben Verhältnisse, nur sucht dort die äußere Kraft den Winkel β zu verkleinern, und die Präcessionsgeschwindigkeit, Gleichung (193), ist negativ.

Bei der Herleitung des dritten Reciprocitätsgesetzes zwischen Kräften und Coordinaten brauchen wir nicht die aufgeschlossene Form (206) anzuwenden, wir können vielmehr die sonst benutzte LAGRANGE'sche Gleichung, welche die Ordnungszahl a trägt, nach der Coordinate p_c differenziren; dies giebt:

$$\frac{\partial P_a}{\partial p_c} = -\frac{\partial^2 H}{\partial p_a . \partial p_c} + \frac{d}{dt}\left(\frac{\partial^2 H}{\partial q_a . \partial p_c}\right).$$

Entsprechend ist:

$$\frac{\partial P_c}{\partial p_a} = -\frac{\partial^2 H}{\partial p_a . \partial p_c} + \frac{d}{dt}\left(\frac{\partial^2 H}{\partial q_c . \partial p}\right)$$

folglich

$$\frac{\partial P_a}{\partial p_c} - \frac{\partial P_c}{\partial p_a} = \frac{d}{dt}\left(\frac{\partial^2 H}{\partial q_a . \partial p_c} - \frac{\partial^2 H}{\partial q_c . \partial p_a}\right).$$

Auf der rechten Seite wird der zeitliche Differentialquotient einer Größe gebildet, welche uns bereits in Gleichung (208 c) begegnet ist, man kann unter Benutzung jener Gleichung dafür schreiben:

$$\frac{\partial P_a}{\partial p_c} - \frac{\partial P_c}{\partial p_a} = \tfrac{1}{2}\frac{d}{dt}\left(\frac{\partial P_a}{\partial q_c} - \frac{\partial P_c}{\partial q_a}\right). \tag{209}$$

Für den Fall der Ruhe wird die rechte Seite Null, es ergiebt sich dann hieraus das allgemeine Gesetz aller conservativen Kräfte:

$$\frac{\partial P_a}{\partial p_c} = \frac{\partial P_c}{\partial p_a}, \tag{209a}$$

welches wir bereits früher, Gleichung (121), S. 202, gefunden haben. Dieselbe einfache Bedingung (209 a) ist aber auch erfüllt bei bewegten Systemen, sobald nur die auf der rechten Seite der Gleichungen (209) stehenden zeitlichen Differentialquotienten verschwinden. Dies ist immer der Fall, wenn schnelle cyklische Bewegungen oder überhaupt verborgene Bewegungen in dem System stattfinden, gegen deren lebendige Kräfte diejenigen der sichtbaren Veränderungen der Parameter p_a vernachlässigt werden können. Dies sind die Bedingungen, welche zur Gleichung (201 a) führten. Das kinetische Potential ist dann nur abhängig von den langsam veränderlichen Parametern p_a und von den großen cyklischen Geschwindigkeiten q_b, deren zugehörige Coordinaten p_b aber nicht vorkommen, gleichwie die q_a fortfallen (vergl. S. 367 vor Gleichungen (201)). Man kann dann dieses dritte Reciprocitätsgesetz nur anwenden auf die p_a, zu denen auch die in Gleichung (209) mit p_c bezeichneten Coordinaten gehören müssen. Die in Gleichung (208 c) einander gleichgesetzten Ausdrücke sind in diesem Falle stets Null, und die Anwendung der statischen Bedingung (209 a) ist trotz der möglicher Weise sehr lebhaften verborgenen Bewegungen gerechtfertigt. Diese Schlußfolgerung ist deshalb von Wichtigkeit, weil wir auf Grund derselben die hypothetischen Wärmebewegungen und die elektrischen und magnetischen Zustände der Körper nicht zu berücksichtigen brauchen, wenn es sich z. B. um die Theorie langsamer Bewegungen oder äußerlicher Ruhe unter Wirkung elastischer Kräfte handelt, daß wir vielmehr die richtigen Resultate erhalten, wenn wir die

Gleichgewichtszustände als Zustände absoluter Ruhe der Massentheilchen des Systems ansehen.

Wir haben uns bisher bei der Illustration der Reciprocitätsgesetze auf reine Bewegungsvorgänge beschränkt, welche sich mit Hülfe der in diesem Bande gegebenen Lehren durchschauen lassen. Dafs indessen das zusammenfassende Prinzip diese Grenzen weit überschreitet, ja, bis jetzt, da wir keine Ausnahme kennen, als allgemein gültig anzusehen ist, wurde bereits betont. Es mögen deshalb hier zum Schlufs noch diejenigen Gesetze zu einer vorläufigen Uebersicht zusammengestellt werden, in welchen die reciproken Beziehungen sich für andere Gebiete von Naturerscheinungen darstellen.

Elektrodynamische Reciprocitätsgesetze, welche aus (207) folgen:

1) Da die ponderomotorischen Kräfte zwischen zwei Stromleitern, deren einer beweglich ist, zwar von den beiden Stromstärken, nicht aber von deren Anwachsen abhängen, so wird der durch Bewegung eines geschlossenen Leiters gegen einen festen Stromkreis in ersterem inducirte Strom zwar von der Geschwindigkeit der Bewegung, nicht aber von deren Beschleunigung abhängen.

2) Zwei in Gestalt und Lage unveränderliche Stromleiter A und B seien von elektrischen Strömen durchflossen. Bewirkt ein Ansteigen des Stromes in A einen Inductionsstrom in B, welcher den dort laufenden Strom verstärkt, so wird auch ein Ansteigen des Stromes in B einen Inductionsstrom in A erzeugen, welcher den dort laufenden Strom verstärkt.

Mehrere interessante Gesetze liefert das zweite Reciprocitätsgesetz.

3) Elektrodynamisches Inductionsgesetz nach Lenz. Jede Bewegung zweier Stromkreise gegen einander, welche durch die ponderomotorischen elektrodynamischen Kräfte unterstützt wird, inducirt elektromotorische Kräfte, welche die primären Ströme schwächen.

4) Thermodynamisches Gesetz. Wenn Steigerung der Temperatur bei constantem Volumen den Druck eines Körpers vermehrt, so wird Compression desselben die Temperatur steigern.

5) Thermoelektrisches Gesetz. Peltier's Phänomen. Wenn Erwärmung einer Löthstelle einer geschlossenen Leitung einen elektrischen Strom hervorbringt, so wird ein elektrischer Strom, in derselben Richtung hindurchgeschickt, diese Stelle kühlen (abgesehen von der Wärmeentwickelung durch den Leitungswiderstand).

6) **Elektrochemisches Gesetz.** Wenn Temperatursteigerung eines constanten galvanischen Elementes dessen elektromotorische Kraft erhöht, so wird der Strom in demselben Wärme latent machen.

Alle diese Reciprocitätssätze werden übrigens nicht nur als qualitative Aussagen gewonnen, welche den Sinn der beiden correspondirenden Veränderungen angeben, sondern man erhält aus den betreffenden Gleichungen auch Aufschluſs über die Quantitäten, um die es sich dabei handelt.

Berichtigungen.

Seite 20 Zeile 21 lies: (x, y)-Ebene.

„ 27 „ 12 lies: Moment statt Quantität.

„ 89 „ 1 v. u. lies: $(\tfrac{1}{4} \cdot \tfrac{1}{4} \cdot \tfrac{1}{4})^2$.

„ 123 „ 6 u. 5 v. u. lies: Exponential-functionen statt -curven.

„ 146 bis 176 Ueberschrift, lies: Erster statt Zweiter Abschnitt.

„ 181 letzte Zeile lies: gröſsten oder kleinsten statt gröſsten.